リードLightノート

新課程

生物

数研出版編集部 編

JN086604

数研出版

https://www.chart.co.jp

本書の構成

本書の構成

　本書は，高等学校で学習する「生物」の内容を，7つの章に分けて構成しました。さらに，生物の学習内容を系統的に整理し理解できるよう，また，問題を解くための実力が十分養えるよう留意し，各章は下記のような4つの内容で構成しました。本書の問題は，基本的な問題を中心に，教科書の内容が十分理解できるよう，順序よく段階を追っていますので，本書を学習することによって，自然に問題を解く力が養われます。したがって，授業にそっての日常学習に役立つのはもちろんのこと，大学受験に備えての実力を養うためにも十分役立つでしょう。

各章の構成

リードA　生物では，多くの内容を整理し理解・記憶しておく必要があります。ここでは，各章で学習する内容をわかりやすく解説するとともに，理解しやすいように表や図を駆使し，整理してまとめました。空欄に解答を書きこむことで，その章の内容を一通り確認することができます。欄外には空欄の解答を掲載しています。なお，「生物」の範囲外の発展的な内容には，発展印をつけて区別しています。

リードB　生物では，多くの用語が登場します。授業やリードAで学習した知識が定着しているかどうかを確認するため，一問一答形式の問題を「**用語CHECK**」として扱いました。短い時間で解いてすぐに答え合わせができるように，問題のすぐ下に解答を載せています。

リードC　授業や教科書での学習内容が確実なものになっているかどうかを確かめるとともに，問題を考え，解くことによって理解が深まるような基本的な良問を「**基本問題**」として扱いました。また，代表的な問題を最初に「**例題**」として扱いました。「基本問題」の中で，例題で扱った解法を用いる問題には，その例題が掲載されているページ数と参照すべき例題の番号を記しています。なお，デジタルコンテンツ※として，**例題の解説動画**を用意していますので，理解を深めるために活用してください。

リードC+　実践的な問題に挑戦して十分な応用力が養えるよう，その章の総合的な問題を「**章末総合問題**」として扱いました。学習の便をはかるため，入試問題はその一部を削除したり改変したりしたものもありますので，それを含んで大学名は見てください。

　なお，巻末の **巻末チャレンジ問題** では，実験を題材にした考察問題や，図やグラフを読み解く問題など，大学入学共通テストで必要とされる思考力を養える良問を収録しました。

　また，見返しの「まとめて覚えておきたい生物用語」については，デジタルコンテンツ※として，**重要用語の確認テスト**を用意しています。

> リードC(基本問題)，リードC＋(章末総合問題)，巻末チャレンジ問題では，論述解答が求められる問題には論印を，実験に関する考察力を要する問題には🔬印をつけました。

※デジタルコンテンツのご利用について

下のアドレスまたは右のQRコードから，本書のデジタルコンテンツ(例題の解説動画，重要用語の確認テスト)を利用することができます。なお，インターネット接続に際し発生する通信料は，使用される方の負担となりますのでご注意ください。

https://cds.chart.co.jp/books/s79tyjt66l

目　　　次

1 生命の起源と生物の進化

A 原始地球と有機物の生成

(1) **原始地球** 地球は約46億年前に誕生した。原始地球は高温のマグマでおおわれていたが,やがて表面が冷えて地殻が形成された。原始大気は,水蒸気(H_2O),二酸化炭素(CO_2),窒素(N_2),二酸化硫黄(SO_2)などからなり,遊離の酸素(O_2)はほとんどなかったと考えられている。約40億年前までには海洋が生まれた。

(2) **有機物の生成** 生物の出現前に起こった,無機物から単純な構造の有機物を経て複雑な有機物が生成された過程を[¹   ]という。大気中や海洋底の熱水噴出孔などにおいて,二酸化炭素(CO_2)やメタン(CH_4)などの物質に,雷や紫外線,熱や圧力が加わることで,アミノ酸や糖などの有機物が生成されたと考えられている。

補足 ミラーらは,メタン・アンモニア・水素・水蒸気などに放電することで,アミノ酸などの有機物が生成することを実験で示した。

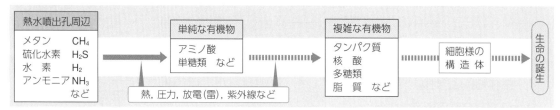

B 有機物から生物へ

有機物から細胞が誕生するためには,**秩序だった[²   ]を行う能力**,自他を区切ったり,まとまりをつくったりする[³   ]**の形成**(自己境界性の確立),子孫を増やす[⁴

]**の確立**などが必要であった。

参考 **DNAワールドとRNAワールド**

現生生物のように,DNAが遺伝情報を担い,タンパク質が触媒作用を担う生物の世界を**DNAワールド**という。これに対して,RNAが遺伝情報を担う生物の世界を**RNAワールド**という。初期の生命においては,RNAが遺伝情報と触媒作用の両方を担っていたと考えられている。

C 生物の出現とその発展

(1) **生物の出現** 生物は約40億年前までに出現したと考えられている。最古の生物化石は約35億年前のもので,現生の原核生物に似た生物の化石である。

(2) **初期の生物の特徴** 初期の生物は,海に溶けた有機物を利用して生命活動を営む従属栄養生物であったという説がある。一方で,初期の生物は,太陽の光エネルギーや無機物から得られる化学エネルギーを利用して,無機物から有機物を合成し,その有機物を分解して生命活動を営む独立栄養生物であったという説もある。

(3) **酸素発生型光合成の出現** 初期の独立栄養生物は,硫化水素(H_2S)や水素(H_2)を利用する化学合成細菌や,酸素を発生しない光合成を行う光合成細菌であったと考えられている。やがて,水(H_2O)の分解によって二酸化炭素を還元し,有機物を合成するとともに酸素(O_2)を発生する[⁵   ]のなかまが現れた。

補足 シアノバクテリアがつくる層状構造の岩石(**ストロマトライト**)が発見された地層の年代から，約27億年前までに初期のシアノバクテリアが現れたと考えられている。

(4) **好気性生物の出現** シアノバクテリアの繁栄により水中に放出された酸素は，鉄イオンと結合して酸化鉄となり，海底に沈殿してしま状鉄鉱層がつくられた。

20億〜22億年前からは，水中や大気中に酸素が蓄積し始めた。一方，大気中の二酸化炭素は，石灰岩の形成や光合成によって減少した。その結果，大気の温室効果が小さくなり，地表の温度が徐々に低下したと考えられている。

やがて，酸素を利用して有機物を二酸化炭素と水に完全に分解し，エネルギーを効率よく取り出す好気性生物が出現した。

D 真核生物の出現と進化

(1) **真核生物の出現** 真核生物は，核膜の形成と[6   ]により，遅くとも15億年前までに誕生したと考えられている。ミトコンドリアと葉緑体は，独自のDNAをもつ，分裂によって増える，などの特徴をもつことから，それぞれ好気性細菌とシアノバクテリアが，ある宿主細胞に取りこまれて共生(細胞内共生)してできたと考えられている。

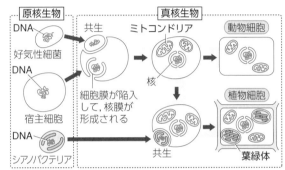

(2) **多細胞生物の出現と進化** 約10億年前までに小形の多細胞生物が出現したと考えられている。約6.5億年前には，比較的大形で軟体質のからだをもつ多様な生物が出現した([7   ])。多細胞の藻類もこのころまでに出現した。

(3) **藻類の繁栄と酸素の蓄積** 藻類が繁栄すると，藻類が行う光合成によって多量の酸素(O_2)が放出された。その結果，大気中の酸素が高濃度に蓄積してオゾン(O_3)が生じ，約5億年前までには，上空10〜50 kmの成層圏に[8   ]が形成された。オゾン層は，生物にとって有害な紫外線をさえぎる。

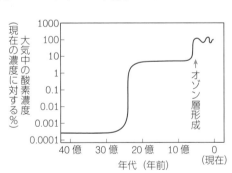

参考 **地球環境の変化と生物の移り変わり**

地球上で最古の岩石ができてから今日までを**地質時代**といい，次のように区分される。

① 約46億年前〜約5億4000万年前までを，**先カンブリア時代**という。化学進化から始まり，生命の誕生，原核生物・真核生物の出現，多細胞生物の出現がこの時代に起こった。

② 約5億4000万年前〜約2億5000万年前までを，**古生代**という。古生代初期のカンブリア紀には，**カンブリア紀の大爆発**とよばれる爆発的な生物の多様化が起こった。また，オゾン層が形成され，陸上生物が現れた。

③ 約2億5000万年前〜約6600万年前までを，**中生代**という。恐竜類，裸子植物が繁栄した。

④ 約6600万年前以降を，**新生代**という。被子植物の草原が広がり，哺乳類や鳥類が繁栄した。

[空欄の解答] 1 化学進化　2 代謝　3 膜　4 自己複製系　5 シアノバクテリア　6 細胞内共生
7 エディアカラ生物群　8 オゾン層

用語 CHECK

●一問一答で用語をチェック●

① 原始地球において有機物が生成された場所の一つと考えられている，海洋底で熱水が噴き出している場所を何というか。

② 生物が出現する前に起こった，無機物から単純な構造の有機物を経て複雑な有機物が生成されていった過程を何というか。

③ 硫化水素や水素を利用して有機物をつくる，初期の独立栄養生物は何か。

④ 酸素発生型の光合成を行う光合成細菌は何か。

⑤ ④がつくる，独特の層状構造をもつ岩石を何というか。

⑥ ある生物の細胞内に他の生物が取りこまれて共生することを何というか。

⑦ ⑥によってできたと考えられる細胞小器官は，ミトコンドリアと何か。

⑧ 約 6.5 億年前に出現した，比較的大形で軟体質のからだをもつ多様な生物群を何というか。

⑨ 酸素の蓄積によって約 5 億年前までに成層圏に形成された，オゾンを多く含む層は何か。

①_____
②_____
③_____
④_____
⑤_____
⑥_____
⑦_____
⑧_____
⑨_____

解答
① 熱水噴出孔　② 化学進化　③ 化学合成細菌　④ シアノバクテリア　⑤ ストロマトライト　⑥ 細胞内共生
⑦ 葉緑体　⑧ エディアカラ生物群　⑨ オゾン層

例題 1 真核細胞の出現と細胞小器官

解説動画

図は，真核細胞が細胞小器官を得るまでの進化の過程を示した図である。

(1) (a), (b)は何という生物か。

(2) (a)や(b)が宿主細胞に取りこまれてできた細胞小器官(c), (d)の名称を答えよ。

(3) (a)や(b)が共生して誕生した細胞(e)と(f)は，それぞれ動物細胞と植物細胞のどちらか。

(4) 図のような共生のしかたを何というか。

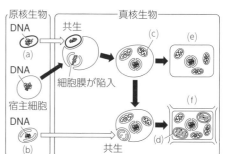

指針 好気性細菌は酸素を利用した呼吸を，シアノバクテリアは酸素発生型の光合成を行う。

解答 (1)(a) 好気性細菌　(b) シアノバクテリア　(2)(c) ミトコンドリア　(d) 葉緑体
(3)(e) 動物細胞　(f) 植物細胞　(4) 細胞内共生

基本問題

1. 原始地球と有機物の生成● 次の文章中の空欄に当てはまる語句を下の語群から選べ。

地球は約(①)億年前に誕生し，その後，原始大気をもつようになった。原始大気は現在の大気とは違って(②)がほとんどなく，(③)，二酸化炭素，窒素，二酸化硫黄などでできていたと考えられている。

原始地球で有機物が生成された可能性のある場所として海洋底の(④)が注目されている。そこは高温・高圧で，(⑤)，硫化水素，水素，アンモニアなどがあり，タンパク質の構成要素である(⑥)などが生成されたと考えられている。生物が出現する以前の，単純な無機物から生物体に必要な有機物が生成される過程を(⑦)という。

〔語群〕 (ア) 40　(イ) 46　(ウ) 水蒸気　(エ) メタン　(オ) アミノ酸　(カ) 化学進化
　　　　(キ) 熱水噴出孔　(ク) 酸素

①[　] ②[　] ③[　] ④[　] ⑤[　] ⑥[　] ⑦[　]

2. 生命誕生への過程● 図は生命誕生への過程を示したものである。以下の問いに答えよ。

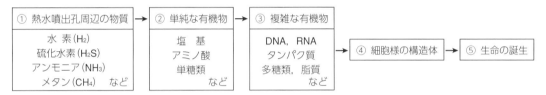

(1) 図の①→②→③の過程を促進した要因として考えられるものを2つ答えよ。
[　 , 　]

(2) 図の③→④の過程ではどのような構造をつくる必要があったか。また，それを形成するためにどのような物質が使われたか。図の「③複雑な有機物」の物質名の中から2つ選べ。
構造[　] 物質[　 , 　]

(3) 図の③→④→⑤の過程で，有機物が生物となるために必要だったものは何か。3つあげよ。
[　 , 　 , 　]

3. 生命の誕生● 次の文章中の空欄に当てはまる語句を下の語群から選べ。

有機物から生物が誕生するには，さまざまな条件が満たされる必要があった。生命の誕生以前には，鉱物の表面などで無秩序にできたタンパク質に似た物質が(①)としてはたらいたと考えられるが，その後，遺伝情報にもとづいて合成されたタンパク質が(①)としてはたらくようになり，秩序だった(②)の制御が可能となった。また，(③)とよばれる脂質の二重層からできた(④)が形成されたことで，自己と外界を区切る自己境界性が確立した。さらに，遺伝情報をもとに同じ細胞を(⑤)する(⑤)系が確立したことにより，(⑤)の過程で生じた変化を次世代の細胞に引き継ぐことができるようになった。最初の生物は約(⑥)億年前までに出現したと考えられている。

〔語群〕 (a) DNA　(b) 細胞膜　(c) 代謝　(d) 触媒　(e) リン脂質　(f) 自己複製
　　　　(g) 46　(h) 40

①[　] ②[　] ③[　] ④[　] ⑤[　] ⑥[　]

4. 生物の出現とその発展● 次の文章中の空欄に当てはまる語句を下の語群から選べ。

地球上に誕生した初期の生物は，海水中の有機物を利用していた（ ① ）生物か，あるいは，硫化水素や水素によって二酸化炭素を還元して有機物を合成していた（ ② ）生物であったと考えられている。やがて，水の分解によって生じた水素で二酸化炭素を還元し，有機物を合成する（ ③ ）のなかまが現れて繁栄した。その結果，海水中や大気中に（ ④ ）が蓄積した。（ ③ ）は，（ ⑤ ）とよばれる独特の層状構造をもつ岩石をつくることが知られている。次に，（ ④ ）を利用して有機物を二酸化炭素と水に完全に分解し，エネルギーを効率よく取り出す（ ⑥ ）の生物が出現した。その後，核をもつ（ ⑦ ）生物が出現したと考えられている。

〔語群〕 (ア) 酸素　(イ) 独立栄養　(ウ) 従属栄養　(エ) 好気性　(オ) 嫌気性
　　　　 (カ) 真核　(キ) 原核　(ク) シアノバクテリア　(ケ) ストロマトライト

①[　] ②[　] ③[　] ④[　] ⑤[　] ⑥[　] ⑦[　]

5. 原始生物の進化● 図は，原始生物が誕生してから真核生物が誕生するまでの過程と，2種類の気体(a)，(b)のそれぞれの生物への出入りを示したものである。以下の問いに答えよ。

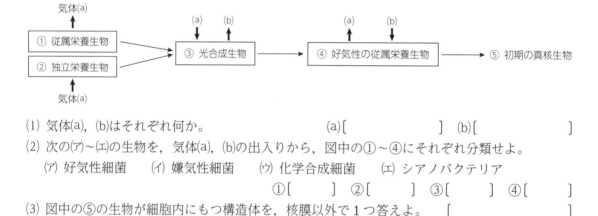

(1) 気体(a)，(b)はそれぞれ何か。　　　　　　　　　　(a)[　]　(b)[　]
(2) 次の(ア)～(エ)の生物を，気体(a)，(b)の出入りから，図中の①～④にそれぞれ分類せよ。
　　(ア) 好気性細菌　(イ) 嫌気性細菌　(ウ) 化学合成細菌　(エ) シアノバクテリア
　　　　　　　　　　①[　] ②[　] ③[　] ④[　]
(3) 図中の⑤の生物が細胞内にもつ構造体を，核膜以外で1つ答えよ。　[　]

6. 真核生物の出現● 次の文章中の空欄に当てはまる語句を下の語群から選べ。

真核生物の化石として最も古いものは，約（ ① ）億年前の（ ② ）の化石である。真核生物のからだをつくる（ ③ ）は膜構造が発達し，DNA を包む二重の膜でできた（ ④ ）をもつほか，呼吸にかかわる（ ⑤ ）や光合成にかかわる（ ⑥ ）などのさまざまな細胞小器官をもっている。（ ⑤ ）と（ ⑥ ）は2枚の膜からなり，独自の DNA をもち，細胞内で分裂する。これらの事実から，宿主細胞に取りこまれたある種の（ ⑦ ）が（ ⑤ ）になり，光合成をする（ ⑧ ）が（ ⑥ ）になったと考えられている。このような現象を（ ⑨ ）という。

（ ⑥ ）をもち光合成を行う真核生物の出現によって，海水中では（ ⑩ ）と有機物が一層増加し，大気中の（ ⑩ ）も増加していったと考えられている。

〔語群〕 19　葉緑体　　原核細胞　　好気性細菌　　ミトコンドリア　　藻類
　　　　 35　核膜　　　真核細胞　　細胞内共生　　シアノバクテリア　　酸素

　　　　　①[　] ②[　] ③[　]
　　　　　④[　] ⑤[　] ⑥[　]
　　　　　⑦[　] ⑧[　] ⑨[　]
　　　　　⑩[　]

▷ p.6 例題 1

論 7. 細胞小器官の起源● 次の文章を読み，以下の問いに答えよ。

生物の進化の過程において，呼吸の能力を獲得した細菌が別の生物の細胞内に共生した結果，(A)細胞小器官が生じた。さらに，光合成をする(B)シアノバクテリアが細胞内共生した結果，植物が誕生した。1960 年代にアメリカのマーグリスらが提唱したこの説は，現在の細胞に残るさまざまな(C)証拠から実際に起こった可能性が高いと考えられている。

(1) 下線部(A)の細胞小器官とは何か。その名称を答えよ。　　　[　　　　　　　]

(2) 下線部(B)の結果生じたと考えられる細胞小器官の名称を答えよ。　[　　　　　　　]

(3) 下線部(C)の証拠として，(1)や(2)の細胞小器官に共通する特徴を 2 つ簡潔に答えよ。

[　　　　　　　　　　　　　　　　　　　　　　　　　　　　]

[　　　　　　　　　　　　　　　　　　　　　　　　　　　] ▷p.6 例題 1

8. 多細胞生物の出現● 小形の多細胞生物は約（　①　）億年前までに出現していたと考えられている。その後，約（　②　）億年前には，(a)比較的大形で軟体質のからだをもつ多様な生物が出現している。また，多細胞の藻類もこのころまでに出現したと考えられている。藻類が繁栄すると，光合成により多量の（　③　）が放出された。これにより大気中に高濃度の（　③　）が蓄積すると，(b)成層圏に（　④　）が形成され，生物が陸上で生活できる環境が整った。

(1) 文章中の空欄に当てはまる語句を次の中から選べ。

(ア) 20　　(イ) 10　　(ウ) 6.5　　(エ) 2.5　　(オ) 酸素　　(カ) 二酸化炭素

(キ) オゾン層　　　(ク) フロン

①[　　　] ②[　　　] ③[　　　] ④[　　　]

(2) 文章中の下線部(a)の生物群は，オーストラリアにおけるその生物の化石の代表的な産出地の名前から何とよばれているか。　　　　　　　　　　　[　　　　　　　　　]

(3) 文章中の下線部(b)について，生物が陸上で生活できる環境が整った理由として最も適当なものを次の中から選べ。　　　　　　　　　　　　　　　　　　[　　　　]

(ア) （　④　）によって気温が上昇したから。

(イ) （　④　）によって太陽からの紫外線が減少したから。

(ウ) （　④　）によって大気中の二酸化炭素が増加したから。

9. 地質時代● 次の文章中の空欄に当てはまる語句を下の語群から選んで記入せよ。

地球上で最古の岩石ができてから今日までを（　①　）といい，今から約 5.4 億年前までを先カンブリア時代，約 5.4 億年前から約 2.5 億年前までを（　②　），約 2.5 億年前から約 0.66 億年前までを（　③　），約 0.66 億年前から現代までを（　④　）という。先カンブリア時代には，化学進化，細胞の進化が起こり，真核生物や多細胞生物が出現した。（　②　）のカンブリア紀には，急激に多様な多細胞生物が出現したと考えられており，この爆発的な生物の多様化は（　⑤　）とよばれている。（　③　）にはは虫類が繁栄し，植物では（　⑥　）が繁栄した。（　④　）には，植物では（　⑦　）が繁栄し，動物では（　⑧　）や鳥類が繁栄した。

［語群］　地質時代　　中生代　　古生代　　新生代　　裸子植物　　被子植物
　　　　　哺乳類　　両生類　　カンブリア紀の大爆発

①[　　　　　　] ②[　　　　　　　　] ③[　　　　　　　]

④[　　　　　　] ⑤[　　　　　　　　] ⑥[　　　　　　　]

⑦[　　　　　　] ⑧[　　　　　　　　]

2 遺伝子の変化と多様性

A 遺伝子と形質

(1) **遺伝子の変化と形質の変化** 遺伝子が変化すると，発現してできるタンパク質が変化し，形質が変化することがある。

(2) **突然変異** DNA の塩基配列が変化することを[¹　　　　　　]という。

① **置換** 1つの塩基が別の塩基に置換すると，指定するアミノ酸が変化し，形質に影響を及ぼすことがある。1つの塩基の置換によってアミノ酸を指定するコドンが終止コドンに変わる場合は，翻訳が終了し，正常なタンパク質を合成できなくなることが多い。一方で，コドンが変化しても指定するアミノ酸が変化しない場合もある。

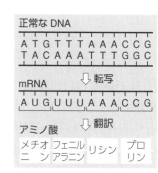

例 鎌状赤血球貧血症

赤血球が鎌状になり，酸素運搬能力が低下する遺伝病。正常なヘモグロビン遺伝子に対し，塩基が1つ置換しているために構成アミノ酸の1つがグルタミン酸からバリンに変わり，ヘモグロビンの立体構造が変化して起こる。

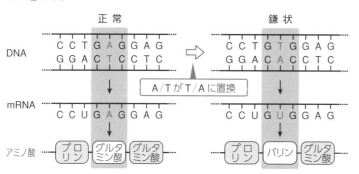

② **挿入・欠失** 3の倍数でない個数のヌクレオチドの挿入や欠失が起こると，コドンの読み枠が変わってしまう(これを[²　　　　　　]という)ため，正常なタンパク質がつくられなくなり，形質に大きな影響を与える場合が多い。

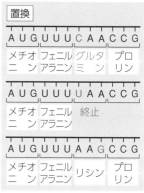

③ **遺伝子の重複・欠失** 遺伝子全体が増えて同じ遺伝子が重複するようになったり(遺伝子重複)，遺伝子全体が失われてある遺伝子が欠失したりすることもある。個体のもつ染色体の数が増えるような変化もある(染色体の倍数化など)。

B ゲノムの多様性

同種の集団内の1％以上で見られる塩基配列の個体差を遺伝的多型という。遺伝的多型には，塩基配列の特定の位置で1塩基対の置換が見られる[³　　　　　　](**SNP**)や，特定の塩基配列のくり返しの回数が個体間で異なっているという多型がある。

3 遺伝子の組み合わせの変化

A 減数分裂と受精

(1) **染色体** 真核生物では，DNA はヒストンなどのタンパク質とともに，[4　　　　]として存在する。染色体は間期には細長い糸状で核内に分散しているが，分裂期には凝縮して折りたたまれ，太く短いひも状になる。

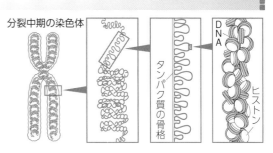

① **相同染色体** 減数分裂時に対合する，対になる染色体を[5　　　　]という。両親それぞれから受け継いだもので，常染色体では大きさと形が等しい。

補足 染色体のセットで表される細胞の染色体構成を**核相**といい，染色体のセット1組は n で表される。核相は一般に，体細胞では**複相**($2n$ で表される)，配偶子では**単相**(n で表される)である。ヒトの場合，体細胞は $2n = 46$，卵や精子は $n = 23$ で表される。

② **常染色体と性染色体** 雌雄に共通して見られる染色体を[6　　　　]，性の決定にかかわる染色体を[7　　　　]という。

③ **ヒトの染色体** ヒトの体細胞がもつ染色体は 46 本(相同染色体 23 組)で，そのうち 44 本(22 組)が常染色体，2 本(1 組)が性染色体である。ヒトの性染色体には，男女に共通して見られる[8　　　　]と男性にしか見られない[9　　　　]があり，女性の性染色体がホモ型(XX)，男性がヘテロ型(XY)である。

参考 **性決定の型**

ヒトは雄ヘテロの XY 型である。ほかに次のようなものがある(常染色体の 1 組を A で示す)。

		雄ヘテロ		雌ヘテロ	
		XY 型	XO 型	ZW 型	ZO 型
染色体の構成	雄	2A + XY	2A + X	2A + ZZ	2A + ZZ
	雌	2A + XX	2A + XX	2A + ZW	2A + Z

(2) **染色体が受け継がれる過程** 生殖のために分化した細胞を[10　　　　]という。生殖細胞のうち，卵や精子などのように合体して新個体をつくる細胞を[11　　　　]といい，配偶子の合体によって新しい個体をつくる生殖法を[12　　　　]という。有性生殖では，配偶子の形成過程で[13　　　　]が起こり，その後，両親由来の配偶子が合体して子ができる。

補足 一般に，配偶子の合体を**接合**といい，そのうち卵と精子の合体を特に**受精**という。

参考 **無性生殖**

配偶子によらない生殖を**無性生殖**といい，無性生殖では，新個体の遺伝情報はもとの個体と同じになる。無性生殖には，分裂(からだが 2 つに分かれて新個体ができる)・出芽(からだの一部が芽のように膨らんで新個体ができる)・栄養生殖(茎や根などの栄養器官が分かれて新個体ができる)などの方法がある。

空欄の解答 1 突然変異 2 フレームシフト 3 一塩基多型 4 染色体 5 相同染色体 6 常染色体 7 性染色体 8 X 染色体 9 Y 染色体 10 生殖細胞 11 配偶子 12 有性生殖 13 減数分裂

(3) **減数分裂の過程**　減数分裂では，DNA の複製の後，2 回の連続した分裂(第一分裂，第二分裂)
が起こり，1 個の母細胞から染色体数が半分の 4 個の娘細胞が生じる。

		植物細胞	特　徴
間　期			G_1 期(DNA 合成準備期)，S 期(DNA 合成期)，G_2 期(分裂準備期)がある。染色体が核内に分散。S 期に DNA が複製される。
減数分裂	第一分裂	前期 $2n$	複製されてできた 2 本の染色体がそれぞれ凝縮して，太く短い染色体となる。さらに，相同染色体が**対合**して，[1 　　　　　]が形成される。このとき，相同染色体の間で染色体の一部が交換される現象(染色体の[2 　　　　　])が起こる。 対合面／染色体／動原体／キアズマ／染色体が交差している部位／この部分の染色体が交換される／二価染色体 二価染色体
		中期	二価染色体が赤道面に並び，紡錘体が完成する。 赤道面／紡錘体
		後期	二価染色体が対合面で分かれ，染色体がそれぞれ両極へ移動する。
		終期	細胞板によって細胞質が二分される。このとき，娘核の染色体構成は n になる。 続いて，DNA の複製を行わずに第二分裂の前期に入る。 細胞板
	第二分裂	前期 n	
		中期	染色体が赤道面に並ぶ。
		後期	複製された染色体どうしが付着している面で分離して，両極へ移動する。
		終期	染色体の凝縮がなくなり，核膜が形成される。娘核の染色体構成は n のままである。細胞質が二分され，DNA 量が母細胞の半分になった娘細胞が 4 個生じる。

参考 **減数分裂とDNA量の変化**

　減数分裂では，DNAの複製の後，2回の連続した分裂が起こるため，体細胞分裂とは異なり，娘細胞のDNA量は母細胞の半分となる。

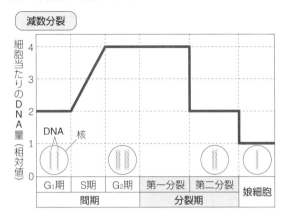

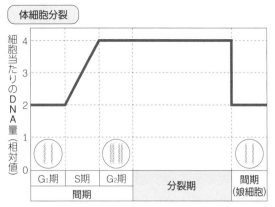

B 染色体と遺伝子

(1) **遺伝子座**　染色体において遺伝子が占める位置のことを[3　　　　　]といい，その位置は同じ種では共通である。相同染色体の同じ遺伝子座に，異なる形質を現す遺伝子が複数存在する場合，異なる遺伝子それぞれを[4　　　　　]（**アレル**）という。

(2) **遺伝子型**　遺伝子はアルファベットなどの遺伝子記号を用いて表されることが多く，顕性（優性）遺伝子はAのように大文字で，潜性（劣性）遺伝子はaのように小文字で表されることが多い。

　個体がもつ遺伝子の組み合わせはAAのように表され，[5　　　　]型という。AA，aaのように，着目する遺伝子座の遺伝子が同じ個体を[6　　　]接合体，Aaのように遺伝子が異なる個体を[7　　　]接合体という。

(3) **減数分裂・受精と遺伝子**　有性生殖では，子の遺伝情報は親の遺伝情報を組み合わせたものになる。遺伝子型AAとaaの両親から生じた子の遺伝子型は，親からそれぞれ遺伝子A，aを受け継いでAaとなる。

補足　遺伝子型に対して，ある遺伝子によって個体に現れる形質を**表現型**という。遺伝子記号に[　]をつけて[A]のように表されることもある。

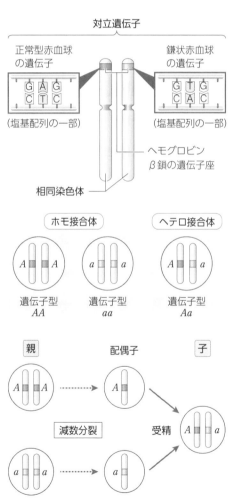

空欄の解答　1 二価染色体　2 乗換え　3 遺伝子座　4 対立遺伝子　5 遺伝子　6 ホモ　7 ヘテロ

C 遺伝子の組み合わせの変化

(1) **独立と連鎖** 異なる染色体にある遺伝子は[¹　　　　　]しているという。これに対して，同じ染色体にある遺伝子は[²　　　　　]しているという。

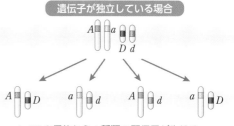

遺伝子が独立している場合

母細胞

配偶子

AaDd の個体から 4 種類の配偶子が生じる。

(2) **独立している場合の配偶子の遺伝子の組み合わせ** 独立している遺伝子は，減数分裂の際，互いに影響しあうことなく独立に配偶子に入る(メンデルの独立の法則)。

(3) **連鎖している場合の配偶子の遺伝子の組み合わせ**

① 連鎖している遺伝子の間で染色体の乗換えが起こらなければ，連鎖している遺伝子は同じ配偶子に入る。

② 連鎖している遺伝子の間で染色体の乗換えが起こると，新たな遺伝子の組み合わせをもつ配偶子が生じ，遺伝子の組み合わせは多様化する。染色体の乗換えによって，対立遺伝子間の新しい連鎖が生じることを，遺伝子の[³　　　　　]という。

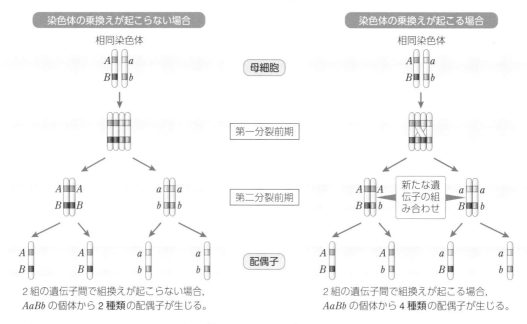

染色体の乗換えが起こらない場合

相同染色体

第一分裂前期

第二分裂前期

配偶子

2 組の遺伝子間で組換えが起こらない場合，
AaBb の個体から 2 種類の配偶子が生じる。

染色体の乗換えが起こる場合

相同染色体

新たな遺伝子の組み合わせ

2 組の遺伝子間で組換えが起こる場合，
AaBb の個体から 4 種類の配偶子が生じる。

組換えを起こした配偶子の割合を[⁴　　　　　]といい，次式で示される。

$$組換え価(\%) = \frac{組換えを起こした配偶子の数}{全配偶子の数} \times 100$$

参考　検定交雑

　ある個体を潜性のホモ接合体と交配することを**検定交雑**という。検定交雑で得られる子の表現型の分離比は，その個体(親)の配偶子の遺伝子の組み合わせとその割合と一致する。遺伝子型 *BbLl* と *bbll* の個体を交配(検定交雑)したとき，子の表現型の分離比[*BL*]：[*Bl*]：[*bL*]：[*bl*]から，遺伝子 *B*(*b*) と *L*(*l*) の関係が次のように推定できる。

1：1：1：1→独立　　　　1：0：0：1または0：1：1：0 → 連鎖して組換えが起こっていない

n：1：1：*n* または 1：*n*：*n*：1(ただし，*n* ≠ 0, 1) → 連鎖して組換えが起こっている

参考 **染色体地図**

染色体の乗換えが染色体の場所によらず一定の割合で起こるとすると，遺伝子間の距離が遠いほど組換えが起こりやすいといえるため，組換え価をもとに染色体地図を作成できる。連鎖している3つの遺伝子A，B，Cの組換え価が$A-B$間で7％，$B-C$間で3％，$C-A$間で10％となる場合，A，B，Cは上図のように配列していると考えられる。

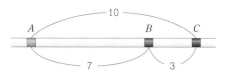

参考 **二重乗換え**

染色体の乗換えは，1対の相同染色体間で複数回起こることもある。1対の相同染色体間で2回の乗換えが起こることを二重乗換えという。2つの遺伝子の間で二重乗換えが起こった場合，これらの遺伝子の連鎖関係は，乗換えが起こらなかったときと同じになる。

(4) **受精による遺伝子の組み合わせ**　遺伝子型が$AaBbDd$のある個体において，遺伝子$A(a)$と遺伝子$B(b)$が連鎖していて，遺伝子$D(d)$が異なる染色体に存在するとき，有性生殖によって生じる遺伝子の組み合わせは次のようになる。

遺伝子型 $AaBbDd$ の個体

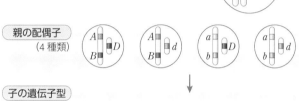

① **組換えが起こらない場合**　遺伝子$A(a)$と遺伝子$B(b)$の間で組換えが起こらないとき，この個体からは右図のような4種類の配偶子が生じ，これらの配偶子の受精によってできる子の遺伝子型は9種類となる。

親の配偶子（4種類）

子の遺伝子型（9種類）

$AABBDD$，　$AABBDd$，　$AABBdd$，　$AaBbDD$，　$AaBbDd$，
$AaBbdd$，　$aabbDD$，　$aabbDd$，　$aabbdd$

② **組換えが起こる場合**　遺伝子$A(a)$と遺伝子$B(b)$の間で組換えが起こるとき，この個体からは右図のような8種類の配偶子が生じ，これらの配偶子の受精によってできる子の遺伝子型は27種類となる。

このように有性生殖では，配偶子形成と受精によって，多様な遺伝情報の組み合わせが生じる。

親の配偶子（8種類）

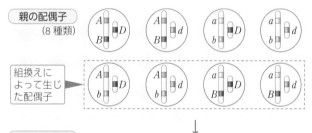

組換えによって生じた配偶子

子の遺伝子型（27種類）

$AABBDD$，　$AABBDd$，　$AABBdd$，　$AABbDD$，　$AABbDd$，
$AABbdd$，　$AAbbDD$，　$AAbbDd$，　$AAbbdd$，　$AaBBDD$，
$AaBBDd$，　$AaBBdd$，　$AaBbDD$，　$AaBbDd$，　$AaBbdd$，
$AabbDD$，　$AabbDd$，　$Aabbdd$，　$aaBBDD$，　$aaBBDd$，
$aaBBdd$，　$aaBbDD$，　$aaBbDd$，　$aaBbdd$，　$aabbDD$，
$aabbDd$，　$aabbdd$

参考 **乗換えと遺伝子重複**

減数分裂の第一分裂前期に乗換えが起こるとき，対合する位置がずれて乗換えが起こると，一方の染色体で遺伝子が重複することがある（**遺伝子重複**）。重複した遺伝子は，突然変異によって変化して新たな機能をもつようになることがある。

ずれて対合　　遺伝子が重複

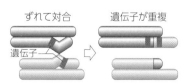

遺伝子

空欄の解答　1 独立　2 連鎖　3 組換え　4 組換え価

4 進化のしくみ

A 進化と突然変異

同種の個体間に見られる形質の違いを[1　　　　]という。変異には環境変異と**遺伝的変異**があり，進化に関係するのは遺伝的変異である。遺伝的変異は[2　　　　]によって生じる。体細胞にのみ生じた突然変異は遺伝しないが，配偶子に生じた突然変異は，受精を経て次代に受け継がれる。つまり，配偶子に生じた突然変異が進化に関係している。

参考 **遺伝子突然変異と染色体突然変異**

突然変異には，DNA の塩基配列に置換・欠失・挿入などの変化が生じて起こる遺伝子突然変異以外に，染色体の形や数に異常が生じて起こる染色体突然変異がある。染色体の形の異常には，右図のような欠失・逆位・重複・転座がある。染色体の数の異常には，染色体数が $2n \pm \alpha$ となる異数性(ヒトのダウン症候群 $2n + 1 = 47$)や，染色体数が基本数の3倍や4倍などになる倍数性がある。

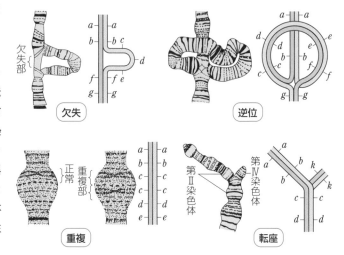

B 集団としての進化

(1) **遺伝子プールと遺伝子頻度**　同種の集団がもつ遺伝子の集合全体を[3　　　　]といい，遺伝子プールにおける対立遺伝子(アレル)の割合を[4　　　　]という。

(2) **遺伝子頻度の変化**　生物の進化は，一般に，集団の中で突然変異が起こり，それが**遺伝的浮動**や**自然選択**によって集団内に広がる(遺伝子頻度が変化する)ことで起こると考えられている。

(3) **遺伝的浮動**　有性生殖を行う生物においては，自然選択とは無関係に偶然によって遺伝子頻度が変化することがある。これを[5　　　　]という。集団が小さいほど遺伝的浮動の影響は大きくなりやすい。

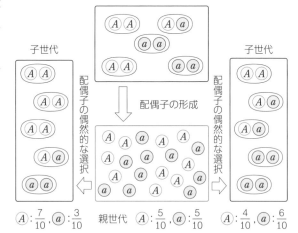

参考 **びん首効果**

集団の個体数が急激に減少すると，遺伝的浮動の影響を受けやすくなり，その集団の遺伝的多様性が減少することがある。このような，集団の個体数の急減を**びん首効果**という。

(4) **自然選択と適応**　遺伝的変異をもつ個体間に競争が生じると，繁殖や生存に有利な変異をもつ個体がより多くの子を残す。このようにして自然界で起こる選択を，[6　　　　]という。生物がそれぞれの生息する環境に**適応**しているのは，自然選択の結果である。

参考 **工業暗化**

　オオシモフリエダシャクというガの野生型は白地で明るい色をしている(明色型)。ところが, イギリスの工業地帯では樹幹が大気汚染によって黒ずんだために明色型の個体がよく目立ち, 鳥に捕食されやすくなった。その結果, 突然変異で生じた体色の黒い暗色型の割合が増加した。

参考 **性選択**

　生殖の際に起こる競争によって自然選択が起こることがあり, これを**性選択**という。ゾウアザラシでは, 雄どうしが雌をめぐって競争するため, よりからだの大きい雄が繁殖に有利となる。クジャクでは, 雌が好むより美しくりっぱなはねをもつ雄が繁殖に有利となる。

(5) **共進化**　生物は, 非生物的環境だけでなく, 他の生物に対して適応する場合もある。複数の種が互いに影響を及ぼしながらともに進化することを[⁷　　　　　]という。

　　例　ランの距とその蜜を吸うスズメガの口器は, ともに長くなるほうに進化してきた。

　　また, 鳥が毒をもつハチと同じ模様をもつ昆虫類をあまり捕食しなくなったことで, 毒をもたないハナアブがハチに似た模様をもつ(擬態する)ことが, 生存に有利にはたらいた。

参考 **適応放散と収れん**

① **相同器官と適応放散**　外観やはたらきが異なっていても, 発生起源が同じで, 同じ基本構造をもつ器官を**相同器官**という。生物が, 共通の祖先から異なる環境へ適応して多様化することを**適応放散**といい, 相同器官の外観やはたらきが異なるのは適応放散の結果である。

② **相似器官と収れん**　起源は異なるが, 似た形態やはたらきをもつように変化してできた器官を**相似器官**という。同じような環境で同じような自然選択が起こった結果, 異なる生物が似た形態をもつようになる現象を**収れん**といい, 相似器官が生じるのは収れんの結果である。

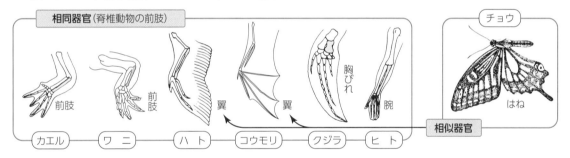

参考 **ハーディ・ワインベルグの法則**

　次の条件を満たす生物の集団では, 世代をこえて遺伝子頻度が変わらず, 遺伝子型頻度は関係する対立遺伝子の遺伝子頻度の積で表される。これを**ハーディ・ワインベルグの法則**という。

〔条件〕　① 集団の個体数が大きく, 遺伝的浮動の影響を無視できる。

　　② 注目する形質に対する自然選択がはたらいていない。

　　③ 自由な交配が行われる。

　　④ 突然変異が起こらない。

　　⑤ 集団内への移入や集団外への移出がない。

〈証明〉　遺伝子頻度を$A:a = p:q$とすると, 配偶子がAをもつ確率はp, これに対してaをもつ確率はqである($p + q = 1$)。したがって, 次の世代は$(pA + qa)^2$の展開式で$p^2AA + 2pqAa + q^2aa$となる。子の集団のAとaの比率は,

$$A:a = (2 \times p^2 + 2pq):(2pq + 2 \times q^2) = 2p(p + q):2q(p + q) = p:q$$

となる。子世代のAとaの遺伝子頻度は, 親世代の遺伝子頻度とまったく同じである。

空欄の解答　1 変異　2 突然変異　3 遺伝子プール　4 遺伝子頻度　5 遺伝的浮動　6 自然選択　7 共進化

C 実際の生物集団と進化

実際の生物集団では，突然変異，自然選択，遺伝的浮動，遺伝子の流入・流出などによって常に遺伝子頻度が変動している。

- 生存に有利な突然変異が生じた遺伝子は，自然選択によって集団に広がりやすい。
- 生存に不利な突然変異が生じた遺伝子は，自然選択によって集団から排除されやすい。
- 中立的な突然変異が生じた遺伝子は，遺伝的浮動によって遺伝子頻度が変化する。
- 環境の変化により，中立的であった遺伝子が有利になる場合もある。

```
もとの集団の遺伝子頻度
      ↓         ← 突然変異
 (変異が生じる)
      ↓
 自然選択 →    ← 遺伝的浮動
              ← 遺伝子の流入・流出
      ↓
 次の集団の遺伝子頻度
```

D 種分化

(1) **種と種分化**　生物の分類の基本的な単位を [¹　　　] という。種は共通した形態的・生理的な特徴をもつ個体の集まりで，同種内での交配により生殖能力をもつ子をつくることができる。進化によってある種から新しい種ができることを [²　　　] という。

　補足　一般に，種の形成に至らないような進化を**小進化**といい，新しい種が形成されるレベル以上の進化を**大進化**という。

(2) **隔離**　地理的な障害などにより同種の集団の間で自由な交配ができなくなると，その集団の遺伝子プールは分断される。このような現象を [³　　　　] という。

　また，交配できない，もしくは，交配しても生殖能力のある子ができない状態を [⁴　　　　] という。生殖的隔離は種分化した状態である。

(3) **異所的種分化**　地理的隔離によって起こる種分化を [⁵　　　　] といい，種分化は地理的隔離が原因となって生殖的隔離が生じて起こることが多い。隔離された環境に適応することや，隔離された集団に生じた突然変異が遺伝的浮動によって偶然に蓄積することで起こる。

　例　ガラパゴス諸島におけるダーウィンフィンチの種分化

(4) **同所的種分化**　地理的に隔離されていない集団で起こる種分化を [⁶　　　　] という。突然変異によって，形態や生殖行動，繁殖時期などに違いが生じることによって起こる。

　例　アメリカ中部において，サンザシミバエの集団の一部から生じたリンゴミバエ

(5) **染色体の倍数化と種分化**　染色体の倍数化によって，短期間で同所的種分化が起こることがある。

　例　3種のバラモンジン属の植物がアメリカ北部に移入された後，これらの植物の雑種が倍数化することでできた新種が2種発見された。現在栽培されているパンコムギも，別種間の交配や染色体の倍数化によって生じたと考えられている。

　補足　体細胞の染色体数が基本数 (x) と倍数関係にある個体を**倍数体**といい，2倍 ($2x$) で表せる個体を二倍体，4倍 ($4x$) で表せる個体を四倍体という。二倍体から四倍体になるような変化を倍数化という。

空欄の解答　1 種　2 種分化　3 地理的隔離　4 生殖的隔離　5 異所的種分化　6 同所的種分化

用語 CHECK

① DNA が損傷したり誤って複製されたりすることで，DNA の塩基配列が変化することを何というか。

② DNA の塩基配列のある範囲の特定の位置で，1 塩基対のみの置換が見られるような遺伝的多型を何というか。

③ 体細胞に見られる，大きさと形が同じ染色体を何というか。

④ 性の決定にかかわる染色体を何というか。

⑤ 染色体数が半減する細胞分裂を何というか。

⑥ ⑤の際に，相同染色体が対合して生じる染色体を何というか。

⑦ 染色体において遺伝子が占める位置を何というか。

⑧ 同じ染色体上に複数の遺伝子が存在する場合，これらの遺伝子はどのような関係にあるというか。

⑨ 染色体の乗換えによって対立遺伝子間に新しい⑧が生じることを何というか。

⑩ ある個体から生じた全配偶子のうち，遺伝子の⑨を起こした配偶子の割合を何というか。

⑪ ある生物種の集団がもつ遺伝子の集合全体を何というか。

⑫ ⑪における対立遺伝子の割合を何というか。

⑬ 偶然による⑫の変化を何というか。

⑭ 個体間の遺伝的変異に応じて自然界で起こる選択を何というか。

⑮ 生物が環境に対して，形態的，生理的あるいは行動的に有利な形質を備えていることを何というか。

⑯ 複数の種が互いに影響を及ぼしながらともに進化することを何というか。

⑰ 生物の分類の基本的な単位を何というか。

⑱ 進化によって 1 つの種から新しい種ができたり，1 つの種が複数の種に分かれたりすることを何というか。

⑲ 同種の生物の集団が地理的な要因で隔離され，その集団の遺伝子プールが分断されることを何というか。

①
②
③
④
⑤
⑥
⑦
⑧
⑨
⑩
⑪
⑫
⑬
⑭
⑮
⑯
⑰
⑱
⑲

第1章 生物の進化 ②

解答

① 突然変異　② 一塩基多型(SNP)　③ 相同染色体　④ 性染色体　⑤ 減数分裂　⑥ 二価染色体　⑦ 遺伝子座
⑧ 連鎖　⑨ 組換え　⑩ 組換え価　⑪ 遺伝子プール　⑫ 遺伝子頻度　⑬ 遺伝的浮動　⑭ 自然選択　⑮ 適応
⑯ 共進化　⑰ 種　⑱ 種分化　⑲ 地理的隔離

例題 2 組換え価

解説動画

　ある生物のもつ2組の対立遺伝子 A, a と B, b は，遺伝子 A と B, a と b がそれぞれ同一染色体上に存在している。遺伝子型 $AABB$ の個体と $aabb$ の個体を両親として交配すると，F_1（雑種第一代）の遺伝子型はすべて $AaBb$ となった。この F_1 を $aabb$ と交配すると，次代には $AaBb$ が 804 個体，$Aabb$ が 97 個体，$aaBb$ が 103 個体，$aabb$ が 796 個体生じた。この交配結果から，A と B の遺伝子間の組換え価を小数第一位まで求めよ。

指針　A と B，a と b が連鎖しているので，両親である $AABB$，$aabb$ がつくる配偶子の遺伝子の組み合わせはそれぞれ AB と ab である。よって，この両親から生じる F_1（遺伝子型 $AaBb$）も，A と B，a と b がそれぞれ連鎖した状態となる。F_1 と交配させた $aabb$ がつくる配偶子の遺伝子の組み合わせは ab のみなので，F_1 と $aabb$ の交配で生じる次代の表現型の分離比は，F_1 がつくる配偶子の遺伝子の組み合わせの分離比と一致することになる。したがって，F_1 がつくる配偶子の遺伝子の組み合わせの分離比は，次代の表現型の分離比と同じく AB：Ab：aB：$ab = 804$：97：103：796 となる。この配偶子の中で組換えによって生じたものは Ab と aB なので，組換え価は以下のように求められる。

$$組換え価（\%）= \frac{組換えを起こした配偶子 Ab と aB の合計数}{全配偶子数} \times 100$$

$$= \frac{97 + 103}{804 + 97 + 103 + 796} \times 100 ≒ 11.1\%$$

解答　**11.1 %**

例題 3 ハーディ・ワインベルグの法則

解説動画

　ハーディ・ワインベルグの法則が成り立っているある生物種の集団について，遺伝子プール内の遺伝子 A と a の数を調べると，A が 8000 個，a が 2000 個であった。

(1) この遺伝子プールにおける遺伝子 A と a の遺伝子頻度をそれぞれ答えよ。

(2) この遺伝子プールにおける次代の遺伝子型 AA の個体の割合を答えよ。

(3) この遺伝子プールにおける次代の遺伝子型 Aa の個体の割合を答えよ。

指針　(1) 遺伝子プール内の全遺伝子（10000 個）に対する遺伝子 A，a の割合を求めればよい。

$$A の遺伝子頻度 = \frac{8000}{8000 + 2000} = 0.8$$

$$a の遺伝子頻度 = \frac{2000}{8000 + 2000} = 0.2$$

(2), (3) (1)で求められる遺伝子 A の遺伝子頻度を p，遺伝子 a の遺伝子頻度を q とする（$p + q = 1$）。この集団内で自由に交配が行われると，次代の遺伝子頻度は表のようになり，これを式で表すと $(pA + qa)^2 = p^2AA + 2pqAa + q^2aa$ となる。よって，AA の割合は p^2，Aa の割合は $2pq$ となる。

	pA	qa
pA	p^2AA	$pqAa$
qa	$pqAa$	q^2aa

$$AA の割合 = p^2 = (0.8)^2 = 0.64$$

$$Aa の割合 = 2pq = 2 \times 0.8 \times 0.2 = 0.32$$

解答　(1) **A の遺伝子頻度…0.8，a の遺伝子頻度…0.2**　　(2) **0.64**　　(3) **0.32**

基本問題 リード C

10. **遺伝情報の変化と形質の変化●** 次の文章を読み，以下の問いに答えよ。

　DNA の塩基配列は，放射線などによって損傷を受けたり，複製のミスが偶然に起こったりして変化することがある。DNA の塩基配列が変化することを（　ア　）という。（　ア　）が形質に影響する例の一つに鎌状赤血球貧血症がある。鎌状赤血球貧血症の患者のヘモグロビン β 鎖の遺伝子では，1 か所の塩基配列が A/T から T/A に変化する塩基の（　イ　）が起こり，指定されるアミノ酸がグルタミン酸からバリンに変化する。このアミノ酸の変化により，合成されるタンパク質の立体構造が変わり，ふつうは円盤状である赤血球が鎌状に変形し，貧血が生じる。これに対して，1 塩基の（　イ　）によって指定するアミノ酸が変化しない場合や，塩基配列がアミノ酸を指定しない終止コドンに変化し，正常なタンパク質が合成されないこともある。また，塩基配列に他の塩基が加わる（　ウ　）や，塩基が失われる（　エ　）が起こると，翻訳のときにコドンの読みわくがずれる（　オ　）が起こり，それ以降のアミノ酸配列が大きく変化することがある。

(1) 文章中の空欄に当てはまる語句を答えよ。

　　　　　　　　　　(ア)[　　　　　　　　]　(イ)[　　　　　　　　]　(ウ)[　　　　　　　　]

　　　　　　　　　　(エ)[　　　　　　　　]　(オ)[　　　　　　　　]

(2) 文章中の下線部のようなことが起こる理由として適当なものを，下の①～③から選べ。

　① (イ)によって変化した塩基は転写されないため。

　② (イ)によって変化した塩基は，RNA に写し取られる際にもとの塩基にもどるため。

　③ 複数のコドンが同じアミノ酸を指定することがあるため。　　　　　　　　[　　　　　　]

11. **突然変異●** 次の図 A は正常な塩基配列を，図 B ～ F は突然変異の例を示している。

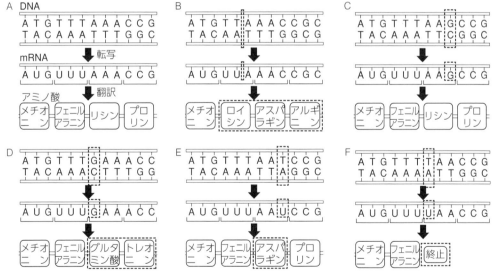

(1) 図 B ～ F は何という突然変異か，以下の(ア)～(ウ)からそれぞれ選べ。なお，同じものを何度選んでもよい。

　(ア) 置換　　(イ) 挿入　　(ウ) 欠失

　　　　　　　　　　　B[　　　]　C[　　　]　D[　　　]　E[　　　]　F[　　　]

(2) 図 B ～ F のうち，タンパク質に変化が起こらないものをすべて答えよ。　　[　　　　　　]

12. 染色体● 真核細胞の染色体に関する次の文章を読み，以下の問いに答えよ。

真核細胞の場合，遺伝情報の本体である（ ① ）は（ ② ）などのタンパク質とともに（ ③ ）として核内に存在している。細胞周期の（ ④ ）期には，核の中に細い糸状の（ ③ ）が分散して存在している。分裂期には（ ③ ）は図のように何重にも折りたたまれ，太いひも状になる。

(1) 文章中の空欄に適当な語句を記入せよ。

①[   ] ②[   ] ③[   ] ④[   ]

(2) 図中の染色体は，分裂期の中期，後期，終期のどの時期のものか。 [   ]

(3) 図中の(a)，(b)の物質名を答えよ。 (a)[   ] (b)[   ]

13. 染色体の構成● 次の文章を読み，以下の問いに答えよ。

真核細胞の場合，DNA は核内でタンパク質とともに（ ① ）として存在する。ふつう1個の体細胞には同形・同大の（ ① ）が対になって存在しており，これらを（ ② ）という。ヒトの場合，23 組ある（ ① ）のうち，22 組は男女に共通して見られるもので，（ ③ ）という。残りの1組は性の決定にかかわるもので（ ④ ）という。（ ④ ）のうち男女に共通して見られるものを（ ⑤ ），男性にしか見られないものを（ ⑥ ）という。女性は（ ⑤ ）を2本もち，男性は（ ⑤ ）1本と（ ⑥ ）1本をもつ。

(1) 文章中の空欄に当てはまる語句を下の語群から選べ。

〔語群〕 (ｱ) X 染色体　　　(ｲ) Y 染色体　　　(ｳ) 常染色体　　　(ｴ) 性染色体　　　(ｵ) 染色体
(ｶ) 相同染色体　　　(ｷ) DNA

①[   ] ②[   ] ③[   ] ④[   ] ⑤[   ] ⑥[   ]

(2) 文章中の下線部について，女性と男性の性染色体の構成はそれぞれホモ型とヘテロ型のどちらか。 女性[   ] 男性[   ]

14. 遺伝情報の分配● 次の文章を読み，あとの問いに答えよ。

生物は生殖によって新しい個体（子孫）を残す。卵や精子などの合体によって新しい個体をつくる生殖法を（ ① ）という。生殖のために特別に分化した細胞を（ ② ）といい，（ ② ）のうち，合体して新個体となる細胞を（ ③ ）という。（ ③ ）を形成する過程で起こる，染色体数を半減させる特別な細胞分裂を（ ④ ）といい，1個の母細胞から最終的に（ ⑤ ）個の娘細胞ができる。（ ④ ）の際，親のもつ1対の対立遺伝子（A と a など）は，別々の（ ③ ）に分配される。受精のときには，母親由来の（ ③ ）と父親由来の（ ③ ）が合体して子ができるので，受精卵の染色体数は親の体細胞の染色体数⑥[の半分，と同じ，の倍]になる。つまり，子の体細胞の染色体数は親の体細胞の染色体数⑦[の半分，と同じ，の倍]になる。

(1) 文章中の空欄①～⑤に当てはまる語句を下の語群から選べ。

〔語群〕 生殖細胞　　配偶子　　有性生殖　　無性生殖　　減数分裂　　分離　　2　　4

①[   ] ②[   ] ③[   ]

④[   ] ⑤[   ]

(2) 文章中の⑥，⑦に当てはまる語句を，〔 ， ， 〕中からそれぞれ選べ。

⑥[   ] ⑦[   ]

15. 減数分裂● 次の文章中の空欄に当てはまる語句を下の語群から選べ。

減数分裂に先立って，間期には，遺伝情報を担う物質である（ ① ）が複製される。減数分裂第一分裂の前期になると，細長い糸状の（ ② ）は凝縮して，太く短いひも状になる。減数分裂では体細胞分裂とは異なり，同形・同大の（ ③ ）どうしが対合して（ ④ ）が形成される。このとき，（ ③ ）の間で交差が起こって，（ ② ）の一部が交換される（ ⑤ ）が起こることがある。染色体の（ ⑤ ）によって，染色体が交差している部分を（ ⑥ ）という。中期には（ ④ ）が赤道面に並んで紡錘体が完成する。後期には（ ④ ）は対合面で分かれて両極に移動する。終期には，（ ⑦ ）が起こって細胞質が二分され，第一分裂が終了する。続いて，細胞は第二分裂の前期に入る。第二分裂の中期には（ ② ）が赤道面に並び，後期には（ ② ）が縦裂面で分離して両極に移動する。終期には（ ② ）の凝縮がなくなり（ ⑧ ）が形成され，（ ⑦ ）が起こる。減数分裂を経て，母細胞の染色体数の半分の染色体数をもつ娘細胞が（ ⑨ ）個できる。

〔語群〕 (ア) 2　 (イ) 4　 (ウ) DNA　 (エ) 染色体　 (オ) 二価染色体
(カ) 相同染色体　 (キ) 核膜　 (ク) 細胞質分裂　 (ケ) 乗換え　 (コ) キアズマ

①[　] ②[　] ③[　] ④[　] ⑤[　]
⑥[　] ⑦[　] ⑧[　] ⑨[　]

16. 減数分裂の過程● 図は体細胞の染色体の構成が $2n = 4$ の減数分裂の過程を順不同で示したものである。

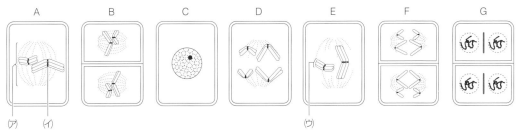

(1) 図を C から順に減数分裂の正しい順に並べよ。

[　C　 →　 　 →　 　 →　 　 →　 　 →　 　]

(2) A 〜 G のうち，第二分裂に属するものをすべて選べ。　　　　[　]

(3) 図中の(ア)〜(ウ)の名称を答えよ。

(ア)[　] (イ)[　] (ウ)[　]

(4) A 〜 G のうち，染色体が交差して乗換えが起こる可能性があるのはどの時期か。　[　]

(5) この分裂によってできる配偶子の染色体の構成を答えよ。　　　　[　]

17. 細胞分裂と DNA 量● グラフは細胞分裂における DNA 量の変化を示したものである。

(1) 減数分裂を示したグラフは(a)，(b)のどちらか。　　[　]

(2) 次の①，②に該当するものを図中の(ア)〜(オ)からそれぞれ選べ。

① 分裂期　　　　　　[　]

② DNA 合成期　　　　[　]

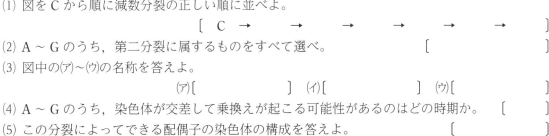

18. 減数分裂の観察● 次の文章は, ヌマムラサキツユクサを使って減数分裂の観察実験を行うときの手順を示したものであり, 図はそのときに観察された顕微鏡像である。

ヌマムラサキツユクサの 2 ~ 3mm 程度の大きさのつぼみを(a)酢酸アルコール液に浸した後, (b)ある部分を取り出し, スライドガラス上で柄付き針を用いてつぶす。これに(c)ある染色液を 2 ~ 3 滴落としてカバーガラスをかけて軽く押しつぶして検鏡する。

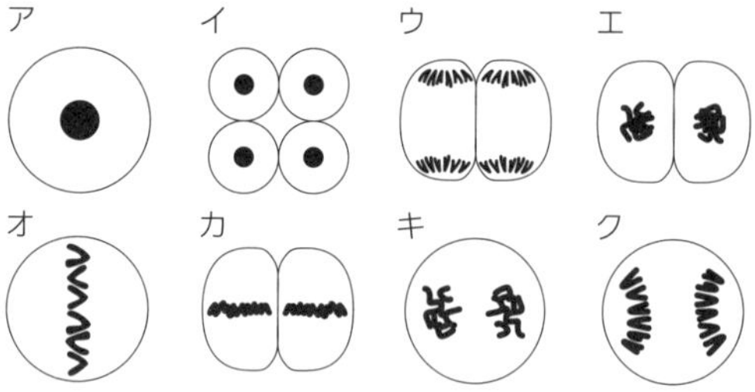

(1) 文章中の下線部(a)は何のための操作か。次の中から選べ。

  (ア) 解離　　(イ) 固定　　(ウ) 染色　　　　　　　　　　[　　　]

(2) 下線部(b)について, つぼみのどの部分を観察するのが最もよいか。次の中から選べ。

  (ア) めしべの子房　　(イ) めしべの胚珠　　(ウ) おしべのやく　　(エ) おしべの毛　　[　　　]

(3) 下線部(c)の染色液として適当なものを, 次の中から選べ。

  (ア) 塩酸　　(イ) 酢酸オルセイン液　　(ウ) リトマス液　　　　[　　　]

(4) 図のア~クを, アから順に減数分裂の過程の順に並べよ。

    [　ア　→　　　　→　　　　→　　　　→　　　　→　　　　→　　　　]

(5) ヌマムラサキツユクサの体細胞の染色体の構成は $2n =$ □ である。□ に当てはまる数字を図から判断して答えよ。　　　　　　　　　　　　　　　　　　　[　　　]

19. 減数分裂と染色体● 図 1 は, ある動物の減数分裂におけるある時期の染色体像(模式図)である。

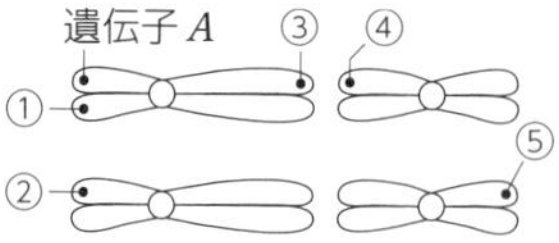

(1) 図 1 の(ア)は, 相同染色体どうしが平行に並んで対合し, 形成されるものである。(ア)の名称を答えよ。　　　[　　　　　　　]

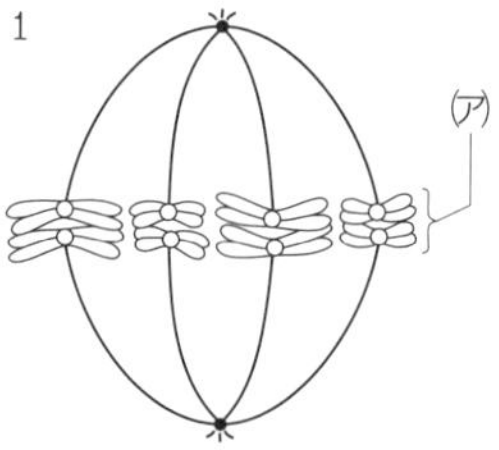

(2) 図 1 のような染色体像が見られるのは, 減数分裂のどの時期か。

            [　　　　　　　]

(3) この動物がつくる配偶子の DNA 量を 1 とすると, 図 1 の時期の細胞の DNA 量はいくらか。　　　　　　[　　　　　　　]

(4) 図 2 は, ある 1 組の対立遺伝子 A, a について遺伝子型が Aa である動物の細胞分裂時の染色体の一部を示したものである。遺伝子 a が存在する位置を, 図 2 の①~⑤の中から 1 つ選べ。　　　　　　　　　　　　[　　　]

(5) (4)の下線部のような, 染色体上で遺伝子が存在する位置を何というか。　　[　　　]

図 1

図 2

遺伝子 A

20. 染色体と遺伝子● ある形質に関する遺伝子は, 染色体の特定の位置に存在しており, このような染色体に占める遺伝子の位置のことを(ア)という。同じ(ア)に, 異なる形質を現す遺伝子が複数存在する場合, 異なる遺伝子それぞれを(イ)という。

(1) 文章中の空欄に当てはまる語句を答えよ。

           (ア)[　　　　　　] (イ)[　　　　　　]

(2) 相同染色体の同じ(ア)に① 遺伝子 A と a が存在する場合, ② いずれにも遺伝子 A が存在する場合, その個体をそれぞれ何接合体というか。

         ①[　　　　　] ②[　　　　　]

(3) (2)の①および②の個体の遺伝子型を答えよ。　　①[　　　　] ②[　　　　]

21. 遺伝子と形質● 次の文章中の空欄に当てはまる語句を下の語群から選べ。

　対立遺伝子によって発現する対立する1対の形質を（　①　）という。（　①　）をもつ個体どうしを親として交雑し，次代に一方の形質のみが現れた場合，現れた形質を（　②　），現れなかった形質を（　③　）という。（　②　）の情報をもつ遺伝子を（　④　），（　③　）の情報をもつ遺伝子を（　⑤　）という。対立遺伝子はアルファベット A や a などの遺伝子記号を用いて表されることが多く，（　④　）は大文字で，（　⑤　）は小文字で表されることが多い。Aa のように表した，個体がもつ遺伝子の組み合わせを（　⑥　）という。（　⑥　）に対して，遺伝子によって個体に現れる形質のことを（　⑦　）という。

〔語群〕 顕性形質　顕性遺伝子　潜性形質　潜性遺伝子　対立形質
　　　　 遺伝子型　表現型

①〔　　　　　〕　②〔　　　　　〕　③〔　　　　　〕　④〔　　　　　〕
⑤〔　　　　　〕　⑥〔　　　　　〕　⑦〔　　　　　〕

22. 遺伝子型と表現型● 図は体細胞における染色体を模式的に示したものである。図中の A は顕性遺伝子，a は潜性遺伝子を示している。以下の問いに答えよ。

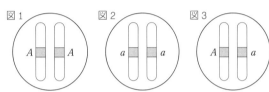

(1) 図1〜3のような遺伝子をもつ個体は，ホモ接合体，ヘテロ接合体のどちらか。それぞれ答えよ。

　図1〔　　　　　〕　図2〔　　　　　〕　図3〔　　　　　〕

(2) 図1〜3の個体の遺伝子型をそれぞれ答えよ。

　図1〔　　　　　〕　図2〔　　　　　〕　図3〔　　　　　〕

(3) 図1〜3の個体の表現型は[A]，[a]のどちらか。それぞれ答えよ。

　図1〔　　　　　〕　図2〔　　　　　〕　図3〔　　　　　〕

23. 遺伝子の独立● 次の文章を読み，以下の問いに答えよ。

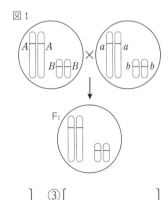

　図1は遺伝子型 $AABB$ と $aabb$ の個体を両親とする雑種第一代（F_1）の遺伝子と染色体の関係を示したものであり，F_1 の遺伝子型は（　①　）である。このように2組の対立遺伝子が異なる染色体にあるとき，これら2組の対立遺伝子は（　②　）しているという。この2組の遺伝子 $A(a)$ と $B(b)$ は，減数分裂の際，互いに影響しあうことなく配偶子に入る。したがって，F_1 がつくる配偶子の遺伝子の組み合わせとその割合は $AB:Ab:aB:ab=$（　③　）となる。

(1) 文章中の空欄に適当な語句または比を記入せよ。

　①〔　　　　　〕　②〔　　　　　〕　③〔　　　　　〕

(2) この F_1 どうしを交配して得られる雑種第二代（F_2）の表現型の割合（[AB]:[Ab]:[aB]:[ab]）はどのようになるか。　[AB]:[Ab]:[aB]:[ab]=〔　　　　　〕

(3) 図2のように，$2n=6$ の生物において，3組の対立遺伝子 D,d と E,e と F,f がそれぞれ異なる染色体にあるとき，この個体がつくる配偶子の遺伝子の組み合わせは何通りになるか。　〔　　　　　〕

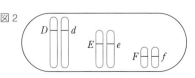

24. 遺伝子の連鎖● 遺伝子と染色体の関係に関する次の文章を読み，以下の問いに答えよ。

　2組の対立遺伝子（A と a，B と b）が，図のような関係にある場合，2組の遺伝子は（ ① ）しているという。減数分裂第一分裂（ ② ）期に相同染色体が対合して（ ③ ）をつくるとき，相同染色体の間で交差が起こって染色体の（ ④ ）が起こる場合がある。このとき，（ ① ）している2つの遺伝子座の間で染色体の（ ④ ）が起こると，それらの遺伝子の（ ⑤ ）が起こる。そのため AB, ab の遺伝子の組み合わせをもつ配偶子以外に，（ ⑥ ），（ ⑦ ）の遺伝子の組み合わせをもつ配偶子ができる。このように遺伝子間で（ ⑤ ）を起こした割合を（ ⑧ ）といい，以下の式で求められる。

$$（ ⑧ ）（\%）＝\frac{（ ⑤ ）を起こした配偶子の数}{全配偶子の数}×100$$

(1) 文章中の空欄に当てはまる語句を次の中からそれぞれ選べ。
　(ア) 前　　(イ) 中　　(ウ) 二価染色体　　(エ) 連鎖　　(オ) 乗換え　　(カ) 組換え
　(キ) AB　　(ク) Ab　　(ケ) aB　　(コ) AA　　(サ) bb　　(シ) 組換え価

①[　　] ②[　　] ③[　　] ④[　　]
⑤[　　] ⑥[　　] ⑦[　　] ⑧[　　]

(2) 図のような染色体をもつ個体のつくる配偶子の遺伝子の割合が $AB：Ab：aB：ab＝7：1：1：7$ のとき，この2遺伝子間の組換え価を求めよ。　　[　　] ▷p.20 例題2

25. 受精による遺伝子の組み合わせ●　次の文章を読み，以下の問いに答えよ。

　ある花の花色には青紫色 [B] と赤色 [b] が，花粉の形には長花粉 [L] と丸花粉 [l] があり，それぞれの形質を示す遺伝子を $B(b)$，$L(l)$ とする。花色は青紫色が顕性，花粉の形は長花粉が顕性である。$B(b)$ と $L(l)$ が別の染色体にある場合，これらの遺伝子は（ ① ）しているという。これに対して $B(b)$ と $L(l)$ が同じ染色体にある場合，これらの遺伝子は（ ② ）しているという。また，B と L，b と l がそれぞれ同じ染色体にある場合，減数分裂の（ ③ ）分裂の（ ④ ）期に，(ア)相同染色体の一部で染色体の（ ⑤ ）が起こって，新しく B と l，b と L をもつ染色体ができることがある。これを遺伝子の（ ⑥ ）といい，全配偶子に対する Bl と bL の遺伝子をもつ配偶子の割合を（ ⑦ ）という。いま，(イ)遺伝子型 $BBLL$ の個体と $bbll$ の個体を両親とする子（F_1）が減数分裂によって配偶子をつくるとき，（ ② ）している $B(b)$ と $L(l)$ の間で染色体の（ ⑤ ）が起こり，遺伝子の（ ⑥ ）が起こった。そのときの（ ⑦ ）は 10％であった。

(1) 文章中の空欄に当てはまる語句を次の語群から選んで答えよ。
　〔語群〕　連鎖　　独立　　第一　　第二　　乗換え　　組換え　　組換え価
　　　　　　前　　　中

①[　　　　] ②[　　　　] ③[　　　　] ④[　　　　]
⑤[　　　　] ⑥[　　　　] ⑦[　　　　]

(2) 下線部(ア)が起こることで配偶子の遺伝子の組み合わせの種類はどうなるか。　[　　]
　① 増加する。　　② 減少する。　　③ 変化しない。

(3) 下線部(イ)の F_1 の遺伝子型および表現型を答えよ。
　　　　　　　遺伝子型[　　　　]　表現型[　　　　]

(4) 下線部(イ)の F_1 が配偶子をつくるとき，つくられた配偶子のもつ遺伝子の組み合わせとその比を答えよ。　　[　　　　] ▷p.20 例題2

26. 生物集団の遺伝子頻度と進化●　次の文章を読み，以下の問いに答えよ。

　突然変異は個体ごとに偶然にしか起こらない。この突然変異が世代をこえてその集団内に広がり，種としての形質が変化することがある。有性生殖を行う生物では，子の遺伝子型は親とは異なることがあり，次代に伝えられるのは遺伝子型ではなく遺伝子そのものである。そのため，進化について考えるときには，(a)その種の集団がもつ遺伝子の集合全体に注目し，(b)遺伝子の集合全体における対立遺伝子の割合を知ることも重要である。

(1) 文章中の下線部(a)を何というか。　　　　　　　　　　　　　　　[　　　　　　]

(2) 文章中の下線部(b)を何というか。　　　　　　　　　　　　　　　[　　　　　　]

(3) ある種の集団の下線部(a)における対立遺伝子 A の頻度を p，対立遺伝子 a の頻度を q とする（$p + q = 1$）と，次代の遺伝子型① AA，② Aa，③ aa の頻度はそれぞれどのように表すことができるか。ただし，この集団はハーディ・ワインベルグの法則が成りたつ条件を満たしているものとする。　　　①[　　　　　]　②[　　　　　]　③[　　　　　]

(4) (3)の集団において，次代の遺伝子 A および a の頻度はそれぞれどのように表すことができるか。　　　　　　　　　　　　　　　A[　　　　　]　a[　　　　　]

(5) (3)の集団において，世代を重ねることで遺伝子頻度は変化するか。　[　　　　　]

(6) (3)の集団において，遺伝子型 aa の個体の生存率が他の遺伝子型の個体よりも低くなるとすると，遺伝子 a の頻度は世代を重ねるごとにどのようになるか。　[　　　　　]

　① 遺伝子 a の頻度は世代を重ねるごとに減少する。

　② 遺伝子 a の頻度は世代を重ねるごとに増加する。

　③ 遺伝子 a の頻度は世代を重ねても変化しない。

▷ p.20 **例題** 3

27. 遺伝子頻度の変化と生物の進化●　次の文章を読み，以下の問いに答えよ。

　ある生物の集団において，① 自由な交配が行われる，② 遺伝子や染色体の（　ア　）が起こらない，③ 個体間競争がなく，（　イ　）がはたらかない，④ 集団の内外への個体の移動がない，⑤ 集団の個体数が大きく，（　ウ　）の影響を無視できる，といった条件が満たされているとする。このような生物集団では，集団内の遺伝子頻度は世代が進んでも変化がなく，進化は起こらない。しかし，実際の生物の集団では遺伝子頻度が変化し，進化が起こる。このことから，（　ア　）や（　イ　），（　ウ　）などによる遺伝子頻度の変動が進化の要因であると考えられる。

(1) 文章中の空欄に当てはまる語句を次の語群からそれぞれ選べ。

　〔語群〕　自然選択　　突然変異　　遺伝的浮動

　　　　　　　　(ア)[　　　　　]　(イ)[　　　　　]　(ウ)[　　　　　]

(2) ある生物集団が文章中の①〜⑤の条件下にあるとする。遺伝子 A の遺伝子頻度が 0.7 のとき，次世代の AA，Aa，aa の遺伝子型の頻度をそれぞれ求めよ。

　　　　　　　　　　AA[　　　　　]　Aa[　　　　　]　aa[　　　　　]

(3) (2)と同じ条件において，次世代の遺伝子 A と a の遺伝子頻度をそれぞれ求めよ。

　　　　　　　　　　遺伝子 A[　　　　　]　遺伝子 a[　　　　　]

(4) 遺伝的浮動の説明として適当なものを下から選べ。　　　　　　　　[　　　　　]

　① 偶然により遺伝子頻度が変化することをいい，特に小さな集団で起こりやすい。

　② 偶然により遺伝子頻度が変化することをいい，特に大きな集団で起こりやすい。

　③ 特定の遺伝子をもつ個体が生存に有利になることで遺伝子頻度が変化することをいい，集団の大きさとは無関係に起こる。

▷ p.20 **例題** 3

28. 自然選択と適応●　次の文章中の空欄に当てはまる語句を下の語群から選べ。

遺伝的変異をもつ同種の個体間で食物や生活空間などをめぐって（　①　）が起こると，繁殖や生存に有利な変異をもつ個体がより多くの子を残す。このような自然界で起こる選択を（　②　）という。生物が環境に対して形態的・生理的・行動的に有利な形質を備えていることを（　③　）といい，生物がそれぞれの生息する環境に（　③　）しているのは（　②　）の結果である。

〔語群〕　適応　　共進化　　競争　　自然選択

①〔　　　　　　　　　〕　②〔　　　　　　　　　〕　③〔　　　　　　　　　〕

29. 生息環境と自然選択●　次の文章を読み，以下の問いに答えよ。

個体間の遺伝的変異に応じて自然界で起こる選択を（　①　）といい，（　①　）による進化の例として，オオシモフリエダシャクというガがあげられる。(a)このガの野生型は白っぽい色をしていたが，工業化による大気汚染の結果，体色の黒いものが増加した。また，生物の適応による進化の例として，(b)異なる生物が互いに作用しながら進化する（　②　）などがある。

(1) 文章中の空欄に当てはまる語句を答えよ。　①〔　　　　　　　〕　②〔　　　　　　　〕

(2) 文章中の下線部(a)の現象を何とよぶか。　　　　　　　　　　　　〔　　　　　　　〕

(3) 文章中の下線部(b)の例として適当なものを次の中から1つ選べ。　　　〔　　　　　〕

　　(ア) スズメガとラン　　　(イ) ハナアブとミツバチ　　　(ウ) サンザシミバエとリンゴ

30. 生物の進化と器官●　次の文章を読み，以下の問いに答えよ。

進化の過程は動物のもつ器官の形態にも見ることができる。(a)外観やはたらきが異なっても，同じ発生起源をもち同じ基本構造をもつ器官を（　①　）という。（　①　）が見られるのは，(b)共通の祖先をもつ生物がさまざまな環境に（　②　）して多様化した結果である。（　①　）に対し，(c)外観やはたらきは似ているが発生起源が異なる器官を（　③　）という。

(1) 文章中の空欄に当てはまる語句を次の語群から選んで答えよ。

　　〔語群〕　相同器官　　相似器官　　適応　　共進化

①〔　　　　　　　　〕　②〔　　　　　　　　〕　③〔　　　　　　　　〕

(2) 下線部(a)，(c)の例として適切なものを次の(ア)，(イ)から選べ。　(a)〔　　　〕　(c)〔　　　〕

　　(ア) ワニの前肢とヒトの腕　　　(イ) 鳥の翼とチョウの翅

(3) 文章中の下線部(b)の現象を何というか。　　　　　　　　　　〔　　　　　　　〕

(4) 同じような環境で同じような自然選択が起こった結果，異なる生物種が似た形態をもつようになる現象を何というか。　　　　　　　　　　　　　　　〔　　　　　　　〕

31. 実際の生物集団の進化●　次の文章を読み，以下の問いに答えよ。

実際の生物集団では，①突然変異，②自然選択，③遺伝的浮動，④遺伝子の流入・流出 などによって世代間での遺伝子頻度が変化し，これが進化の原動力となる。図は，上記の①～④の要因がどのように遺伝子頻度の変化をもたらすのかを模式的に示したものである。

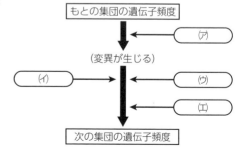

(1) 図中の(ア)～(エ)は，それぞれ文章中の①～④の進化の要因のいずれかを表している。(ア)に該当する要因を，①～④のうちから選べ。　　　　　　〔　　　　　〕

(2) 文章中の①〜④の進化の要因が起こる順番について述べた(a)〜(c)のうち，適当なものを選べ。

    (a) 必ず③遺伝的浮動のあとに④遺伝子の流入・流出が起こる。

    (b) 必ず②自然選択のあとに③遺伝的浮動が起こる。

    (c) 各要因が起こる順番は決まっていない。　　　　　　　　　　　　[　　　]

(3) 図中の(ア)によって生じた変異が生存に有利でも不利でもないとき，その変異はどのようなしくみで集団内に広がったり排除されたりするか。(a)，(b)のうち，適当なものを選べ。

    (a) 自然選択がはたらくことで，集団内に広がったり排除されたりする。

    (b) 自然選択ははたらかず，遺伝的浮動によって集団内に広がったり排除されたりする。

                                     [　　　]

32. 種分化●　次の文章を読み，以下の問いに答えよ。

　地理的な障壁により同じ種の集団間の交配が行われなくなることを（　①　）という。（　①　）などによって，集団間の生殖時期や生殖器官に差異が生じ，交配が行われなくなった状態を（　②　）という。種分化は（　①　）がきっかけとなって（　②　）が生じて起こることが多く，このようにして生じた種分化を（　③　）という。また，（　①　）がなくても（　②　）が生じて種分化する場合もある。これを（　④　）という。さらに，染色体数が変化することで，短期間に種分化が生じることもある。これは（　④　）の一種で，特に植物で見られる。

(1) 文章中の空欄に当てはまる語句を下の語群から選べ。

    [語群]　(ア) 生殖的隔離　　(イ) 同所的種分化　　(ウ) 異所的種分化　　(エ) 地理的隔離
           (オ) 突然変異

                     ①[　　　] ②[　　　] ③[　　　] ④[　　　]

(2) 生物の分類の基本的な単位は何か答えよ。　　　　　　　　　　[　　　　　]

(3) 文章中の空欄（　③　），（　④　）の例として適当なものをすべて選べ。

    (a) サンザシミバエ　　(b) ダーウィンフィンチ類　　(c) バラモンギク

                            ③[　　　] ④[　　　]

33. 染色体の倍数化●　次の文章を読み，以下の問いに答えよ。

　種分化が起こる要因の一つに染色体の倍数化があり，特に植物で見られる。倍数化の例として，パンコムギがあげられる。現在栽培されているパンコムギは複数種のコムギ類のゲノムをもっていることがわかっており，別の種との交配や，染色体の倍数化をくり返すことによって形成されたと考えられている。

(1) 染色体の倍数化により，体細胞の染色体数が基本数と倍数関係にある個体のことを何というか。

    [　　　　　　　　]

(2) 図はコムギ類の種分化の過程を示している。図中の二粒系コムギとパンコムギのゲノム構成を，A, B, Dを用いて表せ。

    二粒系コムギ[　　　　　　]

    パンコムギ[　　　　　　]

```
  一粒系コムギ                         野生型コムギ
2n=14(2x) AA  ── 雑種のコムギ ──      （種未確定）
                n=14(2x) AB           2n=14(2x) BB
                     │
                   倍数化
                     │
  二粒系コムギ                         タルホコムギ
 2n=28(4x)  ── 雑種のコムギ ──       2n=14(2x) DD
               n=21(3x) ABD
                     │
                   倍数化
                     │
   パンコムギ
 （普通系コムギ）
 2n=42(6x)
```

(染色体の基本数 $x=7$)

5 生物の系統と進化

A 生物の分類

(1) **生物の多様性と分類** 多様な生物をその共通性に基づいてグループ分けすることを生物の[1　　　　　]といい，同じグループに分けられた生物の集まりを**分類群**という。

　生物の分類の基本単位は[2　　　　　]で，多様な生物は，類縁関係の近い生物の集まりから順に，次のように階層的に分類される。

[2　　　] ＜ **属** ＜ [3　　　] ＜ **目**（もく） ＜ **綱**（こう） ＜ **門** ＜ [4　　　] ＜ [5　　　　　　]

(例) イヌ　　イヌ属　　イヌ科　　ネコ目　哺乳類　脊索動物門　動物界　　　　真核生物

---

(2) **生物の名前** 生物の名前の一つとして，**学名**がある。学名は世界共通で，国際的な取り決めに基づき，基本的にラテン語で表記される。学名は，属名と[6　　　　　]の2語の組み合わせで表される。この方式を[7　　　　　　]といい，リンネによって考案された。

　例　ヒト…*Homo sapiens*，テッポウユリ…*Lilium longiflorum*

「ヒト」や「テッポウユリ」などの日本語の名前は「和名」とよばれる。

B 生物の系統と系統樹

　生物の進化の道すじを[8　　　　]といい，系統を枝分かれした樹状に表した図を[9　　　　　　]という。系統樹では，生物を種分化によって生じた順番通りに枝分かれした線で描く。

(1) **進化と系統樹** 従来，形態的な特徴や生殖・摂食の方法・発生様式などを用いて系統樹が作成されてきた。これは，基本的には形質に共通点が多い2種ほど，共通の祖先から分かれて現在に至るまでの時間が短いと考えることができるためであるが，収れんで似た形態に進化した場合もあり，必ずしも系統を正しく反映できるとは限らない。

(2) **分子情報に基づいた系統** 現在，系統樹はDNAの塩基配列やタンパク質のアミノ酸配列などの分子情報をもとに作成されており，このような系統樹を[10　　　　　　　]という。

　補足　同一の祖先に由来するすべての子孫からなる生物群を**単系統群**といい，科や属などの分類群は基本的には単系統群である。鳥類とは虫類は，形態等の特徴から別の分類群とされてきたが，現在では，分子情報をもとに，鳥類を除くは虫類は単系統群ではないと考えられており，鳥類を含めては虫類とよばれる場合もある。

(3) **分子進化** 進化の過程における，DNAの塩基配列の変化やそれに基づくタンパク質のアミノ酸配列の変化を，[11　　　　　　]という。

　さまざまな生物種で，同じ遺伝子のDNAの塩基配列やタンパク質のアミノ酸配列を比べると，変化している塩基の数やアミノ酸の数は，2種が分かれてからの時間に比例して増える傾向が見られる。したがって，分子進化を調べることで，生物が種分化した年代の目安を知ることができ，分子系統樹を描くことができる。

　補足　分子進化において，塩基配列やアミノ酸配列の変化の速度は，遺伝子やタンパク質ごとにほぼ一定となる。このことを**分子時計**という。

参考 分子進化の傾向

分子進化は一律に起こっているわけではなく，次のような傾向が見られる。

① タンパク質のはたらきに重要な部位のアミノ酸配列は，そうでない部位に比べて変化する速度が小さい。

② mRNA のコドンの3番目の塩基が変化しても，指定するアミノ酸は変化しないことが多い。このようなコドンの3番目にあたる DNA の塩基が変化する速度は，コドンの1番目や2番目にあたる塩基が変化する速度よりも大きい。

③ スプライシングで取り除かれるイントロンの部分など，アミノ酸に翻訳されない塩基配列は，変化しても形質への影響はほとんどなく，変化する速度が大きい。

このような傾向が見られるのは，重要な機能に関係する塩基配列に突然変異が生じた場合，生存に不利にはたらき，自然選択で排除されてしまうことが多いからだと考えられる。

生存に有利でも不利でもない塩基配列に起きた突然変異は，子孫に蓄積され，塩基配列が変化する速度が大きくなる。木村資生は，分子進化における突然変異の多くは生存に有利でも不利でもない中立的なもので，遺伝的浮動によって集団内に広がるという**中立説**を提唱した。

C 生物の系統と分類

(1) **3ドメイン** 現存する生物の rRNA の塩基配列の解析結果をもとに作成された分子系統樹から，生物は，[¹²　　　]（バクテリア），[¹³　　　]（古細菌），[¹⁴　　　]（ユーカリア）の3つのドメインに大別される。

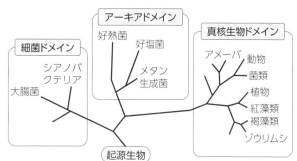

(2) **細菌** すべて原核生物。好気性のもの，発酵を行うもの，窒素固定を行うもの，光合成を行うもの，化学合成を行うものなど，多様な細菌が知られている。

(3) **アーキア** すべて原核生物。細胞膜を構成する脂質や細胞壁の構成成分が細菌とは異なっており，細菌よりも真核生物に近縁であると考えられている。超好熱菌，高度好塩菌，メタン生成菌など，極限環境に生活しているものも多い。

(4) **真核生物** 単細胞生物や細胞群体，多種多様な多細胞生物が含まれる。

① **原生生物** 原生動物，粘菌類，ミドリムシ類，藻類など，多系統にわたる。単細胞または比較的単純な構造の多細胞生物が含まれている。

② [¹⁵　　　]　光合成を行い，おもに陸上で生活する多細胞生物。シャジクモ類から進化したと考えられている。コケ植物，シダ植物，種子植物に分けられている。

③ [¹⁶　　　]　体外で有機物を分解し，それを栄養分として吸収する従属栄養生物。アカパンカビ，シイタケ，酵母など。

④ [¹⁷　　　]　他の生物やその生産物を摂食する従属栄養の多細胞生物。海綿動物，刺胞動物，環形動物，軟体動物，節足動物，棘皮動物，脊索動物など。

[空欄の解答] 1 分類　2 種　3 科　4 界　5 ドメイン　6 種小名　7 二名法　8 系統　9 系統樹　10 分子系統樹　11 分子進化　12 細菌　13 アーキア　14 真核生物　15 植物　16 菌類　17 動物

参考 さまざまな生物の特徴

A 細菌（バクテリア）

原核細胞からなり，従属栄養のものと独立栄養のものがある。

分類群	細胞膜	細胞壁	遺伝情報にかかわる特徴	栄養形式		生物例
細菌	エステル脂質（真核細胞と同じ）	ペプチドグリカンを含む	ヒストン…なし イントロン …ほとんどなし	従属栄養		大腸菌, 乳酸菌, 根粒菌
				独立栄養	光合成細菌	緑色硫黄細菌, ユレモ
					化学合成細菌	硝酸菌, 硫黄細菌

B アーキア（古細菌）

原核細胞からなり，他の生物が生息できないような極限環境に生息するものも多い。

分類群	細胞膜	細胞壁	遺伝情報にかかわる特徴	栄養形式	生物例
アーキア（古細菌）	エーテル脂質	ペプチドグリカンを含まず	ヒストン…一部あり イントロン…あり	おもに従属栄養	超好熱菌, 高度好塩菌, メタン生成菌

C 真核生物（ユーカリア）

(1) **原生生物** 真核生物のうち，植物，動物，菌類を除いた多系統の生物のグループ。

① **原生動物** 単細胞で他の生物などを摂食する従属栄養生物。ふつう運動性をもつ。

例 アメーバ類…アメーバ, 繊毛虫類…ゾウリムシ, 鞭毛虫類…トリパノソーマ

② **粘菌類** 従属栄養生物。アメーバ状の細胞からなり，単細胞の時期や多核の時期または多数の細胞が集合して集合体となる時期などがある。変形菌と細胞性粘菌に分けられる。

例 変形菌…ムラサキホコリ, 細胞性粘菌…キイロタマホコリカビ

③ **藻類** 葉緑体をもち光合成を行う独立栄養生物。クロロフィルaをもつ。

分類群	特　徴		おもな光合成色素	生物例
ケイ藻類	単細胞	ケイ酸を含む殻をもつ	クロロフィルa, c	ハネケイソウ
渦鞭毛藻類		鞭毛をもち運動する，有機物を摂食	クロロフィルa, c	ツノモ
褐藻類	多細胞生物		クロロフィルa, c	コンブ, ワカメ
紅藻類	ほとんどが多細胞生物		クロロフィルa	アサクサノリ, テングサ
緑藻類	単細胞生物・細胞群体・多細胞生物がいる		クロロフィルa, b	クラミドモナス, ボルボックス, アオサ
シャジクモ類	多細胞生物		クロロフィルa, b	シャジクモ, フラスコモ

(2) **植物** 真核細胞の多細胞生物で，光合成を行う独立栄養生物である。おもに陸上で生活する。光合成色素として，クロロフィルa, bとキサントフィル，カロテンをもつ。

分類群			構　造		生殖法		本　体		生物例
	コケ植物		維管束なし	葉状体 仮根	胞子	水中で受精	配偶体(n) （胞子体は寄生）		タイ類(ゼニゴケ), セン類(スギゴケ), ツノゴケ類
維管束植物	シダ植物		維管束あり	根・茎・葉			胞子体($2n$)	（配偶体は独立）	ヒカゲノカズラ類, シダ類(ワラビ)
	種子植物	裸子植物		胚珠はむき出し	種子	水*不要		（配偶体は寄生）	イチョウ, マツ
		被子植物		胚珠は子房内					サクラ, イネ

*　裸子植物のうち，イチョウ・ソテツのなかまは受精に水が必要

(3) **菌類** 真核細胞からなり，体外で分解した有機物を体表から吸収する従属栄養生物である。
菌類の多くはからだが**菌糸**でできている。

分類群	菌糸の構造	有性生殖の特徴		生物例
ツボカビ類	（未発達）	遊走子を形成		ツボカビ
接合菌類	細胞間に隔壁のない多核体	接合胞子を形成		クモノスカビ
子のう菌類	2個の核をもった細胞が集合	子のう胞子を形成	子実体をつくる	アカパンカビ
担子菌類		担子胞子を形成		マツタケ，シイタケ

※酵母は，子のう菌類・担子菌類のうち，一生を単細胞で過ごすものの総称である。

(4) **動物** 真核細胞の多細胞生物で，他の生物などを捕食する従属栄養生物である。

分類群							特徴							神経系	生物例
海綿動物		無胚葉	体腔なし				消化管がなく，細胞内の食胞で消化。えり細胞の鞭毛の運動で水を運ぶ							なし	クロトゲカイメン，カイロウドウケツ
刺胞動物		二胚葉					肛門がなく，口が肛門をかねる。排出器官がない							散在神経系	イソギンチャク，ミズクラゲ，ヒドラ
へん形動物		三胚葉（外胚葉・中胚葉・内胚葉）	旧口動物（原口が口になる）	冠輪動物			肛門と循環系がない。排出器官は原腎管。からだはへん平							かご形神経系	プラナリア，サナダムシ
輪形動物					偽体腔		からだは球形または円筒形。消化管をもつ。排出器官は原腎管							神経節をもつ	ワムシ
環形動物					真体腔		閉鎖血管系である。排出器官は腎管。多数の体節からなる							はしご形神経系	ミミズ，ゴカイ
軟体動物							筋肉質のあしが発達。内臓が外とう膜に包まれる。幼生の形などから環形動物に近縁							神経節が発達	ハマグリ，イカ，タコ
線形動物				脱皮動物	偽体腔		からだは円筒形。排出器官は側線管							神経節をもつ	センチュウ，カイチュウ
節足動物							外骨格をもつ。動物界で最も種類が多い。体節構造をもつ							はしご形神経系	エビ，カニ，昆虫，クモ
棘皮動物			新口動物（原口が肛門になる）	真体腔			からだは五放射相称。水管系で呼吸・循環，管足で運動をする							放射状神経系	ウニ，ヒトデ，ナマコ
頭索動物							脊索をもつ						管状神経系		ナメクジウオ
尾索動物							少なくとも幼生期には脊索をもつ								ホヤ
脊索動物	脊椎動物	無顎類			脊椎をもつ	閉鎖血管系	あごや胸・腹のひれをもたない							ヤツメウナギ
		軟骨魚類					1心房1心室	尿素[*2]	卵生	胚膜なし	変温			サメ，エイ
		硬骨魚類						NH_3[*2]						フナ，コイ
		両生類					2心房1心室	尿素[*2][*3]						カエル，イモリ
		は虫類[*1]						尿酸[*2]		胚膜を形成	恒温			ヘビ，カメ
		鳥類					2心房2心室							ニワトリ
		哺乳類						尿素[*2]	胎生[*4]					イヌ，ヒト

＊1 は虫類は単系統群ではない　＊2 窒素排出物　＊3 幼生は NH_3　＊4 単孔類を除く

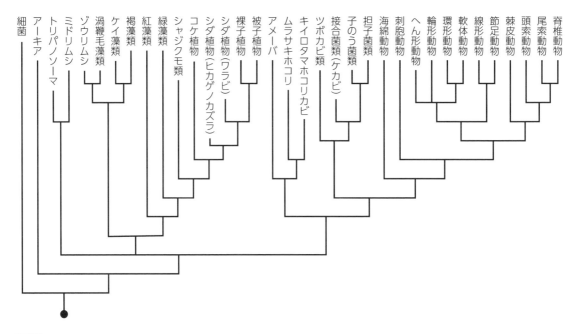

補足 真核生物の系統にはスーパーグループという階層が提唱されており，真核生物は 8 つのスーパーグループに分けられると考える説がある。その説では，原生生物は 8 つのスーパーグループすべてに分散して含まれ，菌類と動物は同じスーパーグループに含まれる。

参考 **生物の分類の歴史**
・**二界説**…動物界と植物界の 2 つに分ける。
・**三界説**…動物界・植物界に原生生物界を加えて，3 つに分ける。
・**五界説**…原核生物界，原生生物界，植物界，菌界，動物界の 5 つに分ける。
・**3 ドメイン説**…界の上に「ドメイン」をおき，細菌，アーキア，真核生物の 3 つに分ける。ウーズらによって提唱された(1990 年)。

6 人類の系統と進化

A 人類の祖先

(1) **霊長類の特徴** 5000 万年以上前に，**哺乳類**の中から樹上生活に適応した[¹　　　　]類が出現した。霊長類は次のような特徴をもつ。

・四肢の 5 本の指が独立して動く，平爪，[²　　　　]**性**…枝などがつかみやすい。
・両眼が頭部の前面につき，立体視できる範囲が広い…遠近感が発達し，枝から枝へ飛び移ることができる。
・嗅覚よりも視覚が発達…脳の受け取る情報量が増し，大脳の発達が促された。

(2) **霊長類の中の類人猿** 2000 万 ~ 3000 万年前，アフリカにおいて霊長類の中から[³　　　　]が出現した。類人猿は，現生の霊長類の中で最もヒトに近縁である。

例 現生の類人猿：テナガザル，オランウータン，ゴリラ，チンパンジー，ボノボ

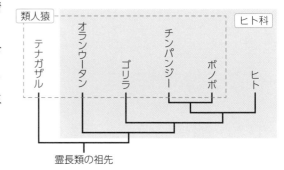

B 人類の進化

(1) **直立二足歩行に伴う変化**　人類は，600万～1000万年前ごろ，アフリカ大陸で類人猿から分岐した。人類は，地上で生活し，主として[⁴　　　　　　]を行う。直立二足歩行に伴って，からだの構造が大きく変化した。

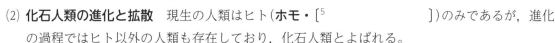

- ・頭部が脊柱の上につき，大後頭孔が頭骨の真下に位置する…重い脳を支えられる。
- ・前肢が歩行に使われず，後肢に比べて短くなった…前肢を，ものの持ち運びや道具の使用に用いることができる。
- ・骨盤は，縦が短く幅が広い…直立姿勢で内臓を支えられる。
- ・後肢の指が短くなり土踏まずができ，かかとの骨は大きく，皮膚が厚くなった…直立二足歩行に適している。

　このようなからだの構造の変化と並行して，大脳が発達していった。

(2) **化石人類の進化と拡散**　現生の人類はヒト(**ホモ・**[⁵　　　　　　])のみであるが，進化の過程ではヒト以外の人類も存在しており，化石人類とよばれる。

① **最初期の人類**(猿人)　サヘラントロプス(600万～700万年前)，オロリン(約600万年前)，アルディピテクス類(440万～570万年前)。いずれもアフリカで化石が見つかっている。脳容積はチンパンジーと同程度(300～380mL)。

② [⁶　　　　　　]類(猿人)
　　約400万年前に出現。アフリカ東部から中部・南部でさまざまな種が同時期に存在した。脳容積は350～750mL程度。

③ **ホモ・**[⁷　　　　　　](原人)　約200万年前に出現。アフリカ以外にも分布を広げた。脳容積は約1000mL。石器や火を使用。
　　例 北京原人，ジャワ原人

④ **ホモ・ハイデルベルゲンシス**(旧人)　60万～100万年前に出現。より脳が発達し，脳容積は1000～1400mL。

⑤ **ホモ・**[⁸　　　　　　](旧人)　20万～40万年前に西アジア～ヨーロッパで出現。脳容積は約1500mLでヒトと同程度。ある程度の文化をもっていた。

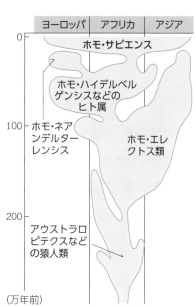

ヨーロッパ	アフリカ	アジア
	ホモ・サピエンス	
	ホモ・ハイデルベルゲンシスなどのヒト属	
ホモ・ネアンデルターレンシス		ホモ・エレクトス類
	アウストラロピテクスなどの猿人類	

(万年前)

(3) **ヒトの拡散**　ヒト(ホモ・サピエンス)は，25万～35万年前にアフリカで出現した。脳容積は約1500mLで，平らな顔面部，広いひたい，おとがい(下あごの先のでっぱり)がある，などの特徴をもつ。約10万年前にアフリカを出て，世界中に拡散した。同時期に存在していたホモ・ネアンデルターレンシスやデニソワ人とは交配していたと考えられている。

[空欄の解答] 1 霊長　2 拇指対向　3 類人猿　4 直立二足歩行　5 サピエンス　6 アウストラロピテクス　7 エレクトス　8 ネアンデルターレンシス

用語 CHECK

① 生物を分類するときの基本となる単位は何か。

② ふつうラテン語でつけられる，世界共通の生物種名を何というか。

③ ②は属名と種小名の組み合わせで表される。この命名法を何というか。

④ 生物の進化の道筋である系統を，枝分かれした樹状に表した図を何というか。

⑤ DNA の塩基配列やタンパク質のアミノ酸配列などの分子情報と系統の関係を利用して作成される④を何というか。

⑥ ある 2 種の生物間で見られる DNA の塩基配列やタンパク質のアミノ酸配列の変化を何というか。

⑦ 生物を原核生物界，原生生物界，植物界，菌界，動物界の 5 つのグループに分ける考え方を何というか。

⑧ rRNA の塩基配列の比較などから，生物を細菌(バクテリア)，アーキア(古細菌)，真核生物(ユーカリア)の 3 つのグループに大別する考え方を何というか。

⑨ 植物は，維管束や種子形成の有無などからシダ植物，種子植物と何に分けられるか。

⑩ 環形動物，軟体動物，節足動物などは，発生の過程における口のできかたからまとめて何とよばれるか。

⑪ 棘皮動物，脊索動物などは，発生の過程における口のできかたから，⑩に対してまとめて何とよばれるか。

⑫ 霊長類の特徴の一つである，親指が他の指と向かい合うように動かせることを何というか。

⑬ 霊長類のうち，尾をもたず，特にヒトに近縁である生物群を何というか。

⑭ 現生の人類の学名は何か。

⑮ 人類と類人猿の大きな違いである，人類特有の歩行様式は何か。

①
②
③
④
⑤
⑥
⑦
⑧
⑨
⑩
⑪
⑫
⑬
⑭
⑮

解答
① 種　② 学名　③ 二名法　④ 系統樹　⑤ 分子系統樹　⑥ 分子進化　⑦ 五界説　⑧ 3 ドメイン説
⑨ コケ植物　⑩ 旧口動物　⑪ 新口動物　⑫ 拇指対向性　⑬ 類人猿　⑭ ホモ・サピエンス(*Homo sapiens*)
⑮ 直立二足歩行

例題 4 DNA の塩基配列と系統樹

解説動画

表は，種 A ～ D の 4 種の生物について，ある共通の遺伝子の DNA の塩基配列を調べ，種間の塩基の相違数をまとめたものである。2 種間の塩基の相違数は，

	種 A	種 B	種 C	種 D
種 A				
種 B	16			
種 C	12	5		
種 D	17	4	5	

その 2 種が分岐してから時間がたつほど増加する傾向にある。

```
                    ┌──── 種 B
                ┌───┤
                │   └──── ①[      ]
            ┌───┤
            │   └──────── ②[      ]
祖先生物 ───┤
            └──────────── ③[      ]
```

(1) 表をもとに種 A ～ D の系統関係を推定し，図の①～③に当てはまる種を答えよ。

(2) 種 B と D は，1200 万年前に分岐したと考えられている。このとき，この遺伝子の塩基が 1 つ置換するのにかかる時間は何年か。

(3) 祖先生物から種 A が分岐したのは何年前と考えられるか。

指針 (1) 種 B との塩基の相違数が少ない種ほど種 B に近縁なので，相違数 4 の種 D が種 B に最も近縁な①，相違数 5 の種 C が②，相違数 16 の種 A が③とわかる。

(2) 種 B と D の間の塩基の相違数は 4 なので，1200 万年前に分岐した後，種 B と D のそれぞれにおいて塩基が 2 個ずつ置換したと考えることができる。よって，塩基が 1 つ置換するのにかかる時間は 1200 万年 ÷ 2 = 600 万年となる。

(3) 塩基が 1 つ置換するのにかかる時間が同じであると仮定すると，系統樹より，種 A と種 B ～ D の間の塩基の相違数は理論上どれも同じになると考えられるが，実際には種 A と種 B ～ D の間の塩基の相違数はそれぞれ異なっている。そこで，これらの相違数の平均値((16 + 12 + 17) ÷ 3 = 15(個))を求め，祖先生物から分岐した後，それぞれの種において平均 15 ÷ 2 = 7.5(個)の塩基が置換したと考える。(2)より，塩基が 1 つ置換するのに 600 万年かかるので，7.5 個置換するには 600 万年 × 7.5 = 4500 万年かかる。

解答 (1)① 種 D ② 種 C ③ 種 A (2) 600 万年 (3) 4500 万年前

例題 5 類人猿と人類の骨格の相違点

解説動画

表は，ゴリラとヒトの骨格を比較してまとめたものである。表中の空欄に当てはまる語句を，下の語群から選べ。ただし，同じ語句をくり返し選んでもよい。

	頭がい容積	眼窩上隆起	おとがい	前肢	後肢	骨盤の形	大後頭孔
ゴリラ	①	あり	②	③	④	⑤	⑥
ヒト	⑦	⑧	あり	⑨	⑩	⑪	⑫

〔語群〕 あり なし 大きい 小さい 斜めに開口 真下に開口
　　　　 長い 短い 縦長 横広

指針 眼窩上隆起は眼の上の骨の隆起のこと，おとがいは下あごの先端部のこと，大後頭孔は頭骨に開いている延髄の通り道のことをさす。

解答 ① 小さい ② なし ③ 長い ④ 短い ⑤ 縦長 ⑥ 斜めに開口 ⑦ 大きい
　　 ⑧ なし ⑨ 短い ⑩ 長い ⑪ 横広 ⑫ 真下に開口

基本問題

34. 分類の単位● 次の文章中の空欄に当てはまる語句を記せ。

生物を分類するうえでの基本単位は（　①　）である。（　①　）は形態的・生理的に共通した特徴をもつ個体の集まりのうち，自然状態で交配が起こり，生殖能力のある子をつくることができるものをいう。よく似た（　①　）をまとめて（　②　），近縁の（　②　）をまとめて（　③　），さらに目，（　④　），門，（　⑤　）と階層的に分類される。

①[　　　　] ②[　　　　] ③[　　　　] ④[　　　　] ⑤[　　　　]

35. 生物の命名法● 次の文章中の空欄に当てはまる語句を下の語群から選べ。

生物の種には，世界共通の（　①　）がつけられる。（　①　）は（　②　）と（　③　）の順に並べて書く。この方式を（　④　）といい，（　⑤　）によって考案された。学名にはふつう（　⑥　）やほかの言語を（　⑥　）化したものが使われる。*Homo sapiens* はヒトの（　①　）である。

[語群] リンネ　　種小名　　学名　　属名　　二名法　　ラテン語

①[　　　　] ②[　　　　] ③[　　　　]
④[　　　　] ⑤[　　　　] ⑥[　　　　]

36. 生物の系統● 次の文章中の空欄に当てはまる語句を答えよ。

生物の進化の道すじを（　①　）といい，進化の過程で派生した生物を時間的な順番にしたがって枝分かれした線で示した図を（　②　）という。（　②　）は従来，形態的な特徴や生活様式などの，生物がもつ形質を比較することでつくられてきた。近年は，DNA の（　③　）配列やタンパク質の（　④　）配列などの分子データをもとにした（　②　）である（　⑤　）がつくられている。

①[　　　　] ②[　　　　] ③[　　　　]
④[　　　　] ⑤[　　　　]

37. 分子系統樹● いろいろな生物種で，同じ遺伝子の DNA の塩基配列を比べると，変化している塩基の数は，2 つの種が分かれてからの時間に比例して①[増える，減る]傾向が見られる。また，DNA の塩基配列をもとにつくられるタンパク質のアミノ酸配列についても，同じ傾向が見られる。このような DNA の塩基配列やタンパク質のアミノ酸配列の変化を（　②　）という。DNA の塩基配列やタンパク質のア

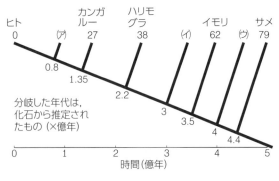

ミノ酸配列の変化といった分子情報をもとにして描く系統樹を（　③　）という。図はヘモグロビンα鎖のアミノ酸の置換数と分岐年の関係を示した（　③　）である。

(1) 文章中の空欄に適当な語句を記入せよ。ただし，①は正しい語句を[　，　]から選べ。

①[　　　　] ②[　　　　] ③[　　　　]

(2) 図中の(ア)～(ウ)に該当する生物名を下の(a)～(c)から選べ。なお，生物名の横に書いてある数値はアミノ酸の置換数である。　(ア)[　　　] (イ)[　　　] (ウ)[　　　]

(a) ニワトリ(36)　　(b) イヌ(24)　　(c) コイ(68)

▶ p.37 例題 4

38. 系統樹と分子時計①● フィブリンは血液凝固に関係するタンパク質である。ヒト，ラットおよびウシのフィブリンのアミノ酸配列を比較し，2つの生物の間で異なるアミノ酸の数を表に示した。なお，アミノ酸が置換する速度は一定で，共通祖先から分岐後，互いに同数ずつ異なる場所にアミノ酸の置換が起きたと仮定する。

生物種	ヒト	ラット	ウシ
ヒト	0	152	165
ラット		0	188
ウシ			0

(1) 表をもとにヒト，ラット，ウシの系統関係を推定し，図の系統樹のA〜Cに当てはまる種を答えよ。

A[   ] B[   ] C[   ]

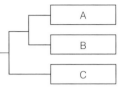

(2) ヒトとラットがその共通祖先から分岐したのは 7500 万年前である。フィブリンの1つのアミノ酸が別のアミノ酸に置きかわるのにおよそ何万年必要と考えられるか。次の①〜④から選べ。 [   ]

   ① 約25万年   ② 約49万年   ③ 約80万年   ④ 約99万年

(3) ウシがヒト，ラット，ウシの共通祖先から分岐したのは，今から何万年前と推定されるか。次の①〜④から最も近いものを選べ。 [   ]

   ① 約4300万年前   ② 約8700万年前   ③ 約9300万年前   ④ 約1億8600万年前

▷ p.37 例題 4

39. 系統樹と分子時計②● 生物 W，X，Y，Z について，ある共通のタンパク質のアミノ酸配列を比較し，アミノ酸の異なる数(置換数)を調べたところ，表のようになった。アミノ酸が置換する速度は一定で，共通祖先から分岐後，互いに同数ずつ異なる場所にアミノ酸の置換が起きたと仮定し，以下の問いに答えよ。

	生物 W	生物 X	生物 Y	生物 Z
生物 W		18	23	68
生物 X			27	67
生物 Y				69
生物 Z				

(1) 生物 W〜Z の分子系統樹として最も適当なものを，図の①〜③から選べ。 [   ]

(2) 生物 W と X は 8100 万年前に分岐した。このタンパク質のアミノ酸が1つ置換するには何年かかるか。 [   ]

(3) 生物 W〜Z の共通祖先から生物 Z が分岐したのは何年前と考えられるか。 [   ]

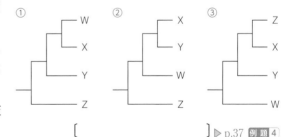

▷ p.37 例題 4

40. 生物の分類体系● 次の文章を読み，以下の問いに答えよ。

1990 年に，リボソーム RNA の塩基配列の比較などから生物を3つのドメインに分ける（ ① ）が提唱された。（ ① ）では，核膜をもたない（ ② ）生物は，(a)シアノバクテリアや大腸菌などのグループと(b)メタン生成菌や超好熱菌・高度好塩菌などのグループの2つのドメインに分けられ，(c)原生生物，動物，植物，菌類のグループは1つのドメインにまとめられる。

(1) 文章中の空欄に適当な語句を記入せよ。 ①[   ] ②[   ]

(2) 文章中の下線部(a)〜(c)のグループをそれぞれ何ドメインというか。

    (a)[   ] (b)[   ] (c)[   ]

41. 生物の系統と分類● 図は，rRNA の塩基配列から得られた，3つの分類群の系統関係を示した分子系統樹である。

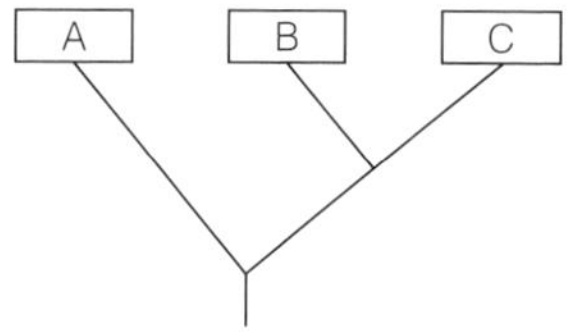

(1) 図中の A ～ C のグループの名称を，以下の①～③からそれぞれ選べ。　　A[　　] B[　　] C[　　]

　　① アーキア　　② 真核生物　　③ 細菌

(2) 図のように，生物を 3 つのグループに大別する考え方を何というか。　　[　　　　　　　　]

(3) 次の(ア)～(カ)の生物を 3 つのグループに分けたとき，真核生物または細菌に当てはまるものをそれぞれすべて選べ。

　　(ア) メタン生成菌　　(イ) 乳酸菌　　(ウ) 硝酸菌　　(エ) 高度好塩菌

　　(オ) ネンジュモ　　(カ) ミドリムシ

　　　　　　　　真核生物[　　　　　　　]　　細菌[　　　　　　　]

42. 3 ドメイン説と五界説● 図は五界説(原核生物界，原生生物界，植物界，菌界，動物界)の各界と 3 ドメインとの対応を概略的に示したものである。

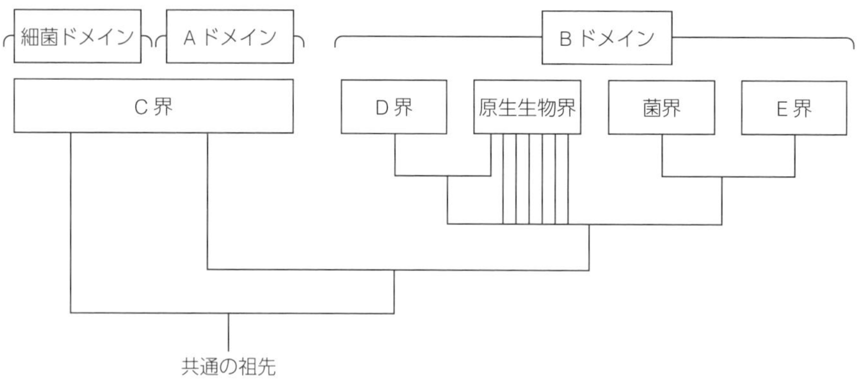

(1) 図中の A ～ E に当てはまる語句を次から選べ。

　　① 原核生物　　② 植物　　③ 動物　　④ アーキア　　⑤ 真核生物

　　　　　　　　A[　　] B[　　] C[　　] D[　　] E[　　]

(2) 図中の原生生物界に属し，葉緑体をもち光合成を行う，コンブ，シャジクモ，クロレラなどの生物の総称を何というか。　　[　　　　　　　]

(3) 図中の A ドメインに当てはまる生物を下から 1 つ選べ。　　[　　　]

　　① 大腸菌　　② シアノバクテリア　　③ 乳酸菌　　④ メタン生成菌

43. 原核生物● 次の文章を読み，空欄に当てはまる語句を下の語群から選べ。

　原核生物は，DNA が(　①　)で囲まれていない原核細胞でできている。3 ドメイン説では，原核生物は(　②　)と(　③　)に大別される。(　②　)は，(　④　)栄養の大腸菌や乳酸菌，(　⑤　)栄養の光合成細菌や化学合成細菌などが属する。(　③　)は火山・塩湖など極限環境に生息しているものが多く，(　③　)の細胞膜を構成する脂質は(　②　)や真核生物とは異なっている。また，(　③　)は(　②　)よりも真核生物に近縁であると考えられている。

[語群] アーキア　細菌　独立　従属　核膜

　　　　　　①[　　　　　　] ②[　　　　　　] ③[　　　　　　]

　　　　　　④[　　　　　　] ⑤[　　　　　　]

44. 原生生物● 次の文章を読み，空欄に当てはまる語句を下の語群から選べ。

真核生物ドメインのうち，植物・動物・菌類を除いたグループを（ ① ）という。（ ① ）は，（ ② ），粘菌類，（ ③ ）などに分けられる。（ ② ）は，アメーバやゾウリムシのように単細胞の（ ④ ）栄養生物で，運動性をもつ。粘菌類は，変形菌と（ ⑤ ）に分けられる。（ ③ ）は，細胞内共生によって（ ⑥ ）を獲得した，光合成を行う（ ⑦ ）栄養生物で，紅藻類・褐藻類・（ ⑧ ）・シャジクモ類などがある。シャジクモ類は植物の祖先であると考えられている。また，（ ① ）には，運動性をもち光合成を行う，独立栄養の（ ⑨ ）なども含まれる。

〔語群〕 原生動物　　原生生物　　藻類　　葉緑体　　ミトコンドリア
　　　　緑藻類　　　細胞性粘菌　　独立　　従属　　ミドリムシ類

①[　　　　　　] ②[　　　　　　] ③[　　　　　　]
④[　　　　　　] ⑤[　　　　　　] ⑥[　　　　　　]
⑦[　　　　　　] ⑧[　　　　　　] ⑨[　　　　　　]

45. 植物の系統樹● 図は植物の系統を示している。以下の問いに答えよ。

(1) (A)，(B)の空欄に適当な語を入れよ。
　　　　　　(A)[　　　　　　] (B)[　　　　　　]
(2) (A)，(B)をまとめて何とよぶか。　　[　　　　　　]
(3) (A)〜(C)は，シャジクモ類やコケ植物には見られない構造をもつ。それは何か。　　　　　　[　　　　　　]
(4) (A)〜(D)のうち，胞子によって繁殖するものはどれか。すべて選び，記号で答えよ。　　　　[　　　　　　]
(5) 次の植物は，それぞれ図の(A)〜(D)のどれに属するか。記号で答えよ。
　　(a) サクラ　　(b) スギゴケ　　(c) マツ　　(d) ワラビ
　　　　　　(a)[　　] (b)[　　] (c)[　　] (d)[　　]

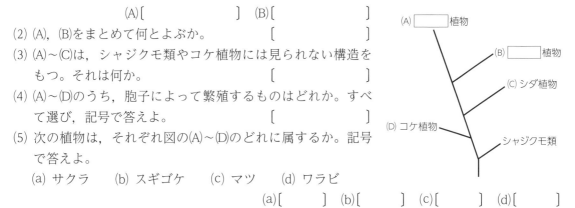

46. 動物の系統● 次の文章を読み，空欄に当てはまる語句を下の語群から選べ。

動物は，他の生物やその生産物を食べる（ ① ）栄養の（ ② ）生物であり，からだの構造の複雑さや発生の過程などによって分類される。からだの構造が比較的単純な動物として，カイメンなどの（ ③ ），サンゴなどの（ ④ ）がある。また，発生のとき，肛門より先に口ができる旧口動物には，ミミズなどの（ ⑤ ），サザエなどの（ ⑥ ），カニなどの甲殻類や昆虫類などが含まれる（ ⑦ ）がある。発生のときに先に肛門ができ，その後で肛門の反対側に口ができる新口動物には，ヒトデなどの（ ⑧ ），ヒトやナメクジウオなどの（ ⑨ ）が含まれる。

〔語群〕 (a) 軟体動物　　(b) 環形動物　　(c) 刺胞動物　　(d) 棘皮動物
　　　　(e) 節足動物　　(f) 海綿動物　　(g) 脊索動物　　(h) 従属　　(i) 独立
　　　　(j) 単細胞　　(k) 多細胞

①[　　] ②[　　] ③[　　] ④[　　] ⑤[　　]
⑥[　　] ⑦[　　] ⑧[　　] ⑨[　　]

47. 動物の系統樹● 図は，動物の系統樹を示したものである。以下の問いに答えよ。

(1) 図の(A)～(C)のうち，からだの構造がもっとも単純なのはどれか。 [　]

(2) 図の(B)，(C)の動物のグループは，発生の過程における口のでき方から，それぞれ何とよばれるか。
　　(B)[　　　　　] (C)[　　　　]

(3) 図の(a)～(g)のグループに属する動物を，次の①～⑧からそれぞれすべて選べ。

　　① ヒト　　② クラゲ　　③ ミミズ
　　④ エビ　　⑤ カイメン　　⑥ ウニ
　　⑦ イカ　　⑧ ナメクジウオ

(A)
海綿動物(a)　刺胞動物(b)

(B)
環形動物(c)　軟体動物(d)　節足動物(e)

(C)
棘皮動物(f)　脊索動物(g)

祖先生物

(a)[　　] (b)[　　] (c)[　　] (d)[　　]
(e)[　　] (f)[　　] (g)[　　]

48. 菌類● 次の文章を読み，以下の問いに答えよ。

　菌類は真核細胞からなり，体外で有機物を分解し，栄養を吸収する（　①　）生物である。菌類の多くは，からだが細い糸状の（　②　）からできている。

(1) 文章中の空欄に当てはまる語句を次の語群から選べ。

　　〔語群〕 従属栄養　　独立栄養　　菌糸　　維管束
　　　　　　　　　　　　　　　　①[　　　　　]　②[　　　　　]

(2) 次の①～④の生物から，菌類に該当するものをすべて選べ。

　　① アカパンカビ　　② クロレラ　　③ シイタケ　　④ ムラサキホコリ
　　　　　　　　　　　　　　　　　　　　　　　　　　　　[　　　　　]

49. 人類の祖先● 次の文章を読み，以下の問いに答えよ。

　5000万年以上前に，哺乳類の中から，(a)森林における樹上生活に適応した，サルのなかまからなるグループが現れた。そのグループの特徴の一つは，(b)枝などをつかむのに適した指をもつことである。もう1つの特徴は，視覚が発達しており，木の枝から枝に移動するとき，(c)距離を正確に把握できる遠近感をもつことである。また，視覚の発達により脳の受け取る情報量が増えた結果，(d)脳の発達が促されたとも考えられている。

(1) 文章中の下線部(a)のグループを何というか。 [　　　　]

(2) (1)のグループの中で，尾をもたず，特にヒトに近いグループを何というか。
　　　　　　　　　　　　　　　　　　　　　　　　　　　[　　　　]

(3) 文章中の下線部(b)の指は，親指が他の指と向かい合うという特徴をもつ。この特徴を何というか。 [　　　　]

(4) 文章中の下線部(c)の特徴には，眼のついている位置が大きくかかわっている。このグループの動物の眼は，頭部の側面あるいは前面のどちらについているか。 [　　　　]

(5) 文章中の下線部(d)について，脳のどの部分の発達が促されたか答えよ。
　　　　　　　　　　　　　　　　　　　　　　　　　　　[　　　　]

論50. 人類の出現と進化● 人類の出現と進化に関する次の問いに答えよ。

(1) 次の(a)～(f)の中で類人猿に属さないものをすべて選べ。

    (a) テナガザル   (b) オランウータン   (c) ボノボ   (d) チンパンジー

    (e) ツパイ   (f) ニホンザル   [   ]

(2) 霊長類がもつ，樹上生活に適応した形態的特徴を2つ，その特徴をもつことで得られる利点とともに答えよ。

          特徴と利点①[   ]

          特徴と利点②[   ]

(3) 人類と類人猿では歩行様式が大きく異なる。人類の歩行様式を何というか。

                                  [   ]

51. 人類の出現● 次の文章を読み，以下の問いに答えよ。

新生代になると被子植物が繁栄し，森林を形成して樹冠を発達させた。すると，哺乳類の中から(a)森林生活に適応した（ ① ）が出現した。さらに，2000万～3000万年前に，（ ① ）の中から(b)尾をもたない（ ② ）が現れた。この（ ② ）と共通の祖先の中から人類が出現したと考えられている。

(1) 文章中の空欄①，②に当てはまる語句をそれぞれ答えよ。

                      ①[   ] ②[   ]

(2) 文章中の下線部(a)の特徴として誤っているものを，次の(ア)～(エ)の中から1つ選べ。

    (ア) 両眼が頭部の前面につき立体視できる範囲が広い。   (イ) 拇指対向性をもつ。

    (ウ) 視覚よりも嗅覚が発達している。   (エ) 四肢の5本の指は独立し平爪をもつ。 [   ]

(3) 文章中の下線部(b)に該当する現生の生物を2つ答えよ。

                     [,   ]

(4) 文章中の下線部(b)とヒトとの相違点として誤っているものを，次の(ア)～(エ)の中から1つ選べ。

    (ア) ヒトの前肢は(b)と比較して相対的に長い。   (イ) ヒトは(b)と異なり，おとがいをもつ。

    (ウ) ヒトの骨盤は横広で，(b)は縦長である。

    (エ) (b)には眼窩上隆起があるがヒトにはない。   [   ] ▷ p.37 例題 5

52. 化石人類● 次の文章中の空欄に当てはまる語句を下の語群から選べ。

最初期の人類の化石として，600万～700万年前の地層から見つかった（ ① ）などが知られている。約400万年前の地層からは，直立二足歩行を行っていたことが確実視されている（ ② ）の化石が，約200万年前の地層からは，ヒトと同じ属に属する人類である（ ③ ）の化石が発見されている。（ ③ ）である北京原人やジャワ原人などは，石器や火を使用していた証拠を残している。60万～100万年前には，より脳の発達したヒト属のなかまとして（ ④ ）などが出現し，20万～40万年前には，西アジアからヨーロッパにかけて（ ⑤ ）が出現した。（ ⑤ ）の脳容積はヒトとほぼ同じで，ある程度の文化をもっていたと考えられる。25万～35万年ほど前には現生の人類である（ ⑥ ）が出現し，約10万年前以降，世界中に分布を広げた。

[語群] (ア) ホモ・サピエンス   (イ) ホモ・エレクトス   (ウ) サヘラントロプス

        (エ) ホモ・ネアンデルターレンシス   (オ) アウストラロピテクス類

        (カ) ホモ・ハイデルベルゲンシス

        ①[   ] ②[   ] ③[   ] ④[   ] ⑤[   ] ⑥[   ]

章末総合問題

53. 遺伝に関する次の文章を読み，あとの問いに答えよ。

体細胞の染色体が $2n$ のある生物で，3 組の対立遺伝子 $A(a)$，$B(b)$，$D(d)$ に関して顕性のホモ接合体と潜性のホモ接合体を交配して F_1（雑種第一代）をつくり，この F_1 と潜性のホモ接合体を交配して多数の次世代を得た。得られた次世代の個体について，2 組の遺伝子の組み合わせごとに，表現型の分離比を調べた結果を表に示している。遺伝子は A，B，D が顕性，a，b，d が潜性である。

注目する遺伝子の組み合わせ	表現型の分離比
$A(a)$ と $B(b)$	$[AB]:[Ab]:[aB]:[ab]=1:1:1:1$
$B(b)$ と $D(d)$	$[BD]:[Bd]:[bD]:[bd]=1:1:1:1$
$A(a)$ と $D(d)$	$[AD]:[Ad]:[aD]:[ad]=7:1:1:7$

(1) F_1 の両親の遺伝子型を答えよ。 [，]

(2) F_1 の遺伝子型を答えよ。 [ ]

(3) F_1 の体細胞において，3 組の対立遺伝子は染色体にどのように配置されているか。最も適当なものを，次の①〜⑤の中から 1 つ選べ。 [ ]

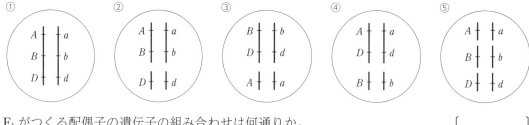

(4) F_1 がつくる配偶子の遺伝子の組み合わせは何通りか。 [ ]

〔帝塚山大 改〕

54. 次の文章を読み，以下の問いに答えよ。

生物が進化するためには，遺伝子に生じた突然変異によって，集団中に（ ア ）変異が生じる必要がある。突然変異は個体ごとに起こるが，（ イ ）や（ ウ ）のはたらきによって集団の中に広がることがある。集団に含まれる遺伝子のすべてを（ エ ）とよび，この中で生じる（ オ ）の変化が進化の実態である。突然変異が個体の表現型を変化させ，(A)その表現型をもつことは個体の生存や繁殖において有利になることがある。そのような表現型をもつ個体は，もたない個体に比べて次世代に残す子の数が（ あ ）。その結果，そのような突然変異が生じた遺伝子は，次世代の（ エ ）に占める割合が（ い ）する。このようなしくみを（ イ ）とよぶ。

DNA の塩基配列に突然変異が生じても，タンパク質のアミノ酸配列には変化を及ぼさないことが多い。したがって，多くの突然変異は，個体の生存や繁殖に影響しない。このような考え方を（ カ ）という。(B)このような突然変異を含む遺伝子が，次世代にどの程度伝わるかは（ ウ ）によって偶然に決まり，ときにはある特定の突然変異だけが残ることもある。

(1) 文章中の空欄(ア)〜(カ)に当てはまる最も適切な語句を答えよ。

(ア)[ ] (イ)[ ] (ウ)[ ]
(エ)[ ] (オ)[ ] (カ)[ ]

(2) 下線部(A)について，空欄(あ)と(い)に当てはまる最も適切な語句の組み合わせを，次の(a)～(d)から選び，記号で答えよ。　　　　　　　　　　　　　　　　　　　　　　　　[　　　]

(a) (あ) 多い　　　(い) 増加　　　(b) (あ) 多い　　　(い) 減少

(c) (あ) 少ない　　(い) 増加　　　(d) (あ) 少ない　　(い) 減少

(3) 下線部(B)について，このようなしくみがより強くはたらくのはどのような状況のときか。次の(a)～(d)から最も適切なものを1つ選び，記号で答えよ。　　　　　　　　　　　[　　　]

(a) 集団に含まれる個体数が多いとき　　(b) 集団に含まれる個体数が少ないとき

(c) 集団を取り巻く環境が厳しいとき　　(d) 集団を取り巻く環境が穏やかなとき

(4) 下線部(B)について，このようなしくみが主要な役割を担う現象は何か。次の(a)～(d)から最も適切なものを1つ選び，記号で答えよ。　　　　　　　　　　　　　　　　[　　　]

(a) 地理的隔離　　(b) ハーディ・ワインベルグ平衡　　(c) 適応放散　　(d) びん首効果

［神戸大 改］

55. 次の文章を読み，以下の問いに答えよ。

　遺伝的な形質の違いは，DNAの塩基配列の違いによって生じている。しかし，DNAの塩基配列が違っていても形質に違いが現れないこともある。タンパク質のアミノ酸配列が違っても，そのタンパク質の機能に影響がなければ，生物種間のアミノ酸配列の違いが時間とともに蓄積されていく。異なる種の生物の間でアミノ酸配列を比較することにより，それらの系統関係や分岐年代を推定することもできる。アミノ酸配列の違いの度合いが分岐してからの時間の長さに比例する，というのが分子時計の考え方である。

　いま，ヒト，ウマ，イモリでヘモグロビンα鎖のアミノ酸配列を比較してみると，141個のアミノ酸のうち，ヒトとウマでは18か所で違っており，ヒトとイモリでは62か所で違っていた。

(1) 今から9000万年前にヒトとウマが共通の祖先から分岐したと考えると，進化の過程でヘモグロビンα鎖の相同な場所のアミノ酸1個が置換されるのに必要となる年数はどのくらいになるか，次の(a)～(e)から選べ。ただし，置換する速度は一定であり，共通の祖先から分岐後，ヒトとウマでは互いに同数ずつ異なる場所にアミノ酸の置換が起きたと仮定する。

(a) 260万年　　(b) 430万年　　(c) 500万年　　(d) 1000万年　　(e) 2000万年

[　　　]

(2) タンパク質のアミノ酸1個が別のアミノ酸に置換されるのに必要な年数がどの生物でも一定であると仮定すると，アミノ酸の置換数から各生物種の分岐年代を推定できる。ヒトとイモリが共通祖先から分岐したのは，今から何億年前と推定されるか，次の(a)～(e)から選べ。

(a) 1.6億年前　　(b) 2.1億年前　　(c) 3.1億年前　　(d) 3.4億年前

(e) 6.2億年前　　　　　　　　　　　　　　　　　　　　　　　　　　　[　　　]

(3) 進化を考えるうえで置換したアミノ酸数の違いやアミノ酸の種類を比較する方法は有効な手段でもあるが，それだけでは突然変異が起きた時期について正しい評価をすることはできない。その理由として最も適当なものを，次の(a)～(d)から選べ。　　　　　　　[　　　]

(a) タンパク質の同じ位置のアミノ酸に変異が生じることがあるため。

(b) タンパク質を構成するアミノ酸の種類が20種類であることを考慮できていないため。

(c) 比較するタンパク質の全アミノ酸数を考慮することができていないため。

(d) アミノ酸の性質(酸性，塩基性など)を考慮できていないため。

［お茶の水大 改］

▷ p.37 例題 4

細胞と分子

1 生体物質と細胞

A 細胞を構成する物質

(1) **細胞と分子** 細胞内には核, ミトコンドリア, ゴルジ体などのさまざまな細胞小器官や構造体が存在する。これらはタンパク質, 脂質, 核酸などの分子からなり, 各分子は炭素(C), 酸素(O), 窒素(N), 水素(H)などの元素から構成されている。

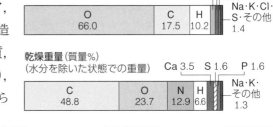

生重量(質量%)

| O 66.0 | C 17.5 | H 10.2 | N 2.4 | Ca 1.6 | P 0.9 Na·K·Cl·S·その他 1.4 |

乾燥重量(質量%)
(水分を除いた状態での重量)

| C 48.8 | O 23.7 | N 12.9 | H 6.6 | Ca 3.5 | S 1.6 | P 1.6 Na·K·その他 1.3 |

(2) **細胞を構成する物質** 細胞を構成する物質は多くの生物で共通しており, 水, 有機物, 無機塩類などからなる。最も多く含まれるのは水である。

補足 動物細胞や細菌の場合, 有機物の中で最も多く含まれるのはタンパク質であるが, 植物細胞の場合は細胞壁(セルロースが含まれる)があるため, 炭水化物が最も多くなる。

大腸菌 / 動物細胞

	大腸菌	動物細胞
タンパク質	15%	18%
脂質	2%	5%
炭水化物	2%	2%
核酸	7%	1%
無機塩類	1%	1%
その他	3%	3%
水	70%	70%

① **水(H₂O)** 水は, 生体内での物質の運搬や酵素反応の場となっている。水分子は電気的にかたよりのある極性分子で, 分子間で互いのHとOが[¹　　　　　]をしているため, 比熱が大きく, 生体内の急激な温度変化を抑制するはたらきをもつ。極性をもつ多くの有機物や金属イオンは水によく溶ける。

② **有機物** 細胞を構成する有機物には**炭水化物, 脂質, タンパク質, 核酸**などがある。これらの有機物はそれぞれ特定の構成単位からなる(下表)。

③ **無機塩類** Na, K, Cl, Ca, Mg, Fe などを含む無機塩類の多くは細胞内外で水に溶けたイオンとして存在する。浸透圧の調節や神経の興奮(活動電位の発生)にはたらいたり, 筋収縮などの生命活動にかかわるほか, 生体物質の構成成分としても重要である。

		構成元素	構成単位		はたらきおよび性質など
[²　　　　]		C, H, O	**単糖類**(グルコース, フルクトースなど)		デンプンやグリコーゲンはエネルギー源。セルロースは細胞壁の成分
脂質	脂肪	C, H, O	**グリセリンと脂肪酸**。リン脂質はリン酸化合物も含む		水に難溶。エネルギー源
	リン脂質	C, H, O, P			生体膜の構成成分
[³　　　　]		C, H, O, N, S	**アミノ酸**(20種類)		細胞構造の主成分, 酵素の本体。酸・アルカリ・熱などによって変性
核酸	[⁴　　　]	C, H, O, N, P	**ヌクレオチド**	糖は **デオキシリボース**	遺伝子の本体。核に存在するが, ミトコンドリアや葉緑体にも含まれる
	[⁵　　　]			糖は **リボース**	核小体, リボソーム, サイトゾルに存在。タンパク質合成に関係する

B 原核細胞と真核細胞

すべての生物は細胞からできている。細胞は遺伝情報を担う物質であるDNAと生命活動に必要な物質を細胞膜で包んだ構造をしている。

(1) **原核細胞** DNAは核様体に存在する。核膜や膜構造をもつ細胞小器官はない。細胞壁をもつ。原核細胞からなる生物を[6   ]といい,[7   ](バクテリア)と[8   ](古細菌)に分けられる。

(2) **真核細胞** DNAは核の内部に存在し,タンパク質(ヒストン)とともに[9   ]を形成している。発達した膜構造をもつ細胞小器官が見られる。真核細胞からなる生物を[10   ]という。

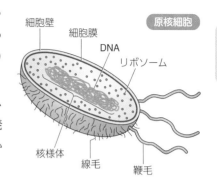

原核細胞

細胞壁 細胞膜 DNA リボソーム 核様体 線毛 鞭毛

C 真核細胞の構造と機能

(1) **遺伝情報からタンパク質をつくる** 核は二重の膜からなる[11   ]でできており,**核膜孔**をもつ。内部に**クロマチン**と**核小体**が存在する。核の中でDNAの遺伝情報が転写され,できたmRNAは細胞質にある[12   ]でタンパク質に翻訳される。

(2) **タンパク質を運ぶ** 核のまわりを取り囲む膜状の[13   ]には,リボソームが付着した[14   ]と付着していない[15   ]がある。リボソームで合成されたタンパク質は小胞体から[16   ]へと輸送され,糖鎖付加などの修飾を受ける。その後,タンパク質は小胞に包まれて細胞外などへ輸送される。[17   ]はゴルジ体から生じる小胞で,分解酵素を含んでいる。リソソームは,不要なタンパク質や細胞小器官を分解するはたらきである**オートファジー(自食作用)**にかかわっている。

(3) **エネルギーを供給する** 細胞の活動に必要なエネルギーはATPから供給される。[18   ]では有機物を分解することでATPを合成する。[19   ]では光エネルギーを利用してATPを合成し,そのエネルギーを用いて有機物を生産する。

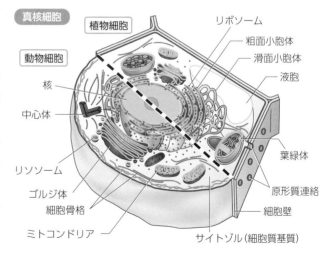

真核細胞 植物細胞 動物細胞

リボソーム 粗面小胞体 滑面小胞体 液胞 葉緑体 原形質連絡 細胞壁 サイトゾル(細胞質基質) ミトコンドリア 細胞骨格 ゴルジ体 リソソーム 中心体 核

参考　細胞分画法

　細胞分画法では，細胞の破砕液を遠心分離して，細胞小器官や構造体を大きさと密度の違いによって分離する。細胞小器官が変形・破裂しないよう，等張なスクロース溶液を用いる。

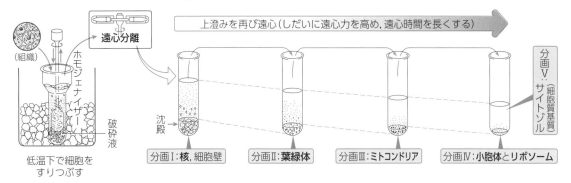

（4）**形をつくる**　**細胞骨格**は，細胞の形や細胞小器官を支えるタンパク質である。

①　[¹　　　　　　　　　　　　]　球状のアクチンというタンパク質が重合。直径約 7nm。アメーバ運動や動物細胞の細胞質分裂のときの細胞のくびれ，筋収縮に関与。

②　[²　　　　　　　]　α チューブリンと β チューブリンという 2 つの球状タンパク質が重合。直径約 25nm。細胞内輸送の輸送路，細胞分裂時の紡錘糸。

③　[³　　　　　　　　　　　]　繊維状のタンパク質が束ねられたもの。直径約 8 ～ 12nm。非常に強度がある。細胞膜や核膜の内側に存在して細胞や核の形を保持。

中心体は動物細胞などに見られ，細胞分裂時に紡錘体形成の起点となるほか，鞭毛や繊毛の形成にも関与する。

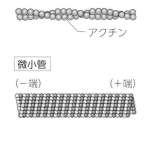

アクチンフィラメント

アクチン

微小管

（−端）　　　　　　（＋端）

中間径フィラメント

参考　モータータンパク質

　細胞の運動は，細胞骨格と，その上を ATP のエネルギーを使って移動する**モータータンパク質**のはたらきによる。**キネシン**と**ダイニン**は，微小管の上を移動することで，物質などを運ぶ。植物の細胞質流動は，**ミオシン**がアクチンフィラメントの上を移動することで起こる。微小管とダイニンは鞭毛や繊毛の運動にも関係する。

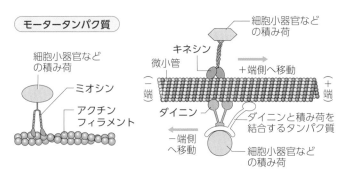

（5）**仕切る・通す**　細胞の最外層には [⁴　　　　　　] がある。細胞膜には膜タンパク質が存在し，物質の出入りの調節や情報伝達物質の受容などにはたらいている。

（6）**植物細胞で見られる**　成長した植物細胞では [⁵　　　　] が発達しており，液胞の内部には代謝産物や老廃物などを含む**細胞液**が蓄えられている。細胞膜の外側にはセルロースやペクチンなどでできた [⁶　　　　　] がある。

D 生体膜の構造

(1) **生体膜** 細胞膜や細胞小器官の膜は基本構造が同じで，[⁷　　　　]と総称される。

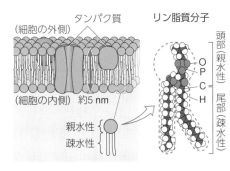

(2) **生体膜の構造** 生体膜は，リン脂質の二重層(親水性の部分を膜の外側に，疎水性の部分を膜の内側に向けて並ぶ)の中にタンパク質がモザイク状に分布した構造をしており，タンパク質はリン脂質の二重層をある程度自由に移動できる([⁸　　　　])。

補足 生体膜を構成するタンパク質には，物質の出入りを調節するもの，ホルモンなどの情報伝達物質を受容するもの，他の細胞と結合するものなどがある。細胞の内側で細胞骨格と結合するタンパク質は，膜の形を維持するのに役立っている。

参考 **小胞輸送**

(1) **小胞による物質の出入り** リン脂質の二重層や輸送タンパク質を通過できない大きい物質は，生体膜自体がそれらの物質を包みこんだ小胞を形成して輸送する。

エキソサイトーシス：物質を細胞外へ分泌

エンドサイトーシス：物質を細胞内に取りこむ

(2) **小胞輸送のしくみ**

① **細胞外への分泌** リボソームで合成されたタンパク質は小胞体に入り，小胞に包まれて分離し，ゴルジ体に運ばれる。さらにゴルジ体で濃縮され，分泌小胞として分離し，細胞膜と融合してタンパク質を細胞外に分泌する。

② **細胞小器官への輸送** 細胞小器官に小胞が融合して，内部の物質を輸送する。

③ **膜への輸送** 小胞が融合することで，膜自体を新しくしたり，膜タンパク質を細胞膜の必要な場所に配置したりする。

参考 **細胞間結合**

動物の組織形成では，細胞どうしをつなぐ**細胞間結合**(細胞接着)が重要である。

① **密着結合** 膜貫通タンパク質(接着タンパク質)によって細胞間隙がふさがれ密着して結合。この結合によって，体内と体外が物理的に隔てられている。

② **固定結合** 膜貫通タンパク質が細胞内の細胞骨格と結合し，強度が高い。

例 **接着結合**(アクチンフィラメントと結合)，**デスモソーム・ヘミデスモソーム**(中間径フィラメントと結合)

③ **ギャップ結合** 円筒状の膜貫通タンパク質で隣接する細胞と結合。低分子物質やイオンが移動でき，細胞間の情報伝達に関与している。

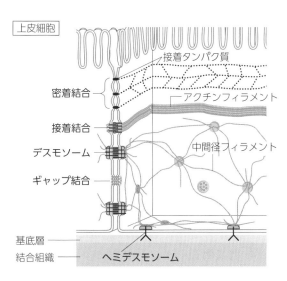

空欄の解答 1 アクチンフィラメント 2 微小管 3 中間径フィラメント 4 細胞膜 5 液胞 6 細胞壁 7 生体膜 8 流動モザイクモデル

2 タンパク質の構造と性質

タンパク質は，遺伝子の情報をもとにつくられる有機物で，ヒトでは10万種類程度あると考えられている。生体の構造や機能において重要な役割を果たしている。

A タンパク質の構造

タンパク質は，アミノ酸がペプチド結合によって多数結合した高分子化合物である。タンパク質を構成するアミノ酸は20種類ある。

(1) **タンパク質の基本単位－アミノ酸** アミノ酸は，1個の炭素原子に[1　　　　　　　　　](−NH₂)，[2　　　　　　　　　](−COOH)，**水素原子**(H)，**側鎖**が結合したものである。側鎖には親水性のものや疎水性のもの，正や負の電荷をもつものなどがあり，側鎖の性質がアミノ酸の性質に影響を与える。

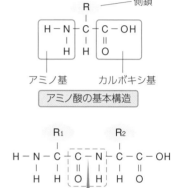

アミノ酸の基本構造

(2) **ペプチド結合** 隣りあったアミノ酸どうしは，一方のアミノ酸のカルボキシ基と他方のアミノ酸のアミノ基の間で，水1分子が取れて結合する。このC−N間の結合を[3　　　　　]という。また，多数のアミノ酸がペプチド結合によって結合し，長い鎖状になったものを[4　　　　　　　]という。

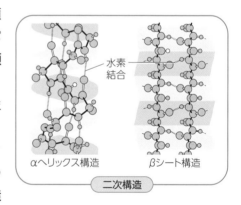

ペプチド結合

(3) **タンパク質の立体構造** タンパク質には多くの種類があり，それぞれ異なった立体構造をとる。タンパク質の構造は，構成しているアミノ酸の並び方(**種類**と**数**と**配列の順序**)によって決まる。

① **一次構造** ポリペプチドを構成するアミノ酸の並び方をいう。

② **二次構造** ポリペプチド中のOとHの間でできる**水素結合**による部分的な立体構造。くり返しのある規則的な構造の[5　　　　　　]**構造**(らせん構造)や[6　　　　　]**構造**(ジグザグ構造)などがある。

αヘリックス構造　　βシート構造

水素結合

二次構造

③ **三次構造** 二次構造をつくったポリペプチドが，S−S結合(ジスルフィド結合)や水素結合によって折りたたまれてできる分子全体としての立体構造をいう。

④ **四次構造** タンパク質によっては三次構造をもつ複数のポリペプチド(サブユニット)からなるものがあり，その複数のサブユニットからなるタンパク質全体の立体構造をいう。

(ミオグロビン)　　(ヘモグロビン)

三次構造　　四次構造

B タンパク質の立体構造と機能

(1) **タンパク質の特異性** タンパク質の中には他の物質と結合する立体構造をもつものがある。その部位に結合できる物質の構造は決まっており，特定の構造をもつ物質しか結合できない。

例 酵素の基質特異性，抗原と抗体の特異性など

(2) **タンパク質の変性** 高温や強い酸・アルカリなどによって，タンパク質の立体構造が変化し，タンパク質がもつ本来の性質や機能が変化することをタンパク質の[7　　　]という。変性によってタンパク質がそのはたらきを失うことを，[8　　　]という。

3 化学反応にかかわるタンパク質

A 酵素の基本的なはたらき

(1) **触媒作用** 物質が化学反応を起こす場合，化学反応を起こしやすい（活性化）状態になるのに必要なエネルギーを[9　　　　　　]という。酵素は活性化エネルギーを小さくして化学反応を促進する触媒作用があるので，常温常圧でも速やかに化学反応を進行させる。酵素は生体内でつくられたタンパク質からなり，生体触媒とよばれる。

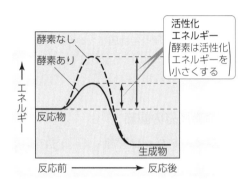

(2) **基質特異性** 酵素が作用する物質を[10　　　]という。酵素は，まず，基質と結合して**酵素−基質複合体**をつくり，基質に作用して**生成物**をつくる。生成物ができると酵素は離れて再び基質と結合する。それぞれの酵素は特有の立体構造をとる[11　　　　　]（基質との結合部位）をもち，その構造に適合した基質にのみ作用する。この性質を[12　　　　　]という。

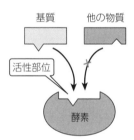

B 酵素の反応条件

(1) **最適温度と最適pH** 温度上昇とともに基質分子などの運動が盛んになり，酵素反応の速度は上昇する。しかし，ふつう60℃以上の高温では酵素本体のタンパク質が変性し，失活するため，反応速度は急激に低下する。そのため，酵素には最もよくはたらく[13　　　　　]がある。また，タンパク質の立体構造は水素イオン濃度によっても影響を受けるので，それぞれの酵素によって最もよくはたらくpH（**最適pH**）がある。

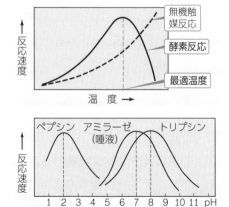

空欄の解答 1 アミノ基　2 カルボキシ基　3 ペプチド結合　4 ポリペプチド　5 αヘリックス　6 βシート
7 変性　8 失活　9 活性化エネルギー　10 基質　11 活性部位　12 基質特異性　13 最適温度

(2) **酵素濃度・基質濃度と反応速度**　酵素濃度を一定に
して基質濃度を変えると，基質濃度が低いときは基
質濃度に比例して反応速度は上昇するが，基質濃度
が一定以上になると反応速度は一定になる(飽和状
態)。これは，すべての酵素が酵素－基質複合体に
なっており，基質が反応を終えて活性部位から離れ
るまで次の基質と結合できないからである。酵素濃
度を2倍にすると，グラフの傾きも飽和状態の最大
反応速度もほぼ2倍となる。

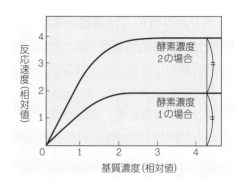

参考　補助因子

　酵素によっては，低分子の有機物や金属が結合しなければ活性を示さないものもある。このような酵素に結合
する有機物や金属を補助因子という。呼吸や光合成の過程における酸化還元反応では，NAD^+(呼吸)，FAD(呼吸)，
$NADP^+$(光合成)といった補助因子が電子の運搬体として重要なはたらきをしている。

C 酵素反応の調節

(1) **フィードバック調節**　細胞内で複数の酵素によって連続的に化学反応が進む代謝経路におい
ては，一般に，一連の化学反応の結果つくられた最終産物が代謝経路の初期の反応に作用す
る酵素にはたらいて，反応系全体の進行を調節している。このしくみを[¹　　　　　　　]調節という。フィード
バック調節では，最終産物が初
期の反応に作用する酵素のア
ロステリック部位に結合して
はたらきを阻害する(**フィード
バック阻害**という)ことが多い。
フィードバック阻害によって最
終産物の量が減少すると，最終
産物による阻害がなくなり，再
び反応が進行する。

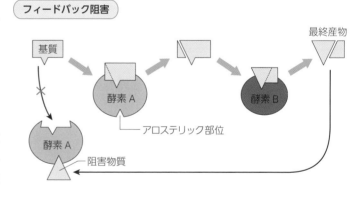

(2) **アロステリック効果**　基質以外の物質が酵素の特定部位(アロステリック部位)に結合するこ
とで，酵素の立体構造が変化し，酵素－基質複合体が形成されなくなることがある。このよ
うな酵素を[²　　　　　　　　　　]といい，このように酵素の活性が変化するこ
とを**アロステリック効果**という。

　アロステリック酵素のように，酵素の活性部位以外の部位に物質(阻害物質)が結合するこ
とによって酵素反応が阻害されることを[³　　　　　　　　]という。

(3) **競争的阻害**　基質とよく似た立体構造をもつ物質が基質と同時に存在すると，それが酵素の
活性部位に結合して基質が結合できなくなる。その結果，酵素のはたらきが阻害される。こ
れを[⁴　　　　　　　]という。

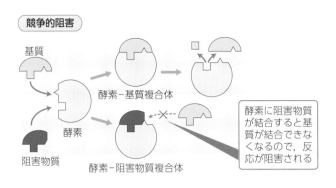

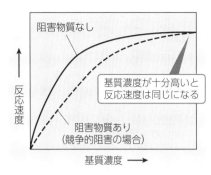

4 膜輸送や情報伝達にかかわるタンパク質

A 膜輸送にかかわるタンパク質

(1) **拡散**　水に溶けた物質は，その濃度が均一になるように [⁵　　　　　　] に従って**拡散**する。この移動にはエネルギーを必要としない。

(2) **選択的透過性**　細胞膜には，物質を選び分けて透過させる性質がある。これを [⁶　　　　　　] という。細胞膜を構成する脂質二重層を通過できるのは，非常に小さい分子か疎水性の分子で，脂質二重層を通過できない物質は**輸送タンパク質**によって輸送される。

(3) **輸送タンパク質を介した物質の出入り**

① [⁷　　　　　　]　イオンなど小さいが電荷をもつ物質を濃度勾配に従って通過させる膜タンパク質で，エネルギーを必要としない [⁸　　　　　　] が行われる。ナトリウムチャネルやカリウムチャネルなどがある。

　　補足　細胞膜には，水分子だけを通す**アクアポリン**というチャネルが存在する。腎臓などの細胞の細胞膜にはアクアポリンが多く存在する。

② **担体**　特定の物質が結合すると立体構造が変化して膜の反対側に物質を運ぶ。アミノ酸や糖などの比較的低分子で極性のある物質などを輸送する。

　　・**グルコース輸送体**　グルコースを濃度勾配に従って細胞内に輸送する。

　　・**ナトリウムポンプ**　濃度勾配に逆らって，細胞内から細胞外へ Na^+ を排出し，細胞外から細胞内へ K^+ を取りこむことで細胞内外の Na^+ と K^+ の濃度差を維持する分子機構（酵素名は [⁹　　　　　　　　　　　]）。この輸送は，エネルギーを必要とする [¹⁰　　　　　] である。

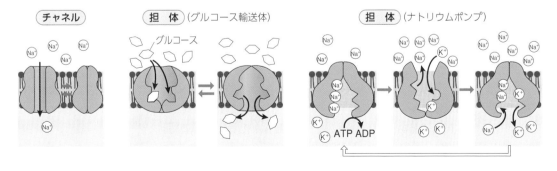

参考　**水の移動と浸透圧**

(1) **浸透圧**　水溶液と水を，水分子は通すが溶質分子は通さない膜(半透膜)で仕切ると，水は水溶液側へ移動する。これを**浸透**という。このとき，膜にかかる圧力を**浸透圧**という。

(2) **浸透圧と水溶液**　細胞内液に比べて浸透圧が大きい水溶液を**高張液**，浸透圧が小さい水溶液を**低張液**，浸透圧が等しい水溶液を**等張液**という。

(3) **細胞と浸透**　細胞を高張液に浸すと，細胞内から細胞外へと水が移動する。低張液に浸すと，細胞外から細胞内へと水が入ってくる。等張液に浸すと，見かけ上，変化はない。

	高張液	等張液	低張液
動物細胞	収縮	赤血球 不変	膨張 破裂
植物細胞	原形質分離	不変	膨張

B **情報伝達にかかわるタンパク質**

(1) **情報伝達物質と受容体**　ある細胞が分泌した**情報伝達物質**が，[¹　　　　]細胞の[²　　　　　　]（レセプター）とよばれるタンパク質で受容されることによって細胞間の情報伝達が行われる。受容体と情報伝達物質の結合の間には特異性がある。

(2) **情報の受容と応答**　情報伝達物質が細胞膜上の受容体に結合すると，受容体の構造が変化し，情報が細胞内に伝えられる(シグナルの伝達)。受容体は次の2つに大別される。

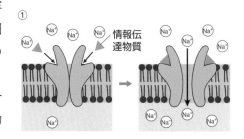

①　**イオンチャネル型受容体**　情報伝達物質が結合すると，[³　　　　　　]が開いてイオンが移動し，応答が起こる。シナプスでの興奮の伝達などにかかわっている。

②　**イオンチャネル型ではない受容体**　情報伝達物質が結合すると，受容体の[⁴　　　　　　]が変化して活性化することで，タンパク質の機能が変化したり，遺伝子発現が変化したりするといった応答が起こる。

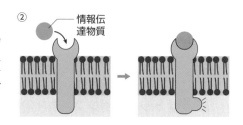

参考　**免疫にかかわる細胞の情報伝達**

(1) **病原体の認識**　マクロファージ・好中球・樹状細胞などの食細胞は，細胞膜にある受容体によって異物を認識して活性化し，異物に対して食作用を行う。このような受容体の一つに**TLR**(トル様受容体)がある。マクロファージは，病原体がもつ糖や核酸などを TLR で特異的に認識し，活性化して**サイトカイン**とよばれるタンパク質を分泌する。サイトカインは，炎症反応や免疫細胞の活性化などを引き起こす。

(2) **接触による伝達**　樹状細胞は食作用で取りこんだ抗原を細胞表面の **MHC抗原**(主要組織適合抗原)にのせて提示する。T 細胞は細胞表面に，細胞ごとに異なる **TCR**(T 細胞受容体)をもち，樹状細胞が提示した抗原とMHC 抗原に結合できる TCR をもつ T 細胞だけが特異的に活性化される。

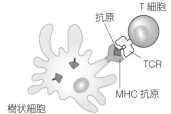

空欄の解答　1 標的　2 受容体　3 チャネル　4 立体構造

用語 CHECK

●一問一答で用語をチェック●

① 生物の細胞を構成する物質の中で，最も多い物質は何か。

② 動物細胞を構成する有機物の中で，最も多い物質は何か。

③ DNA を取り囲む核膜をもたず，膜構造を伴う細胞小器官が見られない細胞を何というか。

④ 核膜で囲まれた核や，ミトコンドリアなどの膜構造を伴う細胞小器官が見られる細胞を何というか。

⑤ リボソームで合成されたタンパク質の輸送にかかわり，核膜の外側の膜と直接つながっている細胞小器官は何か。

⑥ 細胞の形を支持する細胞内の繊維状の構造を何というか。

⑦ ⑥のうち，アメーバ運動や細胞分裂のときのくびれこみ，筋収縮に関係する直径約 7 nm の繊維状の構造を何というか。

⑧ リン脂質二重層に含まれるタンパク質は，膜内を比較的自由に動くことができるという生体膜の構造様式を何というか。

⑨ タンパク質は何という物質が多数鎖状に結合してできているか。

⑩ タンパク質を構成する⑨どうしをつなぐ結合を何というか。

⑪ タンパク質が変性し，そのはたらきを失う現象を何というか。

⑫ 物質が化学反応を起こす場合，化学反応を起こしやすい状態になるために必要なエネルギーを何というか。

⑬ 酵素は特定の基質にしか作用しない。この性質を何というか。

⑭ 酵素が最もよくはたらく温度を何というか。

⑮ 細胞膜にある輸送タンパク質のうち，水分子やイオンなどを濃度勾配にしたがって通過させるものを何というか。

⑯ 水分子を通過させる⑮を何というか。

⑰ 細胞膜にある担体のうち，エネルギーを使い，濃度勾配に逆らって物質を輸送するはたらきをもつものを何というか。

⑱ 細胞間の情報伝達を仲介する物質を何というか。

⑲ 細胞間の情報伝達において⑱を受け取るはたらきをもつタンパク質を何というか。

①
②
③
④
⑤
⑥
⑦
⑧
⑨
⑩
⑪
⑫
⑬
⑭
⑮
⑯
⑰
⑱
⑲

第2章 細胞と分子

解答

① 水　② タンパク質　③ 原核細胞　④ 真核細胞　⑤ 小胞体　⑥ 細胞骨格　⑦ アクチンフィラメント
⑧ 流動モザイクモデル　⑨ アミノ酸　⑩ ペプチド結合　⑪ 失活　⑫ 活性化エネルギー　⑬ 基質特異性
⑭ 最適温度　⑮ チャネル　⑯ アクアポリン　⑰ ポンプ　⑱ 情報伝達物質　⑲ 受容体

例題 6 酵素反応の実験

解説動画

肝臓片に含まれる酵素と無機触媒を比較しながら酵素のはたらきを調べるために，室温下において，試験管①〜⑥にそれぞれ次の物質を入れて，気体の発生を観察した。

① $3\%H_2O_2$ 3mL ＋ 水 1mL ＋ 酸化マンガン(Ⅳ)顆粒 1g

② $3\%H_2O_2$ 3mL ＋ 水 1mL ＋ 肝臓片 1g 　　③ $3\%H_2O_2$ 3mL ＋ 水 1mL ＋ 石英砂 1g

④ $3\%H_2O_2$ 3mL ＋ 水 1mL ＋ 煮沸した肝臓片 1g

⑤ $3\%H_2O_2$ 3mL ＋ $4\%NaOH$ 1mL ＋ 肝臓片 1g

⑥ $3\%H_2O_2$ 3mL ＋ $4\%HCl$ 1mL ＋ 肝臓片 1g

(1) 気体が激しく発生した試験管をすべて答えよ。また，発生した気体の名称を答えよ。

(2) 肝臓片に含まれる，酸化マンガン(Ⅳ)と同じ触媒作用をもつ物質の名称を答えよ。

(3) 試験管①，②，④に対して，試験管③のような実験を何というか。

(4) 試験管②と試験管④，⑤，⑥の比較から，酵素にはどのような性質があることがわかるか。

指針 この実験では次の反応が起こる。　　$2H_2O_2$(過酸化水素)→ $2H_2O$ ＋ O_2

酸化マンガン(Ⅳ)はこの反応を促進する無機触媒，肝臓片に含まれるカタラーゼはこの反応を促進する酵素である。石英砂はこの反応を促進しない物質で，③は酵素や無機触媒以外のものを入れても気体が発生しないことを示すために行った実験である。

解答 (1) **気体が発生した試験管…1，2　発生した気体…酸素**　　(2) **カタラーゼ**

(3) **対照実験**　　(4) **酵素は，熱や酸やアルカリによってその酵素活性を失う。**

●● 基本問題

56. 細胞を構成する物質の割合●　次の文章中の空欄に当てはまる語句を下の語群から選べ。

動物細胞を構成する物質の中で最も多いのは（　①　）であり，その次に多いのは，（　②　）である。（　②　）などの有機物には，おもに（　③　），水素，酸素などの元素が含まれている。

〔語群〕　(ア) タンパク質　　(イ) 脂質　　(ウ) 炭水化物　　(エ) 水　　(オ) 炭素　　(カ) 二酸化炭素

①[　　　]　②[　　　]　③[　　　]

57. 細胞を構成する物質●　次の(1)〜(5)の文章は，細胞を構成する物質について説明したものである。それぞれに該当する物質名を下の語群から1つずつ選べ。

(1) アミノ酸が多数結合した高分子化合物で，種類が多く，酵素の本体でもある。酸やアルカリ・熱などによって立体構造が変化する。

(2) 細胞膜などの生体膜の構成成分となるものやエネルギー源となるものがある。

(3) 遺伝子の本体で，ヌクレオチドが多数結合した高分子化合物である。

(4) 水素原子(H)と酸素原子(O)が共有結合してできている電気的に偏りのある極性分子で，分子間でHとOがゆるやかな水素結合をつくっている。

(5) 炭素・水素・酸素からなる物質で，エネルギー源や植物細胞の細胞壁の成分となる。

〔語群〕　脂質　　タンパク質　　炭水化物　　RNA　　DNA　　ATP　　水

(1)[　　　　　]　(2)[　　　　　]　(3)[　　　　　]

(4)[　　　　　]　(5)[　　　　　]

58. 細胞の構成成分● 図はある動物細胞を構成する物質の割合を質量%で示したものである。

(1) 図の(ア)～(エ)の物質は何か。次の(a)～(d)の中からそれぞれ選べ。

   (a) 水　　(b) 脂質　　(c) 炭水化物　　(d) タンパク質

      (ア)[　　　]　(イ)[　　　]　(ウ)[　　　]　(エ)[　　　]

(2) 図の(ア)の物質の説明として誤っているものを次の(a)～(c)の中から選べ。　　　　　　　　　　　　　　　　　　　　　　　　　[　　　]

   (a) 多くの物質を溶かす溶媒で，物質移動に関係する。

   (b) 酵素やホルモンの主成分であり，生命活動を担う物質である。

   (c) 外界の温度変化の影響を緩和する。

円グラフ: (ア) 70, (イ) 18, (ウ) 5, (エ) 2, 核酸 1, 無機塩類 1, その他 3

59. 細胞の構造①● 図はある細胞の構造を模式的に示したものである。

(1) 図の細胞は，動物細胞，植物細胞，細菌のいずれか。

           [　　　　　　]

(2) 図の①～④の部分の名称を答えよ。

     ①[　　　　　]　②[　　　　　]

     ③[　　　　　]　④[　　　　　]

図の説明: ①, ②, ③, ④, 線毛, 核様体

(3) このような，核や膜構造のある細胞小器官をもたない細胞からなる生物を何というか。　　　　　　　　　[　　　　　]

(4) (3)に属する生物は大きく2つのグループに分けられる。2つのグループの名称を答えよ。

           [　　　　，　　　　]

(5) DNA は図のどの部分に含まれているか。語句または番号で答えよ。　　[　　　　　]

60. 細胞の構造②● 図はある細胞の電子顕微鏡像の模式図である。

(1) 図の細胞は，原核細胞と真核細胞のうちどちらか。

           [　　　　　]

(2) 図の細胞は，動物細胞と植物細胞のうちどちらか。

           [　　　　　]

図の説明: ①, ②, ③, ④, ⑤

(3) 図の①～⑤に当てはまる名称を，次の(ア)～(カ)からそれぞれ選べ。

   (ア) ゴルジ体　　(イ) ミトコンドリア　　(ウ) 中心体

   (エ) 小胞体　　(オ) リソソーム　　(カ) リボソーム

     ①[　　]　②[　　]　③[　　]　④[　　]　⑤[　　]

(4) 次の(a)～(e)に当てはまる構造を，図の①～⑤からそれぞれ選べ。

   (a) 紡錘体形成の起点となる

   (b) 細胞の分泌活動に関与する

   (c) 酸素を使ってエネルギーを生産する場である

   (d) タンパク質を合成する場である

   (e) 細胞内で生じた不要物を取りこみ分解する

     (a)[　　]　(b)[　　]　(c)[　　]　(d)[　　]　(e)[　　]

(5) 核や①～⑤の細胞小器官の間を満たしている物質を何というか。　　[　　　　　]

61. 細胞の構造③●　図はある細胞の電子顕微鏡像の模式図である。

(1) 図の細胞は，動物細胞，植物細胞，細菌のいずれか。
　　　　　　　　　　　　　　　　　　[　　　　　　　]

(2) 図の①～⑥の名称を答えよ。
　　①[　　　　　　　] ②[　　　　　　　　]
　　③[　　　　　　　] ④[　　　　　　　　]
　　⑤[　　　　　　　] ⑥[　　　　　　　　]

(3) 図の⑦のうち，表面にリボソームが付着したものを特に何というか。　　　　　　[　　　　　　　]

(4) 図の中央部に見られる二重膜で囲まれた球形の構造物の中には，繊維状の構造が見られる。これを何というか。　　　　　　　　　　　　[　　　　　　　　　]

(5) (4)を構成する物質を2種類答えよ。　　　　　[　　　　　，　　　　　]

62. 原核細胞と真核細胞●　細胞は，その構造から原核細胞と真核細胞に大別できる。原核細胞からなる生物を（　ア　），真核細胞からなる生物を（　イ　）という。（　イ　）はからだが1つの細胞からなる（　ウ　）と，多数の細胞からなる（　エ　）に分けられる。表は，原核細胞と真核細胞の相違点を示したものである。

(1) 文章中の空欄に当てはまる語句を答えよ。
　　(ア)[　　　　　] (イ)[　　　　　] (ウ)[　　　　　] (エ)[　　　　　]

(2) 表の①～⑱について，それぞれの細胞に見られる場合は○，見られない場合は×を入れよ。

細胞の構造＼細胞	原核細胞	真核細胞	
		植物細胞	動物細胞
細胞膜	①[　　]	○	○
核	②[　　]	③[　　]	④[　　]
DNA	⑤[　　]	⑥[　　]	○
ミトコンドリア	⑦[　　]	⑧[　　]	⑨[　　]
葉緑体	⑩[　　]	⑪[　　]	⑫[　　]
小胞体	⑬[　　]	⑭[　　]	⑮[　　]
細胞壁	⑯[　　]	⑰[　　]	⑱[　　]

63. 生体膜の構造●　図は生体膜の構造を模式的に示したものである。以下の問いに答えよ。

(1) 図の①，②の部分の構造をつくる物質名を，次の(a)～(c)からそれぞれ選べ。
　　(a) リン脂質　　(b) タンパク質　　(c) 糖類
　　　　　　　　　　　①[　　　] ②[　　　]

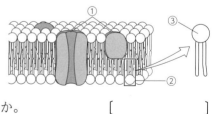

(2) 図の①は，②の層の中をある程度自由に動くことができると考えられている。このような生体膜のモデルを何というか。　　[　　　　　　　　]

(3) 図の③の部分は，親水性と疎水性のどちらの性質をもつか。　　　　　　　　　　　　　　　　　[　　　　　　　]

(4) 生体膜の厚さとして最も適切なものを，次の(a)～(d)から1つ選べ。
　　(a) 5～10nm　　(b) 50～100nm　　(c) 200～500nm　　(d) 1～2μm　　[　　　　]

(5) 生体膜は特定の物質を透過させる性質をもつ。この性質を何というか。[　　　　　　　]

64. 細胞骨格の種類● 細胞骨格に関する次の文章を読み，以下の問いに答えよ。

細胞の形や細胞小器官などは，細胞内にある繊維状の（ ① ）で支えられている。（ ① ）は3種類に大別され，球状タンパク質のアクチンが連なったものを（ ② ），αチューブリンとβチューブリンという2つの球状タンパク質が連なったものを（ ③ ），繊維状タンパク質が束ねられたものを（ ④ ）という。これらの中でアメーバ運動に関係するのは（ ⑤ ），細胞分裂のときに紡錘糸の形成に関係するのは（ ⑥ ），細胞や核の形の保持に関係するのは（ ⑦ ）である。

(A) アクチン
(B) αチューブリン βチューブリン
(C)

(1) 文章中の空欄に当てはまる語句を次の中から選べ。ただし，同じものを2度選んでもよい。
  (ア) 微小管 (イ) 中間径フィラメント (ウ) アクチンフィラメント (エ) 細胞骨格
  ①[   ] ②[   ] ③[   ] ④[   ] ⑤[   ] ⑥[   ] ⑦[   ]
(2) (1)の(ア)～(ウ)を，その直径の太いものから順に並べよ。　[　　　→　　　→　　　]
(3) 図の(A)～(C)の名称を(1)の(ア)～(ウ)からそれぞれ選べ。
　　(A)[   ]　(B)[   ]　(C)[   ]

65. 細胞骨格とそのはたらき● 細胞骨格を形成する繊維は，その直径の違いから，① 太い繊維，② 細い繊維，③ 中間の太さの繊維，の3種類に分類される。

(1) ①と②の名称と，それぞれの繊維を構成しているタンパク質の名称を記せ。
　　① 名称[   ]　タンパク質[   ]
　　② 名称[   ]　タンパク質[   ]
(2) 鞭毛や繊毛の中に見られ，その動きに深く関与しているものは①～③のどれか。　[   ]
(3) 繊維状タンパク質を束ねた繊維のような形状で強度があり，細胞や核などの形態維持の役割を担うものは①～③のどれか。　[   ]
(4) 筋収縮や，細胞分裂時のくびれこみなどの細胞運動の役割を担うものは①～③のどれか。
　　　　　　　　　　　　　　　　　　　　　　　　　　　　　[   ]

66. タンパク質の基本単位● 図はアミノ酸の基本構造を示したものである。

(1) (ア)，(イ)に当てはまる語句を答えよ。
　　　　　　(ア)[   ]　(イ)[   ]
(2) R はアミノ酸の側鎖を示している。タンパク質を構成するアミノ酸の側鎖は何種類あるか。　[   ]種類
(3) アミノ酸どうしは，一方のアミノ酸の(ア)基ともう一方のアミノ酸の(イ)基で結合する。この結合を何というか。
　　　　　　　　　　　　　　　　[   ]

(ア)基　(イ)基
H—N—C—C—O—H

(4) (3)の結合ができるとき，ある物質が1分子取れる。その物質の名称を答えよ。
　　　　　　　　　　　　　　　　　　　　　　　[   ]
(5) アミノ酸が(3)をくり返して鎖状になったものを何というか。　[   ]
(6) (5)のアミノ酸の並び方をタンパク質の何構造というか。　[   ]

67. タンパク質の構造①● 次の文章中の空欄に当てはまる語句を下の語群から選べ。

生体を構成する主要な物質であるタンパク質は，多数の（ ① ）が鎖状に結合した化合物である。タンパク質を構成する（ ① ）は（ ② ）種類ある。（ ① ）の基本構造は，中心となる1個の炭素原子に（ ③ ）(-NH₂)，（ ④ ）(-COOH)，水素原子および側鎖が結合したものである。この側鎖の違いにより，異なった（ ① ）となる。また，タンパク質が合成されるときには，隣りあう2つのアミノ酸の -NH₂ と -COOH から水1分子が取れて，-CO-NH- で示される（ ⑤ ）結合ができる。これが多数くり返されて多様な種類のタンパク質ができる。

〔語群〕（ア）20 （イ）30 （ウ）アミノ酸 （エ）ペプチド （オ）カルボキシ基 （カ）アミノ基

①[　] ②[　] ③[　] ④[　] ⑤[　]

68. タンパク質の構造②● 次の文章中の空欄に当てはまる語句を下の語群から選べ。

タンパク質の種類は，構成しているアミノ酸の並び方（種類と数，および配列の順序）によって決まる。ポリペプチドを構成するアミノ酸の並び方をタンパク質の（ ① ）構造という。ポリペプチドの主鎖中の -CO と -NH の間の水素結合によってできる部分的な立体構造を（ ② ）構造といい，（ ③ ）構造やβシート構造などがある。（ ② ）構造をもったポリペプチドが，（ ④ ）結合や水素結合によって折りたたまれてできる分子全体としての立体構造を（ ⑤ ）構造という。さらに，ヘモグロビンなどのタンパク質は複数のポリペプチドが組み合わさってできており，そのようなタンパク質全体の立体構造を（ ⑥ ）構造という。このように複雑な構造をもつタンパク質は，熱や酸・アルカリなどによってその立体構造が変化し，性質や機能も変化する。これをタンパク質の（ ⑦ ）といい，機能をもったタンパク質が（ ⑦ ）して，その機能を失うことを（ ⑧ ）という。

〔語群〕（ア）一次 （イ）二次 （ウ）三次 （エ）四次 （オ）変性
（カ）失活 （キ）ペプチド （ク）S-S （ケ）サブユニット （コ）αヘリックス

①[　] ②[　] ③[　] ④[　]
⑤[　] ⑥[　] ⑦[　] ⑧[　]

69. タンパク質の構造③● タンパク質の構造に関する以下の問いに答えよ。

(1) 次の①～④の文章は，それぞれタンパク質の何次構造を説明したものか答えよ。

① ポリペプチド中の O-H の間の水素結合によってつくられる，らせん状やシート状などの部分的な立体構造。 [　]

② 複数のポリペプチドが組み合わさってつくられる立体構造。 [　]

③ ポリペプチドを構成するアミノ酸の並び方。 [　]

④ ①が組み合わさってつくられる，タンパク質全体としての立体構造。 [　]

(2) 次の図A～Cは，それぞれタンパク質の何次構造の図か答えよ。

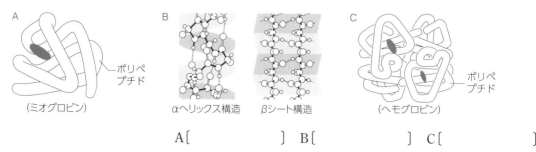

A（ミオグロビン）ポリペプチド　B αヘリックス構造 βシート構造　C（ヘモグロビン）ポリペプチド

A[　] B[　] C[　]

70. 酵素●　次の文章中の空欄に当てはまる語句を下の語群から選べ。

　酵素の主成分は（　①　）である。酵素は（　②　）を小さくして化学反応を促進する触媒作用をもつ。生体内のいろいろな化学反応が常温・常圧のもとで速やかに起こるのは，この酵素のはたらきによる。酵素が作用する物質を（　③　）といい，これが酵素の（　④　）部位と結合する。（　④　）部位は複雑な立体構造をしている場合が多いので，ふつう酵素は特定の（　③　）としか反応しない。この性質を（　⑤　）という。また，酵素は高い熱や酸・アルカリで変性して（　⑥　）する。このため，最もよくはたらく（　⑦　）や最適 pH をもつ。

〔語群〕　アミノ酸　　タンパク質　　活性化エネルギー　　反応エネルギー
　　　　　基質　　　　基質特異性　　最適温度　　失活　　活性

①[　　　　　　　] ②[　　　　　　　] ③[　　　　　　　] ④[　　　　　　　]
⑤[　　　　　　　] ⑥[　　　　　　　] ⑦[　　　　　　　]　　　　▷ p.56 例題 6

71. 酵素と反応速度●　図は基質濃度と酵素の反応速度の関係を示したものであり，実線は酵素濃度が a の場合を示している。

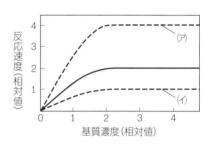

(1) 次の①，②の理由として適当なものを下の(A)〜(C)から選べ。
　① 基質濃度が 2 になるまでは，基質濃度が増すにしたがって反応速度が増加する。　　　　[　　　　]
　② 基質濃度が 2 よりも高くなると，基質濃度が増しても反応速度は一定になる。　　[　　　　]
　　(A) すべての酵素が基質と反応しているため。
　　(B) 酵素が失活するため。
　　(C) 基質と酵素が出会う確率が上昇するため。
(2) 酵素濃度が $2a$ の場合は，(ア)，(イ)のどちらのグラフになるか。　　　　　　　　　　[　　　　]

72. 酵素の性質●　図 1 および図 2 は，酵素反応の反応速度と反応条件との関係を示したものである。

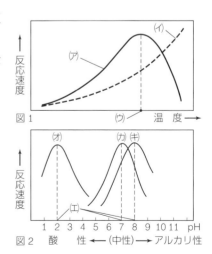

(1) 図 1 のグラフ(ア)，(イ)は，酵素反応と，無機触媒反応を示している。酵素反応を示したグラフはどちらか。
　　　　　　　　　　　　　　　　　　　[　　　　]
(2) 図 1 の(ウ)のような温度を何というか。[　　　　　　]
(3) 図 2 の(エ)のような pH を何というか。[　　　　　　]
(4) 図 2 の(オ)〜(キ)はどの酵素の反応を示したものか。適当な酵素名を次の(a)〜(c)のうちからそれぞれ選べ。
　　(a) ペプシン　　(b) トリプシン　　(c) 唾液アミラーゼ
　　　　　　　　　　(オ)[　　　] (カ)[　　　] (キ)[　　　]
(5) ペプシン，トリプシン，唾液アミラーゼでは(3)が異なる。その理由として最も適当なものを次の①〜③から選べ。
　① 酵素の種類や構造によって，変性が起こる pH は異なるから。
　② 酵素の種類や構造によらず，変性が起こる pH は同じであるから。
　③ 酵素は種類や構造によらず，pH の影響を受けないから。　　　　[　　　] ▷ p.56 例題 6

第2章　細胞と分子

73. 酵素反応の調節①●　図は一連の化学反応の結果つくられた最終産物が，代謝経路の初期反応に作用して，代謝経路全体を調節するしくみを模式的に示したものである。

(1) このように，最終産物が代謝経路の初期反応を阻害することを何というか。
[　　　　　　　　　]

(2) このような反応系全体の進行を調節するしくみを何というか。[　　　　　　　　　]

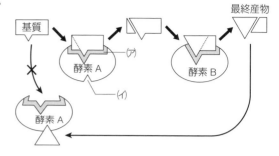

(3) 図の(ア)，(イ)の部分をそれぞれ何というか。
(ア)[　　　　　　　　　]
(イ)[　　　　　　　　　]

(4) 図の酵素Aのように，基質以外の物質が酵素の特定部位に結合することで酵素の立体構造が変化し，活性が変化するような酵素を何というか。　　　　　　　　[　　　　　　　　　]

74. 酵素反応の調節②●　次の文章中の空欄に当てはまる語句または記号を下の語群から選べ。

基質と立体構造の似ている阻害物質が存在すると，この物質と基質の間で酵素の活性部位の奪いあいが起き，酵素と基質の結合が阻害される。このような阻害を(　①　)阻害という。(　①　)阻害が起こるとき，基質の濃度が低いほど，阻害物質が酵素と結合する機会が(　②　)なり，基質の濃度が高いほど阻害物質が酵素と結合する機会が(　③　)なるため，基質濃度と反応速度の関係を示したグラフは図の(　④　)のようになる。

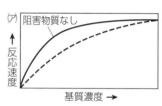

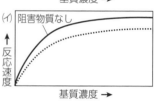

これに対し，阻害物質が酵素の活性部位以外の部分に結合し，酵素反応を阻害することを(　⑤　)阻害という。(　⑤　)阻害が起こるとき，基質濃度が低くても高くても阻害物質が酵素と結合する機会は同じであるので，基質濃度と反応速度の関係を示したグラフは図の(　⑥　)のようになる。

〔語群〕　競争的　　非競争的　　多く　　少なく　　ア　　イ

①[　　　　　　]　②[　　　　　　]　③[　　　　　　]
④[　　　　　　]　⑤[　　　　　　]　⑥[　　　　　　]

75. 物質移動と生体膜●　物質の濃度差を(　ア　)といい，物質は(　ア　)に従って濃度の高い側から低い側へ移動する。この現象を(　イ　)という。生体膜を介した物質の移動も，基本的には(　ア　)に従った(　イ　)による。しかし，生体膜は，脂質分子が親水性の部分を外側に，疎水性の部分を内側にして2層に並んだ脂質二重層からできており，脂質二重層を通過できる物質は，(a)非常に小さな分子や脂質になじみやすい疎水性の物質である。(b)極性のある物質や(c)正や負の電荷をもつ物質は脂質二重層を通過しにくいため，これらの物質は，脂質二重層を貫通して存在する(　ウ　)を通って生体膜を通過している。

(1) 文章中の空欄に適当な語句を記入せよ。
(ア)[　　　　　　]　(イ)[　　　　　　]　(ウ)[　　　　　　]

(2) 文章中の下線部(a)～(c)に該当する物質を，次の①～⑤からすべて選べ。
①　酸素　　②　アミノ酸　　③　糖　　④　二酸化炭素　　⑤　イオン
(a)[　　　　　　]　(b)[　　　　　　]　(c)[　　　　　　]

76. 輸送タンパク質①● 生体膜に存在する輸送タンパク質について，以下の問いに答えよ。

(1) 次の①～③は，何について説明した文章か。下の(a)～(c)からそれぞれ選べ。

  ① グルコースと結合し，濃度勾配にしたがって膜の反対側に輸送する。 [   ]

  ② 門のついた管のようなもので，特定の物質を濃度勾配にしたがって輸送する。 [   ]

  ③ 濃度勾配に逆らって，細胞内から細胞外へ Na^+ を排出し，細胞外から細胞内へ K^+ を取り
こむ。 [   ]

    (a) ナトリウム－カリウム ATP アーゼ   (b) グルコース輸送体   (c) チャネル

(2) (1)の②の中で，(ア) 水分子を通すもの，(イ) ナトリウムイオンを通すもの，をそれぞれ何とい
うか。   (ア)[   ] (イ)[   ]

(3) (1)の①と③のようなはたらきをする輸送タンパク質をあわせて何というか。 [   ]

(4) (ア) 濃度勾配にしたがった物質の輸送，(イ) 濃度勾配に逆らったエネルギーを必要とする物質
の輸送，をそれぞれ何というか。   (ア)[   ] (イ)[   ]

(5) 生体膜が輸送タンパク質によって特定の物質を透過させる性質を何というか。

    [   ]

77. 輸送タンパク質②● 担体は，アミノ酸や糖など比較的低分子で極性の①[ある，ない]物
質を運搬する。担体は運搬する分子と結合すると，立体構造が変化して，膜の反対側へ物質を運
搬する。担体が運ぶ物質は担体ごとに決まっており，グルコースを運ぶ担体を（ ア ）という。
グルコースは細胞内ではすぐ分解されるので，グルコース濃度は細胞外よりも細胞内のほうが
②[低く，高く]なっており，グルコースは濃度勾配にしたがって細胞内に運ばれる。

  濃度勾配に逆らって物質を輸送する担体のはたらきを（ イ ）という。動物の細胞内の Na^+
濃度は細胞外よりも③[高く，低く]なっており，Na^+ を運ぶ分子機構を（ ウ ）という。（ ウ ）
は（ エ ）を分解して取り出されたエネルギーを使って Na^+ を細胞外に④[排出し，取りこみ]，
K^+ を細胞内に⑤[排出して，取りこんで]いる。この際にはたらく酵素を（ オ ）という。

(1) 文章中の空欄（ ア ）～（ オ ）に当てはまる語句を答えよ。

  (ア)[   ] (イ)[   ] (ウ)[   ]

  (エ)[   ] (オ)[   ]

(2) 文章中の①～⑤に当てはまる語句を，[,]中からそれぞれ選べ。

  ①[   ] ②[   ] ③[   ]

  ④[   ] ⑤[   ]

78. 情報の受容と応答● 細胞間では，ある細胞が分泌した（ ア ）を，（ イ ）細胞の
（ ウ ）とよばれるタンパク質が受容することで情報が伝達される。細胞膜上にある（ ウ ）に
は，①情報伝達物質が結合するとイオンチャネルが開いてイオンの移動が起こる受容体と，②情
報伝達物質が結合すると立体構造が変化して活性化する受容体がある。

(1) 文章中の空欄に適当な語句を記入せよ。

    (ア)[   ] (イ)[   ] (ウ)[   ]

(2) 文章中の下線部①の受容体を何というか。   [   ]

(3) シナプスでの興奮の伝達に関係するのは下線部①，②のいずれの受容体か。 [   ]

(4) 適応免疫において，樹状細胞の提示する抗原と MHC 抗原を受容する T 細胞の受容体は①，
②のいずれの受容体か。   [   ]

章末総合問題

79. 細胞とタンパク質に関する次の文章を読み，以下の問いに答えよ。

DNA の遺伝情報をもとに，（　ア　）でアミノ酸が結合されていき，ポリペプチドが合成される。これが正しく折りたたまれて立体構造を形成し，その機能を獲得する。タンパク質には，細胞内の細胞小器官に取りこまれるものや細胞外に分泌される分泌タンパク質がある。分泌タンパク質は小胞体上の（　ア　）で合成された後，小胞に包まれて（　イ　）に移動していき，（　イ　）から分離した小胞が細胞膜に融合することで細胞外に分泌される。

(1) 文章中の空欄に当てはまる細胞小器官や構造体の名称を答えよ。

(ア)[　　　　　]　(イ)[　　　　　]

(2) 図中の A ～ D の細胞小器官や構造体の名称を答えよ。

A[　　　]　B[　　　]　C[　　　]　D[　　　]

(3) 次の①～③の文は，図中の A ～ D のどの細胞小器官を説明したものか。それぞれ答えよ。

① 酸素を使って有機物を分解するときに生じるエネルギーから ATP を合成する。　[　　]

② mRNA の情報からタンパク質を合成する。　[　　]

③ mRNA を合成する。　[　　]

(4) 下線部について，細胞外に分泌されてはたらくタンパク質を次の①～④から1つ選べ。

① ヘモグロビン　　② ATP アーゼ　　③ インスリン　　④ ヒストン　　[　　]

［名城大 改］

80. 酵素に関する次の文章を読み，以下の問いに答えよ。

酵素の本体は（　ア　）からなり，酵素が作用する物質を（　イ　）という。酵素には，（　イ　）と結合する鍵穴のような（　ウ　）があり，これは特定の（　イ　）としか結合できない。この性質を（　エ　）という。酵素と（　イ　）が結合すると，（　オ　）ができ，化学反応を起こして（　イ　）が（　カ　）へと変化する。（　カ　）は酵素から離れる。

また，(a) （　イ　）とよく似た立体構造の物質が酵素の（　ウ　）を取りあって反応速度を低下させる場合もある。さらに，生体内では(b)一連の酵素反応の最終産物が，最初の段階ではたらく酵素の活性を抑制して反応速度を調節していることがある。この場合，(c)最終産物が最初の段階ではたらく酵素の（　ウ　）とは異なる部位に結合して，反応を阻害する。

(1) 文章中の（　）に下記の語群から適切な語句を選んで入れ，文章を完成させよ。

[語群]　生成物　　受容体　　活性部位　　基質　　タンパク質　　pH
　　　　情報伝達物質　　ホルモン　　基質特異性　　温度　　酵素－基質複合体

(ア)[　　　　　]　(イ)[　　　　　]　(ウ)[　　　　　]

(エ)[　　　　　]　(オ)[　　　　　]　(カ)[　　　　　]

(2) 下線部(a)のような酵素反応の阻害を何というか。　[　　　　]

(3) 下線部(b)のような酵素反応の調節を何というか。　[　　　　]

(4) 下線部(c)のような酵素で阻害物質が結合する部位を何というか。　[　　　　]

［静岡理工大 改］

81. 物質輸送に関する次の文章を読み，以下の問いに答えよ。

(ア)物質輸送にはたらく輸送タンパク質には，膜の片側で特定の物質と結合し，自身の立体構造を変化させることによってその物質を膜の反対側に運ぶ（ ① ）や，細胞膜に小孔を形成することによって物質を通過させる（ ② ）がある。

また，小胞を介した物質輸送のしくみもある。リボソームで合成されたあるタンパク質は（ ③ ）に取りこまれた後，（ ③ ）の膜でつくられた小胞に包まれて（ ④ ）に運ばれる。（ ④ ）から分離した分泌小胞は(イ)細胞膜へ移動して，細胞膜と融合することで細胞外にタンパク質を分泌する。一方，細胞外の物質が細胞内で分解される場合，(ウ)その物質は細胞膜でできた小胞に包まれて細胞内に取りこまれ，小胞が（ ⑤ ）と融合すると，（ ⑤ ）内の分解酵素によって分解される。

(1) 文章中の（ ）に当てはまる語句を入れ，文章を完成させよ。

①[　　　　] ②[　　　　] ③[　　　　]
④[　　　　] ⑤[　　　　]

(2) 下線部(ア)について，人工の脂質二重膜を通過できない物質を，次の(a)〜(f)からすべて選べ。

(a) グルコース　(b) カルシウムイオン　(c) 酸素　(d) グルタミン酸
(e) エタノール　(f) デオキシリボ核酸　　　　　[　　　　]

(3) 下線部(イ)のはたらきを何というか。　　　　[　　　　]

(4) 下線部(ウ)のはたらきを何というか。　　　　[　　　　]

82. 細胞間の情報伝達に関する次の文章を読み，以下の問いに答えよ。

多細胞生物では，細胞どうしが協調してはたらくために細胞間で情報のやりとりが行われる。細胞間の情報伝達を仲介する物質は情報伝達物質とよばれる。情報の伝達様式には分泌型と接触型があり，分泌型はさらに内分泌型，組織液などを介して近くの細胞に情報を伝える傍分泌型，おもに（ a ）の伝達様式である神経型などがある。

情報伝達物質は，その標的細胞に存在する受容体に特異的に結合することによって細胞の応答を引き起こす。細胞膜受容体には，（ b ）型受容体とそれ以外の受容体があり，（ b ）型受容体はニューロン間での興奮の伝達などにかかわっている。この受容体に（ a ）が結合すると，（ b ）が開いて細胞膜内外の（ c ）に従ってイオンの移動が起こり，これが引き金となってその後の応答が起こる。（ b ）型でない細胞膜受容体は，酵素などの活動を変化させることで応答を引き起こす。

(1) （ a ）〜（ c ）に当てはまる語句を下の語群から選べ。

〔語群〕 濃度勾配　神経伝達物質　イオンチャネル　ポンプ

(a)[　　　　] (b)[　　　　] (c)[　　　　]

(2) 下線部について，次の①〜③の現象に関与する情報伝達の形式は，内分泌型，接触型，神経型のいずれか答えよ。

① 視床下部から分泌されたホルモンによって，脳下垂体前葉からのホルモン分泌が調節される。　　　　[　　　　]

② ニューロンからニューロンへと，興奮が伝達される。　　　　[　　　　]

③ 樹状細胞が MHC 分子にのせて提示した抗原によって，同じ抗原を認識する T 細胞を活性化する。　　　　[　　　　]

[21 大阪医科薬科大 改]

第3章 代 謝

1 代謝とエネルギー

A 代謝とエネルギーの出入り

生体内で行われる物質の合成や分解などの化学反応全体を [1   ] という。

代謝 { [2   ] …複雑な物質を単純な物質に分解する反応。エネルギーを放出する。
      [3   ] …単純な物質から複雑な物質を合成する反応。エネルギーを吸収する。

B ATPとエネルギー

細胞内の代謝におけるエネルギーのやりとりは，**ATP**（アデノシン三リン酸）を仲立ちとして行われる。ATPはすべての生物に共通で，「エネルギーの通貨」として重要な役割を果たしている。

(1) **ATPの構造** [4   ]（塩基）と**リボース**（糖）が結合した**アデノシン**に，3個の [5   ] が結合した化合物。リン酸どうしの結合を**高エネルギーリン酸結合**という。

　ATPは，呼吸や光合成の過程で合成される。

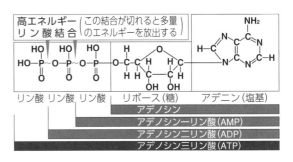

高エネルギー リン酸 結合｜この結合が切れると多量のエネルギーを放出する

リン酸 リン酸 リン酸　リボース（糖）　アデニン（塩基）
アデノシン
アデノシン一リン酸（AMP）
アデノシン二リン酸（ADP）
アデノシン三リン酸（ATP）

(2) **ATPのはたらき**　ATPがADP（アデノシン二リン酸）とリン酸に分解されるときにエネルギーが放出される。生物は，このエネルギーを用いて物質合成・筋収縮・能動輸送・発光・発電などさまざまな生命活動を行っている。

C 酸化還元反応と反応を仲立ちする物質

(1) **代謝と酸化還元反応**　生体内で起こる化学反応の一部は**酸化還元反応**である。酸化還元反応が起こるときには，エネルギーの出入りを伴う。例えば，呼吸は，酸素を用いて有機物を酸化する反応であり，その過程で複数の段階からなる酸化還元反応が起こることで，有機物から段階的にエネルギーを取り出している。

　　補足　ある原子や分子が電子を失うと，その原子は「**酸化された**」といい，電子を受け取ると「**還元された**」という。

(2) **酸化還元反応を仲立ちする物質**　呼吸や光合成では，物質の酸化や還元を仲立ちする物質がはたらく。呼吸の反応では，**NAD$^+$**（酸化型）が他の物質から電子を受け取り，還元される際に H$^+$ と結合して [6   ]（還元型）となる。NADHは他の物質に電子を渡してその物質を還元し，自らは NAD$^+$ にもどる。呼吸では，ほかに **FAD**（酸化型）と **FADH$_2$**（還元型）が，光合成では，**NADP$^+$**（酸化型）と [7   ]（還元型）が，酸化還元反応を仲立ちする物質としてはたらく。

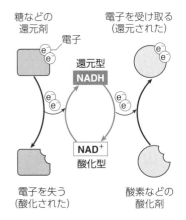

糖などの還元剤
電子
電子を受け取る（還元された）
還元型 NADH
NAD$^+$ 酸化型
電子を失う（酸化された）
酸素などの酸化剤

空欄の解答　1 代謝　2 異化　3 同化　4 アデニン　5 リン酸　6 NADH　7 NADPH

2 呼吸と発酵

呼吸は，酸素の存在下で，酸化還元反応によって有機物から段階的にエネルギーを取り出し，ATP を合成する反応である。呼吸の多くの反応は[8　　　　　　　　　]で進む。

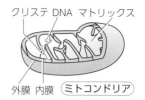

クリステ DNA マトリックス
外膜 内膜（ミトコンドリア）

A 呼吸のしくみ

呼吸の過程は，**解糖系・クエン酸回路・電子伝達系**に分けられ，各過程でいろいろな酵素がはたらいて ATP が合成される。解糖系の反応はサイトゾルで，クエン酸回路と電子伝達系の反応はミトコンドリアで行われる。

(1) [9　　　　　] グルコース$(C_6H_{12}O_6)$1 分子がサイトゾルで 2 分子の[10　　　　　　　]$(C_3H_4O_3)$に分解される過程。差し引き 2 分子の ATP が合成される（基質レベルのリン酸化）。酸化還元酵素のはたらきで基質は酸化され，NAD^+は還元されて NADH となる。

$$C_6H_{12}O_6 + 2NAD^+ \longrightarrow 2C_3H_4O_3 + 2NADH + 2H^+(+ 2ATP)$$

(2) [11　　　　　　　] 解糖系で生じたピルビン酸は，ミトコンドリアのマトリックスに運ばれ，**アセチル CoA**(C_2)に変換される。アセチル CoA はオキサロ酢酸(C_4)と結合してクエン酸(C_6)となり，クエン酸は多くの反応を経て最終的にオキサロ酢酸にもどる。この過程を**クエン酸回路**という。クエン酸回路では，酸化還元酵素などのはたらきなどによって，ピルビン酸 2 分子につき，$6CO_2$，8NADH と $8H^+$，および $2FADH_2$ が生じる。また，ATP も 2 分子合成される。

$$2C_3H_4O_3 + 6H_2O + 8NAD^+ + 2FAD \longrightarrow 6CO_2 + 8NADH + 8H^+ + 2FADH_2(+ 2ATP)$$

(3) [12　　　　　] 解糖系とクエン酸回路で生じた NADH や $FADH_2$ によって運ばれた電子は，ミトコンドリアの内膜にある**電子伝達系**に渡される。電子が電子伝達系を流れる過程で，H^+がマトリックスか

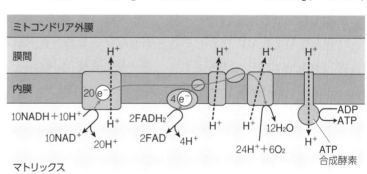

ミトコンドリア外膜
膜間
内膜
$20e^-$
H^+ H^+ H^+ H^+
$10NADH + 10H^+$ H^+ $2FADH_2$ $4e^-$ H^+ H^+ $12H_2O$ ADP→ATP
$10NAD^+$ $20H^+$ $2FAD$ $4H^+$ $24H^+ + 6O_2$ H^+ ATP合成酵素
マトリックス

ら膜間（外膜と内膜の間）へ運ばれ，マトリックスと膜間の間に H^+ の濃度差が生じる。すると濃度勾配に従って，H^+ が **ATP 合成酵素**を通って膜間からマトリックスへ移動する。このとき，グルコース 1 分子当たり約 28 分子の ATP が合成される（**酸化的リン酸化**）。また，電子伝達系を流れた電子は，酸化酵素のはたらきによって O_2 を還元して，水(H_2O)が生じる。

$$10NADH + 10H^+ + 2FADH_2 + 6O_2 \longrightarrow 10NAD^+ + 2FAD + 12H_2O(+約 28ATP)$$

(4) **呼吸全体の反応式** 呼吸全体の反応式((1)〜(3))をまとめると，次のようになる。

$$C_6H_{12}O_6 + 6H_2O + 6O_2 \longrightarrow 6CO_2 + 12H_2O(+約 32ATP)$$

空欄の解答 8 ミトコンドリア　9 解糖系　10 ピルビン酸　11 クエン酸回路　12 電子伝達系

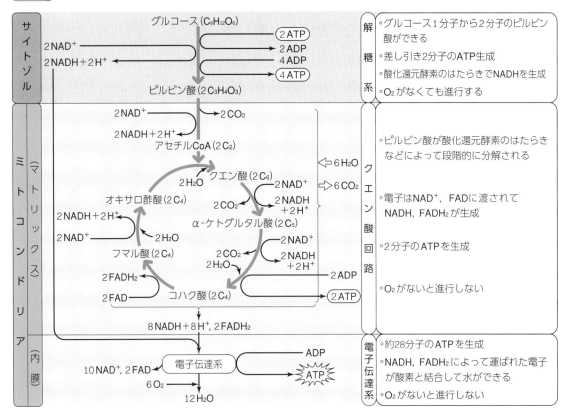

B 発酵

微生物が酸素のない条件下で，有機物を分解して ATP を合成する過程を [¹　　　　] という。

(1) **乳酸発酵**　乳酸菌が行う [²　　　　　] では，解糖系で生じた NADH がピルビン酸によって酸化されて NAD^+ にもどることで NAD^+ が供給され，解糖系が継続する。また，ピルビン酸は NADH によって還元されて，最終的に乳酸（$C_3H_6O_3$）となる。

$$C_6H_{12}O_6 \longrightarrow 2C_3H_6O_3 \text{(乳酸)} (+ 2ATP)$$

動物の筋肉では，激しい運動によって呼吸によるエネルギー供給が追いつかなくなると，乳酸発酵と同じ過程で ATP が生成される。これを **解糖** という。

(2) **アルコール発酵**　酵母が行う [³　　　　　　　] では，脱炭酸酵素のはたらきでピルビン酸がアセトアルデヒドになる。解糖系で生じた NADH がアセトアルデヒドによって酸化されて NAD^+ にもどることで NAD^+ が供給され，解糖系が継続する。アセトアルデヒドは最終的にエタノール（C_2H_6O）になる。

$$C_6H_{12}O_6 \longrightarrow 2C_2H_6O \text{(エタノール)} + 2CO_2 (+ 2ATP)$$

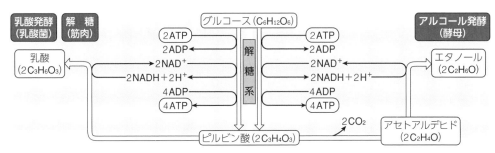

C 脂肪とタンパク質の分解

(1) **脂肪**　脂肪は，加水分解されてグリセリンと脂肪酸になる。グリセリンは解糖系に入り，脂肪酸は [4　　　　　　] されてアセチル CoA となってクエン酸回路に入る。

(2) **タンパク質**　タンパク質は加水分解されてアミノ酸となる。アミノ酸は [5　　　　　　　　]
によってアミノ基をアンモニアとして遊離した後，有機酸となってクエン酸回路などに入り，呼吸に利用される。

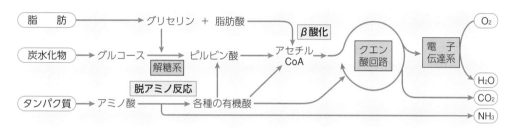

参考　**呼吸商**　呼吸において，吸収された O_2 の体積に対する放出された CO_2 の体積の割合を**呼吸商**（**RQ**）といい，呼吸商は呼吸基質によって一定の値になる。

$$呼吸商（RQ）= \frac{放出した CO_2 の体積}{吸収した O_2 の体積}$$

炭水化物　$C_6H_{12}O_6 + 6H_2O + 6O_2 \longrightarrow 6CO_2 + 12H_2O$　　　RQ = 6/6 = 1

脂　　肪　$2C_{57}H_{110}O_6$（トリステアリン）$+ 163O_2 \longrightarrow 114CO_2 + 110H_2O$　RQ = 114/163 ≒ 0.7

アミノ酸　$2C_6H_{13}O_2N$（ロイシン）$+ 15O_2 \longrightarrow 12CO_2 + 10H_2O + 2NH_3$　RQ = 12/15 = 0.8

3 光合成

　光合成は，光エネルギーを利用して ATP を合成し，その ATP を利用して有機物を合成する反応である。光合成も，呼吸と同様に酸化還元反応を伴う。

A 光合成と葉緑体

(1) **葉緑体**　真核生物の光合成は葉緑体で行われる。葉緑体の内部に見られるへん平な袋状の構造を [6　　　　　] といい，チラコイドと内包膜の間の部分を [7　　　　　] という。チラコイド膜には光の吸収にはたらく**光合成色素**が存在し，ストロマには，CO_2 を有機物に合成する反応（CO_2 の還元反応）にかかわる多数の酵素が存在する。

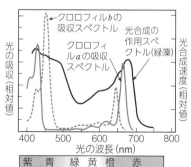

(2) **光の波長と光合成色素**　光合成色素には，[8　　　　　]（a・b など）やカロテノイド（カロテン・キサントフィル）などがある。光合成色素の**吸収スペクトル**と，光合成の**作用スペクトル**から，緑藻ではクロロフィル a・b がおもに吸収する赤色光と青色光で光合成速度が大きくなっていることがわかる（右図）。

空欄の解答　1 発酵　2 乳酸発酵　3 アルコール発酵　4 β酸化　5 脱アミノ反応　6 チラコイド
7 ストロマ　8 クロロフィル

B 光合成のしくみ

光合成の過程は，チラコイド膜で起こる反応とストロマで起こる反応に分けられる。

チラコイド膜での反応	①	光エネルギーの吸収	チラコイド膜上には**光化学系I・光化学系II**とよばれる2種類の反応系がある。この反応系は，クロロフィル a や b，カロテノイドなどの光合成色素がタンパク質と複合体を形成したもので，光合成色素が吸収した光エネルギーは，反応中心のクロロフィルに集められる(光捕集反応)。
	②	電子の伝達	反応中心のクロロフィルは，エネルギーを受け取ると電子受容体に電子を渡す。**光化学系II**では，電子を失った(酸化された)クロロフィルが，水の分解で生じた電子を受け取って還元された状態にもどる。電子を失った(酸化された)水は，O_2 となる。**光化学系I**では，電子を失った(酸化された)クロロフィルは，光化学系IIから流れてくる電子を受け取って還元された状態にもどる。電子受容体が受け取った電子は，H^+ とともに $NADP^+$ に渡って $NADPH$ ができる。 水の分解によって生じた電子が，光化学系II→光化学系Iを通って $NADPH$ まで伝達される反応系を，光合成の[¹]という。電子が伝達されるとき，H^+ がストロマ側からチラコイドの内側に輸送される。
	③	ATP の合成	チラコイドの内側の H^+ の濃度が高くなると，チラコイド膜にある ATP 合成酵素を通って H^+ がストロマ側にもどる。この過程で ATP が合成される。光エネルギーを用いて ATP を合成する反応を[²]という。
ストロマでの反応		二酸化炭素の固定	チラコイド膜でつくられた ATP と NADPH を用いて，CO_2 を還元して有機物を合成する。下図のように回路状になったこの反応系を[³]回路(**カルビン・ベンソン回路**)という。

補足　ATP が合成される光リン酸化のしくみは酸化的リン酸化と同じようなしくみである。両者では，電子伝達系で電子を伝達する物質や ATP 合成酵素もよく似ている。

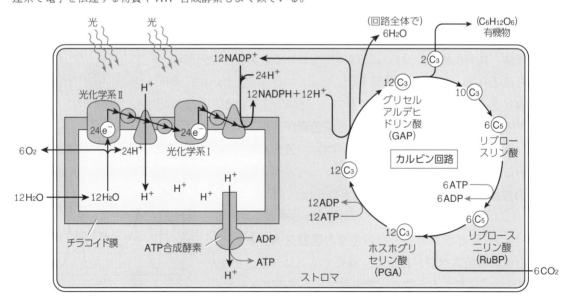

光合成の反応式　光合成の全体の反応式は，次のようになる。

$$6CO_2 + 12H_2O \xrightarrow{\text{光エネルギー}} (C_6H_{12}O_6) + 6H_2O + 6O_2$$

第3章 代謝

参考 **光合成の研究の歴史**

　ヒルは，葉をすりつぶした液に電子を受け取りやすい物質(Fe^{3+}，シュウ酸鉄(Ⅲ))を与えて光を当てると，CO_2がなくてもH_2Oを分解してO_2を発生すること(ヒル反応)を発見し，光合成で発生するO_2はH_2O由来であると考えた。

　カルビンとベンソンは，^{14}C(炭素の放射性同位体)からなる$^{14}CO_2$を与えて光合成を行わせ，^{14}Cがどのような物質に取りこまれていくかを調べて，カルビン回路を明らかにした。

参考 **C_3植物とC_4植物，CAM植物**

① **C_3植物**　外界から取り入れたCO_2を直接カルビン回路に取りこんで最初にC_3化合物(ホスホグリセリン酸)を合成する植物。

② **C_4植物**　外界から取り入れたCO_2を維管束鞘細胞にあるカルビン回路に取りこむ前に，いったん葉肉細胞でリンゴ酸などのC_4化合物として固定する植物。CO_2を効率よく固定でき，C_3植物と比べて高温・乾燥条件でも効率よく光合成をすることができる。

　例　トウモロコシ，サトウキビなど

③ **CAM植物**(ベンケイソウ型有機酸代謝植物)　夜間に外界から取り入れたCO_2をリンゴ酸などのC_4化合物として液胞に貯蔵し，昼間にカルビン回路に取りこんで有機物を合成する植物。　例　ベンケイソウ，サボテンなど

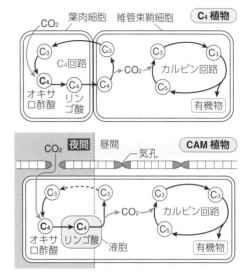

C 細菌の光合成

　葉緑体をもたないが光合成を行う細菌を[^{4}　　　　　　　　]という。

　紅色硫黄細菌や緑色硫黄細菌などは，光合成色素として[^{5}　　　　　　　　　　　　]をもち，電子伝達系で水(H_2O)を酸化するかわりに硫化水素(H_2S)などを酸化する。

$$6CO_2 + 12H_2S_{(硫化水素)} \xrightarrow{\text{光エネルギー}} (C_6H_{12}O_6) + 6H_2O + 12S_{(硫黄)}$$

　ネンジュモなどのシアノバクテリアはクロロフィルaをもっており，光化学系Ⅰと光化学系Ⅱを用いて植物と似た光合成を行う。

$$6CO_2 + 12H_2O \xrightarrow{\text{光エネルギー}} (C_6H_{12}O_6) + 6H_2O + 6O_2$$

参考 **細菌の化学合成**

　無機物を酸化したときに放出されるエネルギー(化学エネルギー)を利用して炭素同化を行うはたらきを**化学合成**という。化学合成を行う細菌を**化学合成細菌**という。

化学合成細菌	エネルギー調達のための反応
亜硝酸菌	$2NH_4^+ + 3O_2 \longrightarrow 2NO_2^-_{(亜硝酸イオン)} + 2H_2O + 4H^+ +$ **化学エネルギー**
硝 酸 菌	$2NO_2^- + O_2 \longrightarrow 2NO_3^-_{(硝酸イオン)} +$ **化学エネルギー**

カルビン回路などでCO_2から有機物を合成

空欄の解答　1 電子伝達系　2 光リン酸化　3 カルビン　4 光合成細菌　5 バクテリオクロロフィル

用語 CHECK

① 生体内で行われる化学反応全体を何というか。

② ①ではエネルギーのやりとりが行われる。その仲立ちとなる化合物を何というか。

③ 酸化還元反応の仲立ちをする物質のうち，光合成ではたらく酸化型の物質は何か。

④ 呼吸において，サイトゾルでグルコース1分子が2分子のピルビン酸に分解される反応系を何というか。

⑤ 呼吸において，ミトコンドリアのマトリックスで起こる，NADHやFADH$_2$が生じる回路状の反応系を何というか。

⑥ 呼吸において，ミトコンドリアの内膜で起こる，酸化的リン酸化によってATPが合成される反応系を何というか。

⑦ ⑥でATPを合成する酵素を何というか。

⑧ 微生物が，酸素を用いずに有機物を分解してATPを生成する過程を何というか。

⑨ エタノールが生成される⑧を特に何というか。

⑩ 葉緑体のチラコイドに存在して，光の吸収にはたらくクロロフィルaなどの色素を何というか。

⑪ 葉緑体のチラコイド膜上にあり，光エネルギーを吸収して水を分解する反応系を何というか。

⑫ 呼吸で起こる酸化的リン酸化に対して，光合成において光エネルギーに依存してATPが合成される反応を何というか。

⑬ 光合成において，二酸化炭素を還元して有機物を合成する回路状の反応系を何というか。

⑭ ⑬の反応は葉緑体のどこで行われるか。

⑮ 緑色硫黄細菌などがもつ光合成色素を何というか。

⑯ 緑色硫黄細菌の光合成によって，有機物と水以外に生成される物質は何か。

⑰ シアノバクテリアがもつ光合成色素は何か。

①
②
③
④
⑤
⑥
⑦
⑧
⑨
⑩
⑪
⑫
⑬
⑭
⑮
⑯
⑰

解答

① 代謝　② ATP（アデノシン三リン酸）　③ NADP$^+$　④ 解糖系　⑤ クエン酸回路　⑥ 電子伝達系
⑦ ATP合成酵素　⑧ 発酵　⑨ アルコール発酵　⑩ 光合成色素　⑪ 光化学系Ⅱ　⑫ 光リン酸化
⑬ カルビン回路（カルビン・ベンソン回路）　⑭ ストロマ　⑮ バクテリオクロロフィル　⑯ 硫黄(S)　⑰ クロロフィルa

例題 7 呼吸の反応式からの計算

解説動画

グルコースを基質とする呼吸は，次の化学反応式で表される。

$$C_6H_{12}O_6 + 6H_2O + 6O_2 \rightarrow 6CO_2 + 12H_2O（＋エネルギー）$$

分子量は，$C_6H_{12}O_6 = 180$，$O_2 = 32$，$CO_2 = 44$ として，次の計算をせよ。

(1) 90 g のグルコースが呼吸で使われるとき，必要な酸素は何 g か。

(2) 呼吸で 22 g の二酸化炭素が発生するとき，消費されるグルコースは何 g か。

指針 $C_6H_{12}O_6$ ＋ $6H_2O$ ＋ $6O_2$ → $6CO_2$ ＋ $12H_2O$ （＋エネルギー）

$180 g（1 mol）$ $6 × 32 g（6 mol）$ $6 × 44 g（6 mol）$

上式より，必要な項だけを抜き出し，各項の理論値と問題値から比例計算する。

(1) $C_6H_{12}O_6$ ＋ $6O_2$ (2) $C_6H_{12}O_6$ → $6CO_2$

（理論値） $180 g$ $6 × 32 g$ （理論値） $180 g$ $6 × 44 g$

（問題値） $90 g$ $x g$ （問題値） $y g$ $22 g$

$180 g : (6 × 32 g) = 90 g : x g$ $180 g : (6 × 44 g) = y g : 22 g$

$$x g = \frac{(6 × 32 g) × 90 g}{180 g} = 96 g$$ $$y g = \frac{180 g × 22 g}{6 × 44 g} = 15 g$$

解答 (1) **96 g**   (2) **15 g**

例題 8 発芽種子の呼吸基質

解説動画

右図に示す実験装置を用いて，発芽種子の呼吸に関する実験 A，B を行った。実験 A では副室に水を入れ，実験 B では副室に水酸化カリウム水溶液を入れた以外は，A，B とも同じ条件にした。一定時間後，気体の体積が A では 3 mL，B では 10 mL 減少した。

(1) 水酸化カリウム水溶液は，二酸化炭素を溶かす性質がある。実験 A，B から，① 呼吸によって消費された酸素の体積，② 呼吸によって放出された二酸化炭素の体積　をそれぞれ答えよ。

(2) この発芽種子の呼吸基質は何と考えられるか。

指針 (1) 副室に水を入れた実験 A での気体の減少は，消費された O_2 量と放出された CO_2 量の差。実験 B では放出された CO_2 がすべて水酸化カリウム水溶液に溶けるため，気体の減少は消費された O_2 量を示す。

① 実験 B の結果より，消費された O_2 量 = 10 mL

② 実験 A の結果より，（消費された O_2 量）－（放出された CO_2 量）= 3 mL

①より，10 mL －放出された CO_2 量 = 3 mL

よって，放出された CO_2 量 = 10 mL － 3 mL = 7 mL

(2) 呼吸商から呼吸基質を推測できる。炭水化物…1.0，脂肪…0.7，タンパク質…0.8

$$呼吸商 = \frac{放出した CO_2 の体積}{吸収した O_2 の体積} = \frac{7\ mL}{10\ mL} = 0.7$$

解答 (1) ① **10 mL**　② **7 mL**　(2) **脂肪**

基本問題

83. 代謝とエネルギーの出入り●　次の文章中の空欄に当てはまる語句を下の語群から選べ。

生体内で行われる物質の合成や分解などの化学反応全体を（　①　）という。（　①　）では，生体触媒である（　②　）がはたらく。（　①　）のうち，複雑な物質を単純な物質に分解する過程を（　③　）といい，逆に，単純な物質から複雑な物質を合成する過程を（　④　）という。これらの過程ではエネルギーの出入りが起こり，そのやりとりの仲立ちをするのが（　⑤　）である。

〔語群〕（ア）同化　　（イ）異化　　（ウ）ATP　　（エ）代謝　　（オ）酵素

①[　　　]　②[　　　]　③[　　　]　④[　　　]　⑤[　　　]

84. ATPの構造●　図はATPの構造を模式的に示したものである。以下の問いに答えよ。

(1) 図の(a)〜(e)の名称を答えよ。

(a)[　　　　　　]　(b)[　　　　　　]

(c)[　　　　　　]　(d)[　　　　　　]　(e)[　　　　　　]

(2) 図の(c)どうしの結合を何というか。　　　　　　　　　　　[　　　　　　]

(3) 次の①〜⑤のうち，ATPの合成が見られるものをすべて選べ。　　[　　　　　　]

①　筋収縮　　②　光合成　　③　呼吸　　④　デンプンの消化　　⑤　タンパク質の合成

85. 酸化と還元●　燃焼と呼吸はどちらも有機物を(a)酸化する反応である。燃焼は酸素を使って有機物を急激に二酸化炭素と水に分解する反応で，多量の（　ア　）と光が発生する。一方，呼吸は有機物を段階的に分解する過程で取り出されたエネルギーで（　イ　）を合成する反応である。この（　イ　）が生命活動に利用される。呼吸では，酸素は酸化剤として最終段階で用いられる。この呼吸における酸化還元反応では，(b)物質の酸化や還元を仲立ちする物質がはたらいている。

(1) 空欄に当てはまる語句を答えよ。　　　　（ア）[　　　　　　]　（イ）[　　　　　　]

(2) 下線部(a)の酸化の説明として適当なものを，次の中から3つ選べ。　　[　　　　　　]

①　酸素と結合する。　　②　酸素を失う。　　③　水素と結合する。　　④　水素を失う。

⑤　電子を受け取る。　　⑥　電子を失う。

(3) 下線部(b)のうち，呼吸ではたらく酸化型の物質を次の中からすべて選べ。　[　　　　　　]

①　NAD^+　　②　NADH　　③　$NADP^+$　　④　NADPH　　⑤　FAD　　⑥　$FADH_2$

86. 呼吸と酸化還元反応●　呼吸において酸化や還元の仲立ちをするおもな物質は，ビタミンBの1種の（　ア　）である。（　ア　）は(a)ほかの物質から電子を受け取る際にH^+と結合して還元型の（　イ　）になる。（　イ　）は(b)ほかの物質に電子を渡して，自らは酸化型の（　ア　）にもどる。（　ア　）は，ある物質からほかの物質へと電子を運搬することにより，酸化還元反応の仲立ちをしている。呼吸では（　ア　）や（　イ　）だけでなく，クエン酸回路ではたらく，酸化型の（　ウ　）と還元型の（　エ　）も同様に酸化還元反応にはたらいている。

(1) 文章中の空欄に当てはまる適当な語句を答えよ。

（ア）[　　　　　　]　（イ）[　　　　　　]　（ウ）[　　　　　　]　（エ）[　　　　　　]

(2) 文章中の下線部(a)の「ほかの物質」は，酸化されたか，還元されたか。　　[　　　　　　]

(3) 文章中の下線部(b)の「ほかの物質」は，酸化されたか，還元されたか。　　[　　　　　　]

87. 呼吸の場●　図はある細胞小器官を示したものである。

(1) 図の細胞小器官を何というか。　　　　[　　　　　　　]

(2) 図の(a)の部分を何というか。　　　　　[　　　　　　　]

(3) 図の(b)が示すひだ状の構造を何というか。　[　　　　　　]

(4) 図の細胞小器官が関係するはたらきとして適当なものを次の中から1つ選べ。

　　① 光合成　　② 発酵　　③ 呼吸　　　　　　　　　[　　　　]

88. 呼吸のしくみ①●　次の文章中の空欄に当てはまる語句を下の語群から選べ。

　呼吸は，解糖系，（　①　）回路，電子伝達系の3つの過程に分けられる。解糖系は（　②　）で行われる反応で，1分子のグルコースが2分子の（　③　）にまで分解されて NADH が生じる。この過程では差し引き（　④　）分子の ATP が生じる。（　①　）回路は，ミトコンドリアの（　⑤　）とよばれる部分で行われる反応で，（　③　）が分解されて NADH と $FADH_2$ および（　⑥　）が生じる。この過程では（　④　）分子の ATP が生じる。電子伝達系は，ミトコンドリアの（　⑦　）の部分で行われる反応で，約28分子の ATP が生成され，NADH や $FADH_2$ によって運ばれた電子は，電子伝達系を流れて，最終的に H^+ とともに（　⑧　）と結合し，水を生じる。

[語群]　(ア) サイトゾル　　(イ) ピルビン酸　　(ウ) クエン酸　　(エ) 酸素　　(オ) マトリックス
　　　　(カ) 二酸化炭素　　(キ) 内膜　　　　(ク) 外膜　　　(ケ) 水　　(コ) 2　　(サ) 4

　　①[　　　]　②[　　　　]　③[　　　　]　④[　　　]　⑤[　　　]

　　⑥[　　　]　⑦[　　　　]　⑧[　　　　]

89. 呼吸のしくみ②●　図は呼吸の過程を簡単に示したものである。

(1) (A)〜(C)の過程は，それぞれ何とよばれる過程か。　　　　(A)[　　　　　　]

　　(B)[　　　　　　]　(C)[　　　　　　]

(2) (A)〜(C)の過程のうち，最も多くの ATP が生じる過程はどれか。　　　　　　　[　　　　]

(3) (A)〜(C)の過程は，それぞれ細胞のどこで起こっているか。次の中からそれぞれ選べ。

　　　　　　(A)[　　　]　(B)[　　　]　(C)[　　　]

　　① ミトコンドリアのマトリックス　　② ミトコンドリアの内膜　　③ サイトゾル

(4) 図の(ア)〜(ウ)に適する物質をそれぞれ記せ。

　　　　(ア)[　　　　　]　(イ)[　　　　　]　(ウ)[　　　　　]

90. 呼吸の電子伝達系●　図はミトコンドリア断面の模式図である。

(1) 電子伝達系にかかわるタンパク質複合体や ATP 合成酵素が存在するのは，図の(a)〜(d)のどの部分か。　　　　[　　　]

(2) 電子が電子伝達系を流れるときに水素イオン（H^+）が輸送される。図の(a)〜(d)のどこからどこへ輸送されるか。　[　　→　　]

(3) H^+ が ATP 合成酵素を通って移動するときに，ATP が合成される。H^+ は図の(a)〜(d)のどこからどこへ移動するか。　　　　　　　　　　　　[　　　→　　　]

(4) (3)の H^+ の移動は，濃度勾配に，(ア) したがった移動，(イ) 逆らった移動，のどちらか。[　　　]

91. 呼吸の詳しいしくみ● 図はグルコース1分子が

呼吸で分解される過程を示したものである。

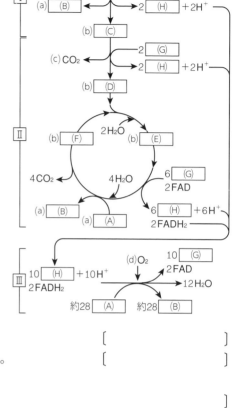

(1) 図の(A)～(F)に当てはまる物質名を答えよ。

(A)[　　　　　　　] (B)[　　　　　　　]

(C)[　　　　　　　] (D)[　　　　　　　]

(E)[　　　　　　　] (F)[　　　　　　　]

(2) 図の(G)と(H)は酸化還元反応を仲立ちする分子である。(G), (H)に当てはまる物質名を答えよ。

(G)[　　　　　　　] (H)[　　　　　　　]

(3) 図の(a)～(d)に当てはまる数値を答えよ。

(a)[　　　] (b)[　　　]

(c)[　　　] (d)[　　　]

(4) 図のⅠ～Ⅲの過程の名称および細胞でのその反応場所をそれぞれ答えよ。

Ⅰ[　　　　　　, 　　　　　]

Ⅱ[　　　　　　, 　　　　　]

Ⅲ[　　　　　　, 　　　　　]

(5) 図のⅢの過程でATPの合成にはたらく酵素の名称を答えよ。 [　　　　　　　　　　]

(6) 図のⅢの過程でATPが合成される反応を何というか。 [　　　　　　　　　　]

(7) この呼吸全体の化学反応式を答えよ。

[　　　　　　　　　　　　　　　　　　　　　　　]

92. 酸化還元酵素の実験● 呼吸における酸化還元酵素のはたらきを調べるため，次の実験を行った。以下の問いに答えよ。

[実験] ニワトリの胸筋を材料として酵素液をつくり，0.02％メチレンブルー，および8％コハク酸ナトリウム水溶液を用意した。ガラス製の容器A，Bの主室と副室に図のような酵素液や薬品を入れた。次にガラス製の容器をアスピレーターにつなぎ，容器内を十分に減圧した後，副室を回して密閉し，主室と副室の溶液を混合した。容器を37℃の温水の中に入れたところ，しばらくするとBの混合液が脱色した。

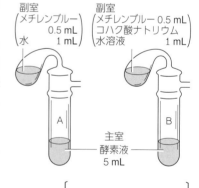

(1) この実験に用いたガラス製の容器を何というか。 [　　　　　　　　　　]

(2) Bの混合液が脱色した理由を述べた以下の文章の空欄に当てはまる語句を答えよ。

メチレンブルーはふつう（ ① ）色の酸化型である。容器Bでは，酵素液に含まれる酵素のはたらきで，コハク酸がフマル酸になる過程でFADが還元されて（ ② ）が生成された。この（ ② ）によってメチレンブルーが（ ③ ）されたことで，混合液が脱色した。

①[　　　　　] ②[　　　　　] ③[　　　　　]

(3) 減圧したのは，容器内のどのような物質を除くためか。分子式で記せ。 [　　　　　]

(4) (2)で混合液が脱色した後，副室を回して管内に空気を入れると，液の色はどのようになるか。

① 変化しない ② 青色になる [　　　　　]

93. 発酵● 次の文章中の空欄に当てはまる語句を下の語群から選べ。

酸素を用いずに有機物を分解し，ATP を合成する過程を（ ① ）という。乳酸菌は，（ ② ）を行い，グルコースを（ ③ ）に分解する過程で ATP を生成する。酵母は，（ ④ ）を行い，グルコースを（ ⑤ ）と二酸化炭素に分解する過程で ATP を生成する。動物の筋肉でも，はげしい運動をしたときに（ ② ）と同じ過程で ATP が生成される。この過程を（ ⑥ ）という。

〔語群〕 (ア) エタノール (イ) 発酵 (ウ) 乳酸発酵
(エ) アルコール発酵 (オ) 乳酸 (カ) 解糖

①[　] ②[　] ③[　] ④[　] ⑤[　] ⑥[　]

94. 発酵のしくみ● 図は(A)，(B) 2 つの発酵の過程を示したものである。以下の問いに答えよ。

(1) 図の(a)，(b)に当てはまる数字を答えよ。
(a)[　] (b)[　]

(2) 図の(c)～(g)に当てはまる物質名を答えよ。
(c)[　]
(d)[　]
(e)[　]
(f)[　]
(g)[　]

(3) 図の I の反応系を何というか。
[　]

(4) 次の(ア)～(ウ)の反応はそれぞれ図の(A)，(B)のいずれにあたるか。
(ア) アルコール発酵 (イ) 筋肉での解糖 (ウ) 乳酸発酵
(ア)[　] (イ)[　] (ウ)[　]

(5) (A)，(B)の発酵を行う微生物をそれぞれ 1 つずつあげよ。
(A)[　] (B)[　]

(6) 図の(A)で，(c)を(d)に変化させるのは何のためか。次の中から最も適当なものを 1 つ選べ。
① NADH を再び供給するため。　② NAD⁺を再び供給するため。
③ ATP を合成するため。 [　]

95. 呼吸と発酵● 図は呼吸と発酵の過程を示したものである。

(1) 図の① a→c の過程，② a→b の過程，③ a→d→e の過程をそれぞれ何というか。
①[　]
②[　]
③[　]

(2) 図の c の過程に含まれる反応系を，次の中からすべて選べ。 [　]
(ア) 電子伝達系 (イ) 解糖系 (ウ) クエン酸回路

(3) 図の① a→c の過程，② a→b の過程，③ a→d→e の過程で起こる反応をまとめた化学反応式を，次の中からそれぞれ選べ。 ①[　] ②[　] ③[　]
(ア) $C_6H_{12}O_6 \rightarrow 2C_3H_6O_3$ (イ) $C_6H_{12}O_6 \rightarrow 2C_2H_6O + 2CO_2$
(ウ) $C_6H_{12}O_6 + 6H_2O + 6O_2 \rightarrow 6CO_2 + 12H_2O$

96. 脂肪とタンパク質の分解●　次の文章中の空欄に当てはまる語句を下の語群から選べ。

　呼吸基質には，脂肪やタンパク質も用いられる。脂肪は，グリセリンと（　①　）に加水分解される。グリセリンは解糖系に入り，（　①　）は（　②　）されてアセチル CoA となって呼吸に利用される。タンパク質は加水分解されて（　③　）となる。（　③　）は（　④　）反応によってアミノ基を（　⑤　）として遊離した後，有機酸となって（　⑥　）などに入り，呼吸に利用される。

〔語群〕　(ア) アミノ酸　　　(イ) アンモニア　　(ウ) 脂肪酸　　(エ) 脱アミノ　　(オ) β酸化
　　　　(カ) クエン酸回路

①[　　　]　②[　　　]　③[　　　]　④[　　　]　⑤[　　　]　⑥[　　　]

97. いろいろな呼吸基質●　図は呼吸基質である炭水化物，脂肪，タンパク質が動物体内で代謝される経路の一部を示したものである。以下の問いに答えよ。

(1) 図中の(a)～(e)に当てはまる物質名を答えよ。

(a)[　　　　　　]　(b)[　　　　　　]
(c)[　　　　　　]　(d)[　　　　　　]
(e)[　　　　　　]

(2) 図中の(A)～(D)の反応経路を何というか。

(A)[　　　　　　]　(B)[　　　　　　]
(C)[　　　　　　]　(D)[　　　　　　]

(3) 次の①～③は，それぞれ何を呼吸基質としたときの反応式か。下の(ア)～(ウ)の中から選んで答えよ。

① $C_6H_{12}O_6 + 6H_2O + 6O_2 \rightarrow 6CO_2 + 12H_2O$

② $2C_{57}H_{110}O_6 + 163O_2 \rightarrow 114CO_2 + 110H_2O$

③ $2C_6H_{13}O_2N + 15O_2 \rightarrow 12CO_2 + 10H_2O + 2NH_3$

　　(ア) 脂肪　　(イ) グルコース　　(ウ) アミノ酸

①[　　　]　②[　　　]　③[　　　]

(4) グルコース 60 g が呼吸によって完全に分解されたとき，消費された酸素と生成された二酸化炭素はそれぞれ何 g になるか。ただし，原子量は H = 1，C = 12，O = 16 とする。

消費された酸素[　　　　　]　生成された二酸化炭素[　　　　　]　▷p.73 例題7

98. 光合成と細胞小器官●　生物が（　①　）を取りこみ，エネルギーを使って炭水化物などの有機物をつくるはたらきを炭素同化という。このうち，光エネルギーを取り入れて，まず（　②　）を合成し，その（　②　）を利用して有機物を合成するはたらきを（　③　）という。右図は，（　③　）の場となる細胞小器官を示したものである。

(1) 文章中の空欄に適当な語句を記入せよ。

①[　　　　　　]　②[　　　　　　]
③[　　　　　　]

(2) 図の細胞小器官の名称を答えよ。　　　　　　　　　　　　　　[　　　　　　]

(3) 図の(a)，(b)の各部の名称を答えよ。　　　(a)[　　　　　]　(b)[　　　　　]

(4) 光合成色素が含まれているのは(a)，(b)のどちらの部分か。　　　　[　　　　]

99. 光合成色素の分離● 光合成色素の分離に関する次の文章を読み，以下の問いに答えよ。

植物の緑葉を小さくちぎって乳鉢に入れ，粉末シリカゲルを加えてよくすりつぶし，(a)抽出溶媒を加えて色素を抽出する。TLC シートに①基線を引き，その中央にガラス毛細管で抽出液をつける。乾いたら再び抽出液をつける。これを 5 回程度くり返す。つけた抽出液が乾いたら，5mm ほどの深さに(b)展開液を入れた試験管に TLC シートを入れ，密栓をして静置する。展開液が TLC シートの上端近くまで上がってきたら TLC シートを取り出して，展開液の前線と各色素の中央部に②印をつける。その後，色素を同定するために，以下の式によって Rf 値を求める。

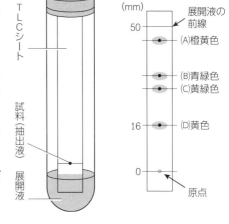

$$Rf\ 値 = \frac{原点から色素の中心点までの距離}{原点から展開液の先端(前線)までの距離}$$

(1) この色素の分離方法を何というか。　　　　　[　　　　　　　]

(2) 文章中の下線部①，②の操作に共通して使うものとして適当なものを次の中から選べ。
　　(ア) 黒色ボールペン　　(イ) 鉛筆　　(ウ) 油性マーカー　　　　　[　　　　]

(3) 文章中の下線部(a)，(b)の溶液として適当なものを次の中からそれぞれ選べ。
　　(ア) 酢酸　　(イ) エタノール　　(ウ) 石油エーテルとアセトンの混合液
　　(エ) 熱水　　(オ) グリセリン　　　　　　　(a)[　　　] (b)[　　　]

(4) 図の(A)〜(D)の色素の名称を次の中からそれぞれ選べ。
　　(ア) クロロフィル a　　(イ) クロロフィル b　　(ウ) β−カロテン　　(エ) キサントフィル類
　　　　　　　　(A)[　　　] (B)[　　　] (C)[　　　] (D)[　　　]

(5) 色素(D)の Rf 値を小数第 2 位まで求めよ。　　　　　[　　　　　]

100. 光の波長と光合成色素● 光合成色素に関する以下の問いに答えよ。

植物の葉緑体の中には種々の光合成色素が含まれており，各光合成色素がどの波長の光をどの程度吸収するかを示したグラフを（　A　）という。また，いろいろな波長の光を植物に当て，光の波長と光合成速度の関係を示したグラフを（　B　）という。

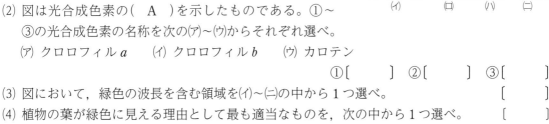

(1) 文章中の空欄に当てはまる適切な語句を記せ。
　　　　　(A)[　　　　　] (B)[　　　　　]

(2) 図は光合成色素の（　A　）を示したものである。①〜③の光合成色素の名称を次の(ア)〜(ウ)からそれぞれ選べ。
　　(ア) クロロフィル a　　(イ) クロロフィル b　　(ウ) カロテン
　　　　　　　①[　　　] ②[　　　] ③[　　　]

(3) 図において，緑色の波長を含む領域を(イ)〜(ニ)の中から1つ選べ。　　[　　　]

(4) 植物の葉が緑色に見える理由として最も適当なものを，次の中から1つ選べ。　[　　　]
　　① 葉は緑色の光をあまり利用せず反射するため。　　② 葉は緑色の光をよく吸収するため。
　　③ 葉は光合成のために吸収した光を緑色の光に変換して放出するため。

101. 光合成のしくみ ● 光合成のしくみに関する次の文章を読んで，以下の問いに答えよ。

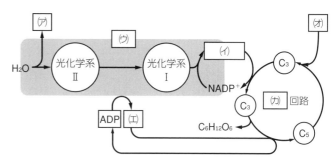

チラコイド膜にある光合成色素が光エネルギーを受容すると電子が飛び出し，光化学系Ⅱでは水が分解されて（　ア　）が生じる。光化学系Ⅱから光化学系Ⅰへと流れた電子は，$NADP^+$に受け取られて（　イ　）が生じる。この過程を（　ウ　）といい，この過程を経てH^+の濃度勾配がつくられた結果，ADPから（　エ　）が合成される。ストロマでは，（　イ　）と（　エ　）を用いて，気孔から取り入れた（　オ　）を（　カ　）回路とよばれる反応系で還元して有機物がつくられる。

(1) 文章中および図中の空欄に当てはまる物質名あるいは語句を，次の中からそれぞれ選べ。

 (a) CO_2 (b) O_2 (c) カルビン (d) 電子伝達系 (e) ATP (f) NADPH

  (ア)[　　] (イ)[　　] (ウ)[　　] (エ)[　　] (オ)[　　] (カ)[　　]

(2) 光エネルギーを利用して(エ)がつくられることを何というか。次の中から選べ。

 (a) 酸化的リン酸化 (b) 基質レベルのリン酸化 (c) 光リン酸化 [　　　]

(3) 植物の光合成では，何色の光がおもに使われるか。次の中からすべて選べ。

 (a) 緑色 (b) 青色 (c) 赤色   [　　　]

102. 光合成の電子伝達系 ● 図は葉緑体の膜にある

反応系のまとまりを表したものである。図の(ア)〜(ウ)はある反応系を構成するタンパク質複合体や酵素を示しており，(ア)と(イ)にはクロロフィルが含まれる。

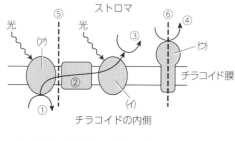

(1) (ア)〜(ウ)の名称を答えよ。

  (ア)[　　　　　　] (イ)[　　　　　　]

  (ウ)[　　　　　　]

(2) 矢印①〜④で表される事がらとして正しいものを次の(a)〜(h)から選んで答えよ。

      ①[　　] ②[　　] ③[　　] ④[　　]

 (a) ATP の合成 (b) ATP の分解 (c) 水の合成 (d) 水の分解

 (e) 電子が流れる (f) 酸素が運ばれる (g) $NADP^+$の還元 (h) NADPH の酸化

(3) ⑤，⑥ の点線は H^+ の移動を示す。光が照射されているときの⑤，⑥ での H^+ の移動についての適切な説明を，次の(a)〜(d)からそれぞれ2つずつ選べ。

 (a) ストロマからチラコイドの内側へ移動する。 (b) 濃度勾配にしたがって移動する。

 (c) チラコイドの内側からストロマへ移動する。 (d) 濃度勾配に逆らって移動する。

        ⑤[　　，　　] ⑥[　　，　　]

(4) ⑤の H^+ の移動は，直接的には何のエネルギーによって引き起こされるか。 [　　　]

 (ア) 電子の受け渡しによるエネルギー (イ) 光のエネルギー

(5) 光合成で，H^+ の移動によって ATP が合成される反応を何というか。 [　　　　　]

(6) ミトコンドリアでも，葉緑体と同じようなしくみで ATP が合成される。ミトコンドリアで見られる ATP の合成反応を何というか。   [　　　　　]

103. 光合成の詳しいしくみ● 図は光合成のしくみを示したものである。以下の問いに答えよ。

(1) 図の(X), (Y)の反応系を何というか。

(X)[   ]

(Y)[   ]

(2) (Z)の回路状の反応系を何というか。

[   ]

(3) 図の(a)〜(h)に当てはまる物質名を次の中からそれぞれ選べ。

(ア) ホスホグリセリン酸(PGA)

(イ) リブロース二リン酸(RuBP)

(ウ) $NADP^+$ (エ) O_2 (オ) H_2O

(カ) ATP   (キ) H^+ (ク) CO_2

(a)[   ] (b)[   ] (c)[   ]

(d)[   ] (e)[   ] (f)[   ]

(g)[   ] (h)[   ]

(4) 図のⅠ, Ⅱは葉緑体のどの部分をさすか。   Ⅰ[   ] Ⅱ[   ]

(5) 電子が(X), (Y)の反応系を通って伝達される経路を何というか。   [   ]

第3章

代謝

104. C₄植物とCAM植物● CO_2を直接, カルビン回路に取りこみ, 最初に(①)化合物のホスホグリセリン酸(PGA)をつくる植物を(①)植物という。これに対して, 熱帯原産の植物には, CO_2をいったん(②)の葉緑体内でリンゴ酸などの(③)化合物にして(④)に送り, そこでCO_2を取り出してカルビン回路に取りこむ(a)(③)植物とよばれるものがある。また, 砂漠地帯などに育つ多肉植物には, 夜間に気孔を開いて吸収したCO_2をリンゴ酸などの(③)化合物に変えて液胞にため, 昼間にCO_2にもどしてカルビン回路に取りこむ(b)(⑤)植物というものがある。

(1) 文章中の空欄に当てはまる語句を次の(ア)〜(キ)から選んで記号で答えよ。

[語群] (ア) C₃ (イ) C₄ (ウ) C₅ (エ) 葉肉細胞 (オ) 孔辺細胞 (カ) 維管束鞘細胞 (キ) CAM

①[   ] ②[   ] ③[   ] ④[   ] ⑤[   ]

(2) 文章中の下線部(a), (b)に当てはまる植物をそれぞれ1つずつ答えよ。

(a)[   ] (b)[   ]

105. 細菌の炭素同化● 次の文章中の空欄に当てはまる語句を下の語群から選べ。

細菌の中にも光合成を行うものがある。紅色硫黄細菌や(①)などは光合成色素として(②)をもち, 電子伝達系の出発物質として, 水ではなく(③)などを用いる。これらの細菌を(④)という。また, ネンジュモなどのシアノバクテリアも光合成を行う。これらは光合成色素として(⑤)をもっており, 光化学系Ⅰと光化学系Ⅱを用いて植物と似た光合成を行い, (⑥)を発生する。一方, 細菌の中には無機物を酸化したときに放出される化学エネルギーを用いて炭素同化を行うものがある。このはたらきを(⑦)といい, これを行う細菌を(⑧)という。

[語群] (ア) クロロフィルa (イ) バクテリオクロロフィル (ウ) 硫化水素 (エ) 酸素

(オ) 緑色硫黄細菌 (カ) 光合成細菌 (キ) 化学合成 (ク) 化学合成細菌

①[   ] ②[   ] ③[   ] ④[   ] ⑤[   ] ⑥[   ] ⑦[   ] ⑧[   ]

章末総合問題

106. 代謝に関する次の文章を読み，以下の問いに答えよ。

　酵母は，(a)酸素がない条件で培養すると，解糖系だけからエネルギーを得て増殖する。解糖系においては，1分子のグルコースを2分子のピルビン酸に変換する間に，[⑦]分子の ATP を消費して，[⑥]分子の ATP を生成する。また，2分子の[⑦]を還元して，2分子の[㋓]に変換する。その後，ピルビン酸はエタノールに代謝される。この一連の反応を酵母によるアルコール発酵とよび，これを利用して酒類が製造されている。

　一方，(b)酸素を十分に与えて培養すると，酵母は細胞内の[㋔]を発達させて効率的なエネルギー生産をするようになる。このとき，エタノールの生成量は減少する。酵母に見られるこの現象はパスツール効果とよばれている。

(1) 文章中の[　　]に当てはまる適切な語句を答えよ。

　　　　　　　　⑦[　　　　　　] ⑥[　　　　　　　] ㋒[　　　　　　]
　　　　　　　　㋓[　　　　　　] ㋔[　　　　　　　]

(2) 文章中の下線部(a), (b)の条件で培養したときに酵母が行うグルコース分解の反応式を答えよ。

　　　　　　(a)[　　　　　　　　　　　　　　　　　　　　　　　　　　　　　　　]
　　　　　　(b)[　　　　　　　　　　　　　　　　　　　　　　　　　　　　　　　]

(3) 文章中の下線部(a), (b)の条件で酵母を培養したところ，(a), (b)で同じ量の ATP が合成された。次の①～③の量は，(a), (b)のどちらが多かったか。同じ量の場合は「同じ」と記せ。

　　① グルコースの消費量　　② 消費された気体の量　　③ 発生した気体の量

　　　　　　　　　　　　　①[　　　] ②[　　　] ③[　　　]　［近畿大 改］

---

107. 図のように，発芽種子の呼吸商を調べる実験を行った。

【実験】 装置 A と B にそれぞれ同量のコムギまたはトウゴマの発芽種子を入れ，一定時間後にガラス管内のインクの移動距離から，装置内の気体の体積の減少量(a, b)を測定した。装置 A のビーカーには二酸化炭素を吸収させるために水酸化カリウム水溶液を入れ，装置 B のビーカーには水を入れてある。測定中の気圧や温度の変化はないものとする。

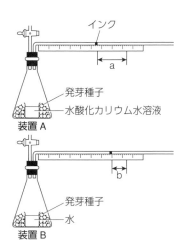

【結果】

発芽種子	a	b
コムギ	15.8	0.1
トウゴマ	11.2	3.2

(体積の相対値)

(1) a および b の値はそれぞれ何を示すか。記号で答えよ。

　(ア) 呼吸に使われた酸素の量　　　　(イ) 呼吸で放出された二酸化炭素の量

　(ウ) 呼吸に使われた酸素の量と放出された二酸化炭素の量との差

　(エ) 呼吸に使われた酸素の量と放出された二酸化炭素の量の和　　　a[　　　] b[　　　]

(2) 実験結果から，コムギとトウゴマの呼吸商をそれぞれ求めよ。ただし，小数第3位を四捨五入すること。　　　　　　　　　　コムギ[　　　　　　] トウゴマ[　　　　　　]

(3) (2)から，トウゴマのおもな呼吸基質はどのような物質と推定されるか。

　　　　　　　　　　　　　　　　[　　　　　　　]　［東京慈恵医大 改］　▶ p.73 例題 8

108. 光合成のしくみについての次の文章を読み，以下の問いに答えよ。

光合成は，2つの過程に分けて説明することができる。第一過程では，光のエネルギーを利用して化学エネルギーをもつ ATP と還元力をもつ NADPH を合成し，第二過程では，それらを使って CO_2 を有機物に固定する。

図は，第一過程の概略図である。光エネルギーは，光化学系Ⅱと光化学系Ⅰの反応中心にある ① を活性化させて電子(e^-)を放出させる。この反応は，光化学反応とよばれる。光化学系Ⅰから放出された電子は，$NADP^+$ に渡って NADPH の合成に利用され，光化学系Ⅱから放出された電子は光化学系Ⅰに渡って ① の再還元に利用される。また，第一過程では水の分解や電子伝達系により H^+ の濃度勾配が ② 膜を介して形成され，それが ATP 合成酵素の駆動力となっている。このような ATP 合成反応は ③ とよばれる。この過程で得られた ATP や NADPH は，下線部第二過程である ④ 回路で用いられる。

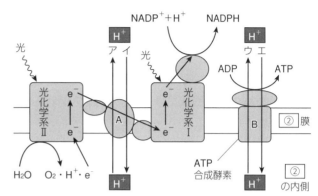

(1) 空欄①〜④に当てはまる語句を答えよ。

①[   ] ②[   ]
③[   ] ④[   ]

(2) 図の A，B の部分の H^+ の流れとして適当なものを図のア〜エから選べ。

A[   ] B[   ]

(3) 文章中の下線部の反応は葉緑体のどこで行われるか。 [   ] [名古屋市大 改]

109. 図は生物界における代謝の一部を表したものである。以下の問いに答えよ。

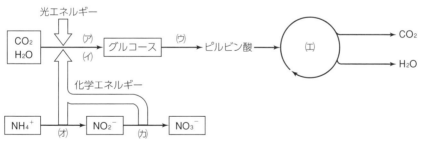

(1) (ア)〜(エ)の過程を一般に何というか。次の①〜⑥から適当なものを1つずつ選べ。

(ア)[   ] (イ)[   ] (ウ)[   ] (エ)[   ]

① 化学合成　　② クエン酸回路　　③ 乳酸発酵
④ 電子伝達系　　⑤ 解糖系　　⑥ 光合成

(2) 図中の(オ)，(カ)のはたらきを行う細菌として適当なものを，①〜④から1つずつ選べ。

(オ)[   ] (カ)[   ]

① シアノバクテリア　　② 硝酸菌　　③ 亜硝酸菌　　④ 緑色硫黄細菌

(3) 図中の(ア)〜(カ)のうち，呼吸の過程に該当するものをすべて選べ。 [   ] [昭和女子大 改]

遺伝情報の発現と発生①

1 DNAの構造と複製

A DNAの構造

(1) **遺伝情報とDNA** DNA(デオキシリボ核酸)は，遺伝情報を担う物質である。

(2) **DNAの構造** DNAの構成単位は，**リン酸・糖**(デオキシリボース)・[¹　　　]が結合した[²　　　　　]である。

　ヌクレオチドは，リン酸とデオキシリボースの間で結合して鎖状につながった**ヌクレオチド鎖**を構成している。

　DNAでは，2本のヌクレオチド鎖が向かいあい，塩基どうしで[³　　　　]をしている。結合するのは，**アデニン(A)とチミン(T)**，**グアニン(G)とシトシン(C)**と決まっている(塩基の**相補性**)。

　DNAは[⁴　　　　　]構造をしている。

(3) **ヌクレオチド鎖の方向性** ヌクレオチド鎖の一方の端はリン酸側で[⁵　]**末端**といい，他方の端は糖側で[⁶　]**末端**という。2本のヌクレオチド鎖は互いに逆向きに結合している。

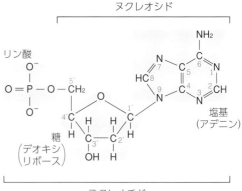

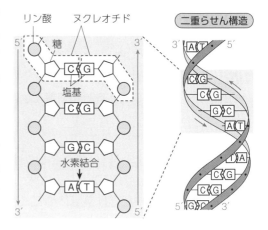

B DNAの複製

遺伝情報を担う物質であるDNAは，細胞分裂に先立つ間期のS期(DNA合成期)に，もとと全く同じものが**複製**される。

(1) **半保存的複製** ① 複製起点で塩基どうしの結合が切れ，そこに[⁷　　　　　　　　]という酵素が結合して二重らせん構造の一部がほどけ，1本鎖になる。

② それぞれの鎖が鋳型になり，複製起点で，[⁸　　　　　]とよばれる短いRNA鎖が合成される。プライマーにつなげて新生鎖が合成されていく。

③ 鋳型鎖の塩基に，相補的な塩基をもつデオキシリボヌクレオシド三リン酸が結合する。次に，[⁹　　　　　　　　](**DNA合成酵素**)のはたらきによって，デオキシリボヌクレオシド三リン酸の3つのリン酸のうち2つがとれて，残った1つのリン酸が隣りあった新生鎖の3′末端の糖と結合して新生鎖が伸長する。

④ ③がくり返されて鋳型鎖の塩基配列と相補的な塩基配列をもつ新生鎖ができる。

　複製されてできたDNAの2本鎖は，もとのDNAのヌクレオチド鎖(鋳型鎖)と，新しくできたヌクレオチド鎖(新生鎖)の組み合わせでできている。このような複製のしかたを[¹⁰　　　　　]**複製**という。

(2) **半保存的複製の詳しいしくみ** DNA が複製されるとき，DNA ポリメラーゼは新生鎖の 5′ → 3′ の方向にだけヌクレオチド鎖を伸長させる。したがって，2本の鋳型鎖の一方では，もとの DNA がほどけていく方向と同じ向きに連続的に新生鎖が伸長する。この新生鎖を [11]鎖という。

もう一方の鋳型鎖では，もとの DNA がほどけていく向きと新生鎖が伸長できる向きが逆となる。したがって，[12]とよばれる短い新生鎖の断片ができ，その断片が **DNA リガーゼ**によってつながれながら不連続に伸長する。この新生鎖を [13]鎖という。

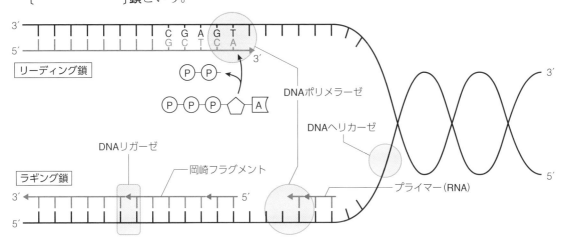

発展 複製時，プライマーは最終的に分解され，伸長してきた隣の新生鎖に置きかえられる。ところが，真核生物の DNA は線状であるため，新生鎖の 5′ 末端のプライマーの分だけ複製されず短くなってしまう。DNA の末端には**テロメア**とよばれる特定の塩基配列のくり返しがあり，遺伝情報を保護しているが，細胞分裂ごとに短くなり，一定以下に短くなると細胞分裂が停止する。

(3) **原核細胞と真核細胞の複製起点** DNA の複製は，複製起点から両方向に進行する。原核細胞の DNA は環状であり，複製起点は 1 か所である。真核細胞の DNA は線状で，複製起点が 1 本の DNA に複数あり，多くの場所から複製が始まることで速やかに複製される。

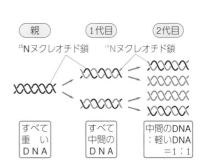

参考 **半保存的複製の証明（メセルソンとスタールの実験）**

ふつうの窒素（^{14}N）よりも重い ^{15}N を窒素源とする培地で大腸菌を培養して，^{15}N からなる重い DNA をもつ大腸菌を得た。この重い DNA をもつ大腸菌を ^{14}N を窒素源とする培地で培養すると，1 代目は中間の重さの DNA をもつ大腸菌が得られ，2 代目は中間の重さの DNA と通常の重さの DNA（軽い DNA）をもつ大腸菌が 1：1 の比で生じた。この結果から，DNA の半保存的複製が証明された（1958 年）。

空欄の解答 1 塩基　2 ヌクレオチド　3 水素結合　4 二重らせん　5 5′　6 3′　7 DNA ヘリカーゼ
8 プライマー　9 DNA ポリメラーゼ　10 半保存的　11 リーディング　12 岡崎フラグメント　13 ラギング

2 遺伝情報の発現

A 遺伝情報とその発現

(1) **遺伝情報の流れ** 遺伝子をもとにタンパク質が合成されることを，遺伝子が**発現**するという。DNA の塩基配列が RNA の塩基配列に写し取られる[¹   ]，RNA の塩基配列がアミノ酸配列に読みかえられる[²   ]を経て，タンパク質が合成される。

補足 遺伝情報が DNA → RNA →タンパク質の順に一方向に伝達されることはすべての生物で共通しており，クリック(イギリス)はこれを**セントラルドグマ**とよんだ。

(2) **RNA** 核酸は DNA と[³   ](**リボ核酸**)に大別される。DNA は遺伝情報を担う。RNA は DNA の遺伝情報をもとにしたタンパク質の合成などにはたらく。

	DNA	RNA
糖	デオキシリボース	リボース
塩基	アデニン(**A**)，**チミン(T)**，グアニン(**G**)，シトシン(**C**)	アデニン(**A**)，**ウラシル(U)**，グアニン(**G**)，シトシン(**C**)

B 転写とスプライシング

(1) **RNA の合成** ① DNA の[⁴   ]とよばれる領域に[⁵   ](**RNA 合成酵素**)が結合すると，DNA の塩基どうしの結合が切れ，2 本鎖がほどける。

② DNA の一方の鎖が鋳型となり，鋳型鎖の塩基に，相補的な塩基をもつリボヌクレオシド三リン酸が結合する。RNA ポリメラーゼのはたらきによって，リボヌクレオシド三リン酸の 3 つのリン酸のうち 2 つがとれて，隣りあうヌクレオチドに連結される。このとき，DNA の塩基 A，T，G，C に対しては，RNA の塩基 U(ウラシル)，A，C，G がそれぞれ相補的に結合する。

③ RNA ポリメラーゼが鋳型鎖を 3′ → 5′ の方向に移動しながら②の過程をくり返し，RNA が 5′ → 3′ の方向に順に合成されていく。RNA ポリメラーゼが鋳型鎖にある特定の塩基配列まで進むと転写が終了する。

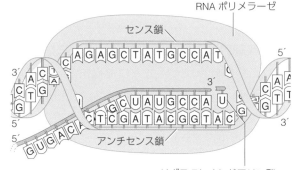

補足 転写において DNA2 本鎖のどちらが鋳型になるかは，遺伝子によって異なる。鋳型鎖は**アンチセンス鎖**，鋳型鎖に相補的な鎖(非鋳型鎖)は**センス鎖**ともよばれる。

(2) **スプライシング** 真核細胞の場合，タンパク質の情報をもつ遺伝子の DNA の塩基配列には，翻訳される配列([⁶   ])と翻訳されない配列([⁷   ])がある。転写されてできた RNA(mRNA 前駆体)は核内でイントロンの領域が取り除かれ，エキソンの領域がつなぎ合わされる。これを[⁸   ]という。転写の後，スプライシングを受けた RNA が **mRNA** となる。

(3) **選択的スプライシング** スプライシングが行われるとき，同じ遺伝子から転写された RNA でも，異なるエキソンがつなぎあわされて異なる mRNA がつくられることがある。これを

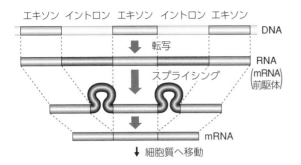 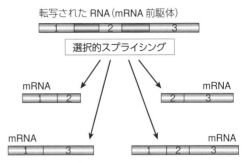

[9   ]という。選択的スプライシングによって，1つの遺伝子から異なるタンパク質がつくられることがある。

C 翻訳

(1) **タンパク質合成にはたらくRNA**

① **mRNA（伝令RNA）** DNAの遺伝情報を写し取ったもので，転写・スプライシングの過程を経てできる。mRNAの連続した塩基3個の配列を[10   ]という。

② **tRNA（転移RNA）** それぞれmRNAのコドンに対応する塩基3個の配列（[11   ]）をもち，特定のアミノ酸を結合してリボソームに運ぶ。

③ **rRNA（[12   ]RNA）** タンパク質とともに，リボソームを構成している。

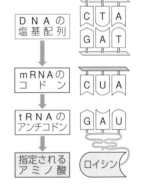

(2) **コドンとアミノ酸** タンパク質を構成するアミノ酸20種類はコドンによって指定されている。AUGは**開始コドン**としてもはたらくことがあり，UAA，UAG，UGAは**終止コドン**としてはたらく。これらは次のような遺伝暗号表にまとめられる。

		2番目の塩基				
		U	C	A	G	
1番目の塩基	U	UUU UUC フェニルアラニン / UUA UUG ロイシン	UCU UCC UCA UCG セリン	UAU UAC チロシン / UAA UAG 終止コドン	UGU UGC システイン / UGA 終止コドン / UGG トリプトファン	U C A G
	C	CUU CUC CUA CUG ロイシン	CCU CCC CCA CCG プロリン	CAU CAC ヒスチジン / CAA CAG グルタミン	CGU CGC CGA CGG アルギニン	U C A G
	A	AUU AUC イソロイシン / AUA （開始コドン） / AUG メチオニン	ACU ACC ACA ACG トレオニン	AAU AAC アスパラギン / AAA AAG リシン	AGU AGC セリン / AGA AGG アルギニン	U C A G
	G	GUU GUC GUA GUG バリン	GCU GCC GCA GCG アラニン	GAU GAC アスパラギン酸 / GAA GAG グルタミン酸	GGU GGC GGA GGG グリシン	U C A G

空欄の解答 1 転写 2 翻訳 3 RNA 4 プロモーター 5 RNAポリメラーゼ 6 エキソン 7 イントロン 8 スプライシング 9 選択的スプライシング 10 コドン 11 アンチコドン 12 リボソーム

(3) **タンパク質の合成** ① 真核細胞の場合，核内で合成され，[¹　　　　　]を通って細胞質へ移動した mRNA に [²　　　　　] が付着し，開始コドンから翻訳が始まる。

② mRNA のコドンに対応するアミノ酸を結合した [³　　　] が，アンチコドンの部分でmRNA のコドンと結合する。

③ tRNA によって運ばれたアミノ酸が合成中のポリペプチドの末尾のアミノ酸と [⁴　　　] 結合し，アミノ酸を運んできた tRNA は mRNA から離れる。

リボソームが mRNA を 5′ → 3′ 方向に移動しながら②，③の過程がくり返されて，ポリペプチドが伸長する。終止コドンまでくると翻訳が終了する。

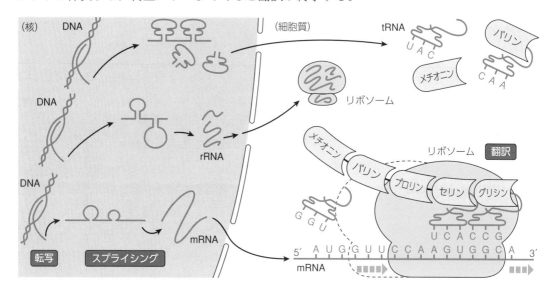

D 真核細胞と原核細胞のタンパク質合成

真核細胞では，転写は核内で，翻訳は細胞質で行われ，転写と翻訳は空間的にも時間的にも分けられている。核膜のない原核細胞では，転写と翻訳は同時に行われる。また，原核細胞の DNA は小さく環状で，スプライシングはほとんど行われない。

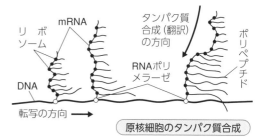

原核細胞のタンパク質合成

参考　抗体の多様性

適応免疫ではたらく抗体は，免疫グロブリンとよばれるタンパク質で，H 鎖，L 鎖各 2 本の計 4 本のポリペプチドからなる。可変部と定常部があり，抗体は可変部で抗原と特異的に結合する（抗原抗体反応）。可変部は抗体によってアミノ酸配列が異なっていて，それぞれ特有の立体構造をもつ。これは，B 細胞が成熟するときに免疫グロブリンの H 鎖，L 鎖それぞれの遺伝子の"連結"と"再編成"が起こり，多様な遺伝子が生じるためである。

空欄の解答 1 核膜孔　2 リボソーム　3 tRNA（転移 RNA）　4 ペプチド

3 遺伝子の発現調節

A 遺伝子の発現調節

(1) **遺伝子の発現調節**　遺伝子の発現は，環境の変化などに応じて調節されている。この遺伝子発現の調節は，おもに転写開始段階の調節による。

(2) **遺伝子の発現調節のしくみ**　転写の調節は，[5　　　　　　]領域に[6　　　　　　
]（**転写調節因子**）が結合したり，離れたりすることで行われる。調節タンパク質の遺伝子を**調節遺伝子**といい，調節を受けるタンパク質の遺伝子を**構造遺伝子**という。

　　調節タンパク質には，転写を抑制する転写抑制因子（[7　　　　　　]）や，転写を促進する転写活性化因子があり，調節タンパク質によって転写が抑制される場合を負の調節，転写が促進される場合を正の調節という。

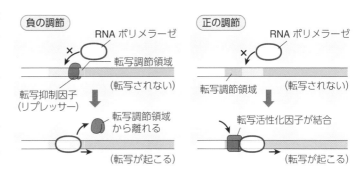

B 原核生物の発現調節

　1つのプロモーターのもとに複数の構造遺伝子が隣りあって存在し，まとまって転写調節を受ける転写単位を[8　　　　　　]という。

(1) **ラクトースオペロン**　負の調節が行われる。グルコースがなくラクトースがあるときだけ，[9　　　　　　]とよばれる転写調節領域からリプレッサーが離れて構造遺伝子群（ラクトースの分解にはたらく3種類の酵素）の転写が活性化される。

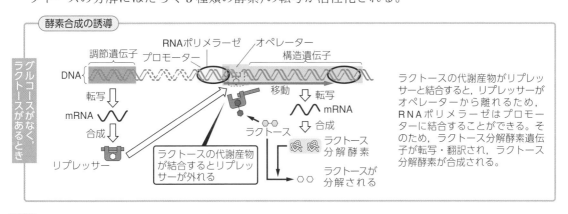

ラクトースの代謝産物がリプレッサーと結合すると，リプレッサーがオペレーターから離れるため，RNAポリメラーゼはプロモーターに結合することができる。そのため，ラクトース分解酵素遺伝子が転写・翻訳され，ラクトース分解酵素が合成される。

参考　**トリプトファンオペロンとアラビノースオペロン**

　トリプトファンオペロンは負の調節である。トリプトファンが過剰になると，トリプトファンによって活性化されたリプレッサーがオペレーターに結合し，トリプトファン合成酵素遺伝子の転写が抑制される。

　アラビノースオペロンは正の調節である。グルコースがなくアラビノースがあるとき，アラビノースによって活性化された転写活性化因子が転写調節領域に結合し，アラビノースの分解にはたらく3種類の酵素の遺伝子の転写が促進される。

空欄の解答　5 転写調節　6 調節タンパク質　7 リプレッサー　8 オペロン　9 オペレーター

C 真核生物の発現調節

① 真核生物の DNA は，[¹ 　　　　　　] を形成しており，[² 　　　　　] などのタンパク質とともに密に折りたたまれた状態で存在している。転写が起こるときには，付近の構造がゆるんで，RNA ポリメラーゼが結合できる状態になる必要がある。

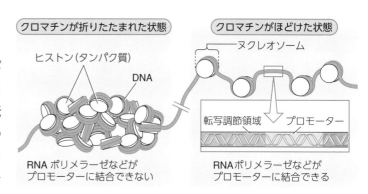

クロマチンが折りたたまれた状態
ヒストン（タンパク質）
DNA
RNA ポリメラーゼなどがプロモーターに結合できない

クロマチンがほどけた状態
ヌクレオソーム
転写調節領域　プロモーター
RNAポリメラーゼなどがプロモーターに結合できる

② 真核生物の RNA ポリメラーゼは，原核生物の RNA ポリメラーゼと違って，単独ではプロモーターに結合できない。[³ 　　　　　　　　　] とともに転写複合体を形成してプロモーターに結合する。

③ プロモーターや構造遺伝子から離れた位置にも転写調節領域があり，この領域に結合した調節タンパク質が転写複合体に作用して転写調節が行われている。同じ機能にかかわる遺伝子は同じ塩基配列の転写調節領域をもつことで協調的に調節される。

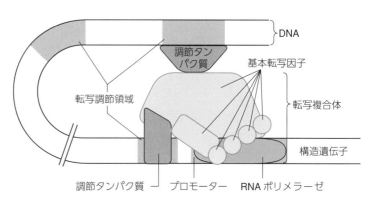

DNA
調節タンパク質
基本転写因子
転写複合体
転写調節領域
構造遺伝子
調節タンパク質　プロモーター　RNA ポリメラーゼ

参考 　発現調節と細胞の分化

　ある調節遺伝子が発現してできた調節タンパク質が別の調節遺伝子の発現を促す場合がある。

　細胞の分化の過程では，このような調節遺伝子による調節のしくみが連続的に起こって，細胞がそれぞれ特有の形やはたらきをもつように分化していく。

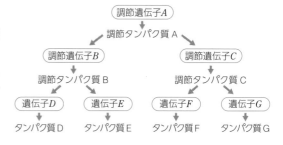

調節遺伝子A
↓
調節タンパク質 A
調節遺伝子B　　　　　　調節遺伝子C
↓　　　　　　　　　　　↓
調節タンパク質 B　　　　調節タンパク質 C
遺伝子D　遺伝子E　　遺伝子F　遺伝子G
↓　　　↓　　　　↓　　　↓
タンパク質D　タンパク質E　タンパク質F　タンパク質G

参考 　ホルモンによる遺伝子発現の調節

　生殖腺ホルモンなどのステロイドホルモンや甲状腺ホルモンなどは脂溶性ホルモンで，細胞膜を通り抜けて細胞内の受容体と結合し，調節タンパク質としてはたらく。インスリンなどの水溶性ホルモンは，細胞膜を通り抜けることができず，細胞膜表面の受容体を介して細胞内の調節タンパク質などに作用する。

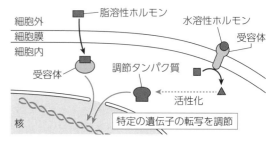

細胞外
細胞膜
細胞内
脂溶性ホルモン
水溶性ホルモン
受容体
受容体
調節タンパク質
活性化
核
特定の遺伝子の転写を調節

空欄の解答 　1 クロマチン　2 ヒストン　3 基本転写因子

用語 CHECK

① DNA のヌクレオチド鎖には方向性がある。ヌクレオチド鎖のリン酸側の末端を何というか。

② 2本鎖それぞれを鋳型としてDNAを複製する方法を何というか。

③ ヌクレオチドどうしを結合させ，DNA を伸長させる酵素は何か。

④ DNA を複製するとき，二重らせん構造をほどく酵素を何というか。

⑤ DNA を複製するとき，もとの DNA がほどけていく方向と同じ向きに連続的に伸長する新生鎖を何というか。

⑥ DNA を複製するとき，もとの DNA がほどけていく方向と逆向きに，不連続に合成されるヌクレオチド鎖の断片を何というか。

⑦ ⑥をつなぎ合わせる酵素を何というか。

⑧ 特定のアミノ酸を指定するmRNAの塩基3個の配列を何というか。

⑨ アミノ酸と結合し，アミノ酸を運搬する RNA を何というか。

⑩ ⑨がもつ⑧に相補的な塩基3個の配列を何というか。

⑪ タンパク質とともにリボソームを構成する RNA を何というか。

⑫ 転写開始時に RNA ポリメラーゼが結合する DNA の特定の領域を何というか。

⑬ 転写直後の RNA から一部分を取り除き，残りの部分をつなぎ合わせて mRNA をつくる過程を何というか。

⑭ ⑬で取り除かれる部分に対応する DNA の領域を何というか。

⑮ ⑬で取り除かれない部分に対応する DNA の領域を何というか。

⑯ ジャコブとモノーによって提唱された，原核生物の転写調節のしくみにおける転写単位を何というか。

⑰ ラクトースオペロンにおいて，調節タンパク質が結合する，DNA の転写調節領域を何というか。

⑱ 真核生物において，核内で DNA とヒストンが形成している構造を何というか。

⑲ 真核生物の RNA ポリメラーゼがプロモーターに結合する際には，何とよばれるタンパク質とともに転写複合体を形成するか。

解答 ① 5′末端　② 半保存的複製　③ DNA ポリメラーゼ（DNA 合成酵素）　④ DNA ヘリカーゼ　⑤ リーディング鎖　⑥ 岡崎フラグメント　⑦ DNA リガーゼ　⑧ コドン　⑨ tRNA（転移 RNA）　⑩ アンチコドン　⑪ rRNA(リボソーム RNA)　⑫ プロモーター　⑬ スプライシング　⑭ イントロン　⑮ エキソン　⑯ オペロン　⑰ オペレーター　⑱ クロマチン　⑲ 基本転写因子

例題 9 DNAとその遺伝情報量

解説動画

　ある細菌がもつ1個の2本鎖DNAの総ヌクレオチドの分子量は約 9.9×10^9 である。これに関する以下の計算をせよ。ただし，1対のヌクレオチドの平均分子量は660とする。いずれも有効数字2桁まで求めよ。

(1) この細菌のDNAのもつヌクレオチド対の数は何対か。

(2) このDNAの塩基配列すべてが，タンパク質のアミノ酸配列に関する情報をもつとき，ペプチド合成の際に対応するアミノ酸の数を求めよ。

指針 (1) このDNAのもつヌクレオチド対の数は，2本鎖の総ヌクレオチドの分子量を1対のヌクレオチドの平均分子量で割ればよいから，$\dfrac{9.9 \times 10^9}{660} = 1.5 \times 10^7$（対）

　　　(2) DNAの2本鎖のうちどちらか一方の鎖だけが遺伝子としてはたらくので，ヌクレオチド対の数がそのままアミノ酸配列に関する情報をもつヌクレオチド数である。DNAは，塩基3つの配列で1つのアミノ酸に対応するので，

$$1.5 \times 10^7 \times \dfrac{1}{3} = 5.0 \times 10^6 \text{（個）}$$

解答 (1) **1.5×10^7 対**　　(2) **5.0×10^6 個**

例題 10 遺伝子発現の調節

解説動画

　野生型の大腸菌をグルコースのみを含む培地で培養すると，ラクトースの分解にはたらくβガラクトシダーゼのmRNAの合成は抑制される。それに対して，ラクトースのみを含む培地で培養すると，βガラクトシダーゼのmRNAが合成される。表は，次のような特徴をもつ突然変異体A，Bについて，βガラクトシダーゼのmRNAの合成の有無をまとめたものである。(ア)～(エ)に＋または－を答えよ。

	グルコースのみの培地	ラクトースのみの培地
野生型	－	＋
突然変異体A	(ア)	(イ)
突然変異体B	(ウ)	(エ)

＋：合成が見られる
－：合成が見られない

突然変異体A：リプレッサーが常にオペレーターと結合する。
突然変異体B：リプレッサーが常にオペレーターと結合できない。

指針 　野生型の大腸菌をラクトースを含まない培地で培養した場合，リプレッサーがオペレーターに結合することで，βガラクトシダーゼのmRNAの合成が抑制される。それに対して，ラクトースのみを含む培地で培養した場合には，ラクトース代謝産物がリプレッサーに結合することで，リプレッサーがオペレーターに結合できなくなり，βガラクトシダーゼのmRNAが合成されるようになる。

　　　突然変異体Aでは，ラクトースの有無にかかわらず，リプレッサーが常にオペレーターと結合するため，培地に関係なくβガラクトシダーゼのmRNAが合成されない。

　　　突然変異体Bでは，ラクトースの有無にかかわらず，リプレッサーが常にオペレーターと結合できないため，培地に関係なくβガラクトシダーゼのmRNAが合成される。

解答 (ア) －　(イ) －　(ウ) ＋　(エ) ＋

基本問題

110. DNA の構造①●　次の文章中の空欄に当てはまる語句を答えよ。ただし，(エ)～(キ)には直前のアルファベットが示す塩基の名称を記せ。

　DNA は 2 本の鎖からなり，それぞれの鎖は（　ア　）という単位のくり返しからなる。2 本の鎖は互いに向かいあって（　イ　）構造をとる。DNA の（　ア　）は（　ウ　）・糖・塩基からなり，塩基には A（　エ　），G（　オ　），C（　カ　），T（　キ　）の 4 種類がある。これらの塩基配列によって遺伝情報が決まる。

　DNA の（　ア　）鎖には方向性があり，（　ウ　）側の末端を（　ク　）末端，糖側の末端を（　ケ　）末端という。

(ア)[　　　　　] (イ)[　　　　　] (ウ)[　　　　　] (エ)[　　　　　]
(オ)[　　　　　] (カ)[　　　　　] (キ)[　　　　　] (ク)[　　　　　]
(ケ)[　　　　　]

111. DNA の構造②●　図は DNA の構成単位を示している。

(1) (ア)，(イ)，(ウ)はそれぞれ何という物質か。

　(ア)[　　　　　] (イ)[　　　　　] (ウ)[　　　　　]

(2) (エ)((ア)＋(イ)＋(ウ)の 1 組)を何というか。　　[　　　　　]

(3) (オ)で示された結合を何というか。最も適当なものを，次の中から 1 つ選べ。　　[　　　　　]

　(a) 共有結合　　(b) ペプチド結合　　(c) 水素結合

(4) 図の①～④に当てはまる(ウ)の種類を，それぞれ A・T・G・C の記号で示せ。　　①[　　] ②[　　] ③[　　] ④[　　]

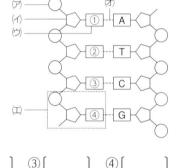

112. DNA の構造③●　図は DNA の構造を模式的に示したものである。

(1) 図のような DNA の構造を何というか。　　[　　　　　]

(2) 図の①～③は DNA の方向を示している。それぞれ 3′ 末端，5′ 末端のどちらか。　　①[　　　　] ②[　　　　] ③[　　　　]

(3) DNA の一方の鎖の全塩基のうち A が 18％，G が 24％，C が 28％であった。
① これと対をなす鎖の全塩基のうち A は何％か。また，② DNA 全体で見ると，全塩基のうち A は何％か。　　①[　　　　] ②[　　　　]

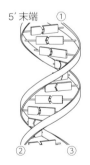

5′ 末端 ①

113. DNA の複製①●　次の文章中の空欄に当てはまる語句を下の語群から選べ。

　DNA の複製時には，まず塩基対間の（　①　）が切れて DNA の二重らせん構造の一部がほどかれる。次に，そのヌクレオチド鎖が鋳型となり，（　②　）的な塩基をもつ新たなヌクレオチドが結合する。（　③　）のはたらきによって，新たに結合するヌクレオチドのリン酸と，隣りあったヌクレオチドの（　④　）とが結合する。この過程がくり返されて，もとと全く同じ塩基配列をもった DNA が 2 分子できる。このような複製のしかたを（　⑤　）という。

[語群]　(ア) 半保存的複製　　(イ) 糖　　(ウ) 水素結合　　(エ) DNA ポリメラーゼ　　(オ) 相補

①[　　] ②[　　] ③[　　] ④[　　] ⑤[　　]

第4章 遺伝情報の発現と発生①

114. **DNAの複製②●** 重い窒素(^{15}N)を窒素源とする培地で大腸菌を何代にもわたって培養すると，大腸菌のDNAに含まれる窒素はほとんど ^{15}N となる。この菌を軽い窒素(^{14}N)を窒素源とする培地で増殖させ，分裂するたびに一部の菌からDNAを抽出して塩化セシウム溶液の中で遠心分離すると，図のようにDNAの密度によって，DNAの浮かぶ位置が異なる。

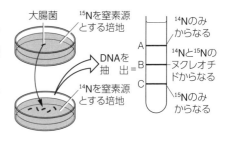

(1) 1回目の分裂で生じた大腸菌のDNAは，A～Cのどの位置に浮かぶか。 [   ]

(2) 2回目，3回目の分裂で生じた大腸菌のDNAは，A～Cのどの位置にどれだけの割合で現れるか。簡単な整数比で示せ。

2回目 [   ]
3回目 [   ]

115. **DNA複製のしくみ●** DNA複製のしくみに関する次の文章を読み，以下の問いに答えよ。

　DNAが複製される際には，DNAの塩基どうしの結合が切れ，（　①　）という酵素のはたらきで二重らせん構造の一部がほどかれる。鋳型鎖の複製開始部に，相補的な短い（　②　）からなるプライマーが合成され，このプライマーに（　③　）という酵素のはたらきでヌクレオチドが次々と結合し，新しい鎖が伸長していく。一方の鎖は(A)DNAがほどけていく方向と同じ向きに連続的に新生鎖が伸長する。もう一方の鎖では，(B)DNAがほどけていく方向と逆向きに不連続に新生鎖が伸長する。不連続な伸長では，（　④　）とよばれる短い新生鎖のDNA断片ができる。（　④　）は（　⑤　）という酵素によってつながれる。

(1) 文章中の空欄に当てはまる語句を次の(ア)～(カ)の中からそれぞれ選べ。

(ア) RNA　　(イ) DNA　　(ウ) DNAポリメラーゼ　　(エ) DNAヘリカーゼ
(オ) DNAリガーゼ　　(カ) 岡崎フラグメント

①[   ] ②[   ] ③[   ] ④[   ] ⑤[   ]

(2) 下に示すようにDNAの複製が図Aから図Bへと進行するとき，図Bにおける新生鎖を，図Aを参考に図中の [   ] に矢印で記入せよ。なお，矢印の向きはDNA鎖が伸長する方向を，矢印1本の長さはDNA鎖1本の長さを表すものとする。

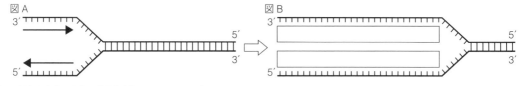

(3) 下線部(A)と(B)の新生鎖をそれぞれ何というか。

(A)[   ] (B)[   ]

116. **mRNAの合成●** 次の文章を読み，以下の問いに答えよ。

　タンパク質はアミノ酸で構成されており，そのアミノ酸配列は，DNAの塩基配列によって決められている。DNAの塩基配列の情報は，最初にRNAに写し取られる。この過程を（　①　）という。この過程では，片方のDNA鎖を鋳型に，（　②　）とよばれる酵素のはたらきで相補的な塩基をもつヌクレオチドがつながってRNAが合成される。（　②　）は，（　③　）とよばれる特定の塩基配列をもつDNAの領域に結合した後，DNA上を移動しながら一方向にヌクレオチドをつないでいく。真核生物では，合成されたRNAから一部の領域が取り除かれ，残った部分がつ

なぎ合わされて mRNA が完成する。この過程を（　④　）という。DNA の塩基配列のうち，（　④　）で切り取られる部分に対応する領域を（　⑤　），mRNA になる部分に対応する領域を（　⑥　）という。mRNA は核から細胞質へ移動し，mRNA の塩基配列にもとづいてタンパク質が合成される。この過程を（　⑦　）という。

(1) 文章中の空欄に当てはまる語句を次の中から選べ。

　　(ア) スプライシング　　(イ) RNA ポリメラーゼ　　(ウ) エキソン　　　　　(エ) イントロン
　　(オ) 翻訳　　　　　　　(カ) 転写　　　　　　　　(キ) プロモーター

　　①[　　　] ②[　　　] ③[　　　] ④[　　　] ⑤[　　　] ⑥[　　　] ⑦[　　　]

(2) 文章中の下線部について，RNA 合成の過程では，ヌクレオチドは 3′ 末端と 5′ 末端のどちら側につながれていくか。　　　　　　　　　　　　　　　　　[　　　　　]

117. 真核細胞の mRNA 合成①● 次の文章を読み，以下の問いに答えよ。

　真核細胞では，転写されたばかりの RNA から一部分が取り除かれ，残った部分がつながるという現象がある。これを（　①　）といい，取り除かれる部分に対応する DNA の領域を（　②　），残った部分を（　③　）という。図1は，これらの過程を模式的に示したものである。

　また，DNA と RNA は，適当な条件下で相補的な塩基配列の部分で水素結合により安定な構造をつくる。図2は，ある遺伝子の mRNA とその遺伝子を含む DNA の一方の鎖とが安定な構造をつくっている状態を模式的に示したものである。

図1

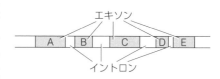

図2

(1) 文章中の空欄に当てはまる語句を答えよ。

　　①[　　　　　　] ②[　　　　　　]
　　③[　　　　　　]

(2) ③が転写された領域を示すものは図1の(ア)，(イ)のどちらか。　　　　　　[　　　　]

(3) 文章中の下線部について，DNA の塩基それぞれに結合する RNA の塩基を表に記せ。

DNA	A	G	T	C
RNA	[　　]	[　　]	[　　]	[　　]

(4) mRNA は，図2の A, B のどちらか。　　[　　　　]

(5) 図2の場合，この遺伝子に②と③はそれぞれいくつあるか。　　②[　　　　] ③[　　　　]

118. 真核細胞の mRNA 合成②● 真核生物では，転写された RNA からスプライシングによって除かれる部分の違いによって，異なる mRNA ができることがある。これにより，1つの遺伝子から2種類以上のタンパク質が合成されることがある。

エキソン

| A | B | C | D | E |

イントロン

(1) スプライシングは真核生物の細胞内のどこで起こるか。　　　　　　[　　　　　]

(2) 文章中の下線部のはたらきを何というか。　　　　　　[　　　　　]

(3) 図のように A ～ E の5つのエキソンをもつ真核細胞の遺伝子から，(2)のはたらきによって合成される mRNA の種類は最大で何種類か。ただし，A と E のエキソンは必ず選択され，エキソン1個からなる mRNA はつくられないものとする。　　　　　　[　　　　　]

119. タンパク質の合成①● 次の文章中の空欄に当てはまる語句を下の語群から選べ。

真核生物では，核から細胞質に出てきた mRNA に細胞内構造物である（ ① ）が付着する。（ ① ）はタンパク質と（ ② ）からなる。（ ① ）上で，mRNA の塩基配列がアミノ酸配列に読みかえられる。この過程を（ ③ ）という。mRNA の連続した3つの塩基配列である（ ④ ）は1つのアミノ酸を指定しており，そのアミノ酸をもつ（ ⑤ ）が mRNA と結合する。（ ⑤ ）は（ ④ ）に相補的な3つの塩基配列をもっており，この塩基配列を（ ⑥ ）という。

（ ① ）が mRNA 上を移動して，最初の AUG という塩基配列までくると，それに対応する（ ⑤ ）がメチオニンを運んでくる。AUG はメチオニンを指定するとともに，（ ③ ）の開始点を指定するので（ ⑦ ）とよばれる。（ ① ）は mRNA 上をさらに移動し，そのたびにアミノ酸が運ばれてくる。アミノ酸どうしは（ ⑧ ）によってつながる。（ ① ）が mRNA 上の UAA, UAG, UGA という塩基配列のどれかまで移動すると，それに対応する（ ⑤ ）がないため，（ ③ ）が終了する。これらの塩基配列を（ ③ ）の終了を示す（ ⑨ ）という。

〔語群〕 (ア) 開始コドン　　(イ) 終止コドン　　　(ウ) 翻訳　　(エ) ペプチド結合
　　　　 (オ) リボソーム　　(カ) アンチコドン　　(キ) コドン　　(ク) tRNA　　(ケ) rRNA

①[　　] ②[　　] ③[　　] ④[　　] ⑤[　　]

⑥[　　] ⑦[　　] ⑧[　　] ⑨[　　]

120. タンパク質の合成②● 図1はリボソームにおける翻訳のようすを模式的に示したものである。次の文章を読み，以下の問いに答えよ。

翻訳が行われる際，リボソームは mRNA 上を（ア A・B）の方向へ移動する。mRNA のコドンに対応するアンチコドンをもつ tRNA が新たにリボソームの（イ C・D）の部分に入り，mRNA に結合する。新しく運搬されてきたアミノ酸は，すでに結合しているアミノ酸（ウ α・β）に結合する。

(1) 文章中の空欄(ア)～(ウ)のうち，正しいものをそれぞれ選べ。

(ア)[　　] (イ)[　　] (ウ)[　　]

(2) ポリペプチド内のアミノ酸どうしの結合を何というか。 [　　]

(3) 図2の mRNA において，図中の(エ)～(キ)のコドンから翻訳されるアミノ酸を，表を参考に答えよ。

(エ)[　　] (オ)[　　]

(カ)[　　] (キ)[　　]

図1

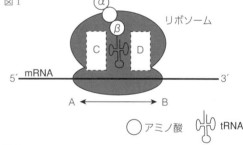

図2

mRNA　5′－AUG GCA AAU GGA UU…－3′
　　　　　　(エ)　(オ)　(カ)　(キ)

表　コドンとアミノ酸の対応

AAU, AAC	アスパラギン
AAA, AAG	リシン
AUG	メチオニン
GGU, GGC, GGA, GGG	グリシン
GCU, GCC, GCA, GCG	アラニン
GAU, GAC	アスパラギン酸
GAA, GAG	グルタミン酸

121. 真核生物の転写・翻訳● 次の(a)～(e)は真核細胞のタンパク質合成に関する文章である。(b)を最後として(a)～(e)をタンパク質が合成される反応の段階順に並べかえ，あとの問いに答えよ。

(a) 2本鎖 DNA の一方の鎖の遺伝情報を写し取って RNA がつくられる。

(b) 隣接したアミノ酸どうしが互いにペプチド結合し，tRNA が離れる。

(c) アミノ酸と結合している tRNA が，mRNA のコドンに対応して結合する。

(d) mRNA が細胞質に出て，リボソームと結合する。

(e) RNA から，イントロンを写し取った部分が取り除かれ，エキソンを写し取った部分がつなぎ合わされて mRNA ができる。 [　　　→　　　→　　　→　　　→ b]

(1) (a)の過程ではたらく酵素名を答えよ。 [　　　　　　　　　　　]

(2) (e)のことを何というか。 [　　　　　　　　　　　]

122. 原核生物のタンパク質合成●

図は大腸菌の中で行われる転写と翻訳の過程を模式的に示したものである。

(1) (A)~(D)の名称は何か。次の①~⑦から選べ。

① mRNA　　　② tRNA
③ ゲノム　　　④ ポリペプチド
⑤ RNA ポリメラーゼ　　⑥ リボソーム
⑦ DNA ポリメラーゼ

(A)[　　] (B)[　　] (C)[　　] (D)[　　]

(2) 転写はア，イのどちらの方向に進んでいるか。 [　　　]

(3) 真核生物においては，図のような転写と翻訳の同時進行は見られない。その理由の説明として正しくなるように，以下の文章の空欄に当てはまる語句を答えよ。

原核生物では転写と翻訳が同じ場所で同時に行われるのに対して，真核生物では転写が（　①　）で行われ，転写が完了してから，（　②　）に場所を移して翻訳が行われるため。

①[　　　　　　　　] ②[　　　　　　　　]

123. 原核生物の発現調節①●

図は，大腸菌がもつラクトース分解にかかわる酵素の遺伝子と，培地にラクトースがあるときの遺伝子の転写調節のようすを模式的に示したものである。

ラクトースの分解に関係する複数の酵素の遺伝子は隣りあって存在している。これらの遺伝子はまとまって転写調節を受け，1 本の mRNA として転写される。このような転写単位を（　①　）という。ラクトース分解酵素遺伝子群の上流には，その転写を制御するタンパク質である（　②　）が結合する，（　③　）とよばれる領域がある。また，（　③　）の近くには，RNA を合成する酵素である（　④　）が DNA に最初に結合する（　⑤　）とよばれる領域がある。

培地中にラクトースがないときには，（　③　）に（　②　）が結合して，（　④　）が DNA に結合できなくなるため，ラクトース分解酵素遺伝子群の転写は抑制される。しかし，グルコースがなくラクトースがあるときには，図のように，（　②　）はラクトースから生じた物質と結合して（　③　）からはずれ，転写の抑制が解除されて，ラクトース分解酵素遺伝子群の転写が始まる。

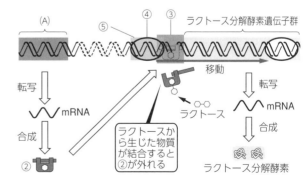

(1) 文章中の空欄に当てはまる語句を次の語群から選べ。

[語群] プロモーター　オペレーター　リプレッサー　RNA ポリメラーゼ　オペロン

①[　　　　　　　] ②[　　　　　　　] ③[　　　　　　　]

④[　　　　　　　] ⑤[　　　　　　　]

(2) 図中の(A)は，②をつくる遺伝子を示している。この遺伝子を何というか。 [   ]

(3) (2)に対して，ラクトース分解酵素遺伝子群のような酵素などのタンパク質の遺伝子を何という
か。 [   ]

(4) 遺伝子発現の調節に関するこのようなモデルは何とよばれるか。また，このモデルの提唱者
は誰と誰か。   モデル[   ] 提唱者[，   ]

124. 原核生物の発現調節② ● 　大腸菌のラクトース分解酵素の遺伝子の転写は，次の①，②の
ようなしくみによって調節されている。以下の問いに答えよ。

① リプレッサーがオペレーターに結合すると転写が抑制される。

② 細胞内に生成されたラクトース代謝産物と結合したリプレッサーは，オペレーターに結合で
きなくなるため，転写が始まる。

(1) リプレッサーのように，転写調節領域に結合したり外れたりすることで遺伝子の発現を調節
するタンパク質を何というか。 [   ]

(2) 次の(ア)～(ウ)の大腸菌のうち，ラクトースがない場合でも，ラクトース分解酵素の遺伝子が転
写される大腸菌をすべて選べ。

(ア) リプレッサーが結合できなくなるような突然変異が，オペレーターに起こった大腸菌

(イ) リプレッサーに，ラクトース代謝産物とだけ結合できなくなる突然変異が起こった大腸菌

(ウ) リプレッサーに，オペレーターとだけ結合できなくなる突然変異が起こった大腸菌

[   ] ▷p.92 例題10

125. 原核生物の発現調節③ ● 　グルコースを含む培地で生育する野生型の大腸菌をラクトース
を含む培地に移すと，はじめは生育を停止しているが，やがてラクトース分解酵素の合成が誘導
されて生育し始める。下記の大腸菌の突然変異体(A)，(B)に，グルコースを含まない培地でラクトー
スを与えて，それぞれの大腸菌のラ
クトース分解酵素の単位時間当たり
の合成量の変化を調べた。グラフの
横軸は時間を表す(t はラクトース
を与えた時間)。大腸菌(A)，(B)が示
すラクトース分解酵素の合成量のグ
ラフとして適するものを，(ア)～(ウ)か
らそれぞれ1つずつ選べ。

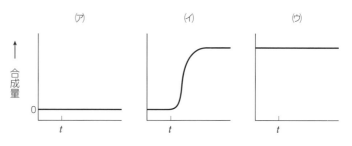

(A) リプレッサーを合成できない突然変異体

(B) オペレーターが機能しない突然変異体   (A)[   ] (B)[   ] ▷p.92 例題10

126. 真核生物の転写調節 ● 　図は遺伝子の転写調節を説明する模式図であり，文章中の空欄の
番号と図中の番号は対応している。次の文章の空
欄に当てはまる語句を後の語群から選べ。

　真核細胞内のDNAはタンパク質とともに(①)
を構成している。(①)が折りたたまれた状態
だと転写を行う(②)が結合できず転写されな
いが，(①)がほどけると転写されるようになる。

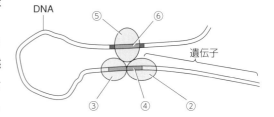

　細胞の核内には，（　②　）と複合体をつくって転写を助ける（　③　）が存在する。（　③　）は転写される遺伝子のすぐ近くの（　④　）という DNA 領域に結合して，（　②　）と転写複合体をつくる。転写を調節する（　⑤　）は，DNA の（　⑥　）に結合し，転写複合体に作用し転写を調節する。この（　⑤　）の遺伝子である（　⑦　）の発現も別の（　⑤　）によって制御されている。同じ機能にかかわる遺伝子は，離れた位置にあっても同じ塩基配列の（　⑥　）をもつことで同じ（　⑤　）によって調節されて，協調的に発現する。

〔語群〕　転写調節領域　　　クロマチン　　　　RNA ポリメラーゼ　　　調節遺伝子
　　　　　基本転写因子　　　調節タンパク質　　　プロモーター

①[　　　　　　　　　] ②[　　　　　　　　　　　] ③[　　　　　　　　　　]
④[　　　　　　　　　] ⑤[　　　　　　　　　　　] ⑥[　　　　　　　　　　]
⑦[　　　　　　　　　]

127. 原核生物と真核生物の発現調節● 次の文章を読み，以下の問いに答えよ。

　原核生物は核をもたず，DNA は細胞内の細胞質に存在する。それに対して，真核生物の DNA は核内に存在する。原核生物と真核生物の転写から翻訳までのプロセスには，共通している部分と異なる部分が見られる。

(1) 転写が開始される際に RNA ポリメラーゼが結合する，DNA の特定の領域を何というか。

[　　　　　　　　　　]

(2) 次の(ア)~(エ)のうち，原核生物でのみ見られる現象には A，真核生物でのみ見られる現象には B，原核生物と真核生物の両方で見られる現象には C を，それぞれ答えよ。

(ア) ヌクレオソームのつながりは通常折りたたまれているが，頻繁に転写される場所はゆるんだ状態になっている。

(イ) リボソームは mRNA を 5′ から 3′ 方向に翻訳していく。

(ウ) 転写されつつある mRNA の先端部にリボソームが次々と付着し，それらが mRNA 上を移動してタンパク質が合成される。

(エ) 基本転写因子とよばれる複数のタンパク質が転写複合体を形成し，転写にかかわる。

(ア)[　　　　] (イ)[　　　　] (ウ)[　　　　] (エ)[　　　　]

128. ホルモンによる発現調節● 次の文章中の空欄に当てはまる語句を下の語群から選べ。

　ホルモンは標的細胞の受容体で受け取られ，特定の遺伝子の発現を調節する。ホルモンには，脂質に溶けやすい（　①　）ホルモンと，水に溶けやすい（　②　）ホルモンがあり，作用するしくみはそれぞれ異なっている。

　生殖腺ホルモンや糖質コルチコイドなどのステロイドホルモンや甲状腺ホルモンなどの（　①　）ホルモンは，（　③　）の受容体と結合し，これが（　④　）の（　⑤　）に結合して特定の遺伝子の転写を調節する。一方，インスリンやアドレナリンなどの（　②　）ホルモンは（　⑥　）の受容体と結合する。これによって細胞膜の内側で cAMP などの低分子物質がつくられると，この物質が（　⑦　）を活性化して，特定の遺伝子の転写を調節する。

〔語群〕　(ア) 疎水性　　(イ) 水溶性　　(ウ) 脂溶性　　(エ) 細胞膜表面　　(オ) 細胞内
　　　　　(カ) 核内　　(キ) DNA　　(ク) RNA　　(ケ) リボソーム　　(コ) 調節タンパク質

①[　　　] ②[　　　] ③[　　　] ④[　　　]
⑤[　　　] ⑥[　　　] ⑦[　　　]

4 発生と遺伝子発現

A 動物の配偶子形成と受精

(1) **動物の配偶子形成**

　① **精子形成**　精巣に移動した**始原生殖細胞**は[¹　　　　　　]となり，体細胞分裂をくり返し
して増殖する。やがて一部は[²　　　　　　]になり，減数分裂をして4個の**精細
胞**になる。精細胞は形を変えて[³　　　　]になる。

　② **卵形成**　卵巣に移動した**始原生殖細胞**は[⁴　　　　　　]となり，体細胞分裂をくり返し
て増殖する。やがて一部は[⁵　　　　　　]となって減数分裂をするが，その際，
著しい不等分裂が起こり，1個が多量の卵黄を含む[⁶　　　]になり，残りは**極体**になる。

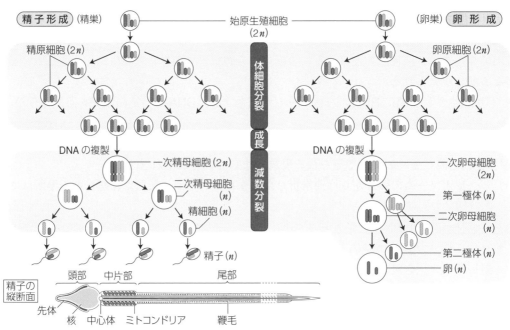

(2) **受精**　卵と精子が融合し，受精卵をつくりだす過程を
[⁷　　　　　]という。ウニの場合，精子が卵に進入すると，
卵の細胞質の外側にある卵黄膜が[⁸　　　　　]に変化する
ことで，1つの卵に複数の精子が進入することを防いでいる。

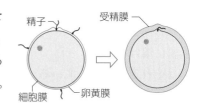

B カエルの発生

(1) **精子の進入と背腹軸の決定**　カエルの卵では，
精子が進入すると，卵の表層が約30°回転し（**表
層回転**），精子進入点の反対側の赤道部に，周囲
と色の濃さの異なる領域（[⁹　　　　　　　]）
が生じる。灰色三日月環が生じた側は将来の背
側になり，精子が進入した側は将来の腹側になる。

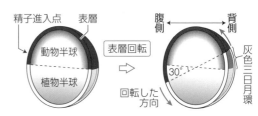

(2) **卵割** 受精卵の発生初期の細胞分裂を[¹⁰   ]といい，卵割によってできた娘細胞を**割球**という。卵割は，卵黄の多い部分ではその進行が妨げられる。

[補足] 卵割は一般的な体細胞分裂と比べて，① 分裂速度が速い，② 娘細胞が成長せず次の分裂を行う，③ 発生初期には各細胞の分裂が同調する，という特徴がある。

(3) **受精卵から尾芽胚まで** 植物極側に卵黄が多く含まれており，第三卵割は動物極側で起こる。卵割が進むと，**桑実胚**を経て[¹¹   ]胚（胞胚腔をもつ）となる。やがて胚の表面に**原口**が形成され，原口の周囲の細胞が胚の内側にもぐりこむ[¹²   ]が起こり，3つの胚葉（**外胚葉・中胚葉・内胚葉**）からなる[¹³   ]胚になる。さらに発生が進むと[¹⁴   ]胚となり，神経胚期に，将来中枢神経を形成する**神経管**がつくられる。その後，尾のもとができて[¹⁵   ]胚となる。

第4章 遺伝情報の発現と発生②

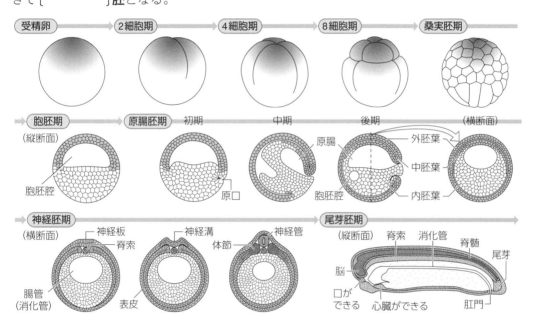

(4) **胚葉の分化** 初期の神経胚において外胚葉・中胚葉・内胚葉の3つの胚葉に分かれた細胞は，発生の進行に伴って，いろいろな器官へと分化する。

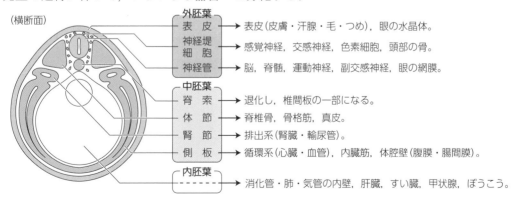

[空欄の解答] 1 精原細胞 2 一次精母細胞 3 精子 4 卵原細胞 5 一次卵母細胞 6 卵 7 受精 8 受精膜 9 灰色三日月環 10 卵割 11 胞 12 陥入 13 原腸 14 神経 15 尾芽

参考 ウニの発生

卵黄が少なく，均等に分布しているため，8細胞期までは割球の大きさが等しい。16細胞期，桑実胚期を経て胞胚期にふ化する。やがて植物極側の細胞層が胚の内側に入りこむ陥入が起こり，3つの胚葉からなる原腸胚になる。原腸胚はやがて幼生になり，変態して成体になる。

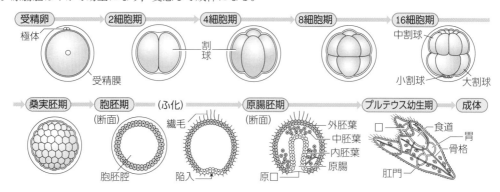

C カエルの発生と遺伝子発現

(1) **外胚葉と内胚葉の分化** 卵の細胞質中に含まれる mRNA やタンパク質を [¹　　　　] という。母性因子がかたよって存在することにより，卵の極性が生じる。

カエルの受精卵では，植物極側に *VegT* という遺伝子の mRNA がかたよって分布している。VegT タンパク質は，内胚葉の分

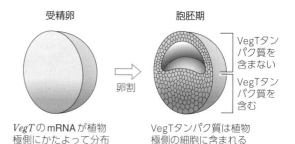

VegT の mRNA が植物極側にかたよって分布

VegT タンパク質は植物極側の細胞に含まれる

化に必要な遺伝子の発現を活性化する調節タンパク質なので，VegT タンパク質を含む植物極側の細胞は内胚葉に分化する。VegT タンパク質を含まない動物極側の細胞は外胚葉に分化する。

(2) **中胚葉の誘導** 発生の過程では，胚のある領域が隣接する別の領域に作用して分化を引き起こす [²　　　　] が見られる。

予定内胚葉が予定外胚葉を中胚葉へと分化させるはたらきを [³　　　　] という。カエルの胞胚では，植物極側の予定内胚葉で合成されたノーダルというタンパク質が中胚葉誘導にはたらいている。

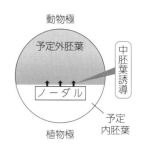

補足 VegT タンパク質はノーダルの遺伝子の発現も活性化する。

参考 中胚葉誘導の発見

ニューコープは次のような実験によって中胚葉誘導を発見した。

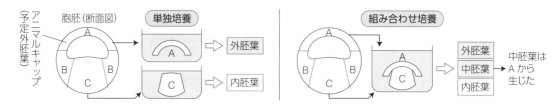

(3) **形成体の誘導**　カエルの受精の際には表層回転が起こると，植物極側にかたよって分布していたディシェベルドというタンパク質が背側に移動する。ディシェベルドは，胚全体に分布しているβカテニンの分解を阻害し，背側にβカテニンが蓄積する。その結果，背側の内胚葉がより高濃度のノーダルを分泌し，背側の中胚葉である[4　　　　]（**オーガナイザー**）を誘導する。

　形成体は，自分自身は脊索などの背側の中胚葉組織へと分化するとともに，予定外胚葉から神経を誘導し（**神経誘導**），前後軸と背腹軸をもつ胚軸構造をつくるはたらきをもつ。

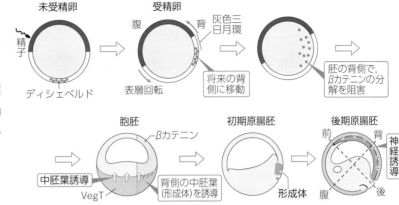

(4) **神経誘導のしくみ**　カエルの胞胚の予定外胚葉域は表皮と神経に分化する。表皮への誘導は，胞胚期に胚の全域に発現するBMP（タンパク質の1つ）のはたらきによって行われる。BMPがなければ外胚葉の細胞は神経に分化する。神経への誘導は，形成体から分泌されるBMPの阻害タンパク質（ノギンやコーディン）がBMPのはたらきを阻害することによって行われる（右上図）。

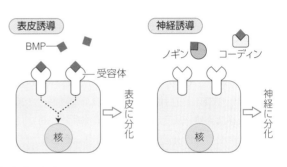

　予定中胚葉域においても，BMPの阻害タンパク質の濃度勾配に従って，脊索・体節・腎節・側板が分化する（右図）。このように，形成体はBMPの阻害タンパク質を分泌することによって，背腹軸に沿って異なる組織を誘導し，背腹軸形成に重要な役割を果たす。

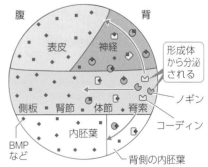

参考　原基分布図

　フォークト（ドイツ）は，イモリの胚の表面を無害な色素で染め分ける**局所生体染色**を行い，色素の移動を追跡することで，胚の各部が将来どの組織・器官になるかという**予定運命**を明らかにした。右図は，イモリの胞胚について各胚域の予定運命を示したものであり，このような図を**原基分布図**（**予定運命図**）という。

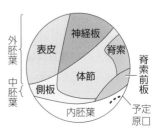

空欄の解答　1　母性因子　2　誘導　3　中胚葉誘導　4　形成体

(5) **誘導の連鎖** 誘導された部分が次々に他の組織を誘導するといった，連続した誘導(**誘導の連鎖**)が起こることによって，眼などの複雑な構造が形成される。神経管は，眼胞・眼杯へと変化し，眼杯は接している表皮から水晶体を誘導する。さらに，水晶体は接している表皮から角膜を誘導する。

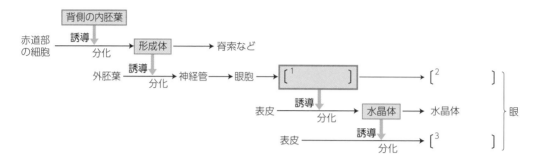

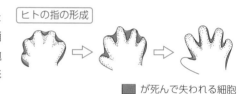

参考 プログラムされた細胞死

　動物の発生過程では，特定の段階で起こることが予定された細胞死(**プログラムされた細胞死**)によって，指の形成や尾の消失などが起こる(右図)。プログラムされた細胞死のうち，細胞が正常な形態を維持しながら DNA が断片化し，周囲の細胞に影響を与えることなく死んでいく場合を**アポトーシス**という。

ヒトの指の形成

▨ が死んで失われる細胞

参考 シュペーマンによる移植実験と形成体の発見

　シュペーマン(ドイツ)は，色の異なる 2 種類のイモリを用いて，次のような実験を行った。

① **交換移植実験** 予定表皮域と予定神経域の間で交換移植を行い，イモリ胚の予定運命は，初期原腸胚から初期神経胚の間に決定されることを明らかにした。

> **初期原腸胚に実験** 移植片は，移植された部域の予定運命に従って分化した。
> **初期神経胚に実験** 移植片は，切り出した部域の予定運命の通りに分化した。

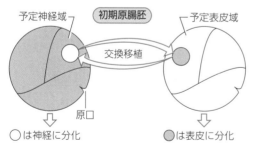

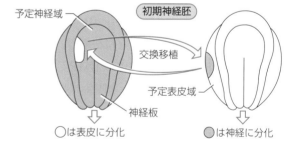

　胚の予定運命が確定し，その運命以外への分化が起こり得なくなることを**決定**という。

② **原口背唇部の移植実験** 初期原腸胚の**原口背唇部**を同じ時期の他の胚の腹側の赤道部に移植した。その結果，移植片は脊索に分化するだけでなく，周囲の細胞にはたらきかけて第二の胚(**二次胚**)を誘導することを発見し，このようなはたらきをもつ胚域を**形成体(オーガナイザー)**と名づけた。

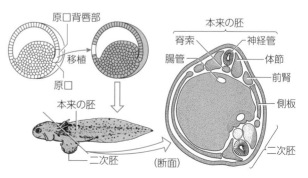

D ショウジョウバエの発生と遺伝子発現

(1) **ショウジョウバエの発生** 13回の核分裂の後，表層の核の周囲に細胞膜が形成される。原腸陥入が起こり，14体節からなる幼虫になる。幼虫は蛹（さなぎ）を経て成虫になる。

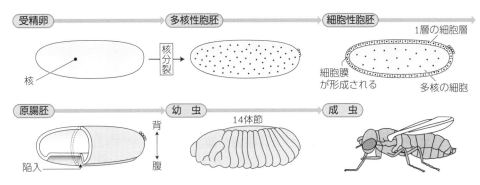

(2) **母性効果遺伝子** 前後軸の形成には，母親の体内でつくられて卵に蓄えられている[⁴   ]遺伝子(ビコイド遺伝子・ナノス遺伝子)の mRNA が重要な役割を果たす。前方にはビコイド遺伝子の mRNA が，後方にはナノス遺伝子の mRNA が局在している。受精後，mRNA が翻訳されると，これらのタンパク質が拡散して濃度勾配が形成され(右上図)，これが**位置情報**となって胚の前後軸が形成される。

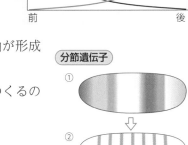

(3) **分節遺伝子** 母性効果遺伝子の情報をもとに14の体節をつくるのに関与しているのが[⁵   ]遺伝子である。

補足 次の3つの分節遺伝子が時間を追って発現する(右図)。

① **ギャップ遺伝子** 約10種類が前後軸に沿って発現し，胚を大まかな領域に分ける。

② **ペア・ルール遺伝子** 7本のしま状に発現する。

③ **セグメント・ポラリティ遺伝子** 体節の特定の位置で14本のしま状に発現し，体節の中の前後を決める。

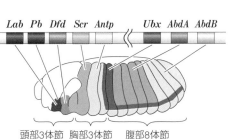

(4) **ホメオティック遺伝子** 分節遺伝子の情報をもとに，体節ごとに異なる組み合わせの[⁶   ]遺伝子が発現し(右図)，各体節の性質を決める。ホメオティック遺伝子に変化が起こると，からだのある部分が別の部分におきかわった個体が出現する。このような突然変異を**ホメオティック突然変異**という。

(5) **ホメオティック遺伝子の配列** ショウジョウバエのホメオティック遺伝子と塩基配列が似た遺伝子は，マウスなどの脊椎動物でも発見されており，[⁷   ]と総称される。

空欄の解答 1 眼杯 2 網膜 3 角膜 4 母性効果 5 分節 6 ホメオティック 7 ホックス(*Hox*)遺伝子群

用語 CHECK ◉一問一答で用語をチェック◉

① 二次精母細胞が減数分裂の第二分裂を終えてできる細胞は何か。

② 減数分裂の第二分裂によって，二次卵母細胞から細胞質の大部分を受け継いだ細胞ができる。この細胞を何というか。

③ 受精卵の発生初期の体細胞分裂を何というか。

④ 予定外胚葉が，予定内胚葉からの誘導によって中胚葉に分化する現象を何というか。

⑤ 両生類の初期原腸胚などで見られる，外胚葉を神経に分化させるはたらきをもつ背側の領域を何というか。

⑥ ショウジョウバエの前後軸形成には，卵形成中に合成され，卵に蓄えられている mRNA が重要な役割を果たす。これらの mRNA のもとになる遺伝子を何というか。

⑦ 分節遺伝子の情報をもとに，体節ごとに異なる組み合わせで発現し，各体節の性質を決める遺伝子を何というか。

① _____
② _____
③ _____
④ _____
⑤ _____
⑥ _____
⑦ _____

解答 ① 精細胞 ② 卵 ③ 卵割 ④ 中胚葉誘導 ⑤ 形成体（オーガナイザー） ⑥ 母性効果遺伝子
⑦ ホメオティック遺伝子

例題 11 カエルの発生と遺伝子発現
解説動画

動物の胚では，タンパク質が遺伝子発現を調節することで，発生が進行する。図はアフリカツメガエルの胞胚期の胚で発生にかかわるタンパク質 Y と Z の分布を模式的に示したものである。タンパク質 Y，Z が遺伝子 $A \sim C$ の発現に次のような影響を与える場合，胚における遺伝子 $A \sim C$ の発現パターンを①～④から選べ。

・遺伝子 A の発現は，タンパク質 Y にのみ依存して誘導され，タンパク質 Z には影響されない。

・遺伝子 B はタンパク質 Y，Z の両方が存在する場所でのみ発現が誘導される。

・遺伝子 C は，タンパク質 Y によって発現が誘導されるが，タンパク質 Z によって発現が抑制される。

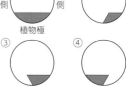

指針 遺伝子 A はタンパク質 Y にのみ依存して誘導されるので，タンパク質 Y が分布する場所で発現が見られると予想される。遺伝子 B は，タンパク質 Y と Z の分布が重なる場所で発現が見られると予想される。遺伝子 C は，タンパク質 Y は分布するがタンパク質 Z は分布しない場所でのみ発現が見られると予想される。

解答 遺伝子 A…1　　遺伝子 B…2　　遺伝子 C…4

基本問題

129. 動物の精子形成● 次の文章中の空欄に当てはまる語句を下の語群から選べ。

動物の精子形成では，（ ① ）内で始原生殖細胞が（ ② ）となり，体細胞分裂をくり返して増殖する。やがて一部は（ ③ ）になって減数分裂を始める。第一分裂で2個の（ ④ ）となり，第二分裂で4個の（ ⑤ ）となる。これが形を変えて，4個の（ ⑥ ）となる。

〔語群〕 精原細胞　精巣　一次精母細胞　二次精母細胞　精子　精細胞

①[　　　　　　　] ②[　　　　　　　] ③[　　　　　　　]

④[　　　　　　　] ⑤[　　　　　　　] ⑥[　　　　　　　]

130. 動物の卵形成● 次の文章中の空欄に当てはまる語句を下の語群から選べ。

動物の卵形成では，（ ① ）内で始原生殖細胞が（ ② ）となり，体細胞分裂をくり返して増殖する。やがて一部は（ ③ ）となって減数分裂を始める。減数分裂の第一分裂で2個の細胞となるが，その際，細胞質の著しい不等分裂が起こり，細胞質の大部分を受け継いだ（ ④ ）と，細胞質をほとんど含まない（ ⑤ ）になる。第二分裂で（ ④ ）は分裂して2個の細胞となるが，ここでも細胞質の不等分裂が起こり，細胞質の大部分を含む（ ⑥ ）と，ほとんど細胞質を含まない（ ⑦ ）となる。（ ⑤ ）と（ ⑦ ）はその後消失する。

〔語群〕 卵原細胞　卵巣　一次卵母細胞　卵　二次卵母細胞
　　　　第一極体　第二極体

①[　　　　　　] ②[　　　　　　] ③[　　　　　　] ④[　　　　　　]

⑤[　　　　　　] ⑥[　　　　　　] ⑦[　　　　　　]

131. 動物の配偶子形成● 図は動物の配偶子形成の模式図である。

(1) (a)～(j)の名称を記せ。

(a)[　　　　　] (b)[　　　　　]

(c)[　　　　　] (d)[　　　　　]

(e)[　　　　　] (f)[　　　　　]

(g)[　　　　　] (h)[　　　　　]

(i)[　　　　　] (j)[　　　　　]

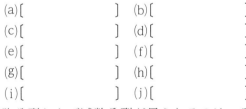

(2) 体細胞分裂および減数分裂が見られるのは，それぞれ①～④のどの過程か。

体細胞分裂[　　　] 減数分裂[　　　]

(3) 100個ずつの(c)および(g)から，それぞれ何個の精子と卵ができるか。

精子[　　　　　] 卵[　　　　　]

132. 精子の構造● 図はウニの精子の模式図である。図中の(a)～(d)はそれぞれ何を示しているか。下の語群から適当なものを選べ。

〔語群〕 ミトコンドリア　核
　　　　先体　　　　　　鞭毛

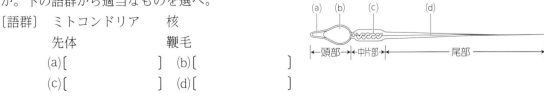

(a)[　　　　　] (b)[　　　　　]

(c)[　　　　　] (d)[　　　　　]

133. カエルの発生① ● 図はカエルの初期発生の模式図で，(カ)～(ク)は断面図である。

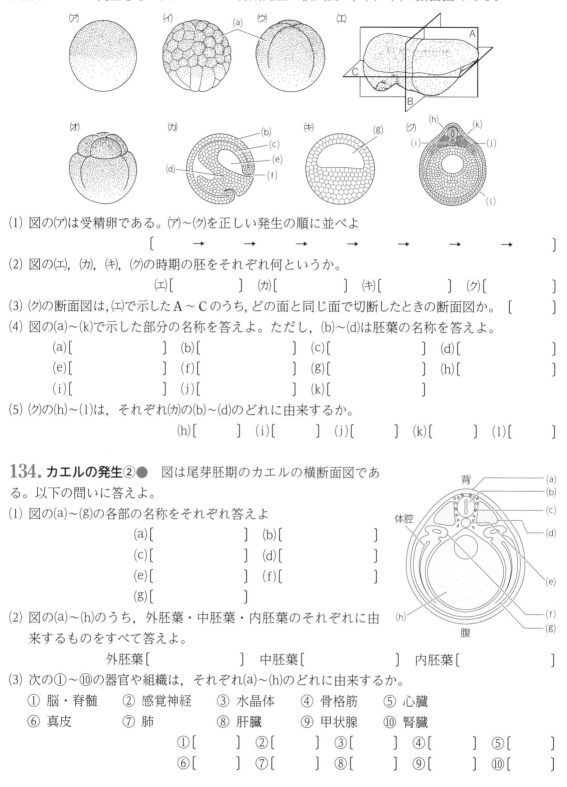

(1) 図の(ア)は受精卵である。(ア)～(ク)を正しい発生の順に並べよ

[　 → 　 → 　 → 　 → 　 → 　 → 　]

(2) 図の(エ)，(カ)，(キ)，(ク)の時期の胚をそれぞれ何というか。

(エ)[　] (カ)[　] (キ)[　] (ク)[　]

(3) (ク)の断面図は，(エ)で示したA～Cのうち，どの面と同じ面で切断したときの断面図か。 [　]

(4) 図の(a)～(k)で示した部分の名称を答えよ。ただし，(b)～(d)は胚葉の名称を答えよ。

(a)[　] (b)[　] (c)[　] (d)[　]

(e)[　] (f)[　] (g)[　] (h)[　]

(i)[　] (j)[　] (k)[　]

(5) (ク)の(h)～(l)は，それぞれ(カ)の(b)～(d)のどれに由来するか。

(h)[　] (i)[　] (j)[　] (k)[　] (l)[　]

134. カエルの発生② ● 図は尾芽胚期のカエルの横断面図である。以下の問いに答えよ。

(1) 図の(a)～(g)の各部の名称をそれぞれ答えよ

(a)[　] (b)[　]

(c)[　] (d)[　]

(e)[　] (f)[　]

(g)[　]

(2) 図の(a)～(h)のうち，外胚葉・中胚葉・内胚葉のそれぞれに由来するものをすべて答えよ。

外胚葉[　] 中胚葉[　] 内胚葉[　]

(3) 次の①～⑩の器官や組織は，それぞれ(a)～(h)のどれに由来するか。

① 脳・脊髄 　 ② 感覚神経 　 ③ 水晶体 　 ④ 骨格筋 　 ⑤ 心臓

⑥ 真皮 　 ⑦ 肺 　 ⑧ 肝臓 　 ⑨ 甲状腺 　 ⑩ 腎臓

①[　] ②[　] ③[　] ④[　] ⑤[　]

⑥[　] ⑦[　] ⑧[　] ⑨[　] ⑩[　]

135. 胚の発生と誘導 ● 次の文章中の空欄に当てはまる語句を後の語群から選べ。

動物の胚では，発生が進むにつれて，細胞と細胞の間での相互作用も行われるようになる。胚

のある領域が，隣接する他の領域に作用して，その領域の分化を引き起こすはたらきを（　①　）という。

カエルの胞胚では，植物極側の予定内胚葉域が隣接する予定（　②　）域の細胞にはたらきかけて，（　③　）に分化させるはたらきが見られる。このような予定内胚葉域のはたらきを（　④　）という。（　④　）を引き起こすタンパク質は（　⑤　）とよばれる。また，同じ胞胚期には，背側の領域で（　⑥　）とよばれる特別なはたらきをもつ中胚葉ができる。（　⑥　）は，原腸胚期に予定外胚葉域を神経に分化させる（　⑦　）を引き起こす。

〔語群〕　誘導　　　　外胚葉　　　　神経誘導　　　　ノーダル　　　　原腸
　　　　　形成体　　　中胚葉　　　　中胚葉誘導　　　ビコイド　　　　背腹軸

①〔　　　　　　　〕②〔　　　　　　　〕③〔　　　　　　　〕④〔　　　　　　　〕
⑤〔　　　　　　　〕⑥〔　　　　　　　〕⑦〔　　　　　　　〕

136. 形成体による誘導●

図はカエルの胚の模式図で，図1は胞胚，図2は初期原腸胚，図3は後期原腸胚を示している。図2の(b)の部分は，後期原腸胚になると図3の(c)の部分になり，接する領域にはたらきかけてその領域を神経に分化させる。あとの問いに答えよ。

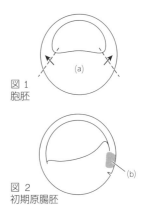
図1
胞胚

(1) 図1の(a)は何とよばれる領域か。次の中から選べ。
　　予定外胚葉域　　　予定中胚葉域　　　予定内胚葉域
　　　　　　　　　　　　　　　　　　　　　〔　　　　　　　〕

(2) 図1の(a)の部分が，矢印で示したように接する部分にはたらきかけ，その部分を分化させることを何というか。次の中から選べ。
　　中胚葉誘導　　　神経誘導　　　表皮誘導　　　〔　　　　　　　〕

図2
初期原腸胚

(3) 図2の(b)の部分はそのはたらきから何とよばれるか。
　　　　　　　　　　　　　　　　　　　〔　　　　　　　〕

(4) 図2の(b)の部分は将来おもに何になるか。次の中から選べ。
　　(ア) 神経管　　(イ) 脊索　　(ウ) 側板　　(エ) 腸管　　〔　　　　〕

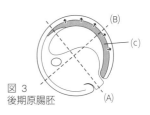
図3
後期原腸胚

(5) 図3の(c)の部分が文章中の下線部のように，接する領域にはたらきかけることを何というか。(2)の選択肢から選べ。〔　　　　　　　〕

(6) 図3の(A)，(B)のうち，からだの前後軸を示しているものはどちらか。　　〔　　　〕

137. 神経誘導のしくみ●

次の文章中の空欄に当てはまる語句を下の語群から選べ。

アフリカツメガエルの胞胚の動物極側の細胞を単独で培養すると（　①　）に分化するが，形成体と接触させて培養すると（　②　）に分化する。

胞胚期の動物極側の細胞においては，細胞間で表皮への分化を誘導する相互作用が起きており，これに関与する分子は，胞胚期に胚の全域で分泌される（　③　）（骨形成因子）である。（　③　）が受容体で受け取られると，細胞応答によって（　①　）に分化する。一方，形成体からは（　④　），（　⑤　）などの（　③　）の阻害タンパク質が分泌される。これらの阻害タンパク質は（　③　）と結合して，（　③　）が受容体と結合するのを妨げる。そのため，外胚葉の細胞が形成体と接すると，（　①　）への分化が阻害され，（　②　）への分化が起こる。

〔語群〕　(ア) ノギン　　(イ) BMP　　(ウ) 表皮　　(エ) 神経　　(オ) コーディン

①〔　　　〕②〔　　　〕③〔　　　〕④〔　　　〕⑤〔　　　〕

138. 背腹軸の決定● 図はアフリカツメガエルの原腸胚期の BMP（骨形成因子）および BMP の阻害タンパク質の分布を示したものである。

(1) BMP を示しているのは図中の①～③のうちどれか。

[　　　]

(2) BMPの阻害タンパク質を示しているのは図中の①～③のうちどれか。当てはまるものをすべて選べ。[　　　]

(3) BMP の阻害タンパク質は，図中の(a)～(f)のうちどこから分泌されているか。1 つ選べ。 [　　　]

(4) 図の(a),(b)のうち，BMP がはたらいているのはどちらか。また，その部分は何に分化するか。 [　 , 　　]

(5) 図の(a)，(b)のうち，BMP のはたらきが阻害されているのはどちらか。また，その部分は何に分化するか。 [　 , 　　]

(6) 図の(c)～(f)の各部から将来できる組織や器官を次の語群からそれぞれ選べ。

〔語群〕 腎節　　脊索　　体節　　側板

(c)[　　　] (d)[　　　] (e)[　　　] (f)[　　　]

(7) 将来胚の背側となるのは図の(A)，(B)のどちらの側か。 [　　　]

139. 原基分布図● 次の文章を読んで，以下の問いに答えよ。

ドイツのフォークトは，イモリの胚のいろいろな部分を色素を使って染め分け，図のような原基分布図をつくった。

(1) 図の(A)～(F)の予定運命は何か。それぞれ次の中から選べ。

(ア) 脊索　　(イ) 体節　　(ウ) 側板　　(エ) 神経板

(オ) 表皮　　(カ) 内胚葉

(A)[　　] (B)[　　] (C)[　　]

(D)[　　] (E)[　　] (F)[　　]

(2) 図の(A)～(F)から形成されるものを，それぞれ次の中から選べ。

(ア) 心臓　　(イ) 水晶体　　(ウ) 骨格筋　　(エ) すい臓　　(オ) 脳　　(カ) やがて退化

(A)[　　] (B)[　　] (C)[　　] (D)[　　] (E)[　　] (F)[　　]

(3) 文章中の下線部の色素の性質として適切なものを次から 2 つ選び，記号で答えよ。

(ア) 細胞を固定する　　　　(イ) 細胞に害がない　　　　(ウ) 細胞を分化させる

(エ) 細胞分裂を促進させる　　(オ) 細胞膜を通過しにくい　　　　　　　　[　　　]

140. 眼の形成のしくみ● 図はイモリの胚における眼の分化・形成過程をまとめたものである。図中に用いられた破線の矢印は胚の決まった部分が特定の時期に及ぼす作用を，実線の矢印はこの作用による組織や器官の分化・形成を表す。

(1) 図中の①～⑥に適する用語を答えよ。

①[　　　] ②[　　　]

③[　　　] ④[　　　]

⑤[　　　] ⑥[　　　]

(2) 図中の破線で示された作用を何とよぶか。 ［　　　　　　　　　］

(3) 図の(a)の部分は，①から②を分化させるはたらきをもつ。このようなはたらきをもつ胚の領域を何というか。 ［　　　　　　　　　］

(4) 図の(a)の部分も，ある部域の作用によって形成される。その部域はどこか。次の中から選べ。
　　㋐ 動物極側の細胞　　㋑ 赤道付近の細胞　　㋒ 植物極側の細胞 ［　　　　　　］

141. ショウジョウバエの初期発生● 次の文章を読み，以下の問いに答えよ。

　ショウジョウバエの胚の前後軸形成にかかわる遺伝子として，(a)母親の体内で卵形成中にはたらく，（　①　）遺伝子や（　②　）遺伝子が知られている。未受精卵では前方に（　①　）遺伝子の mRNA が，後方に（　②　）遺伝子の mRNA が局在している。受精後，これらの mRNA が翻訳されると，受精卵の前方では（　①　）タンパク質，後方では（　②　）タンパク質が合成され，その過程で拡散が起こり，グラフのようにこれらのタンパク質の（　③　）が生じる。それが（　④　）となって，胚の前後軸が形成される。

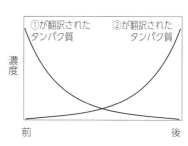

　続いて胚では体節が形成され，それぞれの体節には前後軸に沿った構造がつくられる。このような器官形成には（　⑤　）遺伝子という調節遺伝子がかかわっており，体節ごとに異なった組み合わせの（　⑤　）遺伝子が発現することで，各体節の性質が決められる。（　⑤　）遺伝子の突然変異によって，(b)からだの一部の構造が別の構造におきかわるような変化が見られることがある。

(1) 文章中の空欄に当てはまる語句を下の語群から選べ。
　　〔語群〕 位置情報　　濃度勾配　　ビコイド　　ホメオティック
　　　　　　遺伝情報　　ノーダル　　ナノス　　コーディン
　　　　　　　　　①［　　　　　　］　②［　　　　　　　　］　③［　　　　　　　　］
　　　　　　　　　④［　　　　　　］　⑤［　　　　　　　　］
(2) 文章中の下線部(a)のような遺伝子を何というか。 ［　　　　　　　　　　］
(3) 文章中の下線部(b)のような突然変異体を何というか。 ［　　　　　　　　　　］

142. ショウジョウバエのからだの形成● 図はショウジョウバエの形態形成とその過程で発現する遺伝子のはたらきを示したものである。以下の各問いに答えよ。

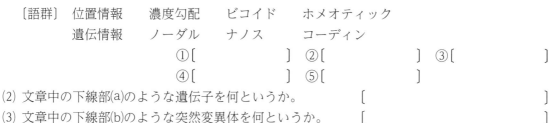

㋐が発現し，からだを　　　　㋑が7本のしま状　　　　㋒が14本のしま状に発現し，　　㋓が発現し，それぞれ
大まかな領域に分ける　　　　に発現する　　　　　　　体節の中の前後を決める　　　　の体節の性質を決める

(1) 図の㋐～㋓の遺伝子をそれぞれ何というか。次の語群から選んで答えよ。
　　〔語群〕 ギャップ遺伝子　　　　　ビコイド遺伝子　　　セグメント・ポラリティ遺伝子
　　　　　　ペア・ルール遺伝子　　　ナノス遺伝子　　　　ホメオティック遺伝子
　　　　　　　　　㋐［　　　　　　　　　　　］　㋑［　　　　　　　　　　　］
　　　　　　　　　㋒［　　　　　　　　　　　］　㋓［　　　　　　　　　　　］
(2) ショウジョウバエの㋐～㋒の遺伝子をまとめて何というか。 ［　　　　　　　　　］

第4章 遺伝情報の発現と発生③

5 遺伝子を扱う技術

A 遺伝子を導入する技術

(1) **遺伝子組換え技術**　特定の遺伝子を含む DNA 断片を別の DNA につないで細胞に導入することを [¹　　　　　　　] という。大腸菌にヒトのインスリンを多量に合成させる場合，図のような手順で行われる。なお，ヒトの DNA は，そのまま大腸菌の細胞内に入れてもはたらかないため，**ベクター**(運び屋)としてはたらく [²　　　　　　　　] に組みこんで導入する。

① ヒトの DNA のインスリン遺伝子を含む部分を [³　　　　　　] で切り取る。

② 同じ制限酵素で大腸菌のプラスミドを切断する。切断箇所の塩基配列は①のそれと同じである。

③ ①と②を混ぜ，[⁴　　　　　　　] を作用させると，ヒトの DNA と大腸菌のプラスミドが連結して**組換え DNA** ができる。

④ ③を大腸菌の細胞内に入れると，プラスミドが増殖して遺伝子が発現し，インスリンが合成される。

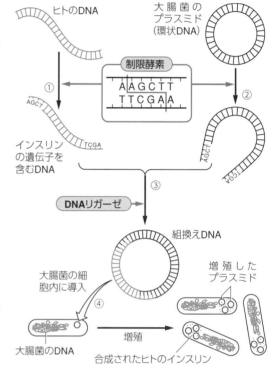

補足　ヒトのインスリン遺伝子にはイントロンが含まれるので，実際にはインスリン遺伝子の mRNA を逆転写して得られる cDNA(相補的 DNA)をもとに作製した 2 本鎖 DNA がプラスミドに組みこまれる。

補足　制限酵素は DNA の特定の塩基配列を識別して切断する酵素で，識別する塩基配列が異なるさまざまな種類が存在する。もとは細菌がもつ酵素で，外来 DNA の切断にはたらく。

(2) **植物や動物への遺伝子導入**　外来の遺伝子が導入され，その組換え遺伝子が体内で発現するようになった生物を [⁵　　　　　　　　]**生物**という。

① **植物への遺伝子導入**　目的とする遺伝子を**アグロバクテリウム**という細菌のプラスミドに組みこんで，この細菌を植物細胞に感染させると，一部の植物細胞で目的の遺伝子が DNA に組みこまれる。これを培養すると目的の遺伝子を導入したトランスジェニック植物を得ることができる。除草剤耐性をもつ作物や機能性作物などの遺伝子組換え植物(GM植物)がつくられている。

② **動物への遺伝子導入**　哺乳類の場合，受精後，卵の核と融合する前の精子の核に組換え DNA を注入して発生させることで，目的の遺伝子を導入したトランスジェニック動物をつくることができる。機能未知の遺伝子をマウスなどに導入し，そのはたらきなどを調べたり，ヒツジなどに有用なタンパク質の遺伝子を導入して，乳の成分としてそのタンパク質を合成させたりしている。

補足 目的の遺伝子に GFP（緑色の蛍光を発するタンパク質）の遺伝子をつなげて導入すると，蛍光を観察することで目的の遺伝子がいつどこで発現しているかを調べられる。

補足 目的の遺伝子を導入するのではなく，目的の遺伝子を破壊して発生させたノックアウトマウスなどを基礎研究に用いる場合もある。

(3) **ゲノム編集** ゲノム編集では，目的の場所で DNA を切断することができ，特定の遺伝子を破壊したり，特定の場所に外来の遺伝子を組みこんだりできる。CRISPR-Cas9 という手法では，目的の場所の塩基配列に相補的な塩基配列をもつ RNA（ガイド RNA）を，Cas9 というタンパク質（DNA 切断酵素）とともに細胞に導入することで，ガイド RNA が結合した場所で DNA を切断する。切断部位が修復される際に，ヌクレオチドの挿入や欠失による目的の遺伝子の破壊や，外来遺伝子の挿入を行うことができる。

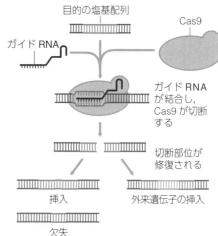

B 遺伝情報を解析する技術

(1) **DNA の増幅** 目的の DNA 断片のコピーを大量に得ることをクローニングといい，効率よく特定の領域だけを複製する方法として [6　　　　　] **法（ポリメラーゼ連鎖反応法）** がある。

① 増幅に必要な材料を含む DNA 溶液を約 95℃ に加熱する。塩基間の水素結合が切れて DNA が 1 本鎖に分かれる。

② 50 ～ 60℃ に下げる。相補的な短い 1 本鎖の DNA（**プライマー**）が結合し，新生鎖が伸長を開始する起点となる。

③ 約 72℃ に保つ。耐熱性 [7　　　　　　　　] のはたらきで，新生鎖が合成される。

①～③をくり返すことで DNA を増幅することができる。

遺伝子導入や塩基配列解析，DNA 型鑑定など，DNA を扱う場合にはふつう増幅が必要で，PCR 法はよく利用される。感染症の検査でも利用されている。

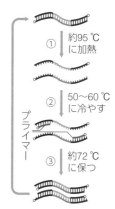

①～③をくり返すことで，DNAを 1本→2本→4本→8本… と増やすことができる。

(2) **DNA の分離** 水溶液中で負の電荷をもつ DNA は電圧を加えると陽極側へ移動する。この性質を用いて DNA を大きさ（長さ）によって分離する方法を [8　　　　] **法** という。一定時間電圧を加えると，短い DNA ほど速く移動する。長さのわかっている DNA（分子量マーカー）を同時に泳動すると，その移動距離から DNA 試料の長さを推定できる。

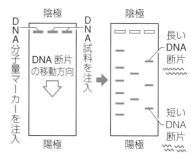

空欄の解答 1 遺伝子組換え 2 プラスミド 3 制限酵素 4 DNA リガーゼ 5 トランスジェニック 6 PCR
7 DNA ポリメラーゼ（DNA 合成酵素） 8 電気泳動

(3) **塩基配列の解析**　DNA 複製のしくみを利用して DNA の塩基配列を解析できる。これは，解析したい DNA を 1 本鎖にして，通常のヌクレオシド三リン酸と，ジデオキシリボースをもつ特殊なヌクレオシド三リン酸に蛍光色素をつけたものを入れて相補鎖をつくらせる方法である。特殊なヌクレオシド三リン酸を取りこむと，そこで DNA 合成が止まるため，さまざまな場所で DNA 合成が止まった試料が得られる。これらを電気泳動して長さの違いで分け，その蛍光色素のパターンを解析すると，もとの DNA の塩基配列がわかる。

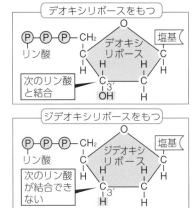

(4) **ゲノムの塩基配列解析**　ゲノム全体など長い塩基配列を解析する際には，DNA を断片化してそれぞれの断片の塩基配列を調べ，断片の並び順をコンピュータを用いて解析するという方法がとられる。

C 遺伝子発現を解析する技術

1 つの生物の全遺伝子を対象とした遺伝子発現解析が行われるようになっている。

(1) **DNA マイクロアレイ解析**　組織や細胞から抽出されたすべての mRNA から相補的な DNA（cDNA）を作製し，あらかじめ多数の異なる塩基配列の 1 本鎖 DNA が接着されたチップに相補的に結合させることで，その組織や細胞の遺伝子全体の発現パターンを調べることができる。これを [1　　　　　　　　　　　　　]**解析**という。

(2) **RNA シーケンシング解析**　組織や細胞から抽出されたすべての mRNA の塩基配列を読み取ることで，すべての遺伝子の転写量を見積もる方法を [2　　　　　　　　　　　　]**解析**という。遺伝子発現解析の主流になりつつある技術である。

D 遺伝子を扱う技術と人間生活

(1) **医療技術の進展**　医薬品として用いられるタンパク質が遺伝子組換え大腸菌などによって生産されている。遺伝情報の解読がより容易になれば，患者の遺伝情報にあう医療（テーラーメイド医療）を提供できるようになる可能性もある。

(2) **農業への応用**　病気や害虫に強い遺伝子組換え作物がつくられている。干ばつや塩害に強い作物，特定の栄養分を生産する作物の開発なども進められている。

(3) **遺伝子を扱う技術の課題**　技術の発達は，有益なものを生み出す一方で，生命観や人権の考え方に変化をもたらしたり，生態系を乱したりする可能性もある。

> **参考**　**ES 細胞と iPS 細胞**
>
> 哺乳類の発生途中の胚盤胞の段階の内部細胞塊を取り出して培養したものは，**ES 細胞**（**胚性幹細胞**）とよばれ，多分化能をもっている。一方，体細胞に数種類の遺伝子を導入することによりつくりだされた多分化能をもつ細胞を，**iPS 細胞**（**人工多能性幹細胞**）という。これらの細胞はさまざまな組織や器官に分化させることができ，研究や病気の治療に用いられている。

空欄の解答　1 DNA マイクロアレイ　2 RNA シーケンシング

用語 CHECK

① ある遺伝子を含む DNA 断片を別の DNA につないで，細胞に導入することを何というか。

② 細菌の中にある，細菌自身の DNA とは別に独立して増殖する環状 DNA を何というか。

③ DNA の特定の塩基配列を認識して切断する酵素を何というか。

④ DNA 断片をつなぎ合わせる酵素を何というか。

⑤ DNA 上の目的の場所を認識する RNA を作製し，DNA 切断酵素と組み合わせて DNA の目的の場所を切断し，遺伝子を操作する技術を何というか。

⑥ DNA に電圧を加え，ゲルの中を泳動させることで，DNA を大きさによって分離する方法を何というか。

①

②

③

④

⑤

⑥

第4章 遺伝情報の発現と発生③

解答 ① 遺伝子組換え ② プラスミド ③ 制限酵素 ④ DNA リガーゼ ⑤ ゲノム編集 ⑥ 電気泳動法

例題 12 遺伝子組換え

解説動画

　図1のプラスミドに図2の遺伝子を導入する実験を行った。図1のプラスミドは抗生物質のアンピシリンを無毒化する Amp^r 遺伝子をもっている。また，GFP は紫外線を照射すると蛍光を発する。

　まず，プラスミドと導入する遺伝子を同じ制限酵素で切断し，それらを混合して DNA リガーゼを作用させた。次に，このプラスミドを，大腸菌に取りこませる操作を行った。

(1) この操作で得られた大腸菌を，アンピシリンを含む培地で培養した場合，増殖できる大腸菌を次の(ア)～(ウ)からすべて選べ。

　(ア) プラスミドを取りこんでいない大腸菌

　(イ) 図2の遺伝子が導入されたプラスミドを取りこんだ大腸菌

　(ウ) 図2の遺伝子が導入されていないプラスミドを取りこんだ大腸菌

(2) (1)で培養した大腸菌に紫外線を照射すると，蛍光を発するコロニーがいくつか見られた。蛍光を発したコロニーに含まれる大腸菌として適当なものを，(1)の(ア)～(ウ)からすべて選べ。

図1

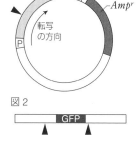

図2

| | GFP | |

P：プロモーター
▲：制限酵素が認識する箇所

指針 (1) このプラスミドは大腸菌にアンピシリン耐性を与える遺伝子をもつため，図2の GFP 遺伝子が導入されているかどうかに関係なく，プラスミドを取りこんだ大腸菌はアンピシリンを含む培地で増殖することができる。

　(2) 紫外線を照射したときに蛍光を発するのは，図2の GFP 遺伝子が導入されたプラスミドを取りこんだ大腸菌のみである。

解答 (1) イ，ウ　　(2) イ

例題 13 PCR 法による DNA の増幅

解説動画

　図のような DNA を鋳型として，DNA を PCR 法で増幅させる操作を行った。以下の問いに答えよ。

5′−AATCGGACGTGCTACAT⋯ ···GCACACACGCTAAATGG−3′
(ア) (ウ)

(1000 塩基対)

3′−TTAGCCTGCACGATGTA⋯ ···CGTGTGTGCGATTTACC−5′
(イ) (エ)

(1) この DNA を増幅させる場合に用いるプライマーは，図の鋳型 DNA の(ア)〜(エ)のどの部分に結合するものを用いるべきか。(ア)〜(エ)のうちから 2 つ選べ。

(2) PCR 法の 1 回のサイクルにおける反応(a)〜(c)を，正しい順番に並べかえよ。
(a) 約 55 ℃にして，鋳型 DNA とプライマーを結合させる。
(b) 約 72 ℃にして，DNA ポリメラーゼをはたらかせる。
(c) 約 95 ℃にして，鋳型 DNA の水素結合を切断する。

(3) PCR 法のサイクルを 5 回くり返すと，理論上，プライマーに挟まれた領域は何倍に増幅されるか。

指針 (1) PCR 法において，DNA のヌクレオチド鎖はプライマーを起点に 5′ 末端から 3′ 末端へ伸長する。また，DNA の 2 本のヌクレオチド鎖は互いに逆向きに結合する。そのため，鋳型となる DNA の 3′ 末端側(新たに合成される鎖の 5′ 末端側)に結合するプライマーを使用する。

　　　(2) PCR 法で DNA を増幅させる場合，まずヌクレオチド鎖どうしの間の水素結合を切断して 1 本鎖にする(約 95 ℃)。その後，鋳型 DNA にプライマーを結合させて(約 55 ℃)から，耐熱性の DNA ポリメラーゼを活性化させる(約 72 ℃)。

　　　(3) PCR 法では，新たに合成された DNA も次のサイクルでは鋳型となるため，DNA が 2 倍，4 倍，8 倍…と 2^n 倍(n ＝サイクル数)に増幅される。

解答 (1)**イ，ウ**　(2)**c → a → b**　(3)**32 倍**

基本問題

143. 遺伝子組換え①●　次の文章中の空欄に当てはまる語句を答えよ。

　ある遺伝子を含む DNA 断片を取り出し，それを別の DNA につないで細胞に導入することを(ア)という。大腸菌には独立して増殖する小さな環状 DNA である(イ)があり，それに(ア)を利用してヒトのインスリンの遺伝子を組みこむと，大腸菌にヒトのインスリンを生産させることができる。まず，(イ)とインスリンの遺伝子を含む DNA を同じ(ウ)で切断し混合する。次に，DNA をつなぎ合わせる酵素である(エ)を作用させて(イ)とインスリンの遺伝子を含む DNA をつなぎ，組換え DNA を作製する。これを大腸菌に取りこませ，大腸菌を増殖させると，増殖した大腸菌から多量のインスリンが得られる。(イ)は遺伝子を運ぶ運び屋の役割をするので(オ)とよばれている。

(ア)[　　　　]　(イ)[　　　　]　(ウ)[　　　　]

(エ)[　　　　]　(オ)[　　　　]

144. 遺伝子組換え②●

あるタンパク質Xの遺伝子を多量に増やそうと考え，以下の実験を行った。

DNA材料1：タンパク質Xの遺伝子を含むDNA

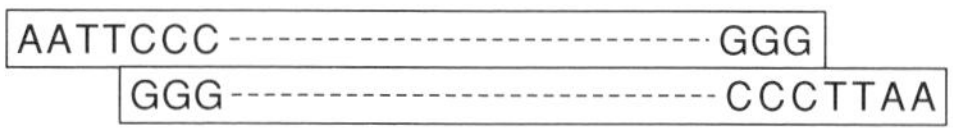

DNA材料2：プラスミドDNA

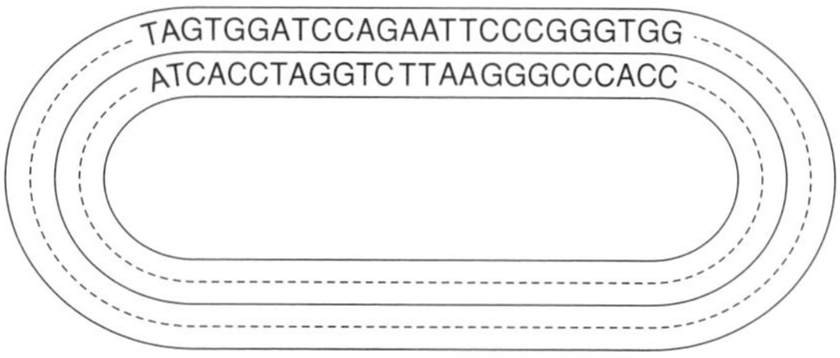

〔実験〕 ① 目的のDNAをプラスミドDNAに挿入するため，まず，プラスミドDNAを(ア)はさみのような役目をする酵素 [1] で切断した。

② 次に(イ)のりのような役目をする酵素を，目的のDNAと，切断したプラスミドDNAの入った溶液に入れて反応させ，環状のDNAをつくった。

③ この環状DNAを大腸菌に取りこませた後，このDNAを含む大腸菌だけを増殖させた。

④ 増殖させた大腸菌から，この環状DNAを大量に調製した。

(1) プラスミドとは一般にどのようなものか説明せよ。

[ ]

(2) 下線部(ア)の酵素の総称，下線部(イ)の酵素名を答えよ。

(ア)[ ] (イ)[ ]

(3) 実験の酵素 [1] に適する酵素を，下記の(a)～(c)から選び，記号で答えよ。ただし，破線は酵素のDNA鎖の切りかたを示す。また，各酵素は上のプラスミドDNAの図で塩基配列が省略されている部分は切断しないものとする。

(a) BamHI GGATCC / CCTAGG　(b) EcoRI GAATTC / CTTAAG　(c) SmaI CCCGGG / GGGCCC

[ ]

(4) (3)の(a) BamHIは6塩基対の配列を認識して切断する。あるDNAをBamHIにより切断した場合，生じるDNA断片の平均の塩基対数はいくつになると考えられるか。次の(ア)～(カ)から選べ。ただし，切断したDNAの塩基配列は，ランダムであると仮定する。

(ア) 160　(イ) 460　(ウ) 4000　(エ) 40000　(オ) 160000　(カ) 240000

[ ]

145. バイオテクノロジー●

次の文章中の空欄に当てはまる語句を答えよ。

外来の遺伝子が導入され，その組換え遺伝子が体内で発現するようになった生物を(ア)生物という。動物の場合には，受精卵に外来遺伝子を導入したり，ウイルスをベクターとして外来遺伝子を運ばせたりして(ア)動物をつくる。植物の場合には，目的とする遺伝子を，植物に感染する(イ)という細菌のプラスミドに組みこんで植物に導入する方法が一般的である。

これらの技術には，目的の遺伝子を選び出し，増幅させることが必要である。そのための方法として，耐熱性のDNAポリメラーゼを利用する(ウ)法があり，DNAの塩基配列を決定するDNAシーケンスとともに，遺伝子の研究には欠かせない基本的な技術となっている。また，特定の遺伝子を発現しないようにする技術によって作製されたマウスは(エ)マウスとよばれ，機能が明らかでない遺伝子の研究に利用されている。

(ア)[ ] (イ)[ ]
(ウ)[ ] (エ)[ ]

146. DNA の増幅● DNA を増幅させる手法の原理を説明した次の文章中の空欄に当てはまる語句(あるいは塩基配列)を答えよ。

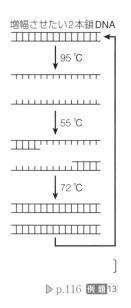

増幅させたい2本鎖DNA

① 目的の DNA を含む水溶液を 95 ℃に加熱して，塩基どうしの ［ ア ］ を切り，2 本鎖 DNA を 1 本鎖 DNA に分離する。

② 温度を約 55 ℃まで下げ，増幅させたい DNA 領域の 3′ 末端に，その部分と相補的な塩基配列をもつ ［ イ ］(短い 1 本鎖 DNA)を結合させる。

　 ［ イ ］ の塩基配列が 5′− CTACGCCAACGT − 3′ であるとき，DNA 鎖のうち ［ イ ］ が結合する部分の塩基配列は 3′− ［ ウ ］ − 5′ である。

③ 温度を 72 ℃に上げ，DNA ポリメラーゼによって ［ イ ］ に続く DNA を合成させる。

④ ①~③を 20 回くり返すと，［ イ ］ にはさまれた領域の 2 本鎖 DNA は，理論上，［ エ ］ 倍に増幅される。このような方法を ［ オ ］ 法という。

(ア)［　　　　　　］　(イ)［　　　　　　　　　］　(ウ)［　　　　　　　　　　　　　　　］

(エ)［　　　　　　］　(オ)［　　　　　　　　　］　　　　　　　　　　▷ p.116 例題13

147. 電気泳動法● DNA 断片の塩基対数は電気泳動法で調べることができる。文章中の空欄に当てはまる語句や数字を答えよ。ただし，①，②は選択肢から適当な語を選べ。

⑴ DNA は，水溶液中で(① 正・負)の電荷を帯びているので，図 1 のようなアガロースゲルのウェルとよばれるくぼみに入れて電圧をかけると陽極の方向へ移動する。

⑵ 塩基対数の(② 多い・少ない)DNA 断片ほど速く移動するので，調べたい DNA 断片の塩基対数は，塩基対数があらかじめわかっている DNA マーカーの移動距離をもとに推定できる。図 2 のような結果が得られたとすると，調べたい DNA 断片の塩基対数は約(③)bp(base pair，塩基対)と推定できる。

①［　　　　　　］　②［　　　　　　　　　］　③［　　　　　　　　　　　　］

148. 塩基配列の解析● ある遺伝子の塩基配列を解析するために，A, T, G, C とラベルしたチューブを用意し，それぞれに，ある遺伝子の DNA 断片を含むプラスミド，塩基配列解読用のプライマー，4 種類のヌクレオチド(A, T, G, C)，DNA ポリメラーゼを入れた。さらに，A, T, G, C のチューブには，それぞれ A, T, G, C で DNA 合成が停止する特殊なヌクレオチドを加え，DNA の合成を行った。例えば，A のチューブでは DNA 合成過程で A の特殊なヌクレオチドが DNA に取りこまれると，そこで DNA 合成反応が停止するので，合成された DNA の末端の塩基配列は A であることがわかる。 特殊なヌクレオチドはさまざまな場所で取りこまれるため，多様な長さの DNA 断片が合成されることになる。反応終了後に，それぞれのチューブの反応液を電気泳動にかけ，合成されたさまざまな長さの DNA 断片(図中の太線は DNA 断片の位置を示す)を分離した。

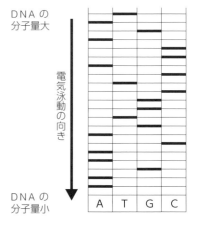

(1) 図に示された部分について，この実験で塩基配列を解析した DNA 断片の 5′ 末端，および，3′ 末端の塩基をそれぞれ答えよ。 5′ 末端[　　　]　3′ 末端[　　　]

(2) 図に示された部分について，この実験で塩基配列を解析した DNA 断片の塩基配列を 5′ 末端から順に答えよ。 [5′ −　　　　　　　　　　　　　　　　]

149. DNA マイクロアレイ解析● DNA マイクロアレイ解析では，既知の遺伝子領域の一本鎖 DNA 断片を用意し，区画したスライドガラス上に高密度に貼り付けた DNA チップを作製する(図1)。DNA チップの各区画には，異なる遺伝子領域に由来する一本鎖 DNA 断片が貼りつけられている。次に遺伝子の発現状況を調べたい a真核細胞からmRNA を取り出し，逆転写酵素によって相補的な DNA (ターゲット DNA)を合成し，さらにそのターゲット DNA を蛍光物質で標識する(図2)。ターゲット DNA と DNA チップを反応させると，相補的な配列をもつ DNA どうしが結合するため，その結果から細胞で発現している遺伝子を調べることができる。また，bDNA マイクロアレイ解析では，ターゲット DNA を由来する組織ごとに違う色の蛍光物質で標識することで，組織による遺伝子発現の差を調べることができる。

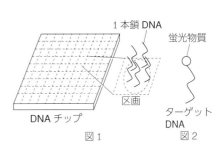

1 本鎖 DNA
蛍光物質
区画
DNA チップ
ターゲット DNA
図1 図2

(1) 下線部 a の操作によって，真核細胞の核内に存在する DNA から遺伝子のある領域が取り除かれた DNA を得ることができる。目的の遺伝子から取り除かれた領域を何というか。

[　　　　　　　　]

(2) 下線部 b について，マウスの肝細胞と筋繊維からそれぞれの mRNA を取り出し，ターゲット DNA を合成した。肝細胞に由来するターゲット DNA はすべて赤色の蛍光物質で，筋繊維に由来するターゲット DNA はすべて緑色の蛍光物質でそれぞれ標識し，DNA マイクロアレイ解析を行った。その結果，図3のように赤色の蛍光を示す区画，緑色の蛍光を示す区画，赤色と緑色が混ざって黄色の蛍光を示す区画，蛍光が見られない区画が確認された。

図3

①肝細胞で特異的に発現している遺伝子，②筋繊維で特異的に発現している遺伝子，③肝細胞と筋繊維の両方で発現している遺伝子をそれぞれ調べる場合，それぞれ何色の区画の遺伝子を調べるとよいか。 ①[　　　] ②[　　　] ③[　　　]

150. さまざまなバイオテクノロジー● バイオテクノロジーに関する次の(1)~(4)の文章について，正しければ○，誤っていれば×を答えよ。

(1) ゲノム編集の技術を用いることで，目的の場所に遺伝子を組みこむことができる。 [　　　]

(2) ヒトのインスリン遺伝子をそのままプラスミドに挿入した組換え DNA を原核細胞に導入して発現させると，インスリンを得ることができる。 [　　　]

(3) 目的のプラスミドを取りこんだ大腸菌を選び出すには，プラスミドにアンピシリン耐性遺伝子を組みこんで大腸菌に導入し，アンピシリンを含む培地で培養し，生育した大腸菌を選択すればよい。 [　　　]

(4) PCR 法では，ヒトの DNA ポリメラーゼを用いて DNA を複製することで，同じ塩基配列をもった DNA を短時間で大量に得ることができる。 [　　　]

章末総合問題

151. DNA の複製に関する次の文章を読み，以下の問いに答えよ。

　DNA の複製は，複製起点とよばれる領域で塩基間の（　a　）結合が切れて開裂し，部分的に 1 本鎖となることで始まる。開裂した部分で DNA ポリメラーゼにより新たに合成されるヌクレオチド鎖は，①一方は開裂が進む向きに連続的に合成され，もう一方は，②開裂が進む方向と逆向きに不連続に合成される。この不連続に合成される鎖では，③DNA の短い断片がつくられ，この断片が（　b　）という酵素によってつなげられていく。また，DNA ポリメラーゼはヌクレオチド鎖を伸長させることはできるが，ヌクレオチド鎖がなければ新生鎖を合成することはできないので，複製起点には（　c　）とよばれる短い RNA のヌクレオチド鎖が必要である。

(1) 文章中の空欄（　a　）～（　c　）に当てはまる語句を答えよ。

　　　　　　　　　　　　　(a)[　　　　　　　]　(b)[　　　　　]　(c)[　　　　　　]

(2) 下線部①，②のような新生鎖をそれぞれ何というか。

　　　　　　　　　　　　　　　　　　　　　①[　　　　　]　②[　　　　　　]

(3) 下線部③の断片を何とよぶか。　　　　[　　　　　　　]

(4) 右図は，複製起点から DNA が複製されていくようすを示したものである。下線部③の断片が合成されている部分はどこか。適切な部分をア～エからすべて選べ。

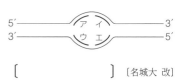

　　　　　　　　　　　　　　　　　　　　　　　[　　　　　　　] [名城大 改]

152. 原核生物の転写調節に関する次の文章を読み，あとの問いに答えよ。

　原核生物では，栄養条件の変化により遺伝子の発現が調節される例が知られている。原核生物では，隣接する複数の遺伝子は，1 つの単位として発現調節を受ける。その遺伝子群を（　ア　）といい，図は大腸菌のラクトース（　ア　）の転写調節のしくみを模式的に表したものである。このとき，遺伝子の発現調節は次の①，②のようなしくみで行われている。

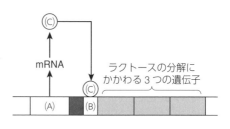

ラクトースの分解にかかわる 3 つの遺伝子

① (C)が(B)に結合し，RNA ポリメラーゼがプロモーターへ結合できなくなり，転写が起こらない。

② (C)が(B)に結合できなくなり，RNA ポリメラーゼがプロモーターへ結合して転写が起こる。

(1) 文章中の空欄(ア)に当てはまる語句を答えよ。　　　　　　　　　　[　　　　　　]

(2) 図中および文章中の(A)～(C)の名称を答えよ。

　　　　　　(A)[　　　　　　]　(B)[　　　　　　　]　(C)[　　　　　　]

(3) 文章中の①，②の遺伝子の発現調節は，それぞれ以下の(a)と(b)のいずれの場合に見られるものか。記号で答えよ。　　　　　　　　　　①[　　]　②[　　]

　(a) 大腸菌が，ラクトースがない環境におかれた場合。

　(b) 大腸菌が，グルコースがなくラクトースが存在する環境におかれた場合。

(4) DNA 上の(A)の部分に突然変異が起こり，ラクトースの代謝産物が(C)に結合できなくなったような大腸菌で見られる現象として，最も適当なものを次の①～③から 1 つ選べ。

　① ラクトースの有無にかかわらず，ラクトースの分解にかかわる遺伝子が転写される。

　② ラクトースの有無にかかわらず，ラクトースの分解にかかわる遺伝子が転写されない。

③ ラクトースがない場合にのみ，ラクトースの分解にかかわる遺伝子が転写される。

［　　　　］〔東北大 改〕 ▷p.92 例題10

論 153. キイロショウジョウバエの発生に関する次の文章を読み，以下の問いに答えよ。

キイロショウジョウバエの卵の前後軸の形成には，調節遺伝子である(a)ビコイド遺伝子やナノス遺伝子が重要なはたらきをしている。卵の前極には，ビコイド遺伝子の（ ① ），後極にはナノス遺伝子の（ ① ）が蓄積しており，受精後，それぞれからビコイドタンパク質，ナノスタンパク質がつくられる。(b)合成されたビコイドタンパク質の濃度は前極で最も高く，卵の後極に向かって低くなっている。ナノスタンパク質の濃度はその逆となっている。

(1) 文章中の（ ① ）に当てはまる語句を記入せよ。　　　　　［　　　　　　　］

(2) 文章中の下線部(a)について，前後軸の形成にはたらくこれらの遺伝子の（ ① ）は，卵形成時に母親によって合成・蓄積される。このような遺伝子を何というか。　［　　　　　　　］

(3) 文章中の下線部(b)の2種類のタンパク質の濃度勾配はどのようなはたらきをしているか。濃度勾配，位置情報，前後軸の3つの用語を使って説明せよ。

［　　　　　　　　　　　　　　　　　　　　　　　　　　　　　　　］

154. 遺伝子組換え実験に関して，以下の問いに答えよ。

大腸菌には，プラスミドDNAを導入することができる。

一般的には，目的のDNA断片を組みこんだプラスミドが利用されるが，プラスミドに目的のDNA断片が組みこまれる確率や，大腸菌にプラスミドが導入される確率は非常に低い。また，組みこみ操作の際に，ある遺伝子の中に割りこむようにDNA断片が組みこまれた場合，その遺伝子による形質の発現は起こらなくなる。

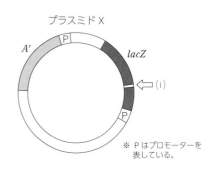

プラスミドX

※ Pはプロモーターを表している。

図のプラスミドXには，抗生物質Aを分解する酵素を発現するA^r遺伝子，およびX-galという基質を分解して青色の物質を生じさせる酵素を発現する*lacZ*遺伝子が存在している。プラスミドXには，(i)で示す部位にDNA断片を組みこむことができる。このプラスミドXと大腸菌を用いて，【実験1】【実験2】を行った。

【実験1】　プラスミドXを大腸菌に導入する処理をして，抗生物質Aを含む寒天培地で培養した。その結果，培地には少数の白色の大腸菌コロニーが出現した。

【実験2】　プラスミドXの(i)の部分に，あるDNA断片を組みこむ操作をした後，大腸菌に導入する処理をして，抗生物質AとX-galを含む寒天培地で培養した。その結果，培地には少数の白色と青色の大腸菌コロニーが出現した。

(1) 下線部に関して，形質の発現が起こらなくなる理由として最も適切なものを選べ。〔　　　〕
　　(ア) プラスミドの複製ができなくなるから。　　(イ) 転写が起こらなくなるから。
　　(ウ) スプライシングが正しく行われないから。　　(エ) 本来のタンパク質が合成されないから。

(2)【実験1】において白色のコロニーを形成したのは，(a)プラスミドXが導入された大腸菌と(b)プラスミドXが導入されなかった大腸菌のどちらと考えられるか。　　　　　〔　　　〕

(3)【実験2】において，① 目的のDNA断片が組みこまれたプラスミドXが導入された大腸菌のコロニーと，② 目的のDNA断片が組みこまれなかったプラスミドXが導入された大腸菌のコロニーはそれぞれ何色か。　　　　　①〔　　　〕②〔　　　〕〔福岡大 改〕 ▷p.115 例題12

動物の反応と行動

1 刺激の受容

A 刺激の受容から行動まで

外界からの刺激は[1　　　　　　　](**感覚器**)で受け取られ，その情報は[2　　　　　　]を経て[3　　　　　　](**作動体**)に伝えられ，その刺激に応じた反応や行動が引き起こされる。

刺激 ⇒ 受容器 ―(**感覚神経**)→ 中枢神経系 ―(**運動神経**)→ 効果器 ⇒ 反応・行動
　　　　　　　└───────── 神経系 ─────────┘

B 受容器と適刺激

受容器は，受容器ごとに受け取ることのできる刺激が決まっており，このような刺激を[4　　　　　　]という。受け取った刺激の情報は電気信号に変換されて中枢(大脳)に送られ，そこで**感覚**が生じる。

適刺激		感覚	受容器
光(可視光)		視覚	視覚器…**網膜**
音(音波)		聴覚	聴覚器…**コルチ器**
傾き		平衡覚	平衡受容器…**前庭**
回転			平衡受容器…**半規管**
化学物質	気体	嗅覚	嗅覚器…**嗅上皮**
	液体	味覚	味覚器…**味覚芽**
熱		温覚・冷覚	皮膚(熱受容器)…**温点・冷点**
圧力		圧覚・痛覚	皮膚(触受容器)…**圧点・痛点**

C 視覚器

(1) **ヒトの眼の構造**　眼に入る光は**角膜**と**水晶体**(レンズ)で屈折し，[5　　　　　　]で受容される。

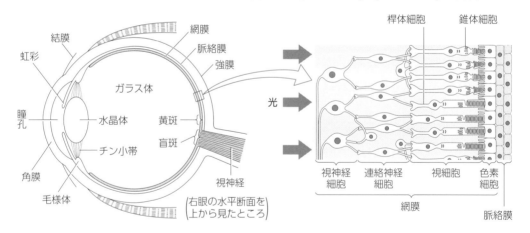

結膜　虹彩　網膜　脈絡膜　強膜　ガラス体　瞳孔　水晶体　黄斑　盲斑　チン小帯　角膜　毛様体　視神経
(右眼の水平断面を上から見たところ)

桿体細胞　錐体細胞　光　視神経細胞　連絡神経細胞　視細胞　色素細胞　網膜　脈絡膜

(2) **視細胞**　網膜には光を受容する2種類の**視細胞**がある。

　① [6　　　　　　]**細胞**　弱光下で明暗の区別に関与。色の区別には関与しない。細胞内にある視物質(**ロドプシン**)は光が当たると分解され，暗い場所では蓄積される。

　② [7　　　　　　]**細胞**　強光下ではたらき，色の区別に関与。**黄斑**に多数分布。ヒトでは吸収する光の波長が異なる3種類(青錐体細胞・緑錐体細胞・赤錐体細胞)がある。

(3) **明暗調節**　虹彩は，明るい場所では瞳孔を縮小し，暗い場所では瞳孔を拡大することによって，網膜に達する光の量を調節している。

明るいとき　瞳孔括約筋が収縮　暗いとき　瞳孔散大筋が収縮

(4) **暗順応と明順応**

① [8 　　　　　　] (明所から暗所) **暗くてよく見えない**(ロドプシン不足, 錐体細胞が反応できない)→しだいに見えるようになる(ロドプシン合成, 桿体細胞の感度上昇)

② [9 　　　　　　] (暗所から明所) **まぶしくて見えない**(ロドプシンの急激な分解)→しだいに見えるようになる(桿体細胞の感度低下, 錐体細胞が反応)

(5) **遠近調節**　水晶体の厚さを変えることによって焦点を合わせている。

近くのものを見るとき　毛様筋が収縮　→チン小帯がゆるむ　→水晶体が厚くなる

遠くのものを見るとき　毛様筋がゆるむ→チン小帯が引かれる→水晶体が薄くなる

D 聴覚器・平衡受容器

ヒトの耳には, 聴覚器である[10 　　　　　]のほか, 平衡受容器である[11 　　　　](傾きを受容)と[12 　　　　](回転を受容)がある。

〔音の受容過程〕　**音波→鼓膜が振動**→[13 　　　　　]で増幅→[14 　　　　　　](リンパ液を介して基底膜が振動)→**コルチ器**(**聴細胞**の感覚毛が変形→聴細胞が興奮)→**聴神経**

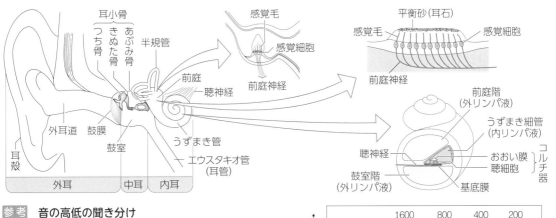

参考 **音の高低の聞き分け**

低音(振動数が小さい音)では頂部(奥)側, 高音(振動数が大きい音)では基部側の基底膜が振動する。このため, 興奮する聴細胞の位置も異なり, その違いが大脳で識別される。

E その他の受容器

(1) **化学受容器**　化学物質を刺激として受容する。

① **嗅覚器**　鼻の[15 　　　　　]にある**嗅細胞**が空気中の化学物質を受容する。

② **味覚器**　舌の[16 　　　　　]にある**味細胞**が水溶液中の化学物質を受容する。

(2) **皮膚の感覚点**　温度を受容する**温点・冷点**, 接触(圧力)を受容する**圧点**, 痛さを受容する**痛点**などがある。

空欄の解答　1 受容器　2 神経系　3 効果器　4 適刺激　5 網膜　6 桿体　7 錐体　8 暗順応　9 明順応
10 コルチ器　11 前庭　12 半規管　13 耳小骨　14 うずまき管　15 嗅上皮　16 味覚芽

② ニューロンとその興奮

A ニューロン（神経細胞）

(1) **ニューロンの構造**　神経系を構成する基本単位をニューロン（神経細胞）という。核のある**細胞体**と，短く枝分かれした[¹　　　　]，長く伸びる[²　　　　]とからなる。軸索の多くは**シュワン細胞**でできた[³　　　　]でおおわれて**神経繊維**をつくる。

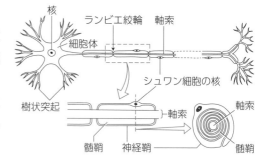

> [⁴　　　　]**神経繊維**　軸索にシュワン細胞の細胞膜が巻きついてできた**髄鞘**（ミエリン鞘）をもつ神経繊維。
>
> [⁵　　　　]**神経繊維**　髄鞘をもたない神経繊維。

(2) **ニューロンの種類**　ニューロンには，おもに次のようなものがある。

① **感覚ニューロン**　受容器からの情報を中枢へ伝える（求心性）。感覚神経を構成。

② **介在ニューロン**　脳や脊髄などの中枢神経系を構成。

③ **運動ニューロン**　中枢からの情報を効果器へ伝える（遠心性）。運動神経を構成。

B ニューロンの興奮

(1) **静止電位と活動電位**　刺激を受けていないニューロンでは，細胞外は正（＋）に，細胞内は負（−）に帯電する。このときの膜内外の電位差を[⁶　　　　]という。刺激を受けると，瞬間的に膜の内外で電位が逆転し，やがてもとの状態にもどる。この一連の電位変化を[⁷　　　　]といい，活動電位の発生を[⁸　　　　]という。

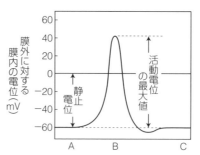
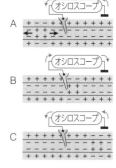

(2) **活動電位の発生のしくみ**　ニューロンが刺激を受けるとナトリウムチャネルが開いて Na^+ が細胞内に流入し（図②），膜内外の電位が逆転する。ナトリウムチャネルはすぐに閉じ（同③），カリウムチャネルが開いて K^+ が細胞外へ流出し（同④），電位がもとにもどる。

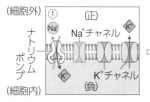
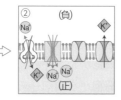
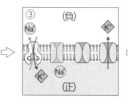
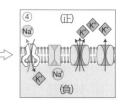

(3) **全か無かの法則**　興奮が起こる最小の刺激の強さを[⁹　　　　]という。興奮は閾値より弱い刺激では起こらず，閾値以上の刺激では強さに関係なく同じ大きさの興奮（活動電位）が生じる（次図(a)）。これを[¹⁰　　　　]**の法則**という。一方，細胞の集合体である神経などでは，各細胞の閾値が異なるため，この法則は成り立たない（同(b)）。また，個々のニューロンの興奮の頻度は，刺激が強いほど高くなる（同(c)）。

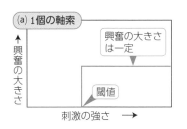
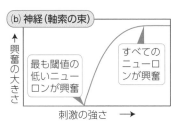
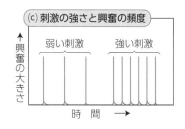

C 興奮の伝導と伝達

(1) **興奮の伝導**　ニューロンが興奮すると，興奮部と静
止部の間で微弱な電流（[11　　　　　]）が流れ，
それが刺激となって隣接部が興奮し，興奮はニューロ
ン内を両方向に伝わっていく。これを興奮の
[12　　　　　]という。

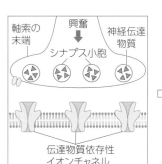

(2) **伝導速度**　有髄神経繊維では髄鞘が電気的な絶縁
体としてはたらくので，興奮はその切れ目である
ランビエ絞輪の部分をとび石状に伝わる（[13
　　　　　]）。したがって，有髄神経繊維のほうが無髄
神経繊維より伝導速度が速い。

(3) **興奮の伝達**　ニューロン間や効果
器との接続部を[14　　　　　]
という。興奮が軸索の末端までく
ると，**シナプス小胞**から**アセチル
コリン**や**ノルアドレナリン**などの
[15　　　　　　]が分泌さ
れる。興奮を受け取る側の細胞（シ
ナプス後細胞）には，神経伝達物

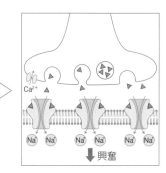

質が結合すると開くイオンチャネルがある。イオンチャネルが開くと細胞内に Na⁺などのイ
オンが流入し，膜電位の変化（**シナプス後電位**）が生じる。これにより興奮が[16　　　　]さ
れる。シナプスでは，興奮は神経伝達物質によって仲介されるので，一方向にしか伝達され
ない。

(4) **興奮性シナプスと抑制性シナプス**　**興奮性シナプス**では，アセチルコリンやノルアドレナリ
ンがシナプス後細胞に到達すると，Na⁺が流入して**興奮性シナプス後電位**（**EPSP**）が発生し，
活動電位が起こりやすくなる。**抑制性シナプス**では，γ-アミノ酪酸（GABA）がシナプス後
細胞に到達すると，Cl⁻が流入して**抑制性シナプス後電位**（**IPSP**）が発生し，活動電位が起こ
りにくくなる。

(5) **シナプス可塑性**　各シナプスでの伝達効率は，興奮の伝達の頻度により変化する。

[空欄の解答]　1 樹状突起　2 軸索　3 神経鞘　4 有髄　5 無髄　6 静止電位　7 活動電位　8 興奮　9 閾値
10 全か無か　11 活動電流　12 伝導　13 跳躍伝導　14 シナプス　15 神経伝達物質　16 伝達

3 情報の統合

脊椎動物の**神経系**は，**中枢神経系**と**末しょう神経系**でできている。中枢神経系は，**脳**と**脊髄**からなる。末しょう神経系は**体性神経系**と**自律神経系**に分けられる。

神経系 {
  [¹　　　]**神経系**…脳(大脳・間脳・中脳・小脳・延髄)，**脊髄**
  [²　　　　]**神経系** {
    [³　　　]**神経系**(感覚神経・運動神経)
    [⁴　　　]**神経系**(交感神経・副交感神経)
  }
}

補足 末しょう神経系は構造的に脳神経(12 対)と脊髄神経(31 対)に分けられる。

A 中枢神経系

(1) **脳** 大脳，間脳，中脳，小脳，延髄に分けられる。

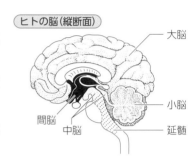

ヒトの脳(縦断面)
大脳／小脳／延髄／間脳／中脳

① [⁵　　　] 外層は細胞体の集まった**灰白質**で**大脳皮質**という。内部は軸索が集まった**白質**で**大脳髄質**という。哺乳類の大脳皮質は，**辺縁皮質**(古皮質・原皮質)と**新皮質**からなる。

  {
  [⁶　　　] 感覚の認知(視覚・聴覚など)，随意運動，精神活動(記憶・思考・理解など)の中枢
  [⁷　　　] 本能的・情緒的行動の中枢
  }

② [⁸　　　] 視床と視床下部がある。大脳への感覚情報の中継。自律神経系と内分泌系の中枢(内臓のはたらき・血圧・血糖濃度・体温の調節)。

③ [⁹　　　] 姿勢保持，眼球運動，瞳孔反射などの中枢。

④ [¹⁰　　　] 筋肉運動の調節，からだの平衡を保つ中枢。

⑤ [¹¹　　　] 呼吸運動，血液循環(心臓拍動・血管収縮)の調節。くしゃみ・せき・消化液の分泌などの中枢。

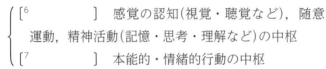

興奮の伝達経路
大脳／灰白質／白質／延髄／脊髄神経節／交感神経節／感覚神経／皮膚(受容器)／運動神経／筋肉(効果器)／背根／脊髄／灰白質／白質／腹根

(2) **脊髄** 内側が**灰白質**，外側が**白質**(大脳とは逆)。[¹²　　　]の中を**感覚神経**が通り，[¹³　　　]の中を**運動神経**と**自律神経**が通る。

B 反射

刺激に対して意識(大脳)とは無関係に起こる反応を**反射**という(右表)。反射の中枢は脊髄，延髄，中脳などにあり，反射の経路を[¹⁴　　　]という。

反射の中枢	反射の例
脊　髄	膝蓋腱反射，屈筋反射
延　髄	唾液分泌，せき・くしゃみ
中　脳	瞳孔反射，姿勢保持の反射

〔反射弓〕 **受容器→感覚神経→反射中枢→運動神経→効果器**

空欄の解答 1 中枢 2 末しょう 3 体性 4 自律 5 大脳 6 新皮質 7 辺縁皮質 8 間脳 9 中脳 10 小脳 11 延髄 12 背根 13 腹根 14 反射弓

4 刺激への反応

A 筋肉の構造と収縮

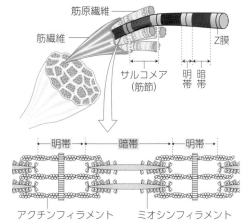

(1) **筋肉の構造**　骨格筋は[15　　　　　　　](筋細胞)から
なる。筋繊維の細胞質には細長い[16　　　　　　　　]
が束になって存在する。横紋筋の筋原繊維には，
明るい部分(**明帯**)と暗い部分(**暗帯**)が交互に並ん
でおり，**アクチンフィラメント**と[17　　　　　　　]
フィラメントが含まれている。

　　明帯の中央は**Z膜**で仕切られており，Z膜とZ
膜の間を[18　　　　　　　　](**筋節**)という。

補足　**筋組織の種類**

種　類		構　造	性　質
横紋筋	骨格筋	細長い多核の細胞からなる	随意筋。敏速に収縮。強いが疲労しやすい
	心　筋	分枝した単核の細胞からなる	不随意筋。敏速に収縮。疲労しにくい
平滑筋	内臓筋	紡錘形で単核の細胞からなる	不随意筋。ゆるやかに収縮。疲労しにくい

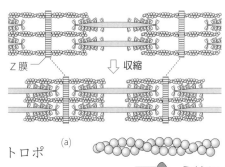

(2) **筋収縮のしくみ**　筋収縮はミオシンフィラメントの
間にアクチンフィラメントが滑りこむことによって
起こる(**滑り説**，右図)。

① 運動神経の興奮が筋細胞に伝えられると，筋原繊
維をおおっている筋小胞体から Ca^{2+} が細胞質に
放出される。

② アクチンフィラメントとミオシン頭部の結合は，トロポ
ニンとトロポミオシンというタンパク質によって阻害さ
れている。Ca^{2+} がトロポニンと結合するとトロポミオシ
ンの立体構造が変化し，ミオシン頭部とアクチンフィラ
メントが結合できるようになる。

③ ミオシン頭部に ATP が結合し(右図(a))，これが分解され
ると，頭部の立体構造が変化する(同(b))。

④ ミオシン頭部がアクチンフィラメントに結合すると(同
(c))，再びミオシン頭部の立体構造が変化してアクチン
フィラメントをたぐり寄せ(同(d))，筋肉が収縮する。

⑤ 神経からの興奮がなくなると，筋小胞体は能動輸送で Ca^{2+}
を取りこむ。すると，ミオシン頭部がアクチンフィラメ
ントから離れて筋肉がし緩する。

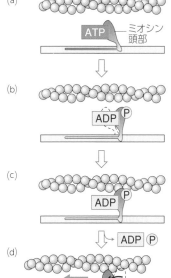

第5章　動物の反応と行動

空欄の解答　15 筋繊維　16 筋原繊維　17 ミオシン　18 サルコメア

(3) **筋収縮とエネルギー**　筋収縮のエネルギー源である ATP はおもに呼吸や解糖によって供給される。また，静止時にはクレアチンと ATP から[¹　　　　　　　　　　]が合成されて，エネルギーを貯蔵する。筋収縮によって ATP が不足すると，筋繊維に含まれるクレアチンリン酸が速やかに分解され ATP が合成される。

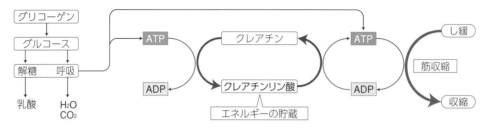

(4) **いろいろな収縮**

① [²　　　　　　]　単一刺激によって起こる筋肉の収縮。潜伏期・収縮期・し緩期に分けられる。

② **強縮**　連続的な刺激で起こる単収縮の重なった大きな収縮。

$$\left\{\begin{array}{l}[^3\qquad\qquad]\\ \quad\cdots 15\,回/秒程度の刺激で生じる\\ [^4\qquad\qquad]\\ \quad\cdots 30\,回/秒程度の刺激で生じる\end{array}\right.$$

通常，骨格筋で見られる収縮は，運動ニューロンから毎秒数十回の刺激を受けて起こる完全強縮である。

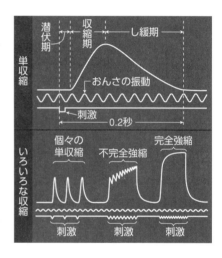

参考　さまざまな物質を放出する器官を**分泌腺**といい，効果器の一つである。分泌腺には，分泌物を排出管から分泌する消化腺・汗腺などの**外分泌腺**と，排出管をもたずホルモンを体液中に直接分泌する**内分泌腺**がある。

5 動物の行動

A 動物の行動とその連鎖

動物の行動は，遺伝的にプログラムされた生得的な行動と，生まれてからの経験によって変化する行動(学習による行動)が複雑に組み合わさって形成されている。

(1) **かぎ刺激**　動物に特定の生得的行動を起こさせる外部からの刺激のことを[⁵　　　　　　]（**信号刺激**）という。

　例　**イトヨの攻撃行動**　イトヨの雄は，繁殖期の同種の雄にだけ現れる赤色の腹部を識別し，これをかぎ刺激として，縄張りに侵入してきた雄を攻撃する。

(2) **行動の連鎖**　ショウジョウバエやイトヨの求愛行動は遺伝的にプログラムされた行動である。ある行動の要素(形や色，におい，動きなど)が，相手の個体の次の行動を引き起こすかぎ刺激となり，こうした反応が一定の順序で連鎖して起こる。このような行動を引き起こす神経回路は，発生の過程で形成される。

B いろいろな生得的行動

(1) **定位**　動物が環境中の刺激を目印にして，特定の方向を定めることを[⁶　　　　　]という。

① **夜行性動物の定位**　メンフクロウは，左右非対称の耳に到達する音の強度や到達にかかる時間の差(両耳間強度差と両耳間時間差)を利用して脳内に 3 次元の聴覚空間地図をつくり，暗闇の中でも獲物のいる方向を正確に突き止められる。

② **地磁気による定位**　鳥など帰巣行動を示す動物は，地磁気を内耳の壷のうとよばれる部位で受容し，移動する方角を決めていると考えられている。

③ [7　　　　]　刺激に対して方向性のある行動。刺激源に向かう場合を**正の走性**，遠ざかる場合を**負の走性**という。

> **例**　光が刺激源となる光走性，重力が刺激源となる重力走性など。

(2) **コミュニケーション**　コロニーとよばれる社会性の集団を形成して生活する昆虫では，同種の個体間でのさまざまな**コミュニケーション**(情報伝達)が発達している。

① [8　　　　　　]　同種個体への情報伝達のために体外に分泌する化学物質。

> **例**　性フェロモン，道しるべフェロモン，警報フェロモン。

② **ミツバチのダンス**　食物をみつけたはたらきバチは，巣にもどるとダンスによってえさ場の方向と距離をなかまに伝える。

> **補足**　8 の字ダンスでは，巣から見た太陽の方向とえさ場の方向のなす角が，鉛直上方(重力と反対の方向)とダンスの直進部分のなす角と一致する。えさ場までの距離が近い場合は円形ダンスを行う。

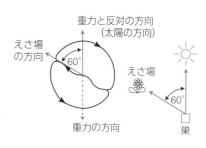

C 学習と記憶

動物の行動が，生まれてからの経験によって変化することを [9　　　　] という。

(1) **慣れ**　ある刺激をくり返し与えると，しだいに反応しなくなること。

> **例**　アメフラシの水管をくり返し刺激すると，しだいにえら引っこめ反射をしなくなる。

(2) **脱慣れと鋭敏化**　慣れが形成されてから別の強い刺激を与えると，慣れが解除される現象を [10　　　　]，弱い刺激にも敏感に反応するようになる現象を [11　　　　] という。

(3) **連合学習**　2 つの別々の出来事の関連性を学習することを [12　　　　] という。

① [13　　　]**条件づけ**　本来の刺激(無条件刺激)によって引き起こされる行動が，それとは無関係な刺激(条件刺激)と結びついて学習されること。

② [14　　　　　]**条件づけ**　個体の自発的な行動と，その行動から生じる結果とが強く結びついて学習されること。

(4) **洞察学習**　推論に基づく高度な学習を**洞察学習**(見通し学習)という。

> **例**　チンパンジーは，箱を積み上げてその上に登り，高い所にある食べ物をとる。

(5) **群れにおける学習**　ある程度知能が発達した動物では，他個体の行動を観察することによって起こる学習が見られる。

> **例**　チンパンジーのシロアリ釣り行動など。

[空欄の解答]　1 クレアチンリン酸　2 単収縮　3 不完全強縮　4 完全強縮　5 かぎ刺激　6 定位　7 走性　8 フェロモン　9 学習　10 脱慣れ　11 鋭敏化　12 連合学習　13 古典的　14 オペラント

用語 CHECK

① それぞれの受容器が受け取ることができる刺激を何というか。

② 強光下ではたらき，色の区別に関与する視細胞を何というか。

③ 明所から暗所に入ったとき，はじめは何も見えないが，やがて視細胞の感度が上昇して見えるようになることを何というか。

④ 聴細胞とおおい膜からなる音波に対する受容器を何というか。

⑤ ヒトの耳にある，からだの回転に対する受容器を何というか。

⑥ ニューロンの細胞体から長く伸びた突起を何というか。

⑦ ニューロンが刺激を受けたときの一連の電位変化を何というか。

⑧ ニューロンが興奮を起こす最小の刺激の強さを何というか。

⑨ ⑧以上の刺激では刺激の強さに関係なく同じ大きさの興奮が生じ，⑧より小さい刺激では興奮しない。この法則を何というか。

⑩ 興奮がニューロンの軸索を伝わることを何というか。

⑪ 有髄神経繊維で起こる⑩を特に何というか。

⑫ ニューロンどうしが接続し，興奮の伝達が起こる部分を何というか。

⑬ 脊椎動物の中枢神経系は脳と何からなるか。

⑭ 体性神経系と自律神経系をまとめて何というか。

⑮ 姿勢保持や眼球運動，瞳孔反射の中枢は，脳のどの部分にあるか。

⑯ 刺激に対して無意識に起こる反応を何というか。

⑰ 筋繊維の細胞質に束になって存在する構造を何というか。

⑱ 筋収縮にかかわるフィラメントのうち，ATP を分解し，もう一方のフィラメントをたぐり寄せるフィラメントを何というか。

⑲ 筋肉に多量に含まれ，高エネルギーリン酸結合をもち ATP の合成に使われる物質は何か。

⑳ 動物に特定の行動を起こさせる外界からの刺激を何というか。

㉑ 動物が環境中の刺激を目印にして，特定の方向を定めることを何というか。

㉒ 同じ刺激をくり返し与えると，その刺激に対して反応を起こさなくなる学習の一種を何というか。

解答
① 適刺激　② 錐体細胞　③ 暗順応　④ コルチ器　⑤ 半規管　⑥ 軸索　⑦ 活動電位　⑧ 閾値
⑨ 全か無かの法則　⑩ 伝導　⑪ 跳躍伝導　⑫ シナプス　⑬ 脊髄　⑭ 末しょう神経系　⑮ 中脳　⑯ 反射
⑰ 筋原繊維　⑱ ミオシンフィラメント　⑲ クレアチンリン酸　⑳ かぎ刺激(信号刺激)　㉑ 定位　㉒ 慣れ

例題 14 ニューロンの興奮と電位の変化

解説動画

　生理食塩水中においた1個のニューロンに，ある強さ
の電気刺激を与えて，細胞外に対する細胞内の電位の変
化をオシロスコープに記録した。その結果を表したもの
が右のグラフである。次の問いに答えよ。

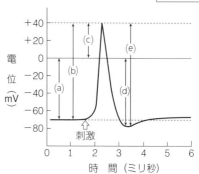

(1) 静止電位を示しているのは，グラフ中の(a)~(e)のどれ
　　か。また，その値を答えよ。

(2) 活動電位の大きさを示しているのは，グラフ中の(a)~
　　(e)のどれか。また，その値を答えよ。

指針 (1) ニューロンでは，平常は細胞膜の外側が正(＋)に，内側が負(−)に帯電している。この
　　　　状態での細胞膜の外側と内側の電位差を静止電位(グラフ中の(a))という。

　　　(2) 刺激を受けると電位が逆転して外側が負(−)に，内側が正(＋)になる。この状態になる
　　　　ことを興奮といい，これによって生じる電位の変化を活動電位(グラフ中の(b))という。

$$40\,mV − (−70\,mV) = 110\,mV$$

解答 (1) a，−70mV　　(2) b，110mV

例題 15 興奮の伝導速度

解説動画

　カエルのひ腹筋(ふくらはぎの筋肉)とそれにつながる座骨神
経を取り出し，筋肉と神経との接合部のA点から5mm離れた
B点と，A点から50mm離れたC点でそれぞれ神経を1回ず
つ刺激したところ，3.5ミリ秒後と5.0ミリ秒後にそれぞれ筋
肉が収縮した。

(1) この神経の興奮伝導速度は何m/秒か。

(2) A点から110mm離れたD点を同様に刺激したとき，筋肉
　　が収縮するのは何ミリ秒後か。

(3) 神経の興奮がA点に達してから，収縮が起こるまでの時間を求めよ。ただし，小数第2位
　　を四捨五入すること。

指針 刺激から収縮までには，興奮がA点に達した後，収縮が起こるまでの時間が含まれている。

　　(1) BC間を，1.5(＝5.0−3.5)ミリ秒で伝わる。

$$\frac{50\,mm − 5\,mm}{5.0\,ミリ秒 − 3.5\,ミリ秒} = 30\,mm/ミリ秒 = 30\,m/秒$$

　　(2) C点を刺激してから収縮するまでの時間と，CD間を伝導する時間との和になる。

$$5.0\,ミリ秒 + \frac{110\,mm − 50\,mm}{30\,mm/ミリ秒} = 5.0\,ミリ秒 + 2.0\,ミリ秒 = 7.0\,ミリ秒$$

　　(3) C点を刺激してから収縮するまでの時間から，AC間の伝導時間を引いたものになる。

$$5.0\,ミリ秒 − \frac{50\,mm}{30\,mm/ミリ秒} ≒ 5.0\,ミリ秒 − 1.7\,ミリ秒 = 3.3\,ミリ秒$$

解答 (1) 30m/秒　　(2) 7.0ミリ秒　　(3) 3.3ミリ秒

基本問題

155. 受容器と感覚● ヒトの受容器と感覚をまとめた次の表中の空欄に適切な語句を答えよ。

受容器	受容器が受け取る[①　　　　　　]	生じる感覚
眼の[②　　　　]	光(可視光)	視覚
耳の[③　　　　]	音波	聴覚
耳の[④　　　　]	からだの傾き	[⑤　　　　]
皮膚の[⑥　　　　]	強い圧力	痛覚

156. 眼の構造とはたらき● 図はヒトの眼の断面の模式図である。

(1) 図中の □ に該当する名称を記せ。

①[　　　　　]
②[　　　　　]
③[　　　　　]
④[　　　　　]
⑤[　　　　　]
⑥[　　　　　]
⑦[　　　　　]
⑧[　　　　　]

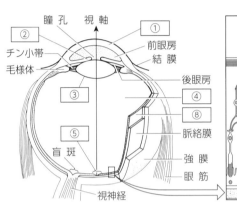

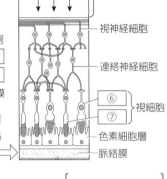

(2) うす暗いとき，かすかな光を受容する視細胞の名称を記せ。 [　　　　　　　　]

(3) この図は眼の鉛直断面か，水平断面か。 [　　　　　　　　]

157. ヒトの視細胞● 図はヒトの眼球をある特定の面で切断したときの切断面付近の視細胞の密度分布を示したものである。網膜の中心部を0°とする。

(1) 視細胞(A)と(B)のそれぞれの名称を記せ。

(A)[　　　　　] (B)[　　　　　]

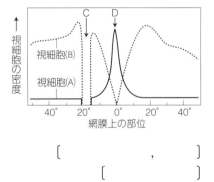

(2) 図の部位 C は何とよばれているか。また，この部位は網膜の中心のどちら側にあるか。次の中から1つ選べ。

(ア) 耳側　　(イ) 鼻側　　(ウ) 額側　　(エ) あご側 [　　，　　]

(3) 図の部位 D は何とよばれているか。 [　　　　　　　]

158. 明暗調節● 次の文章中の空欄に当てはまる適切な語句を答えよ。

網膜に達する光量は，（　①　）が瞳孔の大きさを変化させることで調節されており，暗い場所では瞳孔が（　②　）する。また，ヒトの網膜にある視細胞である（　③　）細胞は明るい場所ではたらき，色を識別する。（　④　）細胞はうす暗い場所ではたらき，明暗に反応するが色の識別はしない。暗い所から急に明るい場所に出るとまぶしく感じるが，しばらくすると正常にもどる。これを（　⑤　）といい，（　④　）細胞に含まれる（　⑥　）という感光物質が急激に分解され，感度が低下することで起こる。 ①[　　　　] ②[　　　　] ③[　　　　]

④[　　　　] ⑤[　　　　] ⑥[　　　　]

159. 遠近調節●　次の文章の空欄に当てはまる語句を答えよ。

遠くを見るとき，（　①　）の筋肉が（　②　）し，（　③　）が引っ張られ，水晶体（レンズ）が（　④　）なると焦点距離が（　⑤　）なり，像を網膜上に結ぶ。

①[　　　　] ②[　　　　] ③[　　　　] ④[　　　　] ⑤[　　　　]

160. 耳の構造とはたらき●　図はヒトの耳の構造を示したものである。

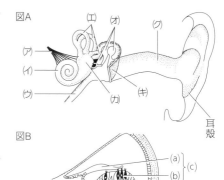

(1) (ア)～(ク)に適する名称を答えよ。

(ア)[　　　　] (イ)[　　　　]
(ウ)[　　　　] (エ)[　　　　]
(オ)[　　　　] (カ)[　　　　]
(キ)[　　　　] (ク)[　　　　]

(2) 図 B は，図 A の(ア)～(ク)のうち，どの部分の断面を示したものか。　　　　　　　　　　　　　[　　　　]

(3) (a)～(c)に適する名称を答えよ。

(a)[　　　　] (b)[　　　　] (c)[　　　　]

(4) (ア)～(ク)のうち，次のはたらきをする部位を選べ。

① からだの傾きを受容する。　[　　　]　② からだの回転を受容する。　[　　　]

161. 音が聞こえるしくみ●　次の文章を読み，空欄に当てはまる適切な語句を答えよ。

ヒトの聴覚器は外耳・中耳・内耳に分けられる。外耳道を通った音は　(ア)　を振動させ，中耳にある　(イ)　によって増幅されて，内耳にある　(ウ)　に伝えられる。　(ウ)　の中は前庭階・うずまき細管・鼓室階に区切られており，うずまき細管には，　(エ)　と聴細胞からなる　(オ)　があり，音を電気信号に変換している。　(オ)　の下の基底膜が振動すると，　(エ)　に接した感覚毛が曲がって聴細胞が興奮する。この興奮は聴神経から大脳の聴覚野に達して音として認識される。

(ア)[　　　　] (イ)[　　　　] (ウ)[　　　　]
(エ)[　　　　] (オ)[　　　　]

162. 音の高低の聞き分け●

図1は基底膜の位置（うずまき管の入り口からの距離）による基底膜の振幅の違いを，4つの異なる振動数の音について示したものである。

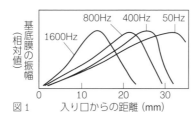

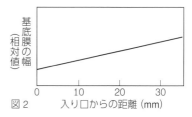

図1　入り口からの距離 (mm)　　図2　入り口からの距離 (mm)

また，図2は基底膜の位置による基底膜の幅の違いを示したものである。次の文章中の①～③について適当なものを，それぞれ(A)，(B)から選べ。

図1のグラフより，音の振動数によって最も強く振動する基底膜の位置は(①(A) 変わらない・(B) 変わる)ことがわかる。 例えば，入り口から(②(A) 近い・(B) 遠い)部分は基底膜の幅が(③(A) 広く・(B) 狭く)，高い振動数の音で大きく振動する。

①[　　　] ②[　　　] ③[　　　]

163. 刺激の受容と反応●　次の文章中の空欄に当てはまる語句を下の語群から選べ。

　動物では，光や音などの刺激が眼や耳などの（　①　）で受け取られる。受け取られた刺激の情報が（　②　）系を通じて最終的に筋肉などの（　③　）に伝えられて，動物の反応や行動が起こる。（　②　）系には，大脳のように，情報を統合・整理・判断し，適切な命令を下すものがあり，これを特に（　④　）系という。また，（　①　）で受け取られた情報を（　④　）系へ伝えるのは（　⑤　）であり，（　④　）系からの命令を（　③　）に伝えるのは（　⑥　）や自律神経である。

〔語群〕　効果器　　受容器　　神経　　感覚神経　　運動神経　　中枢神経

①[　　　　　　]　②[　　　　　　]　③[　　　　　　]
④[　　　　　　]　⑤[　　　　　　]　⑥[　　　　　　]

164. ニューロンの構造●　図はニューロン（神経細胞）の模式図である。以下の問いに答えよ。

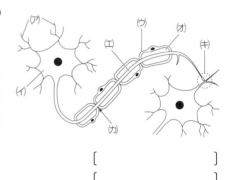

(1) (ア)～(キ)に適する名称を答えよ。

(ア)[　　　　　　]　(イ)[　　　　　　]
(ウ)[　　　　　　]　(エ)[　　　　　　]
(オ)[　　　　　　]　(カ)[　　　　　　]
(キ)[　　　　　　]

(2) (オ)をもつ神経繊維を何というか。　　　　　　　　　　[　　　　　　]
(3) (オ)をもたない神経繊維を何というか。　　　　　　　　[　　　　　　]

165. ニューロンの興奮●　文章中の空欄に当てはまる語句を答えよ。

　興奮していない静止状態のニューロンでは，細胞膜の外側は電気的に（　①　）に帯電し，内側は電気的に（　②　）に帯電している。このことによって，膜の内外で電位差が生じている。この電位差を（　③　）という。ニューロンは刺激を受けると，刺激を受けた部位で細胞内外の電位が瞬間的に逆転し，短時間でもとの状態にもどる。この一連の電位変化を（　④　）といい，このような（　④　）が発生することを興奮という。

①[　　　　　]　②[　　　　　]　③[　　　　　]　④[　　　　　]

166. 静止電位と活動電位●　図はニューロンに刺激を与えて興奮が起こったときの電位の変化を示したもので，基準となる電極を細胞の外側におき，細胞の内側の電位を測定した。以下の問いに答えよ。

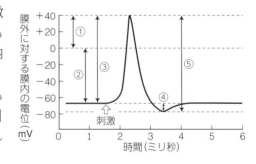

(1) 静止電位の大きさはどれに相当するか。正しいものを図の①～⑤から1つ選べ。　　　[　　　　]

(2) 活動電位の最大値を示しているのはどれか。正しいものを図の①～⑤から1つ選べ。[　　　　]

(3) 軸索の細胞内外の状態に関する次の文章の空欄に当てはまる語句を答えよ。

　　電位変化が起こる前の軸索の細胞膜の外側には（　ア　）イオンが多く，内側には（　イ　）イオンが多い。　　　　　　　　(ア)[　　　　　　]　(イ)[　　　　　　]

(4) 刺激によって電位の変化が生じるとき，細胞外から細胞内に流入するイオンの名称を1つあげよ。　　　　　　　　[　　　　　　]　▶p.131 例題14

167. 活動電位の発生のしくみ●　図はある
ニューロンの細胞膜に存在する膜タンパク質
を模式的に示したものである。これについて，
以下の問いに答えよ。なお，③はエネルギー
を使って Na^+ と K^+ の能動輸送を行うタンパク
質で，④は常に開いている K^+ チャネルである。

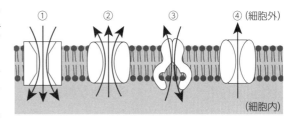

(1) 図中の①，②のタンパク質に関する次の説明を読み，それぞれの名称を答えよ。

　　① 電位変化に依存して開き，Na^+ の受動的な輸送にはたらくタンパク質。

　　　　　　　　　　　　　　　　　　　　　　　　[　　　　　　　　　　　　　]

　　② 電位変化に依存して開き，K^+ の受動的な輸送にはたらくタンパク質。

　　　　　　　　　　　　　　　　　　　　　　　　[　　　　　　　　　　　　　]

(2) 次の文章の空欄に当てはまるタンパク質を，図中の①〜④から選んで記号で答えよ。

　　　静止状態では (ア) と (イ) のはたらきによって，ニューロンの細胞膜内は負，細胞膜外
　　は正に帯電している。刺激を受けると，(ウ) が開いて Na^+ が細胞内に流入し，膜内外の電
　　位が逆転する。(ウ) はすぐに閉じ，(エ) が開いて K^+ が細胞外へ流出し，電位がもとにも
　　どる。その後，(ア) のはたらきで Na^+ の排出と K^+ の取りこみが起こり，イオンの分布が
　　もとの状態にもどる。　　　　　　　　(ア)[　　　]　(イ)[　　　]　(ウ)[　　　]　(エ)[　　　]

168. 刺激の強さと反応の大きさ●　ニューロンは刺激を受けると興奮する。<u>興奮は，刺激が弱
いときには起こらないが，刺激がある値をこえると必ず起こる。</u>興奮の起こる最小限の刺激の強
さを（　①　）という。また，興奮の大きさは刺激の強さに関係なく一定である。1つのニューロ
ンでは刺激が強くなると，そのニューロンに発生する興奮の（　②　）が変化する。

　神経は（　①　）の異なる多数の軸索の束からなり，刺激が強くなるほど興奮を起こすニューロ
ンの数が（　③　）。その結果，神経に生じる反応も大きくなる。

(1) 文章中の空欄に当てはまる語句を答えよ。

　　　　　　　　　　　　　　①[　　　　　　　]　②[　　　　　　　]　③[　　　　　　　]

(2) 下線部のようなニューロンの性質を示した法則を何というか。　　　[　　　　　　　　　　]

(3) (a) 1本のニューロンに与えた刺激の強
　　さとニューロンに生じる反応の大きさ
　　の関係を，(b) 多数の軸索を含む神経に
　　おいて与えた刺激の強さと反応の大き
　　さの関係を，右図にそれぞれ示せ。

↑
反応の大きさ

(a) 1本のニューロン

刺激の強さ →

(b) 神経（軸索の束）

刺激の強さ →

169. 興奮の伝導●　次の文章の空欄に当てはまる語句を答えよ。

　ニューロンに興奮が起こると（　①　）が流れ，それが刺激となって左右の隣接部が興奮し，さ
らに次の隣接部へ興奮が伝わる。これを興奮の（　②　）という。興奮は軸索を（　③　）方向に伝
わる。有髄神経繊維は，軸索にシュワン細胞の細胞膜が何重にも巻きついた（　④　）とよばれる
構造をもつ。（　④　）は絶縁体としてはたらくため，興奮は，一定間隔で存在する（　⑤　）とよ
ばれる（　④　）の切れ目をとびとびに伝わる。このような興奮の伝わり方を（　⑥　）という。

　　　　　　　　　　　　　①[　　　　　　　]　②[　　　　　　　]　③[　　　　　　　]
　　　　　　　　　　　　　④[　　　　　　　]　⑤[　　　　　　　]　⑥[　　　　　　　]

170. 興奮の伝達● 次の文章の空欄に当てはまる語句を答えよ。

ニューロンとニューロンは狭いすき間を隔てて接続しており，この接続部を（ ① ）という。興奮が軸索の末端まで伝わると，末端部にある（ ② ）から神経伝達物質が分泌される。興奮を受け取る側のニューロンには，神経伝達物質を受け取るための受容体があり，この部分に神経伝達物質が作用すると新たに電気的な興奮が起こる。これを興奮の（ ③ ）という。このように，（ ① ）では神経伝達物質によって仲介されるので，興奮は（ ④ ）方向へしか伝達されない。

①[   ] ②[   ] ③[   ] ④[   ]

171. 興奮の伝達のしくみ● 図はシナプスを示している。

(1) 図中の(a)は，興奮の伝達にはたらく化学物質を示す。これを総称して何というか。　[   ]

(2) 図中の化学物質(a)を含む(b)の名称を答えよ。

[   ]

(3) 図において，興奮は(ア)〜(ウ)のどの方向に伝達されるか。

[   ]

(4) 興奮が軸索の末端まで伝わると，細胞膜にある電位依存性のチャネルが開いて，あるイオンが流入することで(a)が分泌される。このとき，流入するイオンは何か。　[   ]

(5) 興奮が伝達された細胞で見られる電位変化を何というか。　[   ]

172. シナプスの種類● さまざまな種類のシナプスに関する以下の問いに答えよ。

(1) シナプスには，神経伝達物質の種類によって，次のニューロンを興奮させるものと抑制するものがある。興奮させるシナプスの名称を答えよ。　[   ]

(2) (1)のシナプスで，軸索の末端から放出される物質の名称を2つ答えよ。

[,   ]

(3) 抑制性シナプスにおいて，神経伝達物質がシナプス後細胞に到達すると，(a) シナプス後細胞の膜電位は上昇するか低下するか。また，(b) 活動電位は起きやすくなるか起きにくくなるか。
膜電位は[(a)   ]し，活動電位は[(b)   ]なる。

173. ヒトの神経系● 次の文章を読み，[   ]に当てはまる適切な語句を答えよ。

哺乳類の神経系は，脳とそれに続く (ア) で構成される (イ) 神経系と，末しょう神経系からなる。末しょう神経系は，構造的には (ウ) と (ア) 神経に分けられ，ヒトでは (ウ) が12対ある。また，末しょう神経系は，機能的には (エ) と自律神経系に分けられ，(エ) には遠心性の (オ) と求心性の (カ) とがある。

脳は大脳・間脳・中脳・小脳・延髄などからなる。大脳は，大脳皮質と大脳髄質に分かれ，大脳皮質には細胞体が多く集まっているので，その色から (キ) とよばれる。一方，(ア) は，脊椎骨の中を走行し，大脳とは逆に (キ) が中心部に存在する。ここには神経繊維が出入りし，背根には (カ) が通っており，細胞体の集まりである脊髄神経節がある。また (ク) には (オ) や自律神経が通っている。

(ア)[   ] (イ)[   ] (ウ)[   ] (エ)[   ]
(オ)[   ] (カ)[   ] (キ)[   ] (ク)[   ]

174. 脳の構造とはたらき● ヒトの脳に関する以下の問いに答えよ。

(1) 図1は，ヒトの脳の断面図である。次の①～⑤に関係する部
分を，図1の(a)～(e)から選び，その名称とともに記せ。

① からだの平衡を保つ　② 眼球運動の中枢
③ 体温調節の中枢　　　④ 呼吸運動の中枢
⑤ 随意運動の中枢

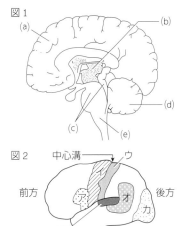
図1

①[　　，　　　]②[　　，　　　]
③[　　，　　　]④[　　，　　　]
⑤[　　，　　　]

(2) 図2は，ヒトの脳の左半球の外側面の図である。運動の中枢
と視覚の中枢は大脳のどの部分にあるか。図2のア～カから
選び，それぞれ記号で答えよ。

運動の中枢[　　　]　視覚の中枢[　　　]

175. 大脳と脳幹● 次の文章を読み，以下の問いに答えよ。

　大脳皮質はニューロンの（　①　）が集まる（　②　）で，大脳髄質はニューロンの（　③　）が集
まる（　④　）である。ヒトでは，大脳皮質は（　⑤　）と（　⑥　）からなり，感覚の中枢，随意運
動の中枢，記憶や言語・思考・意志などの精神活動の中枢がある（　⑤　）が特によく発達してい
る。（　⑥　）には（　⑦　）とよばれる，記憶の形成において重要なはたらきをする部位が含まれ
ている。（　⑥　）は感情に基づく行動と関係が深い。（　⑥　）から出る軸索は脳幹と連絡し，内
分泌系や自律神経系の活動を調節している。

(1) 文章中の空欄に当てはまる語句を次の語群から選べ。

　[語群]　軸索　　細胞体　　白質　　灰白質　　脳梁　　海馬
　　　　　新皮質　　辺縁皮質

①[　　　　　]②[　　　　　]③[　　　　　]④[　　　　　]
⑤[　　　　　]⑥[　　　　　]⑦[　　　　　]

(2) 脳幹とよばれる脳の部分の名称を3つ答えよ。　[　　　，　　　，　　　]

176. 脊髄での興奮伝達経路● 図は脊髄の横断面とそこ
に存在する1つの神経経路を示したものである。

(1) 図中の(a)～(d)の部分，およびニューロン(e)，(f)の名称
を記せ。

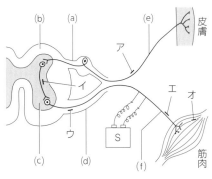

(a)[　　　　　]　(b)[　　　　　]
(c)[　　　　　]　(d)[　　　　　]
(e)[　　　　　]　(f)[　　　　　]

(2) 図のような興奮伝達の経路を何というか。

[　　　　　]

(3) Sで電気刺激を与えたとき，活動電位が記録される部分を，図中のア～オからすべて選べ。

[　　　　　]

(4) アの位置で(3)と同様にSを用いて電気刺激を与えたとき，活動電位が記録される部分を，図
中のイ～オからすべて選べ。

[　　　　　]

177. 筋肉の構造と収縮● 次の文章を読み，以下の問いに答えよ。

骨格筋は（ ア ）とよばれる多核で細長い細胞が集合してできており，（ ア ）の中には①細いフィラメントと②太いフィラメントからなる（ イ ）が多数存在する。

図1

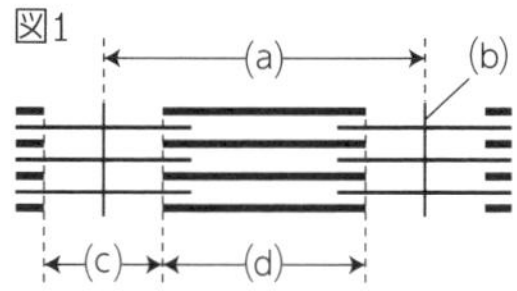

(1) 文章中の空欄に適切な語句を入れよ。　(ア)[　　　　]　(イ)[　　　　]

(2) 図1は（ イ ）の構造上の単位を模式的に表した図である。(a)～(d)の名称を答えよ。

　(a)[　　　　]　(b)[　　　　]　(c)[　　　　]　(d)[　　　　]

(3) 図1がし緩状態を表すとすると，収縮状態を表す図として適切なものを図2の(A)～(D)から1つ選べ。　[　　　]

図2

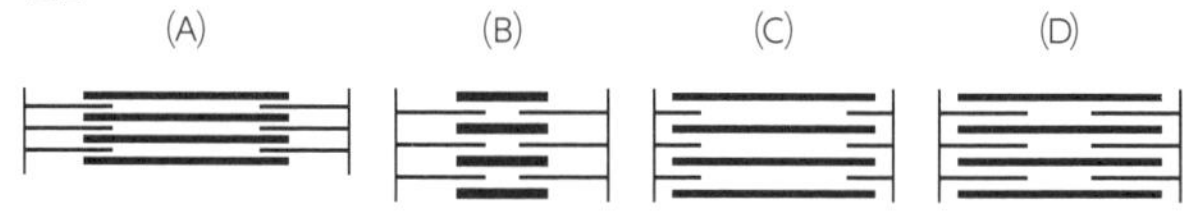

(4) 下線部①，②のフィラメントの名称をそれぞれ答えよ。　①[　　　　]　②[　　　　]

178. 筋収縮のしくみ● 次の文章を読み，空欄に当てはまる語句を答えよ。

神経からの刺激が筋繊維（筋細胞）に伝えられると，細胞膜を経由して刺激が　(a)　に伝えられて，　(a)　に貯蔵されていた　(b)　イオンが放出される。　(b)　イオンの作用によって太い　(c)　フィラメントと細い　(d)　フィラメントが結合できるようになる。この結合によって，　(c)　フィラメントにある突起（頭部）が ATP アーゼとしてはたらき，エネルギーが放出され，このとき放出されるエネルギーによって筋収縮が起こる。

筋収縮が連続して起こると，ATP が不足する。運動時には，筋肉中に存在する高エネルギーリン酸結合をもつ　(e)　が　(f)　に分解され，このとき放出されるエネルギーとリン酸によって，　(g)　から ATP が合成され，筋収縮に用いられる。

　(a)[　　　　]　(b)[　　　　]　(c)[　　　　]　(d)[　　　　]

　(e)[　　　　]　(f)[　　　　]　(g)[　　　　]

179. 単収縮と強縮● 骨格筋に運動ニューロンがついた神経筋標本を作製し，運動ニューロンに1回だけ電気刺激を与えると図1のような収縮が生じた。また，さまざまな間隔で電気刺激を与えて，生じた筋収縮を記録したところ，図2のA～Cのような収縮が見られた。図1に示した収縮は図2のAに当たる。

図1

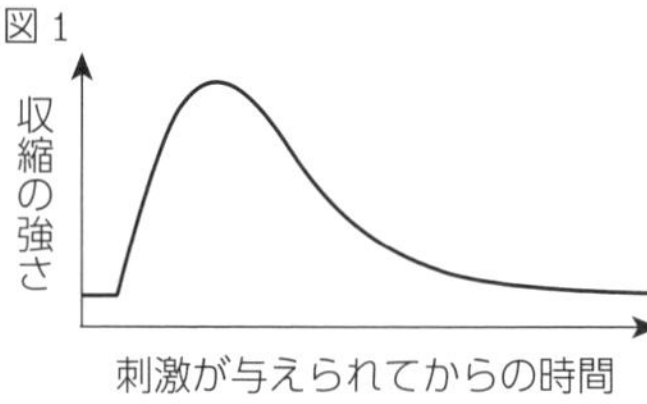

(1) 運動ニューロンに刺激が与えられてから収縮が起こる過程で見られる次の①～③の現象を，起こる順番に並べよ。

　① ミオシンがアクチンフィラメントをたぐり寄せる。

　② 運動ニューロンから興奮が筋繊維に伝わる。

　③ 運動ニューロンを興奮が伝わる。

　[　　　→　　　→　　　]

図2

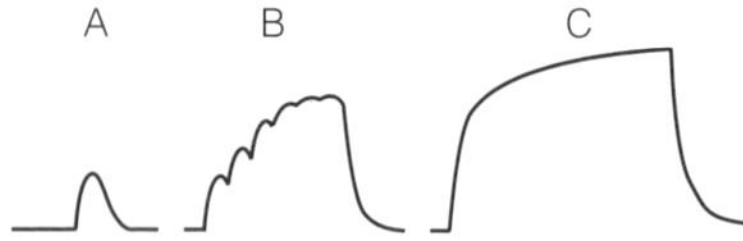

(2) AとCの収縮をそれぞれ何というか。　A[　　　　]　C[　　　　]

(3) AからCまで刺激の頻度を増やしたときに生じる現象に○を，生じない現象に×を答えよ。

　① 収縮時の個々のサルコメアの長さがより短くなる。　[　　　]

　② 持続的な収縮が起こる。　[　　　]

　③ 1つの運動ニューロンに生じる1回の活動電位がさらに大きくなる。　[　　　]

180. 動物の行動●　次の①～④の行動はそれぞれ何とよばれるか，最も適当なものを下の語群から選べ。また，生得的な行動には a，学習による行動には b と記せ。

① 伝書バトが地磁気の情報を知覚して移動する方向を決める。　［　　　，　　　］

② アメフラシは水管を刺激されるとえらを引っこめるが，くり返し刺激するとやがて引っこめなくなる。　　　　　　　　　　　　　　　　　　　　　［　　　，　　　］

③ イヌに肉片を与える前にいつもベルを鳴らすと，イヌはベルが鳴っただけで唾液を分泌するようになる。　　　　　　　　　　　　　　　　　　　　　［　　　，　　　］

④ レバーを押すとえさが出る装置をもつ箱に入れられた鳥は，はじめは偶然にレバーを押してえさを得るが，試行錯誤の結果，レバーを押す頻度が上がる。［　　　，　　　］

〔語群〕　知能行動　　定位　　刷込み　　慣れ　　オペラント条件づけ　　古典的条件づけ

181. いろいろな生得的行動●　次の文章を読み，以下の問いに答えよ。

　動物は，外部からの刺激に対して，遺伝的にプログラム化された行動を示すことがあり，これは　（ア）　行動とよばれ，(a)メンフクロウが暗闇で獲物が立てる音をたよりに正確に獲物の位置を特定する　（イ）　や，繁殖期のイトヨの雄が，同種の雄の(b)腹部の赤色を情報として受け取り，その雄を追い払うといった攻撃行動などがある。コロニーとよばれる社会性の集団をつくる昆虫などでは　（ウ）　が発達している。(c)アリでは嗅覚を利用した化学　（ウ）　を行っており，(d)ミツバチではなかまに蜜のある花の場所を知らせるためのダンスによる　（ウ）　を行っている。

(1) 文章中の□□に当てはまる語句を答えよ。

　　(ア)［　　　　　　　　　］　(イ)［　　　　　　　　　］　(ウ)［　　　　　　　　　　　］

(2) 下線部(a)のメンフクロウは左右非対称の耳をもっている。メンフクロウは，両耳に到達する音のどのような情報を処理して獲物の位置を特定しているか。2つ答えよ。

　　　　　　　　［　　　　　　　　　，　　　　　　　　　　　　］

(3) 下線部(b)のような，動物に特定の行動を引き起こす刺激を何というか。　［　　　　　　　］

(4) 下線部(c)について，アリは化学物質を分泌してなかまに食物のある場所を伝えたり，警戒を促したりする。このような物質を何というか。　　　　　［　　　　　　　　　］

(5) 下線部(d)について，ミツバチは蜜のある花が巣から近いとき（80 m 以内）と遠いときで異なるダンスをする。① 近いときに行うダンス，② 遠いときに行うダンス，はそれぞれ何とよばれているか。　　　　　　　　　①［　　　　　　　］　②［　　　　　　　　］

182. 学習行動●　次の文章中の空欄に当てはまる語句を答えよ。

　動物は，生得的な行動のほかに，経験によっても行動を身につけていく。経験のくり返しによって行動が変化することを（　①　）という。（　①　）には同じ刺激を何度もくり返し受けると反応が弱くなる（　②　）や，2つの異なる出来事を結びつける（　③　）などがある。（　③　）には，ある反射を起こす刺激と，それとは無関係な刺激（条件刺激）を同時に与え続けると，条件刺激だけで反射が起こるようになる（　④　），自発的な行動とその行動の結果生じる報酬や罰などの出来事を結びつける（　⑤　）がある。さらに，チンパンジーなどでは，他個体の行動を観察することによって起こる（　①　）行動も見られる。

　　①［　　　　　　　　　］　②［　　　　　　　　　　　］　③［　　　　　　　　　　　］

　　④［　　　　　　　　　］　⑤［　　　　　　　　　　　］

●● 章末総合問題

183. 次の文章を読み，以下の問いに答えよ。

ヒトの眼は光を受容する受容器で，光は網膜にある(ア)視細胞に受容される。視細胞の興奮は，図1のように視神経を経て大脳の視覚野に達する。ヒトでは，両眼の内側の網膜から出た神経だけが交さ(視交さ)して，反対側の視索に入る。(イ)網膜から視覚野に興奮を伝える過程の途中で視神経が切断されると，視野の一部が欠損する。

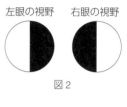
図1

(1) 下線部(ア)に関して，ヒトの視細胞に関する記述として最も適当なものを1つ選べ。　　　　［　　　］

① 黄斑には，錐体細胞と桿体細胞の両方が多く分布する。

② 錐体細胞には，青，黄，赤錐体細胞の3種類が存在する。

③ 錐体細胞は，赤外線を受容できないが紫外線を受容できる。

④ 暗順応において，時間が経過すると錐体細胞の感度が低下する。

⑤ 桿体細胞にある視物質はロドプシンで，光が当たるとオプシンとレチナールに分解される。

例　図2

(2) 下線部(イ)に関して，図1のAもしくはBの位置で視神経が切断されると視野の一部が欠損した。図2の例にならって視野が欠損した部分を黒く示せ。　　　［21 京都女子大 改］

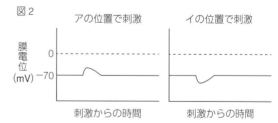

A で視神経が切断　　　B で視神経が切断

🧪 **184.** シナプスの種類と興奮の伝達に関する次の文章を読み，以下の問いに答えよ。

図1はニューロンZに対してシナプスを形成するXとYの2つのニューロンを示している。ニューロンX，Yのア，イを刺激したときの，ニューロンZの膜電位を測定した(図2)。

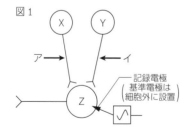

(1) ニューロンXとZの間のシナプスを何というか。　　　　［　　　　　　　　］

(2) ニューロンYから分泌される神経伝達物質によって，ニューロンZの細胞体への流入が促進されるおもなイオンは何か。　　　　［　　　　　　　　］

(3) ニューロンXと同じはたらきをもつ複数のニューロンがニューロンZにシナプスを形成する場合，これらのニューロンから同じタイミングで信号が入力されると，ニューロンZの膜電位はどのように変化するか。右の図に示せ。

［21 弘前大 改］

膜電位 (mV)　0　−70
刺激からの時間

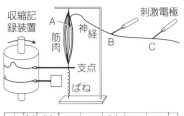

185. 筋肉の収縮と興奮の伝導速度に関する次の文章を読み，以下の問いに答えよ。

カエルの骨格筋を，神経をつけたまま取り出し，右図のような装置で筋肉の収縮曲線を描いた。まず，神経と筋肉との接合部の A 点で筋肉を直接刺激すると，7/600 秒後に筋肉が収縮を始めた。右のグラフはそのときの収縮曲線である。

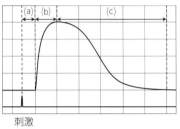

(1) グラフ中の(a)，(b)，(c)各時期の名称を記せ。

(a)[　　　　　　]

(b)[　　　　　　]

(c)[　　　　　　]

(2) グラフのような筋肉の収縮を何というか。

[　　　　　　]

(3) A 点から 5cm 離れた B 点に 1 回刺激を与えると，筋肉は 1/30 秒後に収縮を始め，B 点から 5cm 離れた C 点を 1 回刺激すると，21/600 秒後に収縮が始まった。このとき，興奮がこの神経を伝わる速度は何 m/ 秒か。 [　　　　　　]

(4) A 点で神経の末端を刺激すると，19/600 秒後に筋肉の収縮が始まった。A 点で神経から筋肉に興奮が伝達するのに必要な時間は何秒か。 [　　　　　　]

(5) (4)で神経から筋肉に興奮が伝達されるときに放出される神経伝達物質は何か。

[　　　　　　]

▷ p.131 例題 15

186. 次の文章を読み，以下の問いに答えよ。

一般的に動物は，周囲からのさまざまな情報を刺激として（　①　）で受け取る。受け取られた情報は，神経を伝わり中枢で処理され，処理された情報が（　②　）に伝えられる。その結果，環境に応じた反応が生じる。

動物が生まれてから受けた刺激によって行動を変化させたり，新しい行動を示したりすることを（　③　）という。海生軟体動物であるアメフラシは，水管から海水を出し入れして呼吸をしている。この水管に接触刺激を与えると，えらを引っこめる筋肉運動を示すが，接触刺激をくり返すと引っこめなくなってしまう。水管への刺激をくり返すと，水管で感じた刺激を伝える（　④　）とえらを引っこめる（　⑤　）との間の（　⑥　）で，（　④　）末端から放出される（　⑦　）の量が減少するため，（　⑥　）での伝達の効率が低下するのである。このような行動を（　⑧　）といい，動物に広く見られる単純な（　③　）行動である。

(1) 文章中の空欄に当てはまる語句を答えよ。

①[　　　　　] ②[　　　　　] ③[　　　　　] ④[　　　　　]

⑤[　　　　　] ⑥[　　　　　] ⑦[　　　　　] ⑧[　　　　　]

(2) 下線部とは異なり，行動には，習わずとも遺伝的に決まっている定型的なものもある。(a) このような行動を何というか。また，(b) ヒト以外でその例を 1 つあげよ。

(a)[　　　　　　　　　]

(b)[　　　　　　　　　　　　　　　　　　]

[信州大 改]

第 5 章 動物の反応と行動

第6章 植物の環境応答

1 植物の生活と植物ホルモン

A 環境要因の受容と植物の反応

植物は温度や光などの環境要因の変化を受容体によって感知し，感知した情報を応答する細胞へと伝える。その結果，植物は植物体を成長させたり，新たな器官を分化させたりすることで環境要因の変化に反応する。

(1) **光受容体**　植物体内に存在し，光を受容するタンパク質。

 ① [¹　　　　　　　　]　赤色光を吸収。種子の発芽や花芽形成に関与する。

 ② [²　　　　　　　　　]　青色光を吸収。幼葉鞘の光屈性や気孔の開口に関与する。

 ③ **クリプトクロム**　青色光を吸収。胚軸の伸長の抑制に関与する。

(2) **植物ホルモン**　植物体内での情報伝達にはたらく低分子の物質の総称。細胞内で合成された後，別の細胞に移動し遺伝子発現を調節することで，細胞の成長などを調節する。

 例　オーキシン，ジベレリン，アブシシン酸，エチレンなど

(3) **環境変化への反応**　応答する細胞の受容体に植物ホルモンが結合すると，遺伝子発現が変化して特定のタンパク質が合成されたり，活性が変化したりする。

2 発芽の調節

A 種子の休眠と発芽

多くの種子は形成された後，一定期間発芽が抑制されている(**休眠**)。休眠は[³　　　　　　　　]によって維持される。休眠中の種子は，適当な条件(水分と酸素と温度)がそろうと活動を始める。イネ科植物の種子では，胚で合成された[⁴　　　　　　　]が**糊粉層**の細胞に作用すると，糊粉層でアミラーゼ遺伝子の転写が促進される。合成されたアミラーゼは糊粉層から胚乳へ分泌され，胚乳中のデンプンを糖に分解する。糖が胚に栄養分として吸収されると，種子が発芽する。

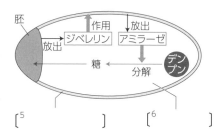

[⁵　　　　　　　]　[⁶　　　　　　　]

B 種子の発芽と光

(1) **光発芽種子**　レタスやタバコの種子は，発芽に光を必要とする。このような種子を[⁷　　　　　　　]という。

 光発芽種子では，[⁸　　　　]光を当てると発芽するが，[⁹　　　　]光を当てるとその効果が打ち消される。これらの光を交互に照射した場合には，最後に照射した光が赤色光であれば発芽し，遠赤色光であれば発芽しない。

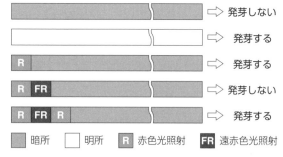

補足　植物の葉は遠赤色光をあまり吸収しない。光発芽種子は，他の植物の陰になり光が当たらない環境での発芽を抑制することで，芽ばえの生存率を上げていると考えられる。

参考　カボチャなどの種子は，光によって発芽が抑制され，**暗発芽種子**とよばれる。

(2) **フィトクロム**　光発芽種子における光条件の感知には，赤色光を受容する**フィトクロム**が関与している。フィトクロムには[10 　　]型と[11 　　]型があり，P_R 型が赤色光を吸収し，P_FR 型になると，種子の中でジベレリンの合成が誘導される。

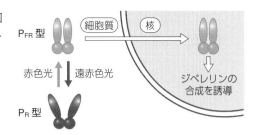

P_FR 型　細胞質　核
赤色光　遠赤色光
ジベレリンの合成を誘導
P_R 型

3 成長の調節

A 植物の成長と光

(1) **オーキシンのはたらき**　植物の成長の調節には，[12 　　　　　　]が関与している。天然のオーキシンの化学的な実体は[13 　　　　　　](**IAA**)とよばれる化合物である。オーキシンが作用すると細胞壁の主成分であるセルロース繊維どう

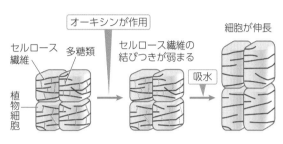

オーキシンが作用　細胞が伸長
セルロース繊維　多糖類　セルロース繊維の結びつきが弱まる
植物細胞　吸水

しを結びつけている多糖類が分離するなどでセルロース繊維の結びつきが弱まり，細胞は吸水して伸長することが可能になる。

(2) **極性移動**　オーキシンの移動には，細胞膜上の2種類のタンパク質(オーキシン取りこみ輸送体，オーキシン排出輸送体)が関与している。オーキシンの細胞外への排出は，細胞の基部側に集中して存在しているオーキシン排出輸送体によってのみ起こる。よって，茎ではオーキシンは先端側から基部方向に移動する。このような方向性をもった物質の移動を[14 　　　　　　]という。

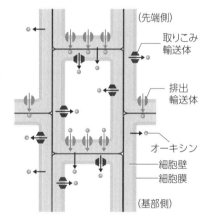

(先端側)
取りこみ輸送体
排出輸送体
オーキシン
細胞壁
細胞膜
(基部側)

(3) **光屈性とオーキシン**　マカラスムギの幼葉鞘に一方向から光を当てると，光のほうへ屈曲する(**光屈性**)。

① 幼葉鞘に当たった光は，青色光受容体である[15 　　　　　　]によって受容される。

② 幼葉鞘の先端部の細胞で，一部のオーキシン排出輸送体の分布が変化する。

③ 先端部でのオーキシンの濃度分布に差が生じる(陰側が高濃度になる)。

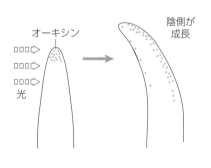

オーキシン
陰側が成長
光

④ 濃度差が維持されたままオーキシンが基部方向へ輸送され，陰側の伸長成長がより促進されて光の当たっている側に屈曲する。

第6章　植物の環境応答

空欄の解答　1 フィトクロム　2 フォトトロピン　3 アブシシン酸　4 ジベレリン　5 糊粉層　6 胚乳
7 光発芽種子　8 赤色　9 遠赤色　10 P_R　11 P_FR　12 オーキシン　13 インドール酢酸　14 極性移動
15 フォトトロピン

(4) **成長の調節と植物ホルモン**　**ジベレリン**, **エチレン**などは, 細胞壁を構成するセルロース繊維の配列を変化させて, 細胞が成長する方向を調節する。

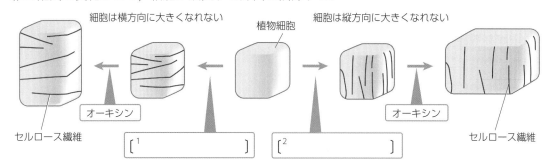

細胞は横方向に大きくなれない　　植物細胞　　細胞は縦方向に大きくなれない

オーキシン　　　　オーキシン

セルロース繊維　　　　　　　　　　　　　　　　　セルロース繊維

[1   ]　　[2   ]

参考　**光屈性の研究の歴史**

幼葉鞘を用いた光屈性の研究から, 植物の成長を促進する物質の存在が明らかになった。

ダーウィンの実験　幼葉鞘の先端部で光の方向を感知すると, 情報が伝達され, やや下で屈曲する。

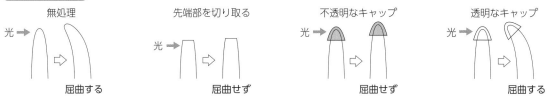

無処理	先端部を切り取る	不透明なキャップ	透明なキャップ
光 →	光 →	光 →	光 →
屈曲する	屈曲せず	屈曲せず	屈曲する

ボイセン イェンセンの実験　先端部でつくられた物質は光の当たらない側を通って基部に伝えられる。

雲母片※の反対側から光	雲母片※の側から光	雲母片※を垂直に差す	ゼラチン※をはさむ
光 →	光 →	光 →	光 →
屈曲せず	屈曲する	屈曲せず	屈曲する

※オーキシンは水溶性であるため, 雲母片のような水を通さない物質は通過しないが, ゼラチンは通過する。

パールの実験　先端部でつくられた化学物質が不均一に分布することで屈曲する。

暗所
先端部をずらす　⇒　屈曲する

ウェントの実験　先端部でつくられる物質は水溶性の化学物質であり, 成長を促進する。

幼葉鞘をおいた寒天片をのせる　⇒　屈曲する

B **植物の成長と重力**

(1) **重力屈性とオーキシン**　右図は, 植物の各器官を切り取り, オーキシンを加えて培養したときの結果を, オーキシンを加えずに培養した場合と比較したものである。オーキシンは細胞の成長を促進するが, その最適濃度は器官によって異なり, 濃度が高すぎるとかえって成長を抑制する。

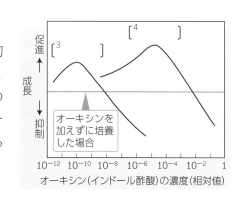

促進　成長　抑制

[3   ]　[4   ]

オーキシンを加えずに培養した場合

10^{-12}　10^{-10}　10^{-8}　10^{-6}　10^{-4}　10^{-2}　1
オーキシン(インドール酢酸)の濃度(相対値)

暗所で水平に置かれた芽ばえでは，オーキシンが下方に移動して下側の濃度が高まる。そのため，茎では下側の成長が相対的に促進されて上方(重力方向とは反対の方向)に屈曲する([5　　　]の重力屈性)。

根でも同様に下側のオーキシン濃度が高まるが，根では高濃度のオーキシンは成長を抑制するため，下側の成長が相対的に抑制されて下方(重力方向)に屈曲する([6　　　]の重力屈性)。

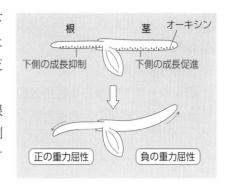

(2) **根における重力の感知**　重力の方向は根の先端にある[7　　　　　　]によって感知される。根冠の細胞は，デンプン粒を含む[8　　　　　　]とよばれる細胞小器官をもつ。

① アミロプラストは細胞内で[9　　　　]方向に移動する。

② アミロプラストの移動に合わせて，オーキシン排出輸送体の細胞膜上での分布が変わる。

③ オーキシン排出輸送体が重力方向の側の細胞膜に多く分布することにより，根端まで運ばれてきたオーキシンは下側により多く輸送される。

④ 根では高濃度のオーキシンは細胞の成長を抑制するため，オーキシンの濃度が高くなった下側では根の伸長が抑制され，[10　　　　]に屈曲する。

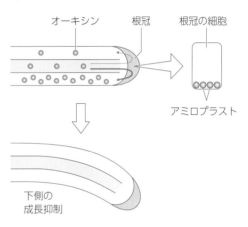

根冠の細胞でアミロプラストが蓄積した方向(重力方向)にオーキシンが移動

参考　**植物の成長と反応**

① **屈性**　植物が方向性をもった刺激に対して，一定の方向に曲がる性質。屈性には刺激の種類によってさまざまなものがあり，表のように分けられる。刺激源の方向に向かう場合を**正**(+)，刺激源から遠ざかる場合を**負**(-)とする。

種　類	刺　激	例
光屈性(屈光性)	光	茎(+)，根(-)
重力屈性(屈地性)	重　力	根(+)，茎(-)
接触屈性(屈触性)	接　触	巻きひげ(+)
化学屈性(屈化性)	化学物質	花粉管(+)

② **傾性**　植物の器官が刺激の方向とは無関係に，ある一定の方向に屈曲する性質。

　例　**光傾性**…タンポポの花の開閉。**温度傾性**…チューリップの花の開閉。

③ **成長運動**　屈性や一部の傾性は植物体の成長に伴う運動で，部分的な成長速度の違いによって起こる。

④ **膨圧運動**　細胞の**膨圧**(細胞内に流入した水が細胞壁を押し広げようとする圧力)の変化によって起こる植物の運動。成長運動とは異なり，可逆的である。

　例　気孔の開閉，オジギソウの葉の就眠運動(夜，茎が垂れ下がる)。

空欄の解答　1 ジベレリン　2 エチレン　3 根　4 茎　5 負　6 正　7 根冠　8 アミロプラスト　9 重力
10 下方

4 器官の分化と花芽形成の調節

A 植物の器官と組織

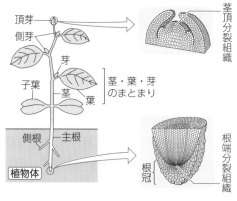

茎頂分裂組織

頂芽
側芽
芽
子葉
茎・葉・芽のまとまり
茎
葉
側根 主根
植物体
根端分裂組織
根冠

(1) **頂端分裂組織** 植物体において，根は**根端分裂組織**から，茎や葉や花は**茎頂分裂組織**から，それぞれ生じる。根端分裂組織と茎頂分裂組織をまとめて[¹   ]という。茎頂分裂組織が若い葉に囲まれたものを**芽**という。

(2) [²   ] 頂芽で合成された**オーキシン**が下方へ移動し，側芽の成長を抑制する現象。頂芽優勢によって側芽の不必要な伸長を抑制し，頂芽に優先的に養分を送ることで，より多くの光を受容する位置に葉をつけることができる。

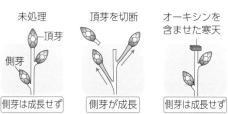

未処理
頂芽
側芽
側芽は成長せず

頂芽を切断
側芽が成長

オーキシンを含ませた寒天
側芽は成長せず

B 花芽形成の調節

(1) **光周性** 日長(1日の昼間の長さ)の長短(実際には連続した暗期の時間の長短)によって，花芽の形成などが左右される性質を[³   ]という。花芽形成と日長との関係から，種子植物は次のように大別される。

[⁴]植物	日長が一定時間以上で花芽形成促進	春咲きが多い	アブラナ・ダイコン・コムギ・シロイヌナズナ・ホウレンソウ
[⁵]植物	日長が一定時間以下で花芽形成促進	夏～秋咲きが多い	キク・ダイズ・アサガオ・オナモミ・アサ・イネ・コスモス
中性植物	日長と無関係に花芽形成が起こる	四季咲きが多い	トマト・ヒマワリ・セイヨウタンポポ・エンドウ・トウモロコシ

(2) **長日処理と短日処理** 長日植物は，早朝または夕刻に人工的な照明を与える**長日処理**によって，花芽を形成させることができる。短日植物は，早朝または夕刻にしゃ光をする**短日処理**によって，花芽を形成させることができる。

(3) **限界暗期** 花芽形成が起こる，長日植物では最長の，短日植物では最短の暗期の長さを[⁶   ]という。短日植物では，下図のように，暗期をごく短時間の光照射で中断([⁷   ])すると，花芽形成が起こらなくなる。このように，花芽形成には連続した暗期の長さが重要である。一般に，光周性には赤色光受容体である[⁸   ]が関与し，光中断には赤色光が有効である。

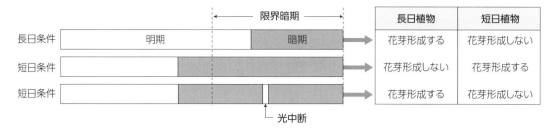

	長日植物	短日植物
長日条件	花芽形成する	花芽形成しない
短日条件	花芽形成しない	花芽形成する
短日条件	花芽形成する	花芽形成しない

限界暗期
明期　暗期
光中断

(4) **葉による日長の感知**　短日植物を用いた次の実験から，花芽形成を促進する物質は一定時間の暗期が条件となって**葉**でつくられ，**師管**を通って茎頂分裂組織に運ばれると考えられた。この物質は[⁹　　　　　　　]と名づけられた。

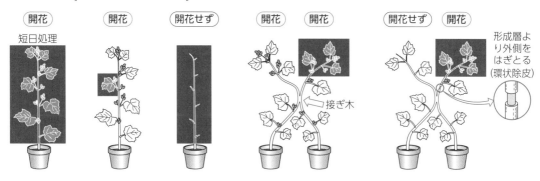

(5) **フロリゲンの実体**　短日植物であるイネでは **Hd3a** とよばれるタンパク質が，長日植物であるシロイヌナズナでは **FT** とよばれるタンパク質が，それぞれフロリゲンの実体であることが知られている。これらのタンパク質は，茎頂分裂組織で花芽の分化に関連する一群の遺伝子の発現を誘導する。

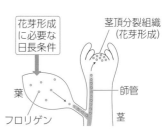

(6) **花の構造を決める遺伝子**　花芽は頂芽や側芽が変化して生じる。被子植物の花は，がく片，花弁，おしべ，めしべからなる(右図)。このような花の構造の形成には，3種類の**ホメオティック遺伝子**(*A*クラス，*B*クラス，*C*クラス)が関与しており，これらの遺伝子が欠損すると，正常な花の構造がつくられなくなる(下図)。このような3つのクラスの遺伝子による花の形成のしくみを[¹⁰　　　　　　]という。ABCモデルでは*A*クラスの遺伝子と*C*クラスの遺伝子は互いに発現を抑制しあっており，*A*クラスの遺伝子が欠損すると*C*クラスの遺伝子が発現するので，がく片になる部分がめしべに，花弁になる部分がおしべになった花ができる。

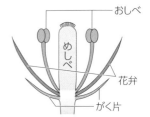

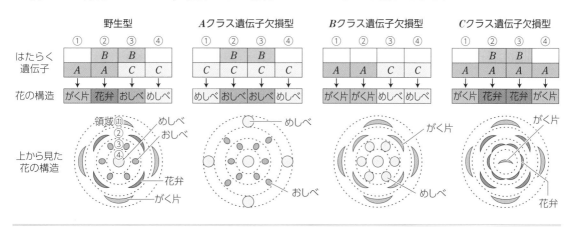

空欄の解答　1 頂端分裂組織　2 頂芽優勢　3 光周性　4 長日　5 短日　6 限界暗期　7 光中断　8 フィトクロム
9 フロリゲン　10 ABCモデル

参考 秋まきコムギの開花・結実には，あらかじめ低温に一定期間さらされることが必要である。このような低温状態の経験によって花芽形成などが促進される現象を**春化**といい，種子や植物体を低温状態におくことで，花芽形成を促進することを**春化処理**という。

発展 植物の花芽形成においては日長の変化だけではなく，植物がもつ約24時間周期の**概日リズム**もかかわっている例が知られている。イネなどでは，フロリゲンの発現は，周期的に発現量が増減しリズムを決めるタンパク質の発現量と明暗の情報によって調節されている。

5 環境の変化に対する応答

A 物質の出入りの調節

(1) **気孔の開閉と環境要因**　植物の葉には，2個の孔辺細胞に囲まれたすき間である[¹　　　　]が存在する。気孔からは，光合成に必要な二酸化炭素が取りこまれ，蒸散によって水分が放出されている。植物は光の強さや乾燥などの環境要因を感知し，気孔の開閉状態を調節している。

(2) **気孔の開閉のしくみ**

気孔が開くとき	気孔が閉じるとき
① [²　　　　　　　](青色光受容体)によって光を感知する。	① 水分が不足すると，[³　　　　　　　]が合成されて，葉での濃度が高まる。
② 孔辺細胞の細胞膜にあるカリウムチャネルが開く。	② 孔辺細胞の細胞膜にあるカリウムチャネルが開く。
③ K⁺が細胞内に流入して浸透圧が上昇。細胞内に水が流入する。	③ K⁺が細胞外に排出されて浸透圧が低下。細胞から水が流出する。
④ 孔辺細胞が膨らんで湾曲し，気孔が開く。	④ 孔辺細胞の膨圧が低下し，気孔が閉じる。

気孔が開いた状態　　　　　　　　気孔が閉じた状態

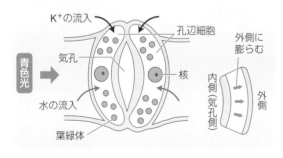
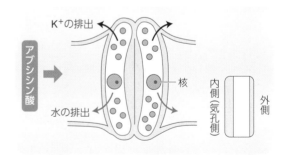

補足 孔辺細胞では，気孔側の細胞壁が厚くなっているため，吸水すると細胞が外側に湾曲する。

B 植物の防御応答

(1) **病原体に対する応答**　ウイルスは死細胞の中では増殖できないため，感染部の周囲の細胞で細胞死が起こり，他の細胞への感染を防ぐ。また，感染部位の近くで合成されたエチレンにより，ウイルスの増殖を防ぐ作用をもつ物質の合成が引き起こされる例などが知られている。

(2) **食害に対する応答**　昆虫などによって食害された葉や茎から乳液が分泌されて昆虫の動きを止める例や，昆虫がもつタンパク質分解酵素のはたらきを阻害する物質を合成し，昆虫による食害が拡大するのを防ぐ例などがある。

補足 ウイルスの増殖を防ぎ，植物体の病原体に対する抵抗性を高める物質(植物ホルモン)として**サリチル酸**が，昆虫の食害を受けた葉で合成され，昆虫の食害を防ぐはたらきをもつ物質(植物ホルモン)として**ジャスモン酸**が知られている。

(3) **低温に対する応答** 段階的に低温を経験すると，植物体内で糖やアミノ酸が合成され，凝固点が降下し，細胞が凍結しにくくなる。また，生体膜の流動性を高める脂質の割合を増やすことで，生体膜の流動性が維持される。

6 配偶子形成と受精

A 被子植物の配偶子形成と受精

被子植物ではおしべの**やく**とめしべの**胚珠**の中で減数分裂が起こり，それぞれ花粉母細胞から花粉四分子が、胚のう母細胞から胚のう細胞が形成される。

(1) **花粉と精細胞の形成**

やく：花粉母細胞 ⇒ [4   ] → 花粉 { [5   ] → 2個の精細胞
(2n)   減数分裂   (n)   花粉管細胞   (雄性配偶子)

(2) **胚のうと卵細胞の形成**

胚珠：胚のう母細胞 ⇒ [6   ]→→→胚のう { 2個の極核をもつ中央細胞
(2n)   減数分裂   (n)   卵細胞1個(雌性配偶子)
                                          助細胞2個・反足細胞3個

(3) **重複受精** 花粉は，めしべの柱頭に**受粉**すると発芽して**花粉管**を伸ばし，雄原細胞は分裂して2個の[7   ]を生じる。花粉管の中を移動して胚のうに達した2個の精細胞のうち，1個は[8   ]と受精し，他の1個は2個の**極核**をもつ[9   ]と融合する。このような受精の様式を[10   ]という。受精卵からは[11   ](2n)が生じ，融合した中央細胞からは[12   ](3n)ができる。

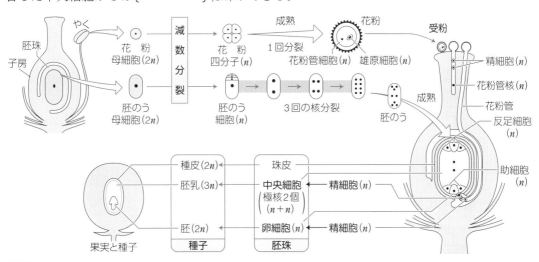

補足 被子植物の受精において，花粉から伸長する花粉管は，胚のうの助細胞から分泌される物質によって胚のうに誘引されている。

空欄の解答 1 気孔 2 フォトトロピン 3 アブシシン酸 4 花粉四分子 5 雄原細胞 6 胚のう細胞 7 精細胞 8 卵細胞 9 中央細胞 10 重複受精 11 胚 12 胚乳

参考 自家不和合性

植物において，遺伝的に同じ個体の間での受精が妨げられる現象を**自家不和合性**という。例えば，めしべのタンパク質の型と花粉のタンパク質の型が一致する場合，花粉の発芽が抑制されたり，花粉管の伸長が阻害されたりして受精の過程が進行し

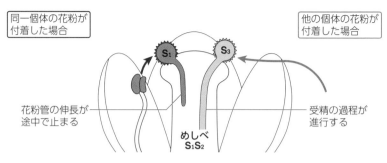

同一個体の花粉が付着した場合

他の個体の花粉が付着した場合

花粉管の伸長が途中で止まる

めしべ S₁S₂

受精の過程が進行する

なくなる。このしくみにより，結果として多様な遺伝子の組み合わせをもった個体が生じ，遺伝子の多様性が保たれる。

B 胚と種子の形成

(1) **胚と種子の形成** 被子植物の受精卵は分裂を行って胚球と胚柄になる。胚球は，さらに分裂し，幼芽，子葉，胚軸(茎になる)，幼根からなる胚になる。珠皮は種皮となって[¹　　　]ができる。

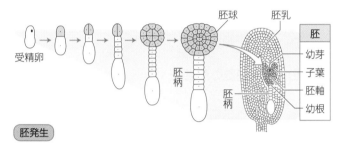

胚球　胚乳

胚

幼芽　子葉　胚軸　幼根

胚柄

受精卵　胚柄

胚発生

(2) **胚乳の形成** 精細胞と融合した中央細胞は**胚乳**になる。

① [²　　　　　] 胚乳が発達し，胚の発生に必要な栄養分が胚乳に蓄えられる。

例 カキ，イネ，ムギ，トウモロコシなど。

② [³　　　　　] できた胚乳は子葉に吸収されてなくなり，子葉に栄養分が蓄えられる。

例 ナズナ，インゲンマメ，ダイコン，クリなど。

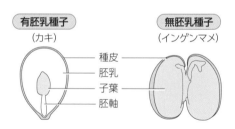

有胚乳種子(カキ)　無胚乳種子(インゲンマメ)

種皮　胚乳　子葉　胚軸

C 果実の成熟と落葉・落果の調節

(1) **果実の形成と成熟の調節** 果実の形成は，**オーキシン**や[⁴　　　　　]によって促進される。さらに，気体として放出される植物ホルモンである[⁵　　　　　]は，果実の成熟を促進する。

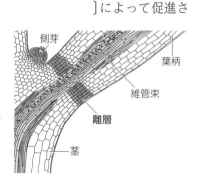

側芽　葉柄　維管束　離層　茎

(2) **落葉・落果の調節** 落葉や落果は，葉柄や果柄のつけ根に[⁶　　　　]とよばれる特別な細胞層がつくられることで起こる(右図)。離層の形成は，**エチレン**によって促進される。一方，葉でつくられる**オーキシン**は，離層の形成を抑制する。

空欄の解答 1 種子　2 有胚乳種子　3 無胚乳種子　4 ジベレリン　5 エチレン　6 離層

用語 CHECK

① 種子が成熟後に活動を停止した状態を何というか。

② 種子の発芽を抑制したり，気孔を閉じたりする植物ホルモンは何か。

③ 種子の発芽や茎の伸長成長を促進する植物ホルモンは何か。

④ 発芽が光によって促進される種子を何というか。

⑤ ④の発芽に関係する，赤色光を受容する光受容体は何か。

⑥ 細胞壁の構造をゆるめ，植物細胞の成長を促進する植物ホルモンは何か。

⑦ オーキシンは茎の先端部でつくられて基部方向にのみ移動し，逆方向へは移動しない。このような移動のことを何というか。

⑧ 植物が刺激に対して一定の方向に屈曲する性質を何というか。

⑨ 幼葉鞘の屈性や気孔の開閉にかかわる，青色光を受容する光受容体は何か。

⑩ 細胞の伸長成長を抑制し，茎の肥大成長や果実の成熟，落葉・落果を促進する気体の植物ホルモンは何か。

⑪ 茎頂のオーキシンが側芽の成長を抑制する現象を何というか。

⑫ 花芽形成などの生理現象が日長の変化によって起こる性質を何というか。

⑬ 日長が短くなると花芽を形成する植物を何というか。

⑭ ⑬が花芽形成に必要とする最短の暗期の長さを何という。

⑮ 花芽形成を促進する物質(花成ホルモン)を何というか。

⑯ 3つのクラスのホメオティック遺伝子による花の形成のしくみを何モデルというか。

⑰ 減数分裂によって花粉母細胞からできる細胞を何というか。

⑱ 胚のう中の細胞で，精細胞と融合して将来胚乳になる細胞は何か。

⑲ 精細胞と融合する前の⑱は何個の極核をもつか。

⑳ 胚乳と胚が生じる被子植物の受精の様式を何というか。

① _____
② _____
③ _____
④ _____
⑤ _____
⑥ _____
⑦ _____
⑧ _____
⑨ _____
⑩ _____
⑪ _____
⑫ _____
⑬ _____
⑭ _____
⑮ _____
⑯ _____
⑰ _____
⑱ _____
⑲ _____
⑳ _____

解答

① 休眠　② アブシシン酸　③ ジベレリン　④ 光発芽種子　⑤ フィトクロム　⑥ オーキシン　⑦ 極性移動
⑧ 屈性　⑨ フォトトロピン　⑩ エチレン　⑪ 頂芽優勢　⑫ 光周性　⑬ 短日植物　⑭ 限界暗期
⑮ フロリゲン　⑯ ABC モデル　⑰ 花粉四分子　⑱ 中央細胞　⑲ 2 個　⑳ 重複受精

例題 16 発芽の調節

解説動画

図はレタスの種子の発芽と光の波長との関係を示したものである。

(1) この実験結果から，レタスの種子の発芽を促進する光は赤色光と遠赤色光のどちらだと考えられるか。

(2) この実験結果から，レタスの種子の発芽を抑制する光は赤色光と遠赤色光のどちらだと考えられるか。

（暗所）		⇨ 発芽しない
（明所）		⇨ 発芽する
R		⇨ 発芽する
R FR		⇨ 発芽しない
R FR R		⇨ 発芽する

■暗所　□明所　R 赤色光照射　FR 遠赤色光照射

(3) レタスのように，発芽に光を必要とする種子を何とよぶか。

(4) レタスの種子に含まれる光を受容するフィトクロムというタンパク質には，赤色光を吸収する P_R 型と遠赤色光を吸収する P_{FR} 型があり，光の吸収により相互に変換される。発芽を促進するのは，P_R 型，P_{FR} 型のどちらか。

指針 (1),(2) 実験結果から，途中で照射した光の種類にかかわらず，最後に赤色光を照射した場合は発芽し，最後に遠赤色光を照射した場合は発芽しないことがわかる。

(4) フィトクロムの型と吸収する光の波長の関係は，以下のようになる。

P_R 型（赤色光を吸収するフィトクロム）に赤色光を照射→ P_{FR} 型になる⇒発芽促進

P_{FR} 型（遠赤色光を吸収するフィトクロム）に遠赤色光を照射→ P_R 型になる⇒発芽抑制

解答 (1) 赤色光　　(2) 遠赤色光　　(3) 光発芽種子　　(4) P_{FR} 型

例題 17 オーキシンの極性移動

解説動画

オーキシンの移動について，以下の問いに答えよ。

(1) 茎の細胞において，オーキシンは，(a) 先端部側から基部側，(b) 基部側から先端部側　のどちらの方向に移動するか。(a)，(b)のうち，正しいものを選べ。

(2) オーキシンに見られるような決まった方向への移動を極性移動といい，オーキシンは，取りこみ輸送体によって細胞内に取りこまれ，排出輸送体によって細胞外へ排出される。茎の細胞内における取りこみ輸送体と排出輸送体の分布を適切に示しているものを，図の(ア)〜(エ)から1つ選べ。

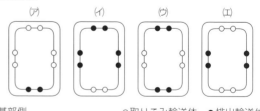

先端部側

(ア)　(イ)　(ウ)　(エ)

基部側　　　　○取りこみ輸送体　●排出輸送体

指針 (2) オーキシンは茎の先端部でつくられて基部方向へ移動し，逆方向に移動しない。これは，排出輸送体が細胞膜上の特定の方向に局在するためである。よって，オーキシンが基部方向へのみ移動できるような輸送体の分布を選択する。

解答 (1) a　　(2) ア

基本問題

187. 植物の環境への応答●　次の文章中の空欄に当てはまる語句を下の語群から選べ。

　植物は，生活に影響を及ぼす要因(環境要因)の変化を感知し，反応するしくみをもっている。植物にとって重要な環境要因である光を受容する光受容体には，赤色光を吸収する(　①　)，青色光を吸収する(　②　)，(　③　)がある。(　②　)は，気孔の開閉にもかかわっている。受容体が環境の変化を感知すると，植物体内で情報の伝達にはたらく物質である植物ホルモンが合成され，環境が変化したという情報が応答する細胞に伝えられる。植物ホルモンには，果実の成熟の調節などにはたらく気体の(　④　)や，茎の伸長成長や種子の発芽を促進する(　⑤　)，植物の屈曲にかかわる(　⑥　)，気孔の閉鎖にはたらく(　⑦　)など，多くの種類が知られている。これらの植物ホルモンによって，応答する細胞の(　⑧　)が変化し，特定のタンパク質合成が起こったり，活性が変化したりすることで，植物のさまざまな反応が引き起こされる。

〔語群〕　遺伝子発現　　　　エチレン　　　　ジベレリン　　　　オーキシン
　　　　　クリプトクロム　フィトクロム　　フォトトロピン　　アブシシン酸

①〔　　　　　　〕②〔　　　　　　　〕③〔　　　　　　　〕④〔　　　　　　〕
⑤〔　　　　　　〕⑥〔　　　　　　　〕⑦〔　　　　　　　〕⑧〔　　　　　　〕

188. 発芽の調節●　次の文章中の空欄に当てはまる語句を下の語群から選べ。

　多くの種子は,生育に不適切な時期を(　①　)という活動を停止した状態で乗り切る。(　①　)は(　②　)という植物ホルモンによって維持されている場合が多い。

　オオムギの種子の発芽の過程では，胚から分泌される(　③　)という植物ホルモンが糊粉層にはたらきかけて(　④　)という酵素が合成される。(　④　)によって胚乳中のデンプンが糖に分解され，分解された糖が胚に吸収されて発芽が始まる。また，レタスの種子は(　⑤　)光によって発芽が促進される。この発芽促進は,光受容体である(　⑥　)が(　⑤　)光を吸収して(　⑦　)になり,(　③　)の合成を誘導することで起こる。この効果は(　⑧　)光によって打ち消される。

〔語群〕　アミラーゼ　　　　アブシシン酸　　赤色　　　P_R型　　　休眠
　　　　　フィトクロム　　　ジベレリン　　　遠赤色　　P_{FR}型　　発芽

①〔　　　　　　〕②〔　　　　　　　〕③〔　　　　　　　〕④〔　　　　　　〕
⑤〔　　　　　　〕⑥〔　　　　　　　〕⑦〔　　　　　　　〕⑧〔　　　　　　〕

▷ p.152 例題 16

189. 種子の休眠と発芽●　図はコムギの種子の断面と，そこではたらく植物ホルモンや酵素を示したものである。

(1) 図中の(a)～(c)の各部の名称をそれぞれ答えよ。

　　　(a)〔　　　　　　〕　(b)〔　　　　　　〕　(c)〔　　　　　　〕

(2) 発芽に適した環境になると，(a)で合成される植物ホルモンは何か。　　　　　　　　　　　　〔　　　　　　　〕

(3) (2)によって(b)で合成が促進される酵素は何か。　　　　　　　　　　　　〔　　　　　　　〕

(4) (3)の酵素のはたらきによって分解される物質は何か。　　　　　　　　〔　　　　　　　〕

(5) 種子が発芽能力を維持したまま活動を停止している状態を何というか。　〔　　　　　　　〕

(6) 発芽を抑制し，(5)の状態の維持にはたらく植物ホルモンは何か。　　　〔　　　　　　　〕

190. 光発芽種子● 次の文章中の空欄に当てはまる語句を下の語群から選べ。

図のグラフ中の曲線 a, b は, それぞれ樹木の葉群の上あるいは下での光の強さを示している。a は樹木の（　①　）での光の強さを示し, b は樹木の（　②　）での光の強さを示す。植物の葉は c の（　③　）を吸収し, d の（　④　）はあまり吸収しない。木が生い茂って光が当たらず生育に適さない環境では（　④　）の割合が高くなるため, 光発芽種子の光受容体であるフィトクロムは（　⑤　）になり,（　⑥　）する。林床に光が当たる生育に適した環境では（　③　）の割合が高くなるため, フィトクロムは（　⑦　）になり,（　⑧　）する。

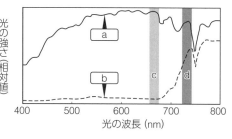

〔語群〕　葉群の上　　　葉群の下　　　赤色光　　　遠赤色光　　　P_R型　　　P_{FR}型
　　　　　発芽を促進　　休眠を維持

①〔　　　　　〕②〔　　　　　〕③〔　　　　　〕④〔　　　　　〕
⑤〔　　　　　〕⑥〔　　　　　〕⑦〔　　　　　〕⑧〔　　　　　〕

191. オーキシンのはたらきと移動● 次の文章を読み, 以下の問いに答えよ。

植物が合成する天然のオーキシンは（　①　）という物質で, おもに植物体の（　②　）で合成され, 茎の中を（　③　）方向に向かって移動する。このしくみには, 細胞膜にある 2 種類の輸送タンパク質がかかわっており, 茎の細胞では, 細胞膜の基部側に集中してオーキシン（　④　）が存在することで方向性をもった移動が行われる。

(1) 文章中の空欄に当てはまる語句を下の語群から選べ。

　〔語群〕　ジベレリン　　　インドール酢酸　　　先端部　　　基部　　　葉
　　　　　取りこみ輸送体　　排出輸送体

　　　①〔　　　　　〕②〔　　　　　〕③〔　　　　　〕④〔　　　　　〕

(2) 図はマカラスムギの幼葉鞘のオーキシンの移動方向を示している。オーキシンの移動方向を示す矢印として適当なものを, 図の(ア)〜(エ)からすべて選べ。〔　　　　　〕

(3) (2)のオーキシンに見られるような, 決まった方向への移動のことを何というか。〔　　　　　〕▷ p.152 例題 17

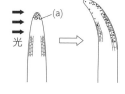

192. 光屈性のしくみ● 図はマカラスムギの幼葉鞘に一方向から光を当てたときの光屈性のようすを模式的に示したものである。

(1) このとき光を受け取る光受容体は何か。〔　　　　　〕

(2) (1)の光受容体はおもに何色光を吸収するか。〔　　　　　〕

(3) 図中の植物ホルモン(a)は, 光の当たっていない側で濃度が高くなった。
　　(a)は何という植物ホルモンか。〔　　　　　〕

(4) 光の当たっていない側で(a)の濃度が高くなる理由として適当なものを, 次から選べ。

　　① (a)は光によって分解される。　　② (a)は陰側へと横方向に輸送される。

　　③ (a)は陰側で生産される。　　　　　　　　　　　　　　　　〔　　　　　〕

(5) 光の当たっていない側の茎の成長は, 当たっている側と比べてどうなったか。次から選べ。

　　① 促進された。　　② 抑制された。　　③ 促進も抑制もされなかった。〔　　　　　〕

193. 成長の調節と植物ホルモン●

図は植物ホルモンによる細胞の伸長成長と肥大成長の調節のしくみを示している。植物ホルモン W ～ Z に当てはまる語句を下の語群から選べ。同じ語句をくり返し選んでもよい。

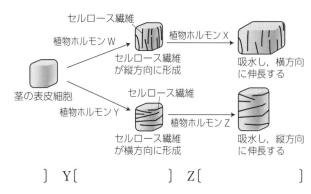

[語群] ジベレリン　オーキシン
エチレン　アブシシン酸

W〔　　　　　〕 X〔　　　　　〕 Y〔　　　　　〕 Z〔　　　　　〕

194. オーキシンの最適濃度●

図Aは，オーキシン(インドール酢酸)に対する植物器官(茎・根)の感受性を示したものである。また，図Bは，ある植物の芽ばえを暗所で水平に置いたとき，茎や根が屈曲するようすを示したものである。

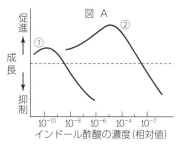

(1) 植物の芽ばえが，図Bのように屈曲したのは，どのような外的刺激によるものか。〔　　　　　〕

(2) 図Bの(a)では，オーキシンの濃度が高いのは上側か，下側か。〔　　　　　〕

(3) 図Bにおいて，屈曲は(b)の矢印(←→)で示した側の成長が大きいために起こる。このことから，図Aの①・②は，それぞれ茎と根のどちらのグラフと考えられるか。

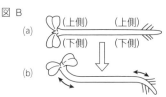

①〔　　　〕 ②〔　　　〕

195. 植物の器官形成●

次の文章中の空欄に当てはまる語句を下の語群から選べ。

被子植物の器官形成に必要な細胞の分裂は，茎と根の先端部分にある分裂組織で起こる。茎の先端の分裂組織を(①)といい，根の先端の分裂組織を(②)という。茎や根が太くなる肥大成長は，(③)という分裂組織で細胞が増えることで起こる。(①)の周辺部では葉の原基がつくられ，そこから葉が生じる。茎の先端の芽を頂芽といい，葉のつけ根と茎の間にできる芽を側芽という。側芽の成長は，頂芽が合成した(④)が下方へ移動することで抑制される。このような現象を(⑤)という。

植物には，日長の変化に応答して花芽の形成などを行う(⑥)という性質をもつものがある。花芽形成が促進される条件では，葉で花芽の形成を促進する物質である(⑦)が合成され，葉から(⑧)を通って茎頂まで移動し，(①)の細胞内で花芽の分化に関する遺伝子の発現を誘導することで，芽が花芽へと分化する。一般に光周性には赤色光受容体である(⑨)が関与している。

[語群]　根端分裂組織　　茎頂分裂組織　　形成層　　頂芽優勢　　光周性
　　　　フロリゲン　　　オーキシン　　　ジベレリン　　フィトクロム
　　　　師管　　　　　　道管

①〔　　　　　〕 ②〔　　　　　〕 ③〔　　　　　〕 ④〔　　　　　〕
⑤〔　　　　　〕 ⑥〔　　　　　〕 ⑦〔　　　　　〕 ⑧〔　　　　　〕
⑨〔　　　　　〕

196. 花芽形成と日長● 植物の光周性に関する次の文章を読み，以下の問いに答えよ。

暗期が一定時間より短くなると花芽を形成する植物を（ ① ），暗期が一定時間より長くなると花芽を形成する植物を（ ② ），花芽形成が日長の影響を受けない植物を（ ③ ）という。（ ① ）では花芽形成が起こる最長の暗期を，（ ② ）では花芽形成に必要な最短の暗期を（ ④ ）という。

（1）文章中の空欄に当てはまる語句を次の語群から選べ。

〔語群〕 長日植物　　短日植物　　中性植物　　限界暗期

①〔　　　　　　　〕 ②〔　　　　　　　〕
③〔　　　　　　　〕 ④〔　　　　　　　〕

（2）次の植物を，長日植物，短日植物，中性植物にそれぞれ分類せよ。

(a) オナモミ　　(b) エンドウ　　(c) ダイコン　　(d) ダイズ　　(e) アブラナ　　(f) トマト

長日植物〔　　　　　　〕　短日植物〔　　　　　　〕　中性植物〔　　　　　　〕

（3）図の曲線(A)～(C)は，それぞれ長日植物，短日植物，中性植物のいずれかに該当する。短日植物を示すグラフは (A)～(C)のいずれか。　〔　　　　　〕

197. 花芽形成のしくみ● アブラナとオナモミのそれぞれに図のような処理を行った。以下の問いに答えよ。

（1）早朝または夕刻に人工照明などを与え，1日の明期を長くする処理を何というか。　　〔　　　　　　〕

（2）夕刻などに光を遮断して1日の暗期を長くする処理を何というか。　　〔　　　　　　〕

（3）実験(a)～(d)で，それぞれ花芽を形成するのは，① アブラナ，② オナモミのどちらか。

(a)〔　　〕 (b)〔　　〕 (c)〔　　〕 (d)〔　　〕

（4）実験(c)のように限界暗期の途中で光を照射して暗期を中断することを何というか。　　〔　　　　　　〕

（5）アブラナやオナモミが花芽形成するかどうかを決めるのは暗期の長さと明期の長さのどちらか。　〔　　　　　　〕

198. 花芽形成実験● 図は花芽形成のしくみを調べるために，オナモミを用いて行った実験とその結果を示している。

（1）実験(a)～(c)の結果から，連続した暗期の長さを受容するのは葉と茎のどちらだと考えられるか。
〔　　　〕

（2）花芽形成を促進する物質を何というか。　　〔　　　　　　〕

（3）実験(d)と実験(e)の結果から，(2)の物質はどこを通って移動すると考えられるか。
〔　　　　　　〕

199.植物の器官分化と遺伝子●　次の文章中の空欄に当てはまる語句を下の語群から選べ。

　シロイヌナズナの花の構造は，図のように，外側からがく片・花弁・おしべ・めしべとなっている。これには A, B, C という3種類の（　①　）が関与している。A クラスはがく片と花弁が形成される領域で，B クラスは花弁とおしべの領域で，C クラスはおしべとめしべの領域で発現する遺伝子である。A クラスだけがはたらくと（　②　）が，A クラスと B クラスがはたらくと（　③　）が，B クラスと C クラスがはたらくと（　④　）が，C クラスだけがはたらくと（　⑤　）が形成される。

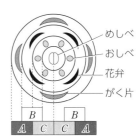

[語群]　がく片　　おしべ　　めしべ　　花弁　　ホメオティック遺伝子

①[　　　　　　　　　　]　②[　　　　　　　　]　③[　　　　　　　　　　]

④[　　　　　　　　]　⑤[　　　　　　　　　　]

200. シロイヌナズナの花の形成●　シロイヌナズナの花においては，図のように A, B, C の3つのクラスの遺伝子のはたらきによって，外側から順に，がく片，花弁，おしべ，めしべがつくられる。

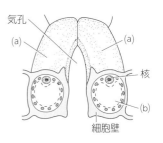

はたらく遺伝子	（領域1）	（領域2）	（領域3）	（領域4）
		B	B	
	A	A	C	C
	↓	↓	↓	↓
花の構造	がく片	花弁	おしべ	めしべ

(1) 突然変異の結果，B クラスの遺伝子がはたらかなくなった植物では，どのような花がつくられるか。花の構造を外側から順に答えよ。　　　[　　　，　　　，　　　，　　　]

(2) A クラスのかわりに C クラスの遺伝子が発現するとがく片の部分は何になるか。[　　　　]

(3) これらの遺伝子のように，はたらきを失うことによってある構造が別の構造に置きかわるような変異を引き起こす遺伝子のことを何というか。　　　　[　　　　　　　]

201. 気孔の開閉●　図は気孔の断面を模式的に示したものである。

(1) 図中の(a)の細胞の名称を答えよ。　　　[　　　　　　]

(2) 図中の(b)の細胞小器官の名称を答えよ。　[　　　　　　]

(3) 乾燥状態になると合成され，葉に移動し，(a)に作用する植物ホルモンは何か。　　　　　　　　　[　　　　　　]

(4) (3)がはたらくと，気孔はどうなるか。　[　　　　　　]

(5) (4)のとき(a)の膨圧はどうなるか。　　　[　　　　　　]

(6) 葉に光が当たると気孔が開く。このときはたらく光受容体は何か。　　[　　　　　　]

(7) 気孔が開く際に(a)の細胞内に流れこむイオンは何か。　　[　　　　　　]

202. 植物の防御応答●　次の文章中の空欄に当てはまる語句を下の語群から選べ。

　植物の葉が食害を受けると，昆虫の（　①　）のはたらきを阻害する物質の合成が促進されることがある。植物の葉がウイルスに感染すると，感染細胞の周囲の細胞で（　②　）が起こり，ウイルスは他の細胞に感染を広げられなくなる。また，外界の温度が低下すると，植物の細胞内で（　③　）が合成され，細胞の凍結を防ぐ。一般に低温になると生体膜の流動性が低下して生命活動の維持が困難になるが，植物では生体膜の流動性を高める（　④　）の割合を増やすことで生体膜の流動性を維持している。

[語群]　細胞死　　分裂　　消化酵素　　タンパク質　　脂質　　糖やアミノ酸

　　①[　　　　　]　②[　　　　　　　]　③[　　　　　　　]　④[　　　　　　]

203. 被子植物の受精● 次の文章中の空欄に当てはまる語句を下の語群から選べ。

被子植物では，やくの中にある（ ① ）と胚珠の中にある（ ② ）が減数分裂し，それぞれから（ ③ ）と（ ④ ）が形成される。（ ③ ）は細胞分裂を1回行って（ ⑤ ）となる。（ ⑤ ）では，細胞質の少ない（ ⑥ ）が細胞質の多い（ ⑦ ）に取りこまれている。（ ⑤ ）がめしべの柱頭に受粉すると，（ ⑥ ）は細胞分裂して2個の（ ⑧ ）となる。一方，（ ④ ）は3回の核分裂を行った後，細胞質分裂を行って1個の（ ⑨ ），2個の（ ⑩ ），3個の（ ⑪ ），1個の中央細胞からなる（ ⑫ ）をつくる。中央細胞は2個の（ ⑬ ）をもつ。

花粉管が（ ⑫ ）に達すると，（ ⑧ ）の1個が（ ⑨ ）と受精して（ ⑭ ）となる。もう1個の（ ⑧ ）は中央細胞と融合し，将来は（ ⑮ ）になる。このような受精を（ ⑯ ）という。（ ⑭ ）は分裂して（ ⑰ ）になる。珠皮は（ ⑱ ）となって種子が完成する。

〔語群〕　花粉　　　花粉母細胞　　　花粉四分子　　　雄原細胞　　　花粉管細胞
　　　　　精細胞　　　胚のう細胞　　　胚のう母細胞　　　反足細胞　　　助細胞
　　　　　極核　　　　胚　　　　　卵細胞　　　　　胚のう　　　　受精卵
　　　　　種皮　　　　胚乳　　　　重複受精

①[　　　　　] ②[　　　　　] ③[　　　　　] ④[　　　　　]
⑤[　　　　　] ⑥[　　　　　] ⑦[　　　　　] ⑧[　　　　　]
⑨[　　　　　] ⑩[　　　　　] ⑪[　　　　　] ⑫[　　　　　]
⑬[　　　　　] ⑭[　　　　　] ⑮[　　　　　] ⑯[　　　　　]
⑰[　　　　　] ⑱[　　　　　]

204. 被子植物の配偶子形成と受精● 図は被子植物の配偶子形成および種子形成の過程を示したものである。以下の問いに答えよ。

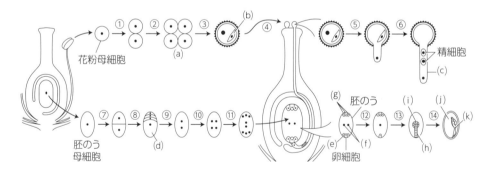

(1) 図中の(a)～(k)の各部の名称を記せ。
　　(a)[　　　　　] (b)[　　　　　] (c)[　　　　　] (d)[　　　　　]
　　(e)[　　　　　] (f)[　　　　　] (g)[　　　　　] (h)[　　　　　]
　　(i)[　　　　　] (j)[　　　　　] (k)[　　　　　]

(2) 減数分裂は図中のどの過程で行われているか。適する番号を①～⑭からすべて選べ。
　　　　　　　　　　　　　　　　　　　　　　　　　　　　　　　　　[　　　　　]

(3) この被子植物において，120粒の種子ができた。種子形成に関与した次の細胞数を計算せよ。ただし，花粉形成や受精などはむだなく行われたとする。
　　　① 花粉母細胞　　② 胚のう母細胞　　③ 精細胞　　④ 卵細胞
　　　　　　　　　　　①[　　　　] ②[　　　　] ③[　　　　] ④[　　　　]

205. 胚のうの形成と受精● 図はある被子植
物の胚のう形成の過程を示したものである。

(1) (ア), (イ)の細胞の名称を記せ。

(ア)[   ]

(イ)[   ]

(2) (a), (b)の分裂の種類を記せ。　　　　　　　　(a)[   ]　(b)[   ]

(3) (ア)の細胞および，重複受精が行われた後の(イ)の細胞の染色体の構成を記せ。ただし，体細胞
の染色体の構成は $2n$ とする。　　　　　　(ア)[   ]　(イ)[   ]

(4) 図の胚のうが20個形成されたとすると，(ア)の細胞は何個あったことになるか。[   ]

206. 胚と種子の形成● 図は被子植物
の胚発生のようすを示したものである。

(1) 図の(a)〜(h)の各部の名称を次の語群
からそれぞれ選べ。

［語群］　胚柄　　　胚球　　　幼芽
　　　　　幼根　　　胚軸　　　子葉
　　　　　胚乳　　　胚

(a)[   ]　(b)[   ]　(c)[   ]　(d)[   ]

(e)[   ]　(f)[   ]　(g)[   ]　(h)[   ]

(2) 図のように，(c)に栄養分を蓄える種子を何というか。　　　　　　[   ]

(3) 次の植物の中から，(2)をつくるものを2つあげよ。

　(ア) キュウリ　　　(イ) トウモロコシ　　　(ウ) エンドウ　　　(エ) オオムギ　　　[   ]

207. 果実の形成と成熟の調節，落葉の調節● 次の文章を読み，以下の問いに答えよ。

　花が咲いて受粉すると，めしべで（　①　）や（　②　）が合成され，めしべの子房が発達し，果
実が形成される。受粉していないめしべでは（　③　）が（　②　）の合成を抑制しているが，受粉
によって（　①　）が合成されると，（　③　）のはたらきが抑制され果実の形成が促進されると考
えられている。果実の成熟の調節には（　③　）がかかわっており，リンゴなどの果肉が成熟して
甘みが増せば，鳥類などに食べられて種子が散布される機会が増す。

　果実の成熟に関して，成熟したリンゴ(A)と未熟なリンゴ(B)を用いて，以下の実験を行った。

［実験1］　密封容器の中に，(A)と(B)を隣接させて，室温で数
　日間放置した。

［実験2］　密封容器の中に，(A)と(B)を離して，室温で数日間
　放置した。

(1) 文章中の空欄に当てはまる語句を次の語群から選べ。

　［語群］　ジベレリン　　　オーキシン　　　アブシシン酸　　　エチレン

　　　　　①[   ]　②[   ]　③[   ]

(2) 実験1，2のうち，(B)の成熟が促進されるのはどれか。次の(ア)〜(ウ)のうちから1つ選べ。

　(ア) 実験1のみ　　(イ) 実験2のみ　　(ウ) 実験1と2　　　　　　[   ]

(3) 実験2で，(B)のかわりに葉のついたツバキの枝を水にさしたものを入れると，ツバキが落葉
した。落葉した葉の葉柄の付け根にできた細胞層を何というか。　　　[   ]

章末総合問題
リード C+

208. 種子の発芽に関する次の文章を読み，以下の問いに答えよ。

　植物の種子の中には，光が当たらなければ発芽しない種子があり，[(a)] とよばれる。[(a)] は光を受容すると，(b)ある植物ホルモンが合成されて発芽が起こる。一般に [(a)] は小さいものが多く，種子中の貯蔵物が非常に少ないため，(c)[(a)] が光の刺激によって発芽するのは都合のよいしくみといえる。

　[(a)] は(d)発芽にかかわる光受容体をもっており，これはおもに赤色光と遠赤色光を吸収する。表は，ある [(a)] に赤色光(R)および遠赤色光(FR)を交互に照射したときの発芽率を調べたものである。

光の照射順	発芽率(%)
暗所	6
R→暗所	70
R→FR→暗所	6
R→FR→R→暗所	76
R→FR→R→FR→暗所	6
R→FR→R→FR→R→暗所	74
R→FR→R→FR→R→FR→暗所	7

(1) 文中の空欄(a)に当てはまる語句を答えよ。　　　　　　　　　[　　　　　]

(2) 文中の下線部(b)の植物ホルモンの名称を答えよ。　　　　　　[　　　　　]

(3) 文中の下線部(c)について，なぜ都合がよいといえるのか。25字以内で説明せよ。

　[　　　　　　　　　　　　　　　　　　　　　　　　　　　　　　]

(4) 文中の下線部(d)の光受容体の名称を答えよ。　　　　　　　　[　　　　　]

(5) 表の結果から，発芽を促進する光を答えよ。　　　　[　　　　　] ▷ p.152 例題16

209. 植物の屈性に関する次の文章を読み，以下の問いに答えよ。

　茎を横たえると重力側にオーキシンが多く分布して重力側の細胞の伸長が促進されるため，茎は重力と反対方向に屈曲する。横たえた根においても，オーキシンは重力側に多く分布するが，茎とは逆に，根は重力方向に屈曲する。根の重力屈性は，根冠にあるコルメラ細胞(平衡細胞)において，デンプン粒を密に含む [(A)] という細胞小器官の一種が重力方向に移動することによって，オーキシンの流れの方向が変わるために起こると考えられている。

(1) 文章中の空欄(A)に当てはまる最も適切な語句を答えよ。　　　[　　　　　]

(2) 下線部に関して，オーキシンが茎と同様に重力側に多く分布するにもかかわらず，根が重力方向に曲がるのはなぜか。次の文の空欄(B)～(E)に「根」または「茎」を入れて答えよ。

　[(B)] よりも [(C)] のほうがオーキシンに対する感受性が高く，[(D)] の重力側の細胞の成長が促進されるオーキシン濃度では，[(E)] の細胞の成長が抑制されるため。

　　　　　(B)[　　　] (C)[　　　] (D)[　　　] (E)[　　　]

(3) ① 図の(ア)～(カ)のうち，重力方向にまっすぐ成長している根の先端付近におけるオーキシンの流れを示しているのはどれか。また，同様に，② 図の(キ)～(シ)のうち，横たえた根の先端付近におけるオーキシンの流れを示しているのはどれか。ただし，図の矢印の向きはオーキシンの移動方向，太さはオーキシンの量を示すものとする。　　　①[　　　] ②[　　　]

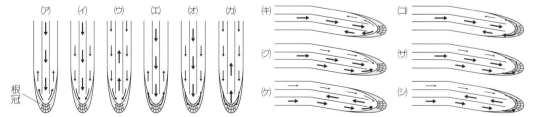

210. 次の文章を読み，以下の問いに答えよ。

種子植物の多くは，光の条件や温度によって花芽の形成が調節されている。このうち，日長条件により花芽の形成などの生物の生理現象が左右される性質を $\boxed{(X)}$ という。この性質は，花芽の形成では，日長時間つまり明期の長さではなく，夜の時間つまり暗期の長さにより起こるとされる。$\boxed{(X)}$ により植物を3つのタイプに分けることができる。図は，3つのタイプの代表的な植物(A)，(B)，(C)における1日の明期の時間と発芽から開花に要する日数との関係を示したものである。

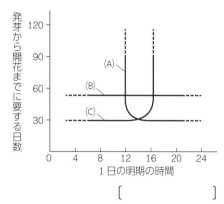

(1) 文章中の $\boxed{(X)}$ に当てはまる適切な語句を答えよ。 [ ]

(2) $\boxed{(X)}$ に関して，図の植物(A)～(C)は，それぞれ何とよばれるか答えよ。
(A)[ ] (B)[ ] (C)[ ]

(3) 図の植物(C)の限界暗期は約何時間か。 [ ]

(4) 高緯度地方に分布している植物に多いのは(A)～(C)のどのタイプか。 [ ]

211. 花の形成に関する次の文章を読み，以下の問いに答えよ。

花は葉と同じく茎頂部の $\boxed{(X)}$ から分化することがわかっている。シロイヌナズナを花芽が形成される条件に置くと，葉でFTタンパク質が合成され，FTタンパク質が師部を通って $\boxed{(X)}$ に到達すると花芽形成が始まる。FTタンパク質は花芽形成を促進する物質であり，$\boxed{(Y)}$ と呼ばれるものである。図1は，シロイヌナズナの花の構造を示し，図2は3種類のホメオティック遺伝子(A，B，Cクラス)がはたらく領域をそれぞれ示したものである。Aクラスの遺伝子とCクラスの遺伝子は，お互いのはたらきを抑制しあっており，どちらか一方のはたらきが失われると他方の遺伝子がはたらくようになる。

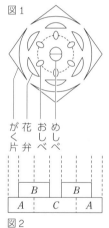

図1

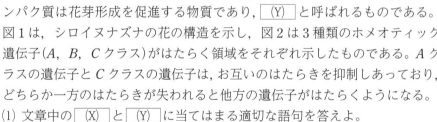

図2

(1) 文章中の $\boxed{(X)}$ と $\boxed{(Y)}$ に当てはまる適切な語句を答えよ。
(X)[ ] (Y)[ ]

(2) 下線部について，FTタンパク質が $\boxed{(X)}$ に到達したのちに，花芽形成が起こるまでにはどのようなことが起こるのか。次の文章の空欄(ア)，(イ)に当てはまる語句を下の語群から選べ。

FTタンパク質は $\boxed{(X)}$ の細胞内の $\boxed{(ア)}$ と結合し，花芽の分化に関連する特定の遺伝子の $\boxed{(イ)}$ を誘導する。

[語群] 受容体 ATP エチレン 発現 突然変異
(ア)[ ] (イ)[ ]

(3) 3つのクラスの遺伝子による花の形成のしくみは何とよばれているか。 [ ]

(4) 次のようなシロイヌナズナ変異株では，どのような構造をもつ花ができると予想されるか。花の外側から内側にかけて形成される構造を順に答えよ。

(ア) Aクラスの遺伝子がはたらかなくなった変異株[→ → →]

(イ) Bクラスの遺伝子がはたらかなくなった変異株[→ → →]

(ウ) BクラスとCクラスの2種類の遺伝子がはたらかなくなった変異株

[→ → →] [20 信州大 改]

第7章 生物群集と生態系

1 個体群の構造と性質

A 個体群

(1) **個体群**　一定地域に生活する同種の個体の集まりを[¹　　　　　]という。個体群における各個体の分布の様式はさまざまで，以下の3つに大別される。

① **集中分布**　巣や群れをつくる動物などで見られる。

② **一様分布**　資源をめぐる競争の結果，生じることがある。

③ **ランダム分布**　他の個体の位置と無関係に分布する場合に見られる。

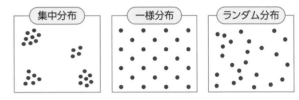

(2) **個体群密度**　個体群において，単位生活空間(面積や体積)当たりの個体数を[²　　　　　]といい，次のような式で表される。

$$個体群密度 = \frac{個体群を構成する個体数}{生活する面積または体積}$$

(3) **個体数の調査方法**

① [³　　　　　]**法**　生息地域内の一定の広さの区画内の個体数を数え，その結果から全体の個体数を推定する方法。植物や動きの遅い動物の個体数の調査に適している。

② [⁴　　　　　]**法**　捕獲した全個体に標識をつけてから放し，標識した個体と標識していない個体が混ざりあった後に再び捕獲し，捕獲した個体数に対する標識個体数の割合から全体の個体数を求める方法。移動性の高い動物などの個体数の調査に適している。

$$全体の個体数 = 最初に捕獲して標識した個体数 \times \frac{2度目に捕獲した個体数}{再捕獲された標識個体数}$$

B 個体群の成長と密度効果

(1) **個体群の成長**　時間の経過とともに個体群内の個体数が増えていくことを**個体群の成長**といい，その変化を示したグラフを個体群の[⁵　　　　　]という。増殖を抑制する要因のない理想状態(理論上)では，個体数は指数関数的に増加するはずだが，実際には個体数の増加に伴って増加の速度はにぶり，ある一定の個体数に達するとそれ以上は増加しなくなる。したがって，実際の成長曲線は横に引き伸ばされた**S字状**の曲線になる。

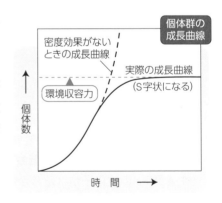

　　個体群の成長を抑制する要因としては，個体群密度の上昇に伴い，1個体当たりの**食物や生活空間の不足**，**排出物の増加**などによる生活環境の悪化などがある。ある環境で存在でき

る最大の個体数を [⁶　　　　　　] という。

(2) **密度効果**　個体群密度が高くなると，限られた資源をめぐって個体間の [⁷　　　　] (**種内競争**) が激しくなり，出生率の低下や死亡率の上昇など，個体群にさまざまな影響が現れる。個体群密度の変化が個体の発育や生理・行動などに影響を及ぼすことを [⁸　　　　　] という。

(3) **植物の密度効果**　個体群密度が高くなると，個体の短小化や個体当たりの種子数の減少，発芽率の低下などが見られる。

　個体群密度を変えてダイズの種子をまくと，図のような結果が得られる。

① **単位面積当たりの個体群の質量**　芽ばえてまもない時期には，個体群密度によって個体群の質量が大きく異なる。しかし，時間が経過すると，どの個体群密度でも単位面積当たりの個体群の質量はほぼ同じになる。

② **個体の平均質量**　時間が経過すると，個体群密度が低い場合のほうが，個体の平均質量が大きくなる。

　一般に植物では，個体群密度が高くなって種内競争が起こると，それぞれの個体が小さくなるが，一定面積内の植物の総重量や個体群全体の光合成量は，個体群密度の大小にかかわらず最終的にはほぼ一定となる。これを [⁹　　　　　] の法則という。

(図中の数字は種子をまいてからの日数を示す)

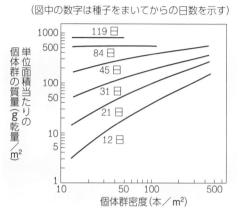

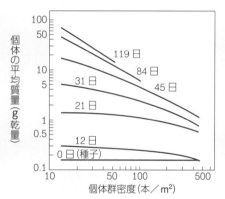

(4) **動物の密度効果**　バッタのなかまには，高密度と低密度で形態や行動に違いが見られるものもある。低密度で生じる型を [¹⁰　　　　] **相**，高密度で生じる型を [¹¹　　　　] **相**といい，個体群密度の違いによって生じた形質のまとまった変化を [¹²　　　　　] という。

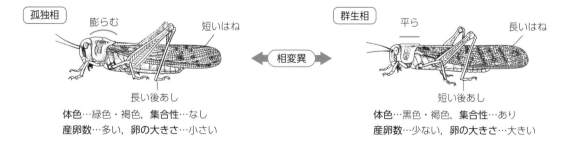

孤独相　膨らむ　短いはね　長い後あし
群生相　平ら　長いはね　短い後あし
相変異
体色…緑色・褐色，集合性…なし　産卵数…多い，卵の大きさ…小さい
体色…黒色・褐色，集合性…あり　産卵数…少ない，卵の大きさ…大きい

空欄の解答　1 個体群　2 個体群密度　3 区画　4 標識再捕　5 成長曲線　6 環境収容力　7 競争　8 密度効果　9 最終収量一定　10 孤独　11 群生　12 相変異

C 個体群の齢構成と生存曲線

(1) **個体群の齢構成**　個体群は，さまざまな年齢の個体からなる。世代や齢ごとにその割合を示したものを [¹　　　　] という。個体群の齢構成，特に生殖可能な齢階級の個体数と雌雄の割合は，その後の個体数の増減に影響する。そのため，これらを調べることによって，個体群のその後の変化のようすを推定することができる。齢構成は下図のような年齢・雌雄別に積み上げた [²　　　　　　] で表され，若年層の大小によって次の 3 つの型に分けられる。

(a) **幼若型**　生殖可能な齢の世代が近い将来に多くなり，個体数が増加する。

(b) **安定型**　生殖可能な齢の世代に，現在も近い将来も大きな差がなく，個体数が安定している。

(c) **老化型**　生殖可能な齢の世代が近い将来に少なくなり，個体数が低下する。

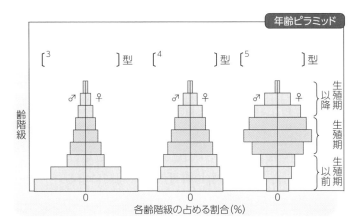

(2) **生命表と生存曲線**　生まれた卵や子が，その後の時間経過とともにどれだけ生き残るかを示した表を [⁶　　　] といい，これをグラフにしたものを [⁷　　　] という。生存曲線は，次の 3 つの型に分けられる。

(a) **晩死型**　産子数は少ないが，幼齢時に親の保護が厚く，幼齢時の死亡率は低い。多くの個体は理想的条件下での寿命(生理的寿命)近くまで生きる。
例　サル，クジラなど

(b) **平均型**　一生を通じて死亡率はほぼ一定。
例　小形の鳥類，は虫類など

(c) **早死型**　産卵数は多いが，幼齢時に親の保護がなく，幼齢時の死亡率が高い。
例　多くの無脊椎動物・魚類

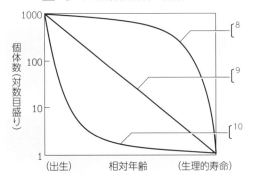
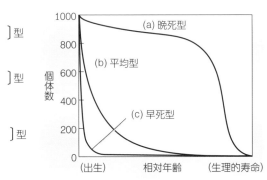

生存曲線の縦軸は，ふつう，左図のように出生時の個体数を1000として，対数目盛りで示されることが多い。
片対数目盛りのグラフでは，死亡率が一定の場合には，平均型のような直線のグラフになるが，これを右図のような通常の目盛りのグラフにすると，L字型になる。

補足　ある時点に存在していた個体数に対する一定時間後の生存個体数の割合を**生存率**という。

2 個体群内の個体間の関係

A 群れ

同種の動物が集合し，統一的な行動をとる場合，そのような集団を[11　　　　]という。

〔群れの利点〕　① 外敵に対する警戒や防衛能力の向上，② 食物確保の効率の上昇，
　　　　　　　　③ 繁殖活動の容易化　など。

〔群れの欠点〕　① 資源をめぐる種内競争の激化，② 病気の伝染　など。

警戒に費やす時間と食物をめぐる争いに費やす時間の和が最も小さく，採食に使える時間が最も大きくなる群れの大きさが最適な群れの大きさとなる。

B 縄張り（テリトリー）

動物の個体や群れが同種の他個体や群れを排除し，食物や巣などの確保のために積極的に一定の空間を占有する場合，その範囲のことを[12　　　　]という。縄張りをもつことで，自分の子孫を残せる可能性が高くなる。

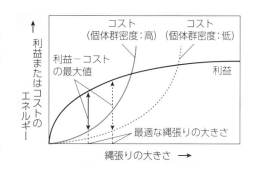

例　アユ（採食縄張り），トゲウオの雄・シオカラトンボの雄（繁殖縄張り）など

縄張りから得られる利益と縄張りの維持に必要なコスト（侵入者との闘争など）の差が最も大きくなるところが最適な縄張りの大きさとなる。

C 社会の構造と分業

(1) **順位**　群れを構成している個体間の優劣関係を[13　　　　]という。これによって群れ内での無益な争いを避け，群れのまとまりを維持している。

(2) **共同繁殖とヘルパー**　動物の群れでは，子が親以外の個体から世話を受ける場合がある。これを[14　　　　]という。オナガやバンでは，親以外の個体が**ヘルパー**として子育てに参加している。血縁関係のある個体による共同繁殖では，自分の弟や妹の世話をすることで，自分と共通の遺伝子をもつ個体を多く残すことができる。

(3) **社会性昆虫**　ミツバチやアリなどは，同種の個体が集合したコロニーを形成する。これらの集団は，産卵をする女王と雄，大多数のワーカー（すべて雌）とよばれる個体からなる。ワーカーは採食・巣づくり・育児・防衛などを分業している。

参考　**血縁度と包括適応度**

ある個体が残した子のうち，生殖可能な年齢に達した子の数を**適応度**という。また，2つの個体が遺伝的にどれだけ近縁かを示したものを**血縁度**といい，2個体が共通の祖先に由来する特定の対立遺伝子をともにもつ確率によって表される。二倍体の生物では，親子間・兄弟姉妹間ともに，血縁度は1/2となる。つまり，ある個体が次世代に自身の遺伝子を残すという点では，子を1個体育てることと，兄弟姉妹を1個体育てることは，同じ意味をもつ。自分自身の子だけでなく，血縁関係にある他個体から生じた子も含めた適応度を**包括適応度**といい，ヘルパーやワーカーが弟や妹を育てることは，包括適応度の増大につながる。

空欄の解答　1 齢構成　2 年齢ピラミッド　3 幼若　4 安定　5 老化　6 生命表　7 生存曲線　8 晩死　9 平均
10 早死　11 群れ　12 縄張り　13 順位　14 共同繁殖

3 異なる種の個体群間の関係

A 生物群集

ある一定地域に生息するさまざまな生物種の個体群をひとまとめにして [¹　　　　　] という。その中の生物種どうしは，互いに影響を及ぼしあっている。

B 被食者−捕食者相互関係

生物間の捕食・被食の関係を**被食者−捕食者相互関係**という。一般に，1種の被食者と1種の捕食者の関係では，両者の個体数は周期的な増減をくり返すことが多い。

C 種間競争

生活様式や生活上の要求が似ている異種個体群間では，食物や生活空間などをめぐって [²　　　　　] が起こる。

(1) **動物の種間競争**　細菌を捕食するゾウリムシとヒメゾウリムシを混合飼育すると，ゾウリムシはやがて絶滅する。このように種間競争が起こり，一方の種が排除されることを**競争的排除**という。しかし，ゾウリムシと光合成を行うクロレラを体内にもつミドリゾウリムシを混合飼育した場合は共存が可能である。

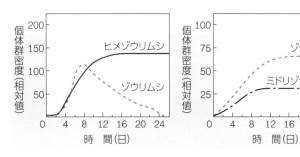

(2) **植物の種間競争**　植物では，水・光・栄養分などをめぐる種間競争が起こる。草丈の高いソバと草丈の低いヤエナリを同じ本数ずつ混植すると，光をめぐる種間競争が起こり，ヤエナリは単植したときに比べて激減する。

D 生態的地位と共存

(1) [³　　　　　] **(ニッチ)**　生物が必要とする食物や生活空間などの資源の要素や利用のしかたといった，生態系内でその生物種が占める位置のこと。生態的地位の重なりが大きいほど種間競争は激しくなる。

(2) **種間競争と形質置換**　ガラパゴス諸島に生息するフィンチを調べてみると，生態的地位の似た他種のフィンチが共存する島では，くちばしの高さに違いがある。これは，2種のフィンチの間で食物をめぐる競争が起こり，くちばしの高さに差が生じることで食物とする種子の種類が異なるようになり，競争が緩和されて共存が可能になった結果と考えられる。このような形質の変化を [⁴　　　　　] という。

E さまざまな共生

異種の生物どうしが密接な結びつきを保って生活している関係を**共生**という。

(1) [⁵　　　　　]　互いに利益を受ける関係。**例** マメ科植物と根粒菌，ブナと菌根菌など

(2) [⁶　　　　　]　一方のみが利益を受け，他方は利益も不利益も受けない関係。

(3) [⁷　　　　　]　一方が利益を受ける生物(**寄生者**)，他方が不利益を受ける生物(**宿主**)となる関係。**例** 寄生者…ヒル，ヤドリギ，カイチュウ，マラリア原虫，寄生バエなど

F かく乱と種の共存

自然現象(噴火・台風・河川の氾濫・土砂くずれなど)や人間活動(森林伐採・河川の改修・外来生物の移入など)によって生態系やその一部が破壊されることを[8　　　　]という。

大規模なかく乱が起こる場合，かく乱に強い種が多くを占める生物群集となる。一方，**かく乱がほとんど起こらない場合**，種間競争に強い種が多くを占める生物群集となる。一定の頻度で**中規模なかく乱が起こる場合**，かく乱に強い種や種間競争に強い種など多くの種が共存できるようになる。このような考え方を[9　　　　　　]説という。

4 生態系の物質生産と物質循環

A 生態系における物質生産

生態系は生物群集とそれを取り巻く非生物的環境から構成されている。生態系を構成する生物は，**生産者**と**消費者**に大別できる。

(1) **物質生産**　生産者の光合成における有機物の生産過程や生産した有機物の量。

(2) **生産構造**　物質生産の面から見た，植物群集の同化器官(葉)と非同化器官(茎や花，種子)の空間的な分布状態をいう。一定面積内に存在する植物群集を上方から一定の厚さの層ごとに切り分け，各層ごとに同化器官と非同化器官の質量を測定する方法(**層別刈取法**)によって調べ，図示したものを[10　　　　　]という。草本植物の場合，生産構造図は**広葉型**と**イネ科型**の2つの型に大別される。

① [11　　　]型　広い葉が水平に茎の上部につき，同化器官が上層部に集中する。光は上層部でさえぎられ，植物群集の内部は急激に暗くなる。同化器官に比べ非同化器官の割合が高い。

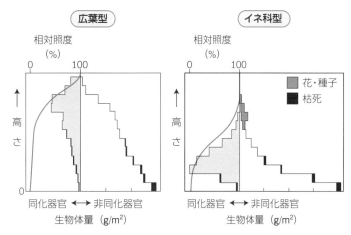

② [12　　　]型　細長い葉が斜めに立ち上がり，植物群集の内部にまで光が届く。同化器官は低い位置まで分布し，非同化器官に対する同化器官の割合が高いので，物質生産の効率も高い。

(3) **生態系における物質生産**　一定面積内に存在する生物体の量を[13　　　]量，光合成によってつくられた有機物の総量を[14　　　　]量といい，総生産量から生産者自身の呼吸で消費された有機物量(**呼吸量**)を差し引いたものを[15　　　　]量という。

純生産量＝総生産量－呼吸量

空欄の解答　1 生物群集　2 種間競争　3 生態的地位　4 形質置換　5 相利共生　6 片利共生　7 寄生　8 かく乱　9 中規模かく乱　10 生産構造図　11 広葉　12 イネ科　13 現存　14 総生産　15 純生産

第7章　生物群集と生態系

① **地球全体** 地球の全面積の約30％を占める陸地で，地球全体の純生産量の約60％が生産されている。

② **森林** 幼齢林では純生産量は増加していく。高齢林になると総生産量がほぼ一定になるが，総呼吸量が増加していくため，純生産量は減少していく。

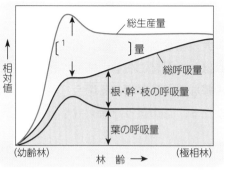

[補足] 森林における生産者の純生産量については，例えば，熱帯多雨林と針葉樹林を比べた場合では，熱帯多雨林のほうが大きくなる。また，一般に，森林の純生産量は草原の純生産量よりも大きい。

③ **水界** おもな生産者は植物プランクトンである。光は水深に応じてしだいに弱くなる。総生産量と呼吸量がつりあって純生産量が0となる深さを[2　　　　]という。

水面から補償深度までの層を[3　　　　]といい，それより深いところでは生産量より分解量が大きいので**分解層**という。

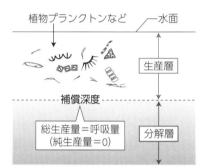

B 生態系における物質収支

(1) **生産者の生産量と成長量** 生産者が生産した有機物は，呼吸に使われるほか，動物に食べられたり（**被食量**），枯れ落ちたり（**枯死量**）する葉・枝などがあるので，生産者が成長した量（**成長量**）は，次のように表すことができる。

$$[4　　　　]量＝純生産量－（被食量＋枯死量）$$

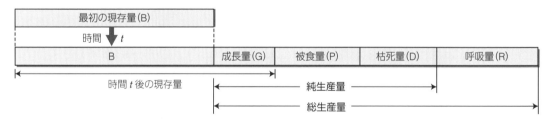

(2) **消費者の同化量・成長量** 消費者の**同化量**は，捕食によって体内に取りこまれた量（**摂食量**）のうち，未消化のまま排出された量（**不消化排出量**）を除いたもの。

$$[5　　　　]量＝摂食量－不消化排出量$$

消費者は，栄養段階が1段上位の消費者に捕食されたり（**被食量**），病気などで死んだり（**死滅量**）するので，消費者が成長した量（**成長量**）は次のようになる。

$$[6　　　　]量＝同化量－（呼吸量＋被食量＋死滅量）$$

生態系における各栄養段階の有機物の収支をまとめると次の図のようになる。

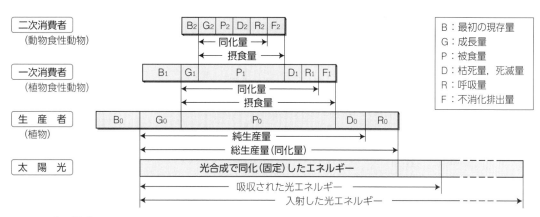

	B: 最初の現存量					

B：最初の現存量
G：成長量
P：被食量
D：枯死量，死滅量
R：呼吸量
F：不消化排出量

(3) **エネルギー効率** 食物連鎖の各栄養段階において，前の段階のエネルギー量のうち，その段階でどのくらいのエネルギーが利用されたかを割合(％)で示したもの。高次の栄養段階ほど，エネルギー効率は大きくなることが多い。

① **生産者のエネルギー効率** 生産者の光合成によって利用される光エネルギーの利用効率は，ふつう，次のように表される。

$$\text{生産者のエネルギー効率(\%)} = \frac{\text{総生産量}}{\text{生態系に入射した太陽の光エネルギー量}} \times 100$$

② **消費者のエネルギー効率** 食物連鎖における消費者では，次のように表される。

$$\text{消費者のエネルギー効率(\%)} = \frac{\text{その栄養段階の同化量}}{\text{1つ前の栄養段階の同化量}} \times 100$$

③ **生産力ピラミッド** 生産者によって生態系に取りこまれたエネルギーは栄養段階が上がるにつれて減少していく。一定期間内に獲得されたエネルギー量の棒グラフを下位のものから積み上げたものを[7   ]という(右図)。

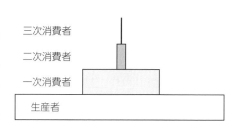

C 物質循環とエネルギーの流れ

(1) **炭素の循環とエネルギーの流れ** 炭素は，**二酸化炭素**(CO_2)の形で植物などの生産者に取りこまれ，**光合成**によって有機物となる。有機物の一部は食物網を通じて消費者に移行し，枯死体・遺体・排出物中の有機物は分解者に取りこまれる。これらの有機物の一部はそれぞれの**呼吸**によって分解され，二酸化炭素にもどる。

　生産者の光合成によって取りこまれた太陽の**光エネルギー**は，**化学エネルギー**に変換された後，物質(おもに炭素)循環に伴って生態系の中を流れる。それぞれの生物によって利用されたエネルギーは，最終的には**熱エネルギー**となって大気中に放出され，赤外線として生態系外(宇宙空間)へ出ていく。したがって，エネルギーは炭素などの物質のように循環することはない。

第7章 生物群集と生態系

空欄の解答　1 純生産　2 補償深度　3 生産層　4 成長　5 同化　6 成長　7 生産力ピラミッド

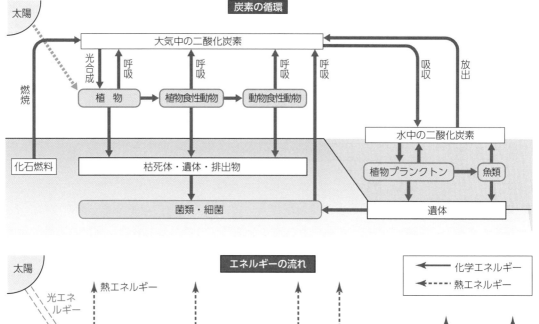

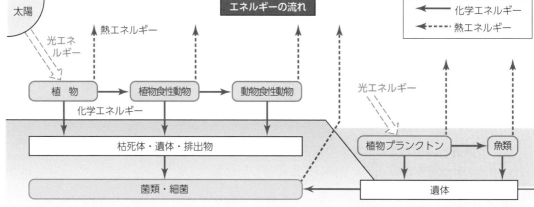

(2) **窒素の循環**　生体に含まれる**タンパク質**や DNA，RNA，ATP，クロロフィルなどの有機物には窒素が含まれている。

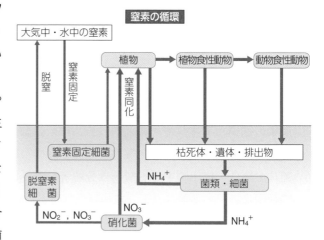

　　窒素はおもに**硝酸イオン**(NO_3^-)や**アンモニウムイオン**(NH_4^+)の形で生産者に取りこまれ，アミノ酸を経てタンパク質などの有機窒素化合物となる。このはたらきを[¹　　　　　]という。有機窒素化合物は炭素の場合と同じように消費者に移行する。動植物の枯死体・遺体・排出物中の有機窒素化合物は分解者によって NH_4^+ に分解される。NH_4^+ は，さらに土壌中の[²　　　　　]（**硝酸菌**と**亜硝酸菌**）のはたらきによって NO_3^- に変えられ（**硝化**），再び植物に利用される。

　　多くの生物は大気中の窒素(N_2)を直接利用することができない。しかし，**根粒菌**や**アゾトバクター**，**クロストリジウム**，および一部のシアノバクテリアは，大気中の窒素を取りこみ，

NH_4^+に変える。このはたらきを[³   ]といい，窒素固定を行う細菌を[⁴
         ]という。一方，土壌中の NO_3^- や NO_2^- の一部は**脱窒素細菌**によって N_2 に変えられて，大気中にもどる([⁵   ])。

参考 植物の窒素同化の道すじ

　植物が根から吸収した NO_3^- は葉の細胞に運ばれ，還元されて NH_4^+ になる。NH_4^+ は呼吸の過程でつくられたさまざまな有機酸と反応して，アミノ酸となる。

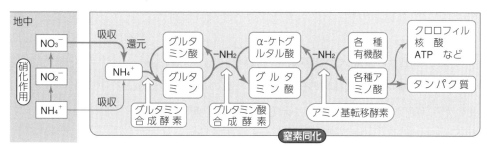

5 生態系と人間生活

A 生物多様性とその恩恵

　地球上のさまざまな環境に生息する生物は，きわめて多種多様である。生物が多様であることを[⁶   ]といい，そのとらえ方には3つの階層(段階)がある。

(1) **遺伝的多様性**　ある生物種内での遺伝子の多様性を[⁷   ]**多様性**という。

(2) **種多様性**　ある生態系における種の多様性を[⁸   ]**多様性**という。その生態系に含まれる生物の種数が多く，かつどの種も均等に含まれているほど種多様性は高い。

(3) **生態系多様性**　地球上のさまざまな環境に対応して，森林・草原・湖沼・河川・海洋・干潟などの多様な生態系が存在することを[⁹   ]**多様性**という。

(4) **生態系サービス**　人類は生態系から食料や薬品の原料，生活空間，景観など，さまざまな恩恵を受けており，それらをまとめて[¹⁰   ]という。

B 人間活動が生態系に影響を与えるしくみ

(1) **人間活動と窒素の排出**　多量の栄養塩類(NO_3^- や NH_4^+)を含む生活排水などが海洋や河川・湖沼などに大量に流入すると水界の富栄養化が起こり，植物プランクトンなどの大量発生や水質の変化によって水生生物や人間に影響を及ぼすことがある。また，化石燃料などの燃焼による窒素酸化物(NO_x)の放出は，大気を汚染して呼吸器疾患などの悪影響を及ぼす。

(2) **生息地の分断化と孤立化**　生息地が分断されて生じた個体群を[¹¹   ]といい，もとの個体群より個体数が減少している。また，生息地の分断によって局所個体群が離れた状態になることを[¹²   ]という。

　分断化や孤立化が進んで個体数が減少した局所個体群は，遺伝的多様性の低下と個体数の減少をくり返す「絶滅の渦」にまきこまれ，絶滅しやすくなる。

第7章 生物群集と生態系

空欄の解答 1 窒素同化　2 硝化菌　3 窒素固定　4 窒素固定細菌　5 脱窒　6 生物多様性　7 遺伝的　8 種
9 生態系　10 生態系サービス　11 局所個体群　12 孤立化

用語 CHECK

① 個体群において，単位生活空間当たりの個体数を何というか。

② 捕獲した個体を標識して放し，2度目に捕獲した個体数に対する標識個体数の割合から全体の個体数を求める方法を何というか。

③ ①の変化に伴って，個体の発育や生理などが変化することを何というか。

④ ある環境で存在できる最大の個体数を何というか。

⑤ 個体群の世代や齢ごとに個体数の分布を示したものを何というか。

⑥ 生まれた子がどれだけ生き残るかを示したグラフを何というか。

⑦ 同種の動物が集まって統一的な行動をとる集団を何というか。

⑧ 動物が他の個体を排除し，食物や巣などの確保のために積極的に占有する一定の空間を何というか。

⑨ 複雑な社会組織をつくって生活する昆虫を何というか。

⑩ ある一定地域に生息する生物の個体群をまとめて何というか。

⑪ 異なる種の生物間で起こる競争を何というか。

⑫ 生物が必要とする資源の要素やその利用のしかたといった，生態系内でその生物種が占める位置を何というか。

⑬ 生態系やその一部が，自然災害などの外的要因によって破壊されることを何というか。

⑭ 物質生産の面から見た植物群集の同化器官(葉)と非同化器官(葉以外の茎や花・種子など)の空間的な分布状態を何というか。

⑮ 植物の総生産量から自身の呼吸量を引いたものを何というか。

⑯ 消費者の同化量から呼吸量・被食量・死滅量を差し引いたものを何というか。

⑰ 植物が NO_3^- や NH_4^+ を吸収し，有機窒素化合物をつくるはたらきを何というか。

⑱ 大気中の N_2 を利用して NH_4^+ をつくるはたらきを何というか。

⑲ 土壌中の NO_3^- や NO_2^- を N_2 に変えるはたらきを何というか。

⑳ 生物多様性を示す3つの階層のうち，同種内における遺伝子が多様であることを何というか。

① _____
② _____
_____
③ _____
④ _____
⑤ _____
⑥ _____
⑦ _____
⑧ _____
_____
⑨ _____
⑩ _____
⑪ _____
⑫ _____
_____
⑬ _____
_____
⑭ _____
_____
⑮ _____
⑯ _____
_____
⑰ _____
_____
⑱ _____
⑲ _____
⑳ _____
_____

解答 ① 個体群密度　② 標識再捕法　③ 密度効果　④ 環境収容力　⑤ 齢構成　⑥ 生存曲線　⑦ 群れ
⑧ 縄張り　⑨ 社会性昆虫　⑩ 生物群集　⑪ 種間競争　⑫ 生態的地位(ニッチ)　⑬ かく乱　⑭ 生産構造
⑮ 純生産量　⑯ 成長量　⑰ 窒素同化　⑱ 窒素固定　⑲ 脱窒　⑳ 遺伝的多様性

例題 18 個体群の生命表

解説動画

右表は，種 A，B のそれぞれについて，同時期に出生した 2 つの個体群の個体数が減少する過程を表したもので，このような表を生命表という。

(1) 空欄(a)~(g)に当てはまる死亡数を答えよ。

(2) 各齢での死亡率がほぼ一定となるのは，種 A，B のどちらか。

種 A

齢	生存個体数	死亡数
0	1000	950
1	50	(a)
2	20	(b)
3	10	(c)
4	6	6

種 B

齢	生存個体数	死亡数
0	1000	(d)
1	300	(e)
2	90	(f)
3	27	(g)
4	8	8

指針 (1) ある齢の死亡数は，その齢の生存個体数−次の齢の生存個体数　で求められる。

(a) $50 - 20 = 30$ 　　(b) $20 - 10 = 10$ 　　(c) $10 - 6 = 4$ 　　(d) $1000 - 300 = 700$

(e) $300 - 90 = 210$ 　　(f) $90 - 27 = 63$ 　　(g) $27 - 8 = 19$

(2) ある齢での死亡率(%) $= \dfrac{その齢での死亡数}{その齢での生存個体数} \times 100$

種 A の各齢での死亡率

0 齢 $\dfrac{950}{1000} \times 100 = 95(\%)$

1 齢 $\dfrac{30}{50} \times 100 = 60(\%)$

2 齢 $\dfrac{10}{20} \times 100 = 50(\%)$

3 齢 $\dfrac{4}{10} \times 100 = 40(\%)$

4 齢 $\dfrac{6}{6} \times 100 = 100(\%)$

種 B の各齢での死亡率

0 齢 $\dfrac{700}{1000} \times 100 = 70(\%)$

1 齢 $\dfrac{210}{300} \times 100 = 70(\%)$

2 齢 $\dfrac{63}{90} \times 100 = 70(\%)$

3 齢 $\dfrac{19}{27} \times 100 \doteqdot 70(\%)$

4 齢 $\dfrac{8}{8} \times 100 = 100(\%)$

A 種は 0 齢の死亡率が高く，その後死亡率は減少する。

B 種は各齢での死亡率がほぼ一定である。

解答 (1)(a) **30** 　(b) **10** 　(c) **4** 　(d) **700** 　(e) **210** 　(f) **63** 　(g) **19** 　　(2) **種 B**

例題 19 生態系の物質生産

解説動画

ある森林の 1 年のはじめにおける生きた植物体量(現存量)は 46.74 kg/m² で，1 年の終わりにおける生きた植物体量は 47.40 kg/m² であった。また，この 1 年間におけるこの森林の植物による呼吸量は 9.47 kg/m² で，動物に食べられた植物体量は 0.65 kg/m²，落葉や落枝・枯死などによって失われた植物体量は 2.32 kg/m² であった。この森林の植物の 1 年間における，次の(1)~(3)の値をそれぞれ計算せよ。

(1) 成長量　　(2) 純生産量　　(3) 総生産量

指針 (1) 成長量は現存量の変化で求められる。

成長量＝一定期間後の現存量−最初の現存量　　$47.40 - 46.74 = 0.66(kg/m^2)$

(2) 純生産量は，成長量と，動物に食べられた植物体量(被食量)，落葉や落枝・枯死などによって失われた植物体量(枯死量)を合計したものである。

純生産量＝成長量＋被食量＋枯死量　　$0.66 + 0.65 + 2.32 = 3.63(kg/m^2)$

(3) 総生産量は植物が生産する有機物の総量で，純生産量と呼吸量を合計した値になる。

$3.63 + 9.47 = 13.10(kg/m^2)$

解答 (1) **0.66 kg/m²** 　(2) **3.63 kg/m²** 　(3) **13.10 kg/m²**

基本問題

212. 個体群と個体数の調査方法● 次の文章中の空欄に当てはまる語句を下の語群から選べ。

ある地域に生息している同種の個体の集まりを（ ① ）といい，一定の生活空間当たりの個体数を（ ② ）という。（ ① ）を構成する個体数を調べる方法には，植物や動きの遅い動物の個体数の調査に適した（ ③ ）や，よく動いて広い行動範囲をもつ動物などの調査に適した（ ④ ）などがある。（ ④ ）では，最初に捕獲した全個体に標識をつけてから放し，標識した個体と標識していない個体が混ざりあった後，再び捕獲し，捕獲した個体数に対する（ ⑤ ）の割合から全体の個体数を求める。全体の個体数は，次の式で表される。

$$全体の個体数 = \frac{最初に捕獲して標識した個体数}{} \times \frac{2度目に捕獲した（ ⑥ ）}{再捕獲された（ ⑤ ）}$$

〔語群〕 個体群　個体数　個体群密度　標識個体数　区画法　標識再捕法

①[　　　　]　②[　　　　]　③[　　　　]
④[　　　　]　⑤[　　　　]　⑥[　　　　]

213. 標識再捕法● 個体群の個体数を推定する方法に関して以下の問いに答えよ。

(1) 図のように，1回目に捕獲した動物6匹に標識をつけて放し，2回目に8匹を捕獲したところ，そのうち2匹に標識が見られた。このとき，全体の個体数を求めよ。
[　　　　]

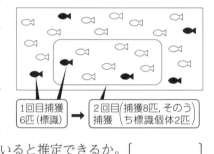

1回目捕獲6匹（標識）　→　2回目〔捕獲8匹，そのうち捕獲　ち標識個体2匹〕

(2) ある池のコイの個体数を標識再捕法で調査することにした。この池でコイ40匹をつかまえて，標識して再び池に放った。次の日，60匹つかまえると，そのうち15匹に標識が見られた。この結果から，この池には何匹のコイがいると推定できるか。[　　　　]

214. 個体群の成長● 次の文章中の空欄に当てはまる語句を下の語群から選べ。

適当な環境下にある個体群では，繁殖によって個体数が増えるが，これを個体群の（ ① ）という。時間の経過に対する個体数の増え方をグラフに表したものを（ ② ）といい，はじめは急激に個体数が増加するが，しだいに増加の速度が低下し，個体数はやがて一定になる。このときの生活空間当たりの個体数の上限を（ ③ ）という。

〔語群〕 環境収容力　分布　成長　生存曲線　成長曲線　密度効果

①[　　　　]　②[　　　　]　③[　　　　]

215. 個体群の成長曲線● 図は個体群内の個体数と時間の関係を示したものである。以下の問いに答えよ。

(1) 時間経過とともに個体群内の個体数が増えることを何というか。[　　　　]

(2) 図のグラフを何というか。[　　　　]

(3) 実際の個体群で見られる(2)は(a)，(b)のいずれか。[　　　]

(4) (c)で示した，この環境で存在できる最大の個体数を何というか。[　　　　]

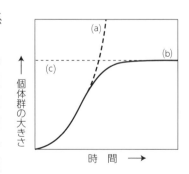

216. 植物の密度効果● 次の文章を読み，以下の問いに答えよ。

　植物では，個体群密度が高くなるとそれぞれの個体の成長が抑制されるため，(a)一定面積内の総重量や総光合成量は，個体群密度の大小にかかわらずほぼ一定になる。樹木の場合，同種や生活形の似た近縁種からなる自然林では，(b)小さな個体は枯れ，残った個体が成長して適度な密度が保たれる。しかし，個体数の減少が起こらず高密度のまま成長すると，(c)個体の成長が一様にわるくなる。その場合，強風などによって多くの個体がまとめて枯れることもある。

(1) 下線部(a)について，この法則を何というか。　　　　　　　　[　　　　　　　　　]

(2) 文章中の下線部(b)，(c)のような種内競争をそれぞれ何型の競争というか。適当なものを選べ。
　　(ア) 共倒れ　　(イ) 群生　　(ウ) 間引き　　(エ) 安定　　　　　(b)[　　　] (c)[　　　]

(3) 文章中の下線部(b)について，植物の成長に差が生じるのは，個体間で何をめぐる競争が起こるためか。　　　　　　　　　　　　　　　　　　　　　　[　　　　　　　　　]

217. 動物の密度効果● 次の文章を読み，以下の問いに答えよ。

　個体群密度が高くなると，かぎられた資源をめぐって個体間の（　①　）がはげしくなり，(a)出生率の（　②　）や死亡率の（　③　）などの影響が現れる。このように，個体群密度の変化が個体の形態や生理などに影響を及ぼすことを（　④　）という。例えばバッタのなかまには，(b)幼虫時に個体群密度が低い状態で育った個体は図の（　ア　）のような形態になるが，個体群密度の高い状態が数世代続くと，図の（　イ　）のような形態となるものもある。

(1) 文章中の空欄に当てはまる語句を下の語群から選べ。
　　〔語群〕　密度効果　　競争　　上昇　　低下
　　　①[　　　　　　] ②[　　　　　　] ③[　　　　　　] ④[　　　　　　]

(2) 文章中の下線部(a)について，この現象が起こる原因として考えられるものを3つあげよ。
　　　　　　[　　　　　　　　，　　　　　　　　，　　　　　　　　]

(3) 文章中の空欄(ア)，(イ)にはそれぞれ A，B のどちらの記号が当てはまるか。また，それぞれの型を何とよぶか。　　　　　　(ア)[　　　，　　　] (イ)[　　　，　　　]

(4) 文章中の下線部(b)のような形態の変化を何とよぶか。　　　　[　　　　　　　　]

218. 個体群の齢構成● 次の文章を読み，以下の問いに答えよ。

　ある個体群の個体数を世代や齢ごとに示したものを（　①　）という。また，（　①　）を雌雄に分けて示した棒グラフを積み上げたものを（　②　）という。（　②　）は若年層の大小によって図の3つの型に分けられる。

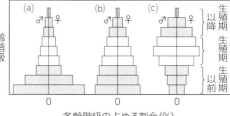

(1) 文中の空欄に適当な語句を記入せよ。
　　　　　　①[　　　　　　　　]
　　　　　　②[　　　　　　　　]

(2) 図に示した(a)〜(c)の型はそれぞれ何とよばれるか。以下から選べ。
　　(ア) 老化型　　(イ) 幼若型　　(ウ) 安定型　　(a)[　　　] (b)[　　　] (c)[　　　]

(3) 今後個体群の成長が予想されるのはどの型か。図中の(a)〜(c)の記号で答えよ。　[　　　]

219. 生命表と生存曲線● 次の文章を読み，以下の問いに答えよ。

生まれた卵や子が，その後の時間経過とともにどれだけ生き残るかを示した右の表を（　①　）といい，これをグラフにしたものを（　②　）という。（　②　）は，図のような3つの型に分けられる。

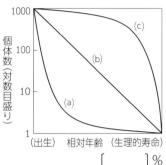

種X		
年齢	生存個体数	死亡数
0	1000	995
1	5	1
2	4	2
3	2	1
4	1	1

(1) 文章中の空欄に適当な語句を記入せよ。

　　①[　　　　　] ②[　　　　　]

(2) 表の種Xの年齢0の期間内の死亡率は何％か。　　　　　　　　　　　　[　　　]％

(3) 図の曲線(a)～(c)のような型をそれぞれ何というか。次の(ア)～(ウ)の中から選べ。

　　(ア) 平均型　　(イ) 晩死型　　(ウ) 早死型　　　　(a)[　　] (b)[　　] (c)[　　]

(4) 表の種Xは図の曲線(a)～(c)のどの型に属するか。　　　　　　　　　　[　　　]

(5) 図の曲線(a)～(c)のそれぞれに対応する動物名および特徴を下記から選び，記号で答えよ。

　　〔動物名〕　(ア) サル　　(イ) イワシ　　(ウ) シジュウカラ

　　〔特　徴〕　(A) 発育途中の死亡率がほぼ一定である。

　　　　　　　(B) 産卵（産子）数が多く，幼齢時の死亡率が高い。

　　　　　　　(C) 産卵（産子）数が少なく，親が子を手厚く保護する。

　　　　　　　(a)[　，　] (b)[　，　] (c)[　，　]　▷ p.173 例題 18

220. 個体群内の個体間の関係● 次の文章中の空欄に当てはまる語句を下の語群から選べ。

同種の動物が集まって統一的な行動をとる場合，この集団を（　①　）という。動物が同種の他の個体を排除し，食物や巣などの確保のために積極的に占有する空間を（　②　）という。動物の（　①　）では，親以外の成体が協力して子の世話をする場合がある。これを（　③　）という。鳥類では，子の世話を行う個体はたいてい血縁関係のある個体で，（　④　）とよばれる。高い社会性をもつミツバチやアリ・シロアリなどの昆虫は，同種個体が密に集合した（　⑤　）とよばれる集団を形成し，複雑な社会組織をつくって家族集団で生活する。このような昆虫を（　⑥　）という。（　⑥　）ではワーカーや兵隊など個体間の形態や役割の分化が起こり，それぞれが（　⑦　）した役割を果たすことで集団を維持している。

〔語群〕　群れ　　コロニー　　ヘルパー　　縄張り　　分業化　　共同繁殖　　社会性昆虫

　　　①[　　　　　] ②[　　　　　] ③[　　　　　] ④[　　　　　]

　　　⑤[　　　　　] ⑥[　　　　　] ⑦[　　　　　]

221. 縄張りの大きさ● 縄張りをもつ動物が縄張りを維持

するためにはコストがかかる。そのコストは縄張りの範囲が大きくなるにつれて大きくなるが，一方で縄張りをもつ利益も大きくなる。ある動物の縄張りの大きさと利益・コストの関係を模式的に示すと，図の実線のようになる。

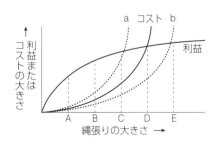

(1) この動物にとって最適な縄張りの大きさはどれか。図のA～Eから選べ。　　　　　　　　　　　　　　　[　　　]

(2) この動物が属する個体群の個体群密度が増加した場合，縄張りの維持にかかるコストはどのようになるか。図のa, bから適切なものを選べ。　　　　　　　　　[　　　]

222. 生態的地位と共存● 次の文章中の空欄に当てはまる語句を下の語群から選べ。

ある地域に生息し，さまざまなかかわりをもって生活している生物の個体群をひとまとめにして（ ① ）という。生活様式や生活上の要求が似ている異種の個体群の間では，食物や生活空間などをめぐって競争が起こる。これを（ ② ）という。生物が生存のために必要とする資源の要素や利用のしかたといった，生態系内でその生物種が占める位置を（ ③ ）といい，（ ③ ）の重なりが大きいほど（ ② ）ははげしくなる。同じ（ ③ ）の 2 種を混合飼育すると，一方の種だけが生き残り，他方が排除されることがあり，これを（ ④ ）という。（ ③ ）の重なりが大きい生物種であっても，長い年月をかけて形質を変化させ共存できるようになることがある。このような形質の変化を（ ⑤ ）といい，生物が互いに影響を及ぼしながら進化する（ ⑥ ）の一例である。また，異なる地域の生物群集において，同じ（ ③ ）を占める種を（ ⑦ ）といい，分類学的に大きく異なる種であっても同じような形態や生息環境，食性をもつことがある。

〔語群〕 種間競争 生物群集 形質置換 生態的地位 生態的同位種
競争的排除 共進化

①[　　　　　] ②[　　　　　　　] ③[　　　　　　　] ④[　　　　　　　]
⑤[　　　　　] ⑥[　　　　　　　] ⑦[　　　　　　　]

223. 個体群と成長曲線● 図は，ゾウリムシとヒメゾウリムシ，またはゾウリムシとミドリゾウリムシを混合飼育したときの，個体群の成長曲線を示したものである。ヒメゾウリムシはゾウリムシよりも小形で動きがすばやく，ミドリゾウリムシは体内にクロレラが共生している。

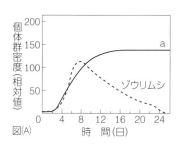
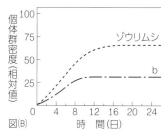

(1) 図(A)の a の成長曲線を示した生物の名称を答えよ。 [　　　　　　　　]
(2) 図(B)の b の成長曲線を示した生物の名称を答えよ。 [　　　　　　　　]
(3) 種間競争は，それぞれの生物の生態的地位の重なりが大きいほどはげしくなる。ゾウリムシと生態的地位の重なりがより大きい種は，ヒメゾウリムシとミドリゾウリムシのどちらだと考えられるか。 [　　　　　　　　]

224. 異種個体群間の関係● 次の文章中の空欄に当てはまる語句を下の語群から選べ。

異種の生物間では，一方の動物が他の生物を捕らえて食べる関係がよく見られる。このとき，食べるほうを（ ① ），食べられるほうを（ ② ）といい，両者の関係を（ ③ ）相互関係という。また，異種の生物どうしが密接な結びつきを保って生活している関係を共生といい，互いが相手の存在によって利益を受けている関係を（ ④ ），一方が利益を受けているものの他方が利益も不利益も受けない場合を（ ⑤ ）という。また，一方は利益を受けるものの他方は不利益を受ける場合を（ ⑥ ）という。このとき（ ⑥ ）されるほうの生物を（ ⑦ ）という。

〔語群〕 相利共生 寄生 被食者 片利共生 被食者−捕食者
宿主 捕食者 寄生者

①[　　　　　] ②[　　　　　　　] ③[　　　　　　　] ④[　　　　　　　]
⑤[　　　　　] ⑥[　　　　　　　] ⑦[　　　　　　　]

225. 個体群の相互作用● 図1，2は，A，Bの2種の動物を同一容器内で飼育したときの，両種の個体数の変動を示したものである。

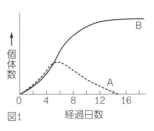

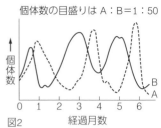

個体数の目盛りはA：B＝1：50

図1　経過日数

図2　経過月数

それぞれの図におけるAとBの関係は，次の①〜④のどれに相当するか。番号で答えよ。また，図1と2の個体群間の関係は何とよばれるか。それぞれ最も適切な語で答えよ。

① A，Bの2つの個体群が，生息地内の同一の資源を取りあう。

② A，Bの2つの個体群が，相互に利益を与えあう。

③ 個体群Aは，個体群Bから利益を得るが，個体群Bには影響を与えない。

④ 個体群Aは，個体群Bを食物としてとる。

図1〔　　，　　　　〕　図2〔　　，　　　　　　〕

226. かく乱と種の共存● 次の文章中の空欄に当てはまる語句をそれぞれ答えよ。

自然現象や人間活動によって生態系やその一部が破壊されることを（　①　）という。（　①　）の規模が大きいと（　①　）に強い種が多くを占める生物群集となり，（　①　）がほとんど起こらなければ（　②　）に強い種が多くを占める生物群集となる。（　①　）の程度が中程度で一定の頻度で起こる場合に，生物群集内に多数の種が共存できるという考え方を（　③　）説という。

①〔　　　　　〕　②〔　　　　　〕　③〔　　　　　〕

227. 植物群集の生産構造● 単一種の草本からなる2つの群集について，1m×1mの方形のわくを設定した。その方形わく内の群集を<u>上部から10cmごとに刈り取り，同化器官と非同化器官に分けて乾燥重量を測定し</u>，図1の(A)，(B)の生産構造図を作成した。

(1) 下線部のような方法を何というか。

〔　　　　　〕

(2) 図1の(A)，(B)のような生産構造の型をそれぞれ何というか。

(A)〔　　　　〕　(B)〔　　　　〕

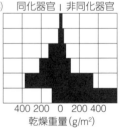

図1　乾燥重量 (g/m²)

(3) 図2は，各群集の中で，最上層を100としたときの光の強さを高さごとに示したものである。図1の(A)，(B)に該当するものをそれぞれ選べ。

(A)〔　　〕　(B)〔　　〕

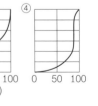

図2　相対的な光の強さ (%)

(4) 次の①〜④に示すような形態上の特徴を有する草本の植物群集は，図1の(A)，(B)のどちらにより近い分布構造を示すと考えられるか。それぞれ選べ。

① 広く大きな葉を茎から水平につける。　〔　　〕

② 上層では葉が茎周辺に集中して斜めにつき，下層ほど葉がより水平につく。　〔　　〕

③ 地面から直接細長い葉が斜めに伸びる。　〔　　〕

④ 地面から直接出た葉柄の先に傘が開いたように葉を展開する。　〔　　〕

228. 生態系における物質収支● 次の文章中の空欄に当てはまる語句を下の語群から選べ。

ある生態系において，一定面積内に存在する生物体の量を（ ① ）という。また，一定期間内に光合成によってつくりだされた有機物の総量を（ ② ）といい，（ ② ）から植物自身の呼吸で消費された有機物量を差し引いたものを（ ③ ）という。生産者の一部は一定期間の間に，動物に食べられたり，枯死したりする。これをそれぞれ（ ④ ），（ ⑤ ）という。したがって，生産者が一定期間に成長した（ ⑥ ）は，（ ③ ）から（ ④ ）と（ ⑤ ）を引いたものとなる。

一方，消費者である動物の（ ⑦ ）は，消費者が捕食によって体内に取りこんだ（ ⑧ ）のうち，糞として不消化のまま排出された（ ⑨ ）を除いたものとなる。また，一定期間内に消費者は，より高次の消費者に捕食されたり，病気などで死んだりする。これをそれぞれ（ ④ ），（ ⑩ ）という。したがって，消費者が一定期間内に成長した（ ⑥ ）は，（ ⑦ ）から（ ⑪ ）と（ ④ ）と（ ⑩ ）を差し引いたものとなる。

〔語群〕 (ア) 現存量　　　　(イ) 摂食量　　(ウ) 同化量　　　(エ) 成長量
　　　　(オ) 不消化排出量　(カ) 死滅量　(キ) 総生産量　　(ク) 純生産量
　　　　(ケ) 呼吸量　　　　(コ) 被食量　(サ) 枯死量

①[　] ②[　] ③[　] ④[　] ⑤[　] ⑥[　]
⑦[　] ⑧[　] ⑨[　] ⑩[　] ⑪[　]

▶ p.173 例題 19

論 229. 生態系の物質生産● 次の表は，森林の生産量・呼吸量と気候条件を示したものである。以下の問いに答えよ。

森　林	年　間 純生産量 (kg/m²)	年　間 呼吸量 (kg/m²)	年　間 総生産量 (kg/m²)	緯　度 （北　緯）	年平均 気　温 (℃)	年　間 降水量 (mm)
熱帯多雨林	2.86	9.46	(a)	10°	26.8	2033
照葉樹林	(b)	5.25	7.31	31°	17.3	2375
照葉樹林	2.27	(c)	5.17	32°	16.1	1989
針葉樹林	1.15	5.82	(d)	32°	16.9	2490
針葉樹林	(e)	4.11	5.71	33°	15.6	1708
針葉樹林	1.80	(f)	2.65	57°	7.6	576

(1) 表中の(a)～(f)に適する数値を求めよ。

(a)[　] (b)[　] (c)[　] (d)[　] (e)[　] (f)[　]

(2) 表に関して，次の①～④の文のうち誤っているものを1つ選び，番号で答えよ。

① 生産効率(純生産量÷総生産量　で表す)は，低緯度で高く，高緯度で低い傾向がある。

② 呼吸量に比べて，純生産量の地域差は小さい。

③ 照葉樹林でも針葉樹林でも総生産量は年間降水量が多いほど大きい。

④ 照葉樹林でも針葉樹林でも呼吸量は年平均気温が高いほど大きい。　　　[　]

(3) 高緯度の針葉樹林と中緯度の針葉樹林の年間純生産量には，大きな差が見られない。その理由を簡潔に説明せよ。

230. 陸地と海洋の物質生産● 次の図は森林の林齢が増えるにつれて，物質生産がどのように変化するかを表したものである。文章中と図中の空欄に当てはまる語句を下の語群から選べ。

陸上で物質生産を行うのは草本や木本などである。図のように，多くの場合，森林では幼齢林のうちは（ ① ）が増加し，森林が成長する。しかし，高齢林になると（ ② ）はほぼ一定になるが，（ ③ ）と（ ④ ）を合計した（ ⑤ ）が増加するため，（ ① ）は減少する。一方，海洋でのおもな生産者は（ ⑥ ）で，これらの物質生産には（ ⑦ ）の量が影響する。（ ⑦ ）の多い沿岸の浅海や外洋の湧昇域では，（ ① ）が大きくなる。水界では水深が深くなると光の量が減少するため，光合成による物質生産を行えるのは，生産者の光補償点とほぼ等しい光の強さになる水深である（ ⑧ ）までの表層である。

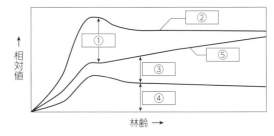

〔語群〕 総生産量 総呼吸量 葉の呼吸量 根・幹・枝の呼吸量 純生産量
補償深度 植物プランクトン 栄養塩類 藻類 有機物

①[　　　] ②[　　　] ③[　　　] ④[　　　]
⑤[　　　] ⑥[　　　] ⑦[　　　] ⑧[　　　]

231. 各栄養段階における物質収支●

図はある生態系における生産者から二次消費者までの各栄養段階と，ある期間の有機物の収支を示したものである。

図の(a)～(d)に当てはまる語句を[A群]から，図の(e)～(g)に当てはまる語句を[B群]からそれぞれ選べ。

〔A群〕 呼吸量 被食量
不消化排出量 最初の現存量
〔B群〕 純生産量 総生産量 同化量

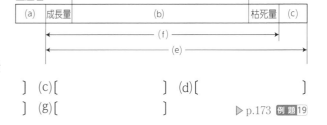

(a)[　　　] (b)[　　　] (c)[　　　] (d)[　　　]
(e)[　　　] (f)[　　　] (g)[　　　]

▶ p.173 例題19

232. エネルギー効率● 表はある湖の栄養段階ごとのエネルギー収支を示したものである。

(1) 表の①～③に当てはまる数値を答えよ。

①[　　　] ②[　　　]
③[　　　]

	太陽光	生産者	一次消費者	二次消費者	三次消費者
同化量(総生産量)	496000	①	174.8	②	4.9
呼吸量	—	423.4	50.4	8.2	3.4
被食量	—	268.0	35.7	5.0	0.4
枯死・死滅量	—	50.8	3.4	0.4	0.0
成長量	—	1273.9	85.3	12.6	③
不消化排出量	—	—	93.2	9.5	0.1
エネルギー効率	—	0.4%	④%	⑤%	⑥%

単位は明記しないかぎり J/(cm²・年) である。

(2) 各段階のエネルギー効率④～⑥を，小数第2位を四捨五入し，小数第1位まで求めよ。

④[　　　]% ⑤[　　　]% ⑥[　　　]%

(3) エネルギー効率は栄養段階が上がるにつれてどのようになるか。 [　　　]

233. 炭素の循環●　図は生態系での炭素の循環を示している。

(1) 矢印 A, B の各経路は, 生物の何
というはたらきを示したものか。

　　A[　　　　]　B[　　　　]

(2) 矢印 A～G で, 有機物としての炭
素の移動をすべて答えよ。

　　　　　[　　　　　　　]

(3) P～S に当てはまる語を, 次の(ア)
～(エ)からそれぞれ選べ。

　　(ア) 動物食性動物　(イ) 植物
　　(ウ) 植物食性動物　(エ) 遺骸・排出物

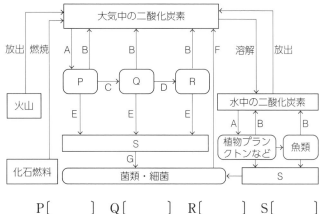

　　　　P[　　] Q[　　] R[　　] S[　　]

(4) 炭素に関連する記述として, 誤っているものはどれか。次の(ア)～(エ)から1つ選べ。

　　(ア) 炭素の多くは陸上の植物として存在し, 大気, 海洋, 地殻にはほとんど存在しない。
　　(イ) 炭素の循環に伴って, 生態系内ではエネルギーの移動が起こっている。
　　(ウ) 炭素はタンパク質, 炭水化物, 核酸などを構成する元素の一つである。
　　(エ) 化石燃料が大量に利用され, 大気中の二酸化炭素濃度が増加している。　　　　[　　　　]

234. エネルギーの流れ●　図は生態系におけるエネルギーの流れを示している。

(1) 矢印ア～サの中で, ①化学エネルギー
と②熱エネルギーの移動を示してい
るものを, それぞれすべて選べ。

　　①[　　　　　　　　　]
　　②[　　　　　　　　　]

(2) 次の文章中の空欄に当てはまる語句
を答えよ。

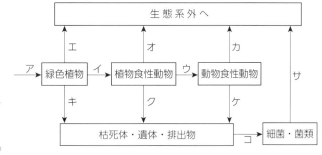

　　植物が光合成を行うことで, 太陽
の(①)エネルギーが(②)エネルギーに変えられる。エネルギーは(③)に含まれ
る形で食物網を通して生態系内を移動し, 最終的には(④)エネルギーとなって放出され,
(⑤)として生態系外に出ていくため, 炭素のように循環することがない。

　　　　①[　　　　] ②[　　　　] ③[　　　　] ④[　　　　] ⑤[　　　　]

235. 空気中の窒素の利用●　次の文章中の空欄に当てはまる語句を下の語群から選べ。

　植物は空気中に大量に存在する窒素(N_2)を直接取り入れて利用することはできない。しかし,
細菌の中には, 空気中の窒素を取りこんで, (①)に還元して利用する(②)を行うものが
ある。これらの細菌をまとめて(③)という。(③)の中で, 単独生活のときにも(②)
を行うものに(④)やクロストリジウムなどがあり, マメ科植物と共生したときに(②)を
行うものに(⑤)がある。

[語群]　(ア) 根粒菌　　(イ) アゾトバクター　　(ウ) 放線菌　　(エ) 窒素固定細菌
　　　　(オ) NH_4^+　　(カ) NO_3^-　　(キ) 窒素固定

　　　　　　　①[　　　　] ②[　　　　] ③[　　　　] ④[　　　　] ⑤[　　　　]

236. 窒素の循環● 図は生態系での窒素の循環を示している。

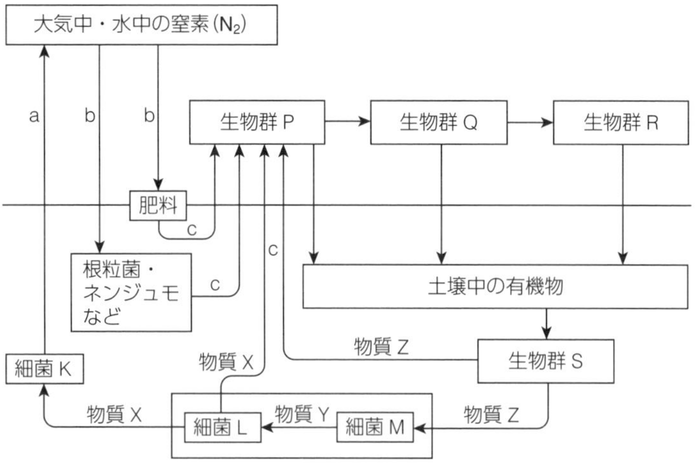

(1) 生物群 P ～ S に当てはまるものを，次の語群から選べ。

〔語群〕 菌類・細菌　　植物
　　　　 植物食性動物
　　　　 動物食性動物

P〔　　　　　　　〕
Q〔　　　　　　　〕
R〔　　　　　　　〕
S〔　　　　　　　〕

(2) 細菌 K ～ M に当てはまるものを次の語群から選べ。

〔語群〕 亜硝酸菌　　硝酸菌
　　　　 脱窒素細菌　　窒素固定細菌

K〔　　　　　　　〕 L〔　　　　　　　〕 M〔　　　　　　　〕

(3) 物質 X ～ Z に当てはまるものを次の語群から選べ。

〔語群〕 NO　　NO₂⁻　　NO₃⁻　　N₂　　NH₄⁺

X〔　　　　　　　〕 Y〔　　　　　　〕 Z〔　　　　　　　〕

(4) 矢印 a ～ c のはたらきに当てはまるものを次の語群から選べ。

〔語群〕 窒素固定　　窒素同化　　脱窒

a〔　　　　　　　〕 b〔　　　　　　〕 c〔　　　　　　　〕

237. 窒素同化のしくみ● 図は植物が土壌中の無機窒素化合物を利用するしくみを示している。

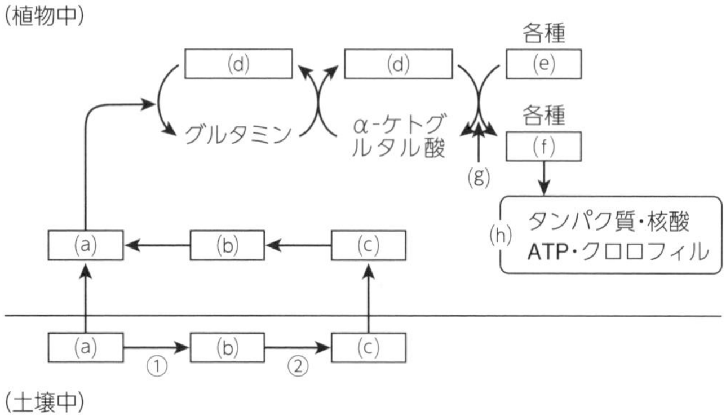

(1) 図の(a)～(c)に当てはまるイオンを次の中からそれぞれ選べ。

(ア) 硝酸イオン(NO_3^-)

(イ) 亜硝酸イオン(NO_2^-)

(ウ) アンモニウムイオン(NH_4^+)

(a)〔　　　〕 (b)〔　　　〕

(c)〔　　　〕

(2) ①，②のはたらきにかかわる細菌名を答えよ。　　①〔　　　　　〕 ②〔　　　　　〕

(3) 図の(d)～(f)に当てはまる物質名を次の中からそれぞれ選べ。

(エ) 有機酸　　(オ) グルタミン酸　　(カ) アミノ酸　　(d)〔　　　〕 (e)〔　　　〕 (f)〔　　　〕

(4) (g)ではたらく酵素名を答えよ。　　　　　　　　　　　　　　　　〔　　　　　　〕

(5) (h)のような化合物をまとめて何というか。　　　　　　　　　　　〔　　　　　　〕

(6) 図のように，植物が(a)～(c)の無機窒素化合物から(h)のような化合物を合成するはたらきを何というか。　　　　　　　　　　　　　　　　　　　　　　　　　　〔　　　　　　〕

(7) 図中の(f)が合成される一連の反応は，植物体内のどの器官の細胞で行われるか。

① 葉　　② 茎　　③ 根　　　　　　　　　　　　　　　　　　　　〔　　　　　〕

238. 生態系での窒素化合物の利用● 多くの生物は大気中の N_2 を直接利用することができない。しかし，窒素固定細菌は大気中の N_2 を（　A　）して NH_4^+ として利用することができる。土壌に溶け込んだ NH_4^+ は，硝化菌のはたらきによって NO_3^- にまで（　B　）される。植物は，根から NO_3^- を吸収し，葉の細胞に運ばれた NO_3^- は（　C　）されて NH_4^+ に変換されてから，呼吸の過程でつくられたさまざまな（　①　）に転移され，アミノ酸がつくられる。植物によって合成された有機窒素化合物は，食物連鎖を通じて移行し，いずれ遺体や排泄物となり土壌にもどる。土壌中の有機窒素化合物は無機窒素化合物となり，窒素は生態系内を循環している。また，土壌中の NO_3^- の一部は，脱窒素細菌のはたらきによって（　D　）されて N_2 となり，大気中にもどる。

(1) 文章中の空欄①に入る語句を答えよ。　　　　　　　　　　　[　　　　　　　　]

(2) 文章中の空欄(A)～(D)に，酸化か還元のいずれかの語句を入れよ。

　　　　　　　(A)[　　　　]　(B)[　　　　　]　(C)[　　　　　]　(D)[　　　　　]

(3) 下線部の細菌が行うことができるはたらきを，次の(ア)～(エ)からすべて選べ。

　(ア) 光エネルギーを用いて ATP や NADPH を合成する。

　(イ) 化学エネルギーを用いて ATP や NADPH を合成する。

　(ウ) 炭素同化を行う。　　　　(エ) 窒素同化を行う。　　　　　　[　　　　　　　]

239. 生物の多様性● 生物の多様性の階層は，生態系多様性・種多様性・遺伝的多様性の3つに大別できる。次の①～③は，それぞれどの多様性を説明したものか。

① さまざまな環境に対応して，森林・草原・湖沼・河川・干潟などの多様な生態系が存在する。

② 生態系内の生物の種数が多いほど，またどの種も均等に含まれているほど多様性は高い。

③ ある生物種内でも遺伝子の多様性をもっている。

　①[　　　　　　　　]　②[　　　　　　　　　]　③[　　　　　　　　]

240. 人間活動と窒素の排出● 次の文章中の空欄に当てはまる語句を下の語群から選べ。

　近年，人間の活動によって窒素循環のバランスが崩れてきている。工業的な（　①　）によりつくられた化学肥料を大量に施肥すると，土壌中の（　②　）が増加し，植物が吸収できなかったものの一部が土壌に残存する。これらが地下水へ溶け出すと，海洋や河川などに流入し，水界の（　③　）を引き起こす。また，化石燃料の燃焼によって大気に放出された（　④　）は大気を汚染し，呼吸器疾患などの原因となる。

〔語群〕　無機窒素化合物　　有機窒素化合物　　窒素酸化物　　窒素同化
　　　　　窒素固定　　　　　富栄養化　　　　　貧栄養化

①[　　　　　　　]　②[　　　　　　　　]　③[　　　　　　　]　④[　　　　　　　]

241. 生物多様性を低下させる要因● 文章中の空欄に当てはまる語句を下の語群から選べ。

　生物の生息地が小さく（　①　）されて生じた個体群を（　②　）といい，もとの個体群より個体数が減少している。また，生息地の（　①　）化によって（　②　）が離れた状態になることを（　③　）化という。これらが進んで個体数が減少した（　②　）は，（　④　）多様性の低下と，個体数の減少を繰り返す「（　⑤　）の渦」に巻きこまれ，（　⑤　）する可能性が高くなる。また，（　⑥　）生物の移入で生態系のバランスがくずれ，（　⑦　）生物が（　⑤　）に至ることもある。

〔語群〕　(ア) 孤立　(イ) 分断　(ウ) 局所個体群　(エ) 絶滅　(オ) 遺伝的　(カ) 在来　(キ) 外来

　①[　　　　]　②[　　　　]　③[　　　　]　④[　　　　]　⑤[　　　　]　⑥[　　　　]　⑦[　　　　]

章末総合問題

242. 生存曲線に関する以下の問いに答えよ。

　図1は，動物の典型的な生存曲線を模式的に示したものである。図1において，相対年齢0〜20，20〜40，40〜60，60〜80，80〜100の各期間について，期間の最初に計測した個体数(はじめの個体数)と期間の最後に計測した個体数(終わりの個体数)から，以下の計算式で死亡率を計算した。図2は計算された死亡率をもとにつくられたグラフである。

$$死亡率(\%) = \frac{はじめの個体数 - 終わりの個体数}{はじめの個体数} \times 100$$

図1　生存数の変化

(1) Aタイプ〜Cタイプの生存曲線を示す個体群の死亡率の変化を表すのは，図2の①〜③のどれか。最も適当なものを選べ。　　(A)[　　　]　(B)[　　　]　(C)[　　　]

(2) Cタイプに相当する生物の生育環境および生態について，以下の記述の中から当てはまるものをすべて選べ。

　(a) 地上でふ化した幼虫が，捕食者の少ない地中に移動して成長する。

　(b) 胎生である。　　(c) 卵をたくさん産む。　　(d) 集団生活をする巣で成長する。

　(e) 個体数の変動が大きい。　　　　　　　　　　　　　　[　　　　　] 〔甲南大 改〕

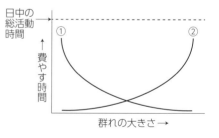

図2　死亡率の変化

243. 動物の群れに関する次の文章を読み，以下の問いに答えよ。

　ある地域に生息する同種の個体が集まって群れをつくるとき，群れの大きさは，群れをつくることによる利益とコストのバランスに影響される。グラフは，ある動物がつくる群れの大きさ(群れを構成する個体数)と，各個体の①捕食者に対する見張り時間，および，② 食物をめぐる争い時間との関係を表したものである。グラフの点線は，この動物の日中の総活動時間を表している。

(1) この動物の日中の総活動時間のうち，①+②の時間以外はすべて採食に使えるとすると，各個体の採食時間と群れの大きさとの関係はどのようになるか。グラフに明瞭に記入せよ。

(2) この動物にとって，採食を行ううえでの最適な群れの大きさはどこであると考えられるか。グラフの横軸に明瞭に記入せよ。

(3) この動物の群れにおいて，捕食者が増加した場合，①はどのようになり，採食を行ううえでの最適な群れの大きさはどのようになると考えられるか。以下の(a)〜(e)から1つ選び，記号で答えよ。なお，②は変化しないものとする。　　　　　　[　　　]

　(a) 曲線①は右上方向へ移動し，最適な群れの大きさは大きくなる。

　(b) 曲線①は右上方向へ移動し，最適な群れの大きさは小さくなる。

　(c) 曲線①は左下方向へ移動し，最適な群れの大きさは大きくなる。

　(d) 曲線①は左下方向へ移動し，最適な群れの大きさは小さくなる。

　(e) 曲線①は移動せず，最適な群れの大きさは変わらない。

論 244. 植物の種間競争に関する次の文章を読み，以下の問いに答えよ。

マメ科植物 X と
イネ科植物 Y を，
土壌の窒素化合物
の量と光の強さを
変えて栽培した。
図 1 は植物 X，図 2
は植物 Y の成長可

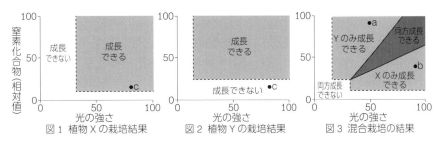

図 1 植物 X の栽培結果　図 2 植物 Y の栽培結果　図 3 混合栽培の結果

能な栽培条件を示している。図 3 は植物 X と植物 Y の苗を混植した場合の結果である。

(1) 混植した場合，条件 a，b では，単独栽培で成長できる植物が成長できない。条件 a，b での
植物間の関係について適切なものを，次の(ア)～(エ)からそれぞれ選べ。

(ア) X は十分に窒素化合物を獲得できず，Y より成長が遅れ競争に負けた。

(イ) Y は十分に窒素化合物を獲得できず，X より成長が遅れ競争に負けた。

(ウ) X，Y とも光合成するが，Y は同化器官の割合が多く，X より成長が速いため競争に勝った。

(エ) X，Y とも光合成するが，X は同化器官の割合が多く，Y より成長が速いため競争に勝った。

条件 a [　　　　]　　条件 b [　　　　]

(2) 植物 X は，条件 c のような窒素化合物の量が少ない環境でも成長できるが，これはある生物
との共生が関係している。その生物名をあげて，成長できる理由を述べよ。

[
　
]

〔20 芝浦工大 改〕

論 245. 生物多様性に関する次の文章を読み，以下の問いに答えよ。

生物多様性には，①遺伝的多様性，種多様性，生態系多様性という 3 つの階層がある。生物多
様性の重要性は世界的に認識されているものの，近年，生物多様性は急激に失われている。その
おもな原因は人間活動であり，人や物の移動に伴う②外来生物の問題も含まれる。

(1) 次の(a)，(b)の文は，下線部①の多様性のうちどの階層の多様性について述べたものか。

(a) 森林でも，熱帯多雨林や照葉樹林などさまざまなものが見られる。

(b) 同種の生物でも，異なる遺伝子をもっていることがある。

(a) [　　　　　　　　　　]　(b) [　　　　　　　　　　]

(2) 下線部②について，日本の在来生物の遺伝的多様性への影響を示した例として最も適当なも
のを(a)～(d)から 1 つ選び，記号で答えよ。　　　　　　　　　　　　[　　　　]

(a) ハブ対策として輸入したマングースがアマミノクロウサギを捕食した。

(b) 野生化したタイワンザルとニホンザルの雑種の子が繁殖した。

(c) 繁殖力の強いモウソウチクが茂り，クヌギやコナラが成長しなくなった。

(d) 外国産のクワガタムシに付着したダニが日本のクワガタムシに病原性を示した。

(3) かく乱の程度と生物の種数との間には図のような関係が見
られる場合がある。このような関係が生じる理由を答えよ。

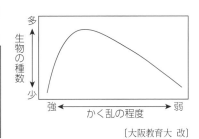

〔大阪教育大 改〕

巻末チャレンジ問題

大学入学共通テストに向けて

246. 遺伝子頻度に関する次の文章を読み，以下の問いに答えよ。

　生物集団の遺伝子頻度の変化は，生物集団の進化へつながっていく。ハーディ・ワインベルグの法則が成りたつ条件のうち，「生物集団を構成する個体数が十分に多いこと」が満たされない場合を考える。ある二倍体の生物がもつ，ある対立遺伝子 A と a の遺伝子頻度がいずれも 0.50 であるとする。1000 個体の生物集団におけるこれらの遺伝子頻度について 50 世代後まで調べたところ，図 1 に示されるような遺伝子頻度の変化を確認した。

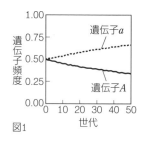

図1

(1) その生物が 100000000 個体の集団を形成しているとき，50 世代後までの A と a の遺伝子頻度の典型的な変化を示すグラフとして最も適当なものを，図 2 の ① ～ ⑥ から 1 つ選べ。　[　　]

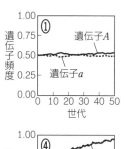
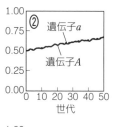
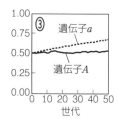
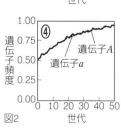
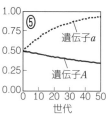
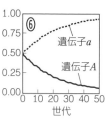

図2

(2) その生物が 100 個体の集団を形成しているとき，50 世代後までの A と a の遺伝子頻度の典型的な変化を示すグラフとして最も適当なものを，図 2 の ① ～ ⑥ から 1 つ選べ。　[　　]

247. 酵素活性に関する次の文章を読み，以下の問いに答えよ。

　基質 A から物質 B を生成する反応を触媒する酵素がある。この酵素の反応速度について調べるため，以下の実験 1 ～ 3 を行った。

【実験1】　濃度 0.2 mg/mL もしくは 6.4 mg/mL の基質溶液と，濃度 0.8 mg/mL の酵素溶液(相対酵素濃度 1)あるいは 1/2，1/4，1/8，1/16 倍希釈の酵素溶液を pH5.6(最適 pH)で反応させたところ，図 1 のグラフを得た。

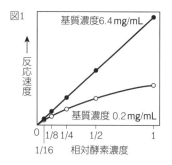

図1

【実験2】　濃度 6.4 mg/mL の基質溶液と濃度 0.2 mg/mL の酵素溶液をさまざまな pH で反応させたところ，図 2 のグラフを得た。なお，グラフの横軸は反応時の pH を示す。

【実験3】　酵素溶液を 25℃ で 1 時間，さまざまな pH で前処理した後，速やかに pH5.6 にもどし，濃度 6.4 mg/mL の基質溶液と濃度 0.2 mg/mL の前処理酵素溶液を 5 分間反応させたところ，図 2 のグラフを得た。なお，グラフの横軸は前処理の pH を示す。

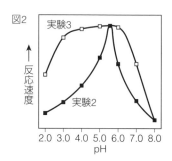

図2

　実験 1 ～ 3 の結果を考察した次の文章について，空欄に当てはまる語句の組み合わせとして最も適当なものを，① ～ ④ から選べ。

実験1では，基質濃度が 0.2 mg/mL の場合，酵素濃度を高くしたときの反応速度は基質濃度が 6.4 mg/mL のときほど大きくならなかった。これは，酵素濃度に対して基質濃度が低く，酵素の（　ア　）が反応に関与したためであると考えられる。また，実験2と実験3から，pH3.0 ～ 6.0 でこの酵素に生じた構造変化は（　イ　）であり，pH8.0 で生じた構造変化は（　ウ　）であると考えられる。　　　　　　　　　　　　　　　　　　　　　　　　　　　〔　　〕

	ア	イ	ウ		ア	イ	ウ
①	すべて	可逆的	不可逆的	②	すべて	不可逆的	可逆的
③	一部のみ	可逆的	不可逆的	④	一部のみ	不可逆的	可逆的

248. 光合成に関する次の文章を読み，以下の問いに答えよ。

放射性同位体の炭素 ^{14}C で標識した二酸化炭素（$^{14}CO_2$）を緑藻に与えると，光合成で取りこんだ二酸化炭素がどのような物質に変換されていくのかを調べることができる。カルビン回路では，二酸化炭素は物質Aと結合して2分子の物質Bとなる。物質Bから物質Aにもどるには，チラコイド膜で合成された ATP と NADPH が必要である。緑藻に $^{14}CO_2$ を与え，物質Aと物質Bの濃度について，二酸化炭素濃度を1％から0.003％に変化させたときのグラフを図1に，十分な強さの光を当ててから暗黒状態にしたときのグラフを図2に示した。なお，大気中の二酸化炭素濃度は 0.038 ％である。

図1，図2に関する以下の文章のうち，正しいものを2つ選べ。

① 二酸化炭素濃度が減少すると，二酸化炭素と物質Aが結合して物質Bができる反応が起こりにくくなるため，物質Bの濃度は減少する。よって，図1のⅠは物質Bである。

② 二酸化炭素濃度が減少すると，二酸化炭素と物質Aが結合して物質Bができる反応が起こりやすくなるため，物質Bの濃度は増加する。よって，図1のⅡは物質Bである。

③ 暗黒状態になると，チラコイド膜での ATP と NADPH の合成速度が低下するため，物質Bから物質Aにもどる反応が起こりにくくなる。よって，図2のⅣは物質Aである。

④ 暗黒状態になると，チラコイド膜での ATP と NADPH の合成速度が増加するため，物質Bから物質Aにもどる反応が起こりやすくなる。よって，図2のⅢは物質Aである。〔　，　〕

249. 動物の形態形成に関する次の文章を読み，以下の問いに答えよ。

ショウジョウバエの前後軸の形成過程では，母性効果遺伝子のうち，ビコイド，ナノス，ハンチバック，コーダルが重要な役割を担っている。それぞれの mRNA は図1の左のグラフに示すように卵形成時に卵の前後軸に沿って分布する。また，受精後それぞれの mRNA から翻訳されたタンパク質も，図1の右のグラフに示すように受精卵の前後軸に沿って分布する。

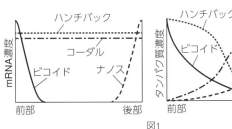

図1

(1) 図1から読み取れる仮説として適当なものを，次の①～④から1つ選び記号で答えよ。

   ① ビコイドタンパク質はコーダルの翻訳を促進する。

   ② ビコイドタンパク質はコーダルの転写を促進する。

   ③ ナノスタンパク質はハンチバックの翻訳を抑制する。

   ④ ナノスタンパク質はハンチバックの転写を促進する。　　　　　　　　　[　　　]

(2) ビコイドの機能を欠いた突然変異体では，発生過程において図2のような前後軸の形成異常が見られた。このことから予想されるビコイドの前後軸形成における役割として適切なものを次の①～⑨から2つ選び，記号で答えよ。　　　　[　　，　　]

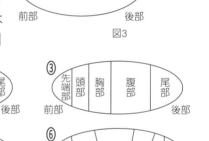

図2

   ① 頭部形成を促進する。　　② 頭部形成を抑制する。　　③ 頭部形成には影響を与えない。

   ④ 胸部形成を促進する。　　⑤ 胸部形成を抑制する。　　⑥ 胸部形成には影響を与えない。

   ⑦ 腹部形成を促進する。　　⑧ 尾部形成を促進する。　　⑨ 尾部形成には影響を与えない。

(3) 図3に示したように，受精直後の野生型卵を用い，将来尾部が形成される部位にビコイドmRNAを注入した。この受精卵の発生過程で形成が予想される前後軸のパターンを下の①～⑥の模式図から1つ選べ。なお，ビコイドmRNAの注入によりナノスmRNAの機能は影響を受けないものとする。　　　　　　[　　　]

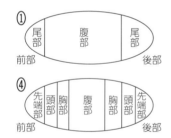

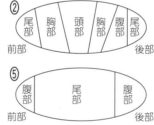

🐸 **250.** 遺伝子組換え実験に関する次の文章を読み，以下の問いに答えよ。

   ある学生が，遺伝子組換え大腸菌を作成するための実験1～3を行った。

【実験1】　図のプラスミドを制限酵素EcoR I で切断したもの，EcoR I が認識する配列を両端にもつGFP(緑色蛍光タンパク質)遺伝子のDNA断片，DNAリガーゼを混合して反応させた。

P_L：ラクトースオペロンのプロモーター
O：ラクトースオペロンのオペレーター
$lacZ$：βガラクトシダーゼの遺伝子
Amp^r：アンピシリン耐性の遺伝子
P_A：Amp^rのプロモーター

【実験2】　抗生物質のアンピシリン溶液を用いて作成した寒天培地に，IPTG(ラクトースオペロンで調節される遺伝子の発現を誘導する物質)溶液とX-gal(βガラクトシダーゼによって分解されると青色に発色する物質)溶液を塗布した。

【実験3】　大腸菌(アンピシリン耐性をもたずβガラクトシダーゼをつくれない株)と実験1で得た溶液を混合し，形質転換に必要な操作を行った。この混合液を実験2で作成した寒天培地に

塗布し，恒温器で培養した。培養後，自然光下および紫外線照射下で寒天培地を観察し，得られた結果を ① 〜 ⑤ のパターンに分けて表にまとめた。

次の(a)〜(d)の実験操作のミスをした学生がいた場合，それぞれの学生が得た結果は表のパターン ② 〜 ⑤ のうちどれか答えよ。ただし，(a)〜(d)のミスを重複して行った学生はおらず，ミスをしなかった学生はパターン ① の結果を得た。

(a) 実験2で寒天培地にアンピシリンを加えるのを忘れた。　　　[　　]

(b) 実験2で寒天培地にIPTG溶液を塗布するのを忘れた。　　　[　　]

(c) 実験2で寒天培地にX-gal溶液を塗布するのを忘れた。　　　[　　]

(d) 実験3で実験1の溶液のかわりに液体培地を使用してしまった。　[　　]

パターン	コロニーの大きさと個数	自然光下でのコロニーの色	紫外線照射下でのコロニーの色
①	直径1〜2mmくらいのコロニーが，寒天培地1枚当たり，80〜160個観察された。	コロニーの40〜60％が青色，残りはすべて白色だった。	自然光下で白色だったコロニーのうち，約半数が緑色の蛍光を発し（タイプ1），残りのコロニーからは緑色の蛍光は観察されなかった（タイプ2）。自然光下で青色だったコロニーのうち，緑色の蛍光を発するものはまったく観察されなかった（タイプ3）。
②		すべて白色だった。	25％のコロニーから緑色の蛍光が観察された。
③			緑色の蛍光を発するコロニーはまったく観察されなかった。
④	非常に小さなコロニーが寒天培地全面にびっしりと生えていた。	全面に広がった白色のコロニーの中に，青色のコロニーが10個点在していた。	紫外線照射下での観察を行わなかった。
⑤	コロニーは1つも観察されなかった。		

251. 刺激の受容と反応に関する次の文章を読み，以下の問いに答えよ。

昆虫には味覚があり，糖を好み苦味物質を避ける性質をもっている。一方，駆除剤などにある種の糖が入っている場合，その糖だけを避ける個体が出現することがある。ある昆虫において，特定の糖を避ける系統が出現した。そこで，どの糖も好む個体Xと，特定の糖を避ける個体Yを用いて，実験1・2を行った。

【実験1】　糖としてフルクトースとグルコースの水溶液，苦味物質としてカフェインの水溶液をさまざまな濃度で用意し，空腹にさせて水を十分に飲ませた場合と，空腹にさせて水を飲ませない場合について，個体Xと個体Yがそれぞれどれだけの溶液量を摂取したかを測定し，図1のような結果を得た。

【実験2】　個体Xと個体Yにフルクトース，カフェイン，グルコースをそれぞれ一定量与えたところ，味覚受容器にある2種類の味覚受容細胞で，与えた物質によって活動電位の発生頻度が大きく異なることを

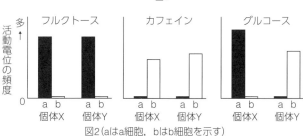

図2(aはa細胞，bはb細胞を示す)

見出した。これらの細胞をa細胞，b細胞とよぶ。個体Xと個体Yにおいて，それぞれの水溶液に対するa細胞とb細胞の活動電位の頻度を測定し，図2のような結果を得た。

実験1において，空腹にさせて水を十分に飲ませた状態でフルクトースを与えると，両系統とも溶液の濃度が上がるにつれて摂取量が増えている。これは，フルクトースの味刺激に摂取を促進する効果があることを示している。一方，空腹にさせて水を飲ませていない状態でフルクトースを与えると，両系統とも溶液の濃度に関係なく摂取が行われている。これは，フルクトースの味刺激に摂取を抑制する効果がないことを示している。

(1) 実験1・2の結果から読み取れることとして<u>適当でないもの</u>を，次の①～④から1つ選べ。　　　　　　　　　　　　　　　　　　　　　　　　　　　　　[　　　]

　① 個体Xにおいて，カフェインの味刺激は摂取を促進する効果がなく，抑制する効果がある。
　② 個体Xにおいて，グルコースの味刺激は摂取を促進する効果があり，抑制する効果がない。
　③ 個体Yにおいて，カフェインの味刺激は摂取を促進する効果がなく，抑制する効果がある。
　④ 個体Yにおいて，グルコースの味刺激は摂取を促進する効果があり，抑制する効果がない。

(2) 実験1・2の結果から推測される，個体Yが特定の糖を避けるようになったしくみに関する記述として，最も適当なものを①～④から1つ選べ。　　　　　　　　　[　　　]
　① グルコースを受容したときにa細胞の興奮が促進され，b細胞の興奮が抑制されるようになった。
　② グルコースを受容したときにa細胞の興奮が抑制され，b細胞の興奮が促進されるようになった。
　③ カフェインを受容したときにa細胞の興奮が促進され，b細胞の興奮が抑制されるようになった。
　④ カフェインを受容したときにa細胞の興奮が抑制され，b細胞の興奮が促進されるようになった。

252. 植物ホルモンに関する次の文章を読み，以下の問いに答えよ。

エチレンは果実の成熟過程に大きく関与していることが知られている。りんごの品種Aは品種Bなど他の品種に比べ，収穫後に長期間品質を保持できることが知られており，これにはエチレンが関係している。それを確かめるために仮説1・2を考え，仮説を検証する実験を行った。

【仮説1】　品種Aは品種Bよりもエチレンの感受性が低い。

【仮説1を検証する実験】　密閉容器Iに未熟な品種Aと成熟した品種Bを入れたものを準備し，対照実験として密閉容器IIに未熟な品種Bと成熟した品種Bを入れたものを準備する。仮説1が正しければ，密閉容器Iの（　ア　）のほうが密閉容器IIの（　イ　）よりも成熟が遅くなると考えられる。

【仮説2】　品種Aは品種Bよりもエチレン生産能が低い。

【仮説2を検証する実験】　密閉容器IIIに（　ウ　）と未熟な品種Bを入れたものを準備し，対照実験として密閉容器IVに（　エ　）と未熟な品種Bを入れたものを準備した。仮説2が正しければ，密閉容器IIIの未熟な品種Bのほうが密閉容器IVの未熟なBよりも成熟が遅くなると考えられる。

文章中の空欄に入る語句として最も適切なものを，①～④からそれぞれ選べ。
① 未熟な品種A　　② 成熟した品種A　　③ 未熟な品種B　　④ 成熟した品種B

　　　　　　　　　　　　　　ア[　　　] イ[　　　] ウ[　　　] エ[　　　]

253. 個体群に関する次の実験について，以下の問いに答えよ。

【実験1】 雌雄同数のアズキゾウムシを，産卵場所でありエサとなるアズキとともに透明なプラスチック容器に入れて飼育した。その結果，最初に入れたアズキゾウムシの合計数と羽化した次世代の個体数の関係は図のようになった。

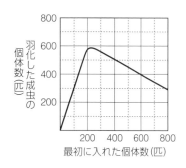

【実験2】 雌雄同数のアズキゾウムシを合計で100匹になるように容器に入れて飼育し，羽化した次の世代の成虫について個体数を数えた。その後，この次の世代の成虫全数を，容器の大きさとアズキの量を前の世代と同じ条件にした新しい容器に移して飼育し，新たに羽化した成虫の個体数を数え，その後別容器での飼育を行った。この操作をくり返し続けた結果，アズキゾウムシの個体数はほぼ一定の値となった。

(1) 図から示される考察のうち，<u>適当でないもの</u>を ① 〜 ③ から1つ選び答えよ。　　〔　　　〕

　① 最初に入れる個体が100匹と800匹では，羽化した成虫の個体数が同じであるため，実験中の総産卵数も同じである。

　② 最初に入れる個体数が200匹以下のときは，容器内のアズキの量を増やすより，最初に入れる個体数を増やすほうが，羽化する成虫の数を増やす効果が高い可能性がある。

　③ 最初に入れる個体数を増やしても，200匹までは実験中に死亡する個体数が大幅に増加するとは考えられない。

(2) 実験2の操作を9世代までくり返したときの個体数のグラフとして最も適当なものを，次の① 〜 ⑥ から選べ。　　〔　　　〕

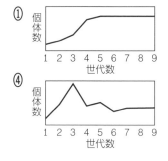 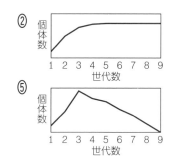 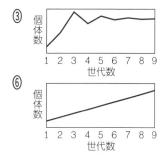

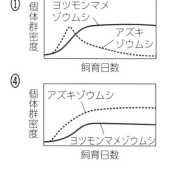 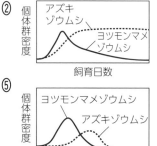 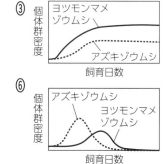

(3) アズキゾウムシとヨツモンマメゾウムシは同じアズキを産卵場所とエサとしている。これら2種類の昆虫を同じ容器の中で継続的に混合飼育したとき，ヨツモンマメゾウムシが優位な競争的排除が起きた。このときの個体群密度の変化を示すグラフとして最も適当なものを，次の① 〜 ⑥ から選べ。　　〔　　　〕

数研出版のデジタル版教科書・教材

数研出版の教科書や参考書をパソコンやタブレットで！

動画やアニメーションによる解説で，理解が深まります。
ラインナップや購入方法など詳しくは，弊社 HP まで →

初　版
第 1 刷　2013 年 10 月 1 日　発行
新課程
第 1 刷　2022 年 11 月 1 日　発行
第 2 刷　2023 年 2 月 1 日　発行
第 3 刷　2024 年 2 月 1 日　発行
第 4 刷　2024 年 5 月 1 日　発行

ISBN978－4－410－28359－8

〈編著者との協定により検印を廃止します〉

編　者　数研出版編集部
発行者　星野泰也
発行所　**数研出版株式会社**
　　　　〒 101 - 0052　東京都千代田区神田小川町 2 丁目 3 番地 3
　　　　　　〔振替〕00140 - 4 - 118431
　　　　〒 604 - 0861　京都市中京区烏丸通竹屋町上る大倉町 205 番地
　　　　　　〔電話〕　代表　（075）231 - 0161
ホームページ　https://www.chart.co.jp
印刷　寿印刷株式会社

240304

リード Light ノート生物

〔編集協力者〕
　大森茂樹　　　岡本元達
　久保田一暁　　近藤治樹
　繁戸克彦　　　中垣篤志
　中村哲也　　　矢嶋正博

まとめて覚えて

（前見返しからの続き）

☐	転 写	遺伝情報となる DNA の塩基配列が RNA の塩基配列へと写し取られる過程。
☐	翻 訳	RNA の塩基配列がアミノ酸配列へと置きかえられる過程。
☐	エキソン	DNA の塩基配列のうち，翻訳される配列。
☐	イントロン	DNA の塩基配列のうち，翻訳されない配列。
☐	mRNA	DNA の塩基配列を写し取った RNA。コドンによってアミノ酸を指定する。
☐	tRNA	特定のアミノ酸を結合してリボソームに運ぶ RNA。コドンに対応するアンチコドンをもつ。
☐	rRNA	リボソームタンパク質とともに，リボソームを構成する RNA。
☐	プロモーター	DNA の塩基配列のうち，RNA ポリメラーゼが結合して転写を始める起点となる領域。
☐	オペレーター	DNA の塩基配列のうち，リプレッサーが結合することで，転写の調節を行う領域。
☐	クロマチン	真核生物の DNA は，ヒストンなどのタンパク質とともに，核内でクロマチンという構造を
☐	ヒストン	形成している。
☐	精原細胞	始原生殖細胞が精巣または卵巣に移動すると，それぞれ精原細胞または卵原細胞になる。ど
☐	卵原細胞	ちらも体細胞分裂によって増殖し，やがて減数分裂を始める。
☐	桑実胚	分裂が進んで細胞数が増え，クワの実のような形になった胚。
☐	胞 胚	桑実胚からさらに分裂が進み，内部に胞胚腔とよばれる空所ができた胚。
☐	原腸胚	原口の周囲の細胞が内部に陥入し，内部に原腸という新たな空所ができた胚。
☐	神経胚	原腸胚期の後，神経板や神経管が形成された胚。脊椎動物で見られる。
☐	外胚葉	原腸胚を構成する細胞層のうち，将来からだの外側を形成する部分を外胚葉，将来消化管を
☐	中胚葉	形成する部分を内胚葉，外胚葉と内胚葉の間にあるものを中胚葉という。脊椎動物では，外
☐	内胚葉	胚葉は表皮や神経など，内胚葉は消化管や肺の内壁など，中胚葉は筋肉や血管などに分化する。
☐	中胚葉誘導	予定内胚葉域が，隣接する予定外胚葉域に作用して，中胚葉を誘導する現象。
☐	神経誘導	形成体（オーガナイザー）が予定外胚葉域にはたらきかけて，その領域を神経に分化させるはたらき。
☐	制限酵素	制限酵素は DNA の特定の塩基配列を識別して切断する酵素で，DNA リガーゼは DNA 断片
☐	DNA リガーゼ	をつなぎ合わせる酵素である。どちらも遺伝子組換えで使われる。
	第 5 章　　動 物 の 反 応 と 行 動	
☐	受容器	外界からの刺激を受け取る眼や耳などの器官。受容器が受け取る特定の刺激を適刺激という。
☐	効果器	刺激に応じた反応を起こす器官。筋肉や分泌腺，繊毛，鞭毛，発光器官など。
☐	桿体細胞	うす暗い場所でよくはたらき，明暗の区別に関与する視細胞。色の区別には関与しない。
☐	錐体細胞	おもに明るい場所ではたらき，色の区別に関与する視細胞。ヒトでは黄斑に多く分布している。
☐	黄 斑	網膜の中央部にあり，錐体細胞が集中している場所。黄斑の周辺には桿体細胞が多く分布する。
☐	盲 斑	視神経繊維が束になって眼球から出ているため，視細胞が分布していない部分。
☐	前 庭	ヒトの内耳にある平衡受容器で，からだの傾きを受容する。
☐	半規管	ヒトの内耳にある平衡受容器で，からだの回転を受容する。
☐	感覚神経	受容器で受け取った情報を中枢神経系へ伝える神経。感覚ニューロンによって構成される。
☐	運動神経	中枢神経系からの情報を筋肉へ伝える神経。運動ニューロンによって構成される。
☐	静止電位	刺激を受けていないニューロンで見られる膜内外の電位差。膜の内側が負に帯電している。
☐	活動電位	ニューロンが刺激を受けたとき，膜内外の電位が逆転し，やがてもとにもどる一連の電位変化。
☐	伝 導	興奮が軸索の両側に伝わっていくこと。有髄神経繊維では跳躍伝導が起こる。
☐	伝 達	ニューロンの軸索末端まで届いた興奮を他のニューロンや効果器に伝えること。一方向に起こる。
☐	中枢神経系	脳と脊髄からなり，受容器で受け取られた情報を統合して適切な命令を下す神経系。
☐	末しょう神経系	中枢神経系以外のニューロンの総称。体性神経系と自律神経系に分けられる。
☐	灰白質	ニューロンの細胞体が集まった部分。大脳皮質（外側）や脊髄髄質（内側）。
☐	白 質	ニューロンの軸索が集まった部分。大脳髄質（内側）や脊髄皮質（外側）。

新課程

リード **Light** ノート

生物

＜解答編＞

数研出版
https://www.chart.co.jp

◆第1章 生物の進化①◆

1. ①イ ②ク ③ウ ④キ ⑤エ ⑥オ ⑦カ

解説 地球は約46億年前に誕生した。表面が冷え、地殻が形成されると、やがて原始大気におおわれるようになった。原始大気は水蒸気(H_2O)、二酸化炭素(CO_2)、窒素(N_2)、二酸化硫黄(SO_2)などからなり、遊離の酸素(O_2)はほとんどなかったと考えられている。

原始地球において有機物が生成された可能性のある場所として、海洋底の**熱水噴出孔**が注目されている。熱水噴出孔からは、メタン(CH_4)、硫化水素(H_2S)、水素(H_2)、アンモニア(NH_3)などを含む熱水が噴出しており、**化学進化**によってアミノ酸などの多くの有機物ができたと考えられている。また、地球に落ちてきたいん石にアミノ酸が含まれていたことから、近年では有機物の起源が宇宙である可能性も考えられている。

2. (1) 熱・圧力・紫外線・放電(雷)など
(2) 構造…細胞膜 物質…タンパク質、脂質
(3) 秩序だった代謝、膜(細胞膜)の形成、自己複製系の確立

解説 熱水噴出孔周辺には、水素、硫化水素、アンモニア、メタンなどがある。無機物から化学進化によってつくられる単純な有機物として、塩基、アミノ酸、単糖類などの低分子化合物がある。単純な有機物が結合してできる複雑な有機物は、DNA、RNA、タンパク質、多糖類、脂質などの高分子化合物である。
(1) 化学進化においては、熱・圧力・紫外線・放電(雷)などによって無機物から単純な有機物、さらに複雑な有機物が合成されたと考えられている。
(2) 細胞様の構造体ができるためには、構造体が膜で包まれることが必要である。現生のほとんどの生物の細胞膜はタンパク質とリン脂質からなる。

3. ①d ②c ③e ④b ⑤f ⑥h

解説 次のようなことが起こったことで、有機物から生命が誕生したと考えられている。
① 秩序だった代謝…遺伝情報に基づいてつくられたタンパク質(酵素)が代謝を制御する。
② 膜の形成…リン脂質とタンパク質でできた細胞膜によって外界と細胞内との境界を明確にし、代謝の効率を上げる。
③ 自己複製系の確立…DNAとタンパク質により、自己複製を可能にする。

約40億年前には、これら3つの特徴をもった原始生物が出現したと考えられている。

4. ①ウ ②イ ③ク ④ア ⑤ケ ⑥エ ⑦カ

解説 最初に出現した生命が従属栄養生物と独立栄養生物のどちらであるかはわかっていない。初期の従属栄養生物は、化学進化によって海水中にできた有機物を分解してエネルギーを得ていたと考えられている。一方、初期の独立栄養生物は、化学反応の際に放出される化学エネルギーを利用して有機物をつくる化学合成細菌か、硫化水素などを材料に光エネルギーを利用して有機物をつくる、酸素を発生しない光合成細菌であったと考えられている。

その後、シアノバクテリアのなかまが出現し、水を利用した光合成によって酸素を放出した。シアノバクテリアの中には、ストロマトライトとよばれる岩石をつくるものがあり、約27億年前の地層からストロマトライトが発見されている。シアノバクテリアが放出した酸素は海に溶けこみ、はじめのうちは鉄の酸化に使われたが、水中の鉄イオンなどがほぼなくなると、水中や大気中にも蓄積した。すると、この酸素を使って発酵よりも効率のよい呼吸をする好気性生物が出現したと考えられている。

5. (1) (a) 二酸化炭素 (b) 酸素
(2) ①イ ②ウ ③エ ④ア
(3) ミトコンドリア(などの細胞小器官)

解説 (1) 気体(a)は、従属栄養生物が放出し、独立栄養生物が取り入れているので二酸化炭素である。気体(b)は、光合成生物が放出し、好気性の従属栄養生物が取り入れているので酸素である。
(2) ① 二酸化炭素を放出し、酸素を利用していないことから、化学進化によって海水中にできた有機物を分解していた嫌気性細菌が該当する。嫌気性細菌は発酵を行って二酸化炭素を放出していたと考えられている。
② 二酸化炭素を取りこんでいるが、酸素を放出していない。したがって、無機物を酸化するときの化学エネルギーを利用して化学合成をしてい

た化学合成細菌が該当する。また，問題の選択肢にはないが，硫化水素から生じる水素と光のエネルギーで，酸素を発生しない光合成をしていた光合成細菌も該当する。これらは二酸化炭素から有機物を合成していたと考えられている。

③ 二酸化炭素を取りこみ，酸素を放出していることから，酸素発生型の光合成を行うシアノバクテリアが該当する。

④ 酸素を取りこみ，二酸化炭素を放出していることから，酸素を使って効率のよい呼吸をする好気性細菌であると考えられる。

(3) 真核生物は，核膜をもつほかに，細胞小器官が発達して複雑な構造をしている。

6. ① 19　② 藻類　③ 真核細胞　④ 核膜
⑤ ミトコンドリア　⑥ 葉緑体　⑦ 好気性細菌
⑧ シアノバクテリア　⑨ 細胞内共生　⑩ 酸素

解説　真核生物と思われる最古の化石は藻類のものである。藻類の化石は，約15億〜19億年前にかけての地層から発見されている。

真核生物の細胞は核をもち，ミトコンドリアや葉緑体など，膜構造の発達した細胞小器官をもつ。ミトコンドリアと葉緑体は独自のDNAをもち，細胞内で分裂して増殖する。このことから，好気性細菌が宿主細胞に取りこまれてミトコンドリアになり，シアノバクテリアが宿主細胞に取りこまれて葉緑体になったと考えられている（**細胞内共生**）。

また，葉緑体をもち光合成を行う真核生物の出現によって，大量の酸素が放出され，大気中の酸素濃度も上昇したと考えられている。

7. (1) ミトコンドリア　(2) 葉緑体
(3) 独自の**DNA**をもつこと，分裂によって増えること

解説　ミトコンドリアと葉緑体は，ともに独自のDNAをもち，分裂によって自己増殖することなどから，もとは独立した生物であったと考えられている。原始的な真核生物に好気性細菌が共生してミトコンドリアに，シアノバクテリアが共生して葉緑体になったと考えられている。

8. (1) ①イ　②ウ　③オ　④キ
(2) エディアカラ生物群　(3) イ

解説　約10億年前には，比較的簡単な構造をもつ多細胞生物が出現したと考えられている。約6.5億年前の先カンブリア時代の終わりには，**エディアカラ生物群**とよばれる大形で軟体質のからだをもつ生物群が出現した。また，多細胞の藻類の出現により多量の酸素が発生した。大気中に酸素が蓄積することでオゾンが生じ，上空に**オゾン層**が形成され，生物にとって有害な紫外線がさえぎられたので，生物の陸上での生活が可能となった。

9. ① 地質時代　② 古生代　③ 中生代
④ 新生代　⑤ カンブリア紀の大爆発
⑥ 裸子植物　⑦ 被子植物　⑧ 哺乳類

解説　地質時代は，古い時代から順に先カンブリア時代，古生代，中生代，新生代に区分されている。古生代は今から約5.4億年前，中生代は約2.5億年前，新生代は約0.66億年前に始まる。

古生代は，古い時代から順にカンブリア紀，オルドビス紀，シルル紀，デボン紀，石炭紀，ペルム紀に分けられ，カンブリア紀からオルドビス紀は藻類と無脊椎動物の時代，シルル紀からデボン紀はシダ植物と魚類の時代，石炭紀からペルム紀はシダ植物と両生類の時代である。中生代は，古い時代から順に三畳紀（トリアス紀），ジュラ紀，白亜紀に分けられ，中生代全体が裸子植物とは虫類の時代である。新生代は，古い時代から順に古第三紀，新第三紀，第四紀に分けられ，新生代全体が被子植物と哺乳類の時代である。

◆第1章　生物の進化②◆

10.
(1) (ア) 突然変異　(イ) 置換　(ウ) 挿入
　　(エ) 欠失　(オ) フレームシフト
(2) 3

解説 (1) DNA の塩基配列が変化することを**突然変異**という。突然変異には，ある塩基が別の塩基に置きかわる**置換**や，塩基配列の間に塩基が加わる**挿入**，塩基配列からある塩基が失われる**欠失**がある。挿入や欠失が起こると，翻訳のときにコドンの読みわくがずれる**フレームシフト**が起こり，それ以降のアミノ酸配列が大きく変化することがある。

(2) 複数のコドンが1つのアミノ酸を指定することがある。例えば，CAU と CAC はどちらもヒスチジンを指定するコドンである。CAU というコドンで U が C になるような塩基の置換が起こり，CAC に突然変異した場合でも，指定するアミノ酸はヒスチジンのままで変化しない。

11.
(1) B…ウ　C…ア　D…イ　E…ア　F…ア
(2) C

解説 図 B では，左から6番目のヌクレオチド(T/A)が欠失している。この場合，フレームシフトによって塩基配列が指定するアミノ酸配列が大きく変化しているため，タンパク質にも大きな変化が起こると考えられる。図 C では，左から9番目の塩基 A/T が G/C に置換している。この場合，アミノ酸配列は変化していないため，タンパク質にも変化は起こらない。図 D では，左から6番目と7番目のヌクレオチドの間にヌクレオチド(G/C)が1つ挿入されている。この場合，フレームシフトによってアミノ酸配列が大きく変化しているため，タンパク質にも大きな変化が起こると考えられる。図 E では，左から9番目の塩基 A/T が T/A に置換している。この場合，アミノ酸が1個変化しているため，タンパク質にも変化が起こる可能性がある。図 F では，左から7番目の塩基 A/T が T/A に置換している。この場合，リシンを指定していたコドンが終止コドンに変化しているため，翻訳が途中で終了し，タンパク質にも大きな変化が起こると考えられる。

12.
(1) ① DNA　② ヒストン　③ 染色体
　　④ 間
(2) 中期　(3) (a) DNA　(b) ヒストン

解説 (1) 真核生物の DNA は，核内でヒストンなどのタンパク質とともに染色体として存在する。

(2) 分裂期には，染色体が太いひも状になる。図は，分裂中期の染色体の模式図である。

(3) b はタンパク質であるヒストンで，ヒストンに巻きついている糸状の a は DNA である。DNA は核内でヒストンとともに染色体として存在しており，分裂期になると折りたたまれて凝縮し，太く短い染色体となる。

13.
(1) ① オ　② カ　③ ウ　④ エ
　　⑤ ア　⑥ イ
(2) 女性…ホモ型　男性…ヘテロ型

解説 真核細胞では，DNA はタンパク質とともに染色体として存在している。体細胞で通常見られる，大きさと形が同じ2本で1組の染色体を**相同染色体**という。雌雄に共通して見られる染色体を**常染色体**という。これに対して，性の決定にかかわる染色体を**性染色体**という。ヒトの体細胞の染色体数は46本で，そのうち44本は常染色体，残り2本は性染色体である。ヒトの性染色体の中で男女に共通の染色体を **X 染色体**，男性のみがもつ染色体を **Y 染色体**という。女性は X 染色体を2本もち(染色体構成が XX のホモ型)，男性は X 染色体1本と Y 染色体1本をもつ(染色体構成が XY のヘテロ型)。

14.
(1) ① 有性生殖　② 生殖細胞　③ 配偶子
　　④ 減数分裂　⑤ 4
(2) ⑥ と同じ　⑦ と同じ

解説 (1) 生物が子孫を残すことを生殖という。生殖のために分化した細胞を**生殖細胞**といい，その中で合体して子をつくる生殖細胞を**配偶子**という。生殖には，配偶子の合体によって新しい個体をつくる**有性生殖**と，配偶子によらない**無性生殖**がある。

　無性生殖…子の遺伝情報は親と同じ。

　　　分裂・出芽・栄養生殖など

　有性生殖…子の遺伝情報は親と異なる。配偶子どうしの合体を接合という。卵や精子のような雌雄の生殖細胞の合体を受精という。

　有性生殖では，2つの配偶子が合体するため，配偶子をつくるとき，染色体数を半減させる必要がある。このための分裂が**減数分裂**である。減数分裂では，連続した2回の分裂によって，1個の母細胞から4個の娘細胞ができる。減数分裂ででき

きる配偶子は，親のもつ相同染色体のどちらか片方ずつをもつ。したがって，遺伝子型 Aa の親では，遺伝子 A と a が別々の配偶子に入るので，配偶子のもつ遺伝子の比は $A：a＝1：1$ となる。

(2) 減数分裂によってできた配偶子の染色体数は，親の体細胞の染色体数の半分となる。よって，母親由来と父親由来の合計 2 つの配偶子が合体(受精)してつくられる受精卵の染色体数は，親の体細胞の染色体数と同じになる。また，この受精卵が体細胞分裂を行うことによってできた体細胞の染色体数も，親の体細胞の染色体数と同じになる。

15. ①ウ ②エ ③カ ④オ ⑤ケ ⑥コ ⑦ク ⑧キ ⑨イ

解説 減数分裂は，第一分裂と第二分裂の 2 回の分裂からなる。

間期…DNA の複製が起こる。

第一分裂

前期…核膜が消失し，染色体が凝縮して太いひも状になる。また，相同染色体が対合して**二価染色体**ができる。このとき，対合した相同染色体間で染色体が交差して，乗換えが起こることがある。染色体の乗換えによって，染色体が交差している部分を**キアズマ**という。

中期…二価染色体が赤道面に並び，紡錘体が完成する。

後期…二価染色体が対合面から分離して両極に移動する。

終期…細胞質分裂が起こり，2 個の娘細胞ができる。DNA は複製されることなく第二分裂に入る。

第二分裂

前期…第一分裂の終期に引き続く。

中期…染色体が赤道面に並び，紡錘体が完成する。

後期…染色体が縦裂面から分離して両極に移動する。

終期…細胞質分裂が起こり，核膜が形成される。その結果，母細胞の染色体数の半分の数の染色体をもつ 4 個の娘細胞ができる。

16. (1) (C →) E → A → D → B → F → G
(2) B, F, G
(3) (ア) 紡錘体 (イ) 動原体 (ウ) 二価染色体
(4) E (5) $n＝2$

解説 (1)〜(3) A や E に見られる，相同染色体が対合

したものを(ウ)二価染色体という。A は二価染色体が赤道面に並んでいるため，第一分裂中期である。二価染色体の動原体(イ)に紡錘糸が付着した構造(ア)を紡錘体という。B は 2 つの娘細胞で紡錘体が形成されているので第二分裂中期，D は二価染色体が分離して両極に移動しているので第一分裂後期，E は相同染色体が対合しているので第一分裂前期，F は 2 つの娘細胞で染色体が両極に移動しているので第二分裂後期，G は 4 つの娘細胞ができ，核膜が出現しているので第二分裂終期である。

(4) 染色体の乗換えは，E の減数分裂第一分裂前期に相同染色体が対合したときに起こる。

(5) この生物の体細胞の染色体の構成は $2n＝4$ なので，減数分裂で生じる配偶子の染色体の構成は母細胞の半分の $n＝2$ となる。

17. (1) b (2) ①エ ②イ

解説 (1) (a)は分裂後の娘細胞の DNA 量が母細胞と同じなので体細胞分裂を示している。(b)は分裂後の娘細胞の DNA 量が母細胞の半分になっているので減数分裂を示している。

(2) ① DNA 量が減少している(エ)が分裂期である。
② DNA 合成期には DNA の複製が行われ，DNA 量が増加する。

18. (1) イ (2) ウ (3) イ
(4) (ア →) オ → ク → キ → エ → カ → ウ → イ
(5) 12

解説 (1) 細胞分裂のようすを観察するときは，まず細胞の活動を停止させる必要がある。細胞を酢酸アルコール液に浸すと，細胞の活動が停止する。この操作を固定という。(ア)の解離は接着している細胞をばらばらにして観察しやすくする操作，(ウ)の染色は細胞内の特定の構造を着色して観察しやすくする操作である。

(2) 減数分裂が行われるのは，(イ)めしべの胚珠と(ウ)おしべのやくである。ただし，めしべの胚珠は子房で包まれていて観察しにくいため，減数分裂の観察にはおしべのやくを用いる。

(3) 酢酸オルセイン液は，染色体(DNA)を赤色に染色する染色液である。

(4) イは 4 個の娘細胞ができているので第二分裂終期である。ウは 2 つの娘細胞で染色体が両極に移動しているので第二分裂後期である。エは 2 個の娘

細胞ができているので第一分裂終期または第二分裂前期である。オは染色体が赤道面に並んでいるので第一分裂中期である。カは2個の娘細胞で染色体が赤道面に並んでいるので第二分裂中期である。クは，第一分裂中期(オ)で並んだ染色体が細胞の両極に移動しているので第一分裂後期である。キは，クで移動した染色体の凝縮がなくなって分散し，2つのまとまりになっているので第一分裂終期であると判断できる。

(5) オより第一分裂中期の二価染色体の数は6本であることがわかる。二価染色体は相同染色体が対合したものなので，体細胞の染色体数は12，すなわち染色体の構成は $2n = 12$ となる。

19. (1) 二価染色体　(2) 第一分裂中期
(3) 4　(4) 2　(5) 遺伝子座

解説　(1),(2) 相同染色体は対合して二価染色体を形成する。図1では二価染色体が赤道面に並んでいるので，減数分裂の第一分裂中期と判断できる。
(3) この動物の配偶子の DNA 量を1とすると，体細胞の DNA 量は2である。減数分裂が起こる前には，間期に DNA が複製されて DNA 量は体細胞の2倍となっている。図1は第一分裂中期のものであり，この細胞に含まれる DNA 量は4である。
(4),(5) 対立遺伝子は相同染色体の共通する遺伝子座に存在する。①は複製された染色体の，遺伝子 A と共通の遺伝子座で，ここには遺伝子 A が存在する。

20. (1) ㋐ 遺伝子座　㋑ 対立遺伝子(アレル)
(2) ① ヘテロ接合体　② ホモ接合体
(3) ① Aa　② AA

解説　(1) 染色体に占める遺伝子の位置を遺伝子座といい，遺伝子座は相同染色体の同じ位置にある。
(2),(3) 相同染色体の同じ遺伝子座にそれぞれ異なる遺伝子をもつ場合，その個体をヘテロ接合体という。これに対し，相同染色体の同じ遺伝子座に同じ遺伝子をもつ場合，その個体をホモ接合体という。①の個体は同じ遺伝子座に A，a という異なる遺伝子をもっているのでヘテロ接合体であり，遺伝子型は Aa である。②の個体は同じ遺伝子座の両方に A という遺伝子をもっているのでホモ接合体であり，遺伝子型は AA である。

21. ① 対立形質　② 顕性形質　③ 潜性形質
④ 顕性遺伝子　⑤ 潜性遺伝子　⑥ 遺伝子型
⑦ 表現型

解説　相同染色体の同じ遺伝子座に存在する異なる型の遺伝子を対立遺伝子といい，この遺伝子によって発現する，対立する1対の形質を対立形質という。
　対立形質をもつ個体を親として交雑し，次代に一方の形質のみが現れた場合，現れたほうの形質を顕性形質，現れなかったほうの形質を潜性形質という。顕性形質を示す遺伝子を顕性遺伝子といい，アルファベットの大文字で表すことが多い。同様に潜性形質を示す遺伝子を潜性遺伝子といい，アルファベットの小文字で表すことが多い。
　個体がもつ遺伝子の組み合わせを遺伝子型といい，遺伝子によって個体に現れる形質を表現型という。

22. (1) 図1…ホモ接合体
図2…ホモ接合体　図3…ヘテロ接合体
(2) 図1…AA　図2…aa　図3…Aa
(3) 図1…[A]　図2…[a]　図3…[A]

解説　(1) AA，aa のように，ある遺伝子座に同一の遺伝子をもつ個体をホモ接合体という。Aa のように，対立遺伝子をもつ個体をヘテロ接合体という。

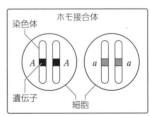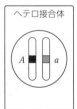

(2) 図1は2本の染色体の両方に遺伝子 A をもつので，遺伝子型は AA である。同様に，図2の遺伝子型は aa である。図3は遺伝子 A をもつ染色体と a をもつ染色体が1本ずつあるので，遺伝子型は Aa である。
(3) 遺伝子 A は遺伝子 a に対して顕性である。ホモ接合体ではそれぞれの遺伝子の形質が現れるが，ヘテロ接合体では顕性遺伝子の形質が現れる。

23. (1) ① $AaBb$　② 独立　③ 1:1:1:1
(2) 9:3:3:1　(3) 8通り

解説　(1) 遺伝子型 $AABB$，$aabb$ の親はそれぞれ AB，ab の配偶子をつくる。これらの配偶子が受精して

できる F_1 の遺伝子型は $AaBb$ である。

F_1 の2組の遺伝子 $A(a)$ と $B(b)$ は異なる染色体上にあり，減数分裂の際，互いに影響しあうことなく独立に配偶子に入る。したがって，遺伝子型 $AaBb$ の F_1 がつくる配偶子の遺伝子の組み合わせとその割合は，$AB : Ab : aB : ab = 1 : 1 : 1 : 1$ となる。この場合，この2組の対立遺伝子は独立しているという。

(2) $F_1(AaBb)$ どうしを交配したとき，得られる F_2 の遺伝子型は表のようになる。

	AB	Ab	aB	ab
AB	$AABB$	$AABb$	$AaBB$	$AaBb$
Ab	$AABb$	$AAbb$	$AaBb$	$Aabb$
aB	$AaBB$	$AaBb$	$aaBB$	$aaBb$
ab	$AaBb$	$Aabb$	$aaBb$	$aabb$

これを表現型ごとに整理すると，
$$[AB] : [Ab] : [aB] : [ab] = 9 : 3 : 3 : 1$$
となる。

(3) この個体がつくる配偶子では，D, E, F の3つの遺伝子座について，それぞれ D か d, E か e, F か f のどちらかの遺伝子をもつ。よって，この個体がつくる配偶子は DEF, DEf, DeF, Def, dEF, dEf, deF, def の8通りである。

なお，3つの遺伝子座について，それぞれ2通りの対立遺伝子があることから，$2^3 = 8$(通り) という計算でも答えを求めることができる。

---

24. (1) ① エ ② ア ③ ウ ④ オ
⑤ カ ⑥,⑦ ク, ケ (順不同) ⑧ シ
(2) **12.5 %**

解説 (1) 図では，遺伝子 A と B, a と b がそれぞれ1つの染色体上に存在している。このとき，これら2組の遺伝子は連鎖しているという。

減数分裂第一分裂前期に相同染色体が対合して二価染色体をつくるとき，染色体の一部で交差が起こり，染色体の**乗換え**が起こる場合がある。乗換えがもとにもどったり，二重の乗換えが起こったりしなければ，連鎖する遺伝子の組み合わせが変わることになる。これを遺伝子の**組換え**という。

図のような相同染色体をもつ個体では，乗換えが起こらない場合は AB と ab の配偶子しかできない。しかし，乗換えが起こった場合，遺伝子の組換えが起こり，Ab と aB の配偶子も一定の割合でできる。遺伝子間で組換えを起こした割合を**組換え価**という。

(2) 組換え価は次の式で示される。
組換え価(%)
$$= \frac{\text{組換えを起こした配偶子の数}}{\text{全配偶子の数}} \times 100$$
組換えで生じた配偶子は Ab と aB であるので，
$$\frac{1+1}{7+1+1+7} \times 100 = 12.5(\%)$$

---

25. (1) ① 独立 ② 連鎖 ③ 第一 ④ 前
⑤ 乗換え ⑥ 組換え ⑦ 組換え価
(2) 1
(3) 遺伝子型…$BbLl$ 表現型…青紫色花・長花粉
(4) $BL : Bl : bL : bl = 9 : 1 : 1 : 9$

解説 (1) 2組の遺伝子が異なる染色体に遺伝子座をもつ場合，これらの遺伝子は独立しているという。一方，2組の遺伝子が同一染色体に遺伝子座をもつ場合，これらの遺伝子は連鎖しているという。

連鎖している遺伝子は，減数分裂の際，染色体が切れないかぎり行動をともにする。連鎖している遺伝子間で染色体の乗換えが起こった場合には，新たな遺伝子の組み合わせが生じることがある。

(2) $B(b)$ と $L(l)$ が同じ染色体上にあり，遺伝子の組換えが起こらない場合，この花がつくる配偶子は BL と bl の2種類のみだが，遺伝子の組換えが起こった場合は，新たに Bl と bL という配偶子が生じる。このように，遺伝子の組換えが起こると，遺伝子の組み合わせの種類は増加する。

(3) $BBLL$ の親がつくる配偶子は BL, $bbll$ の親がつくる配偶子は bl であり，F_1 の遺伝子型は $BbLl$ となる。顕性遺伝子 B と L が形質を発現するので，F_1 の表現型はすべて青紫色花・長花粉となる。

(4) 親の遺伝子型から，B と L, b と l が連鎖していることがわかる。組換え価が10%なので，配偶子には，BL と bl が90%，Bl と bL が10%生じる。したがって，$BL : Bl : bL : bl = 9 : 1 : 1 : 9$ となる。

---

26. (1) 遺伝子プール (2) 遺伝子頻度
(3) ① p^2 ② $2pq$ ③ q^2 (4) $A\cdots p$, $a\cdots q$
(5) 変化しない (6) 1

解説 (1),(2) その種の集団がもつ遺伝子の集合全体を**遺伝子プール**といい，遺伝子プールにおける対立遺伝子の割合を**遺伝子頻度**という。

(3) この集団における遺伝子 A の遺伝子頻度は p，遺伝子 a の遺伝子頻度は q なので，交配の際に両親がつくる配偶子と次世代の遺伝子頻度は表のよう

になる。また，これを式で表すと以下のようになる。

$$(pA + qa)^2 =$$
$$p^2AA + 2pqAa + q^2aa$$

よって，AA の頻度は p^2，Aa の頻度は $2pq$，aa の頻度は q^2 となる。

	pA	qa
pA	p^2AA	$pqAa$
qa	$pqAa$	q^2aa

(4) (3)より，次代の各遺伝子型の割合は $AA：Aa：aa = p^2：2pq：q^2$ である。遺伝子型 AA は遺伝子 A を 2 つ，遺伝子型 Aa は遺伝子 A と遺伝子 a を 1 つずつ，遺伝子型 aa は遺伝子 a を 2 つもつことから，次代の遺伝子プール中に含まれる遺伝子 A と遺伝子 a の割合(遺伝子頻度)は，

$$A：a = (p^2 \times 2 + 2pq \times 1)：(2pq \times 1 + q^2 \times 2)$$
$$= (2p^2 + 2pq)：(2pq + 2q^2)$$
$$= 2p(p + q)：2q(p + q)$$
$$= p：q$$

となり，$p + q = 1$ であることから，遺伝子 A の遺伝子頻度は p，遺伝子 a の遺伝子頻度は q となる。

(5) 親世代と次代の遺伝子頻度が同じであったことから，この遺伝子プール内の遺伝子頻度は世代を重ねても変わらない。

(6) 遺伝子型 aa の個体の生存率が低い場合，aa は淘汰されて減少するため，遺伝子 a の頻度も世代を重ねるごとに減少する。なお，遺伝子 a は遺伝子型 Aa の個体にも含まれており，一定の割合で次代に受けつがれるため，遺伝子 a がすぐに消滅する可能性は低いと考えられる。

27.
(1) (ア) 突然変異　(イ) 自然選択
　　(ウ) 遺伝的浮動
(2) AA…0.49　Aa…0.42　aa…0.09
(3) 遺伝子 A…0.7　遺伝子 a…0.3
(4) 1

解説　(1) 個体数が十分にあり，遺伝的浮動の影響を無視できる，移入や移出が起こらない，突然変異が起こらない，自然選択が起こらない，自由に交雑が起こる，個体間に繁殖力の差がない　などの条件を満たした集団では，世代をこえて遺伝子頻度は変化しないことをハーディとワインベルグが説明した(ハーディ・ワインベルグの法則)。現実には，突然変異，自然選択，隔離などが存在し，これが進化をもたらしていると考えられている。

(2) 遺伝子 A の遺伝子頻度が 0.7 なので，遺伝子 a の遺伝子頻度は 0.3 となる。よって，次の表より，

　　AA の頻度 = 0.49
　　Aa の頻度

　　　　= 0.21 + 0.21
　　　　= 0.42
　　aa の頻度 = 0.09

	$0.7A$	$0.3a$
$0.7A$	$0.49AA$	$0.21Aa$
$0.3a$	$0.21Aa$	$0.09aa$

(3) (2)より，次世代の各遺伝子型の割合は $AA：Aa：aa = 0.49：0.42：0.09$ である。遺伝子型 AA は遺伝子 A を 2 つ，遺伝子型 Aa は遺伝子 A と遺伝子 a を 1 つずつ，遺伝子型 aa は遺伝子 a を 2 つもつことから，次世代の遺伝子プール中に含まれる遺伝子 A と遺伝子 a の割合(遺伝子頻度)は，

$$A：a = (0.49 \times 2 + 0.42 \times 1)：(0.42 \times 1 + 0.09 \times 2)$$
$$= 1.4：0.6$$
$$= 0.7：0.3$$

となり，次世代の遺伝子 A の遺伝子頻度は 0.7，遺伝子 a の遺伝子頻度は 0.3 となる。

　このように，この集団においては，世代が変わっても遺伝子頻度は変わらないことがわかる。

(4) 遺伝的浮動とは，遺伝子プール内の対立遺伝子の遺伝子頻度が偶然により変化することをいい，特に小さな生物集団ではその影響が大きくなりやすい。

28.
① 競争　② 自然選択　③ 適応

解説　自然環境に適した個体が競争に勝って生き残り，より多くの子孫を残すことを**自然選択**という。生物が生息環境に適応しているのは自然選択の結果であり，生物が共通の祖先からさまざまな環境に適応して多様化することを**適応放散**という。

29.
(1) ① 自然選択　② 共進化
(2) 工業暗化　(3) ア

解説　(1) 共進化は，生物が他の生物に対して適応した例である。

(2) 突然変異と自然選択による進化の例としてオオシモフリエダシャク(ガの一種)の工業暗化が知られている。イギリスの田園地帯では樹幹に地衣類が生えており，野生型の白っぽい体色が保護色となるので野生型が多い。一方，工業地帯では，大気汚染によって地衣類が育たず樹幹も黒っぽくなっているので，野生型の個体がよく目立ち，鳥に捕食されやすくなる。その結果，突然変異で生じた黒い暗色型が増加したと考えられる。

(3) 共進化の例を選ぶ。ある種のランは蜜を細い管(距)の奥にため，スズメガはこのランの蜜を長く伸び

た口器で吸う。ランの蜜を吸いやすいよう，自然選択によってスズメガの口器が長くなる方向に進化すると，ランは蜜を吸われるだけで，スズメガに花粉が付着しなくなってしまう。すると，花粉が付着する距の長いランだけが子孫を残せるようになり，自然選択によってランは距が長くなる方向に進化する。このように，ランとスズメガは互いに関係しあって進化している。(イ)は擬態の例，(ウ)は同所的種分化の例である。

30. (1) ① 相同器官 ② 適応 ③ 相似器官
(2) (a) ア (c) イ
(3) 適応放散 (4) 収れん

解説 外見やはたらきは異なっていても，発生起源が同じであるため，同じ基本構造をもつ器官を**相同器官**という。ヒトの腕とハトの翼，コウモリの翼，ワニの前肢，クジラの胸びれはいずれも相同器官であり，原始的な四足動物の前肢が生息環境に適応して変化したものである。生物が共通の祖先から異なる環境に適応して多様化することを，**適応放散**という。

相同器官に対して，発生起源が異なるが，似たような形態やはたらきをもつ器官を**相似器官**という。相似器官には，魚類の背びれとイルカの背びれ，昆虫の翅と鳥類の翼などの例がある。同じような環境で自然選択が起こった結果，異なる生物が似た形態をもつようになることを**収れん**という。

31. (1) 1 (2) c (3) b

解説 (1) (ア)ののちに変異が生じていることから，(ア)は形質の変化をもたらす突然変異であるとわかる。
(2) 突然変異や遺伝的浮動などの進化の要因が起こる順番は決まっていない。この問題の図では，一例として最初に突然変異が起こるケースを示している。
(3) 突然変異が起こったとき，その突然変異が生存に有利であれば，変異が生じた遺伝子は自然選択によって集団内で広がりやすい。一方，生存に不利な突然変異が起こったときは，変異が生じた遺伝子は自然選択によって集団内から排除されやすい。

生存に有利でも不利でもない中立的な突然変異が起こったときは，変異が生じた遺伝子には自然選択ははたらかず，遺伝的浮動によって集団内に広がったり，集団から排除されたりする。

32. (1) ① エ ② ア ③ ウ ④ イ
(2) 種 (3) ③ b ④ a, c

解説 (1) 海や山脈，砂漠などの地理的な障壁によって同種の集団間で自由な交配ができなくなることを**地理的隔離**という。地理的隔離などによって集団間の生殖時期や生殖器官に差異が生じ，子孫が残せなくなった状態を**生殖的隔離**という。地理的隔離によって起こる種分化を**異所的種分化**，地理的に隔離されていない集団で起こる種分化を**同所的種分化**という。
(3) 異所的種分化の例としては，ガラパゴス諸島のダーウィンフィンチが知られている。ガラパゴス諸島の島々には14種のダーウィンフィンチ類が分布しており，これは，南米大陸から渡ってきたダーウィンフィンチ類の共通祖先が適応放散した結果と考えられている。

地理的隔離のない同所的種分化の例としては，サンザシミバエが知られている。サンザシミバエはサンザシの果実に産卵し，幼虫はその果実を食べて成長する。あるときから，サンザシミバエの中に，リンゴに産卵するものが現れるようになった。リンゴから羽化したハエは，サンザシから羽化したハエよりも早く羽化する。これによってサンザシから羽化したハエとリンゴから羽化したハエの交尾期間がずれるため，交尾の機会が少なくなり，同所的種分化が起こる。

バラモンギクは染色体の倍数化の例として知られている。ある地域に移入されたバラモンギク，フトエバラモンギク，バラモンジンの3種の植物から2種の新種が生じ，うち1種はバラモンギクとフトエバラモンギクのゲノムをもつ四倍体の雑種，もう1種はフトエバラモンギクとバラモンジンのゲノムをもつ四倍体の雑種であることがわかった。

33. (1) 倍数体
(2) 二粒系コムギ…$AABB$
パンコムギ…$AABBDD$

解説 (2) 図より，二粒系コムギは，ゲノム構成がABの雑種のコムギを倍数化したものであるため，そのゲノム構成は$AABB$となる。また，パンコムギは，遺伝子型ABDの雑種のコムギを倍数化したものであるため，そのゲノム構成は$AABBDD$となる。

◆第1章　生物の進化③◆

34. ① 種 ② 属 ③ 科 ④ 綱 ⑤ 界

解説 生物の分類の基本単位は**種**である。種は共通した形態や生理的な特徴をもつ個体の集まりで，自然状態で交配可能で，生殖能力をもつ子孫をつくることができる。よく似た種をまとめて**属**，近縁の属をまとめて**科**，というように分類は階層的になされる。

種＜属＜科＜目＜綱＜門＜界＜ドメイン

35. ① 学名 ② 属名 ③ 種小名 ④ 二名法 ⑤ リンネ ⑥ ラテン語

解説 リンネは，世界共通の生物名として**学名**を提唱した。学名は，ラテン語またはラテン語化した言葉を使い，**属名**と**種小名**を並べて示す。このような生物名の表し方を**二名法**という。ヒトの学名は *Homo sapiens* で，*Homo* が属名，*sapiens* が種小名である。

36. ① 系統 ② 系統樹 ③ 塩基 ④ アミノ酸 ⑤ 分子系統樹

解説 これまでの系統樹は，生物の形質などの比較によってつくられてきた。近年では，DNA の塩基配列の相違など，分子データをもとに類縁関係を類推した**分子系統樹**がつくられている。

37. (1) ① 増える ② 分子進化 ③ 分子系統樹
(2) (ア) b (イ) a (ウ) c

解説 (1) 従来，系統樹は生物の形態的な特徴や生態の違いに基づいて作成されていたが，現在では，DNA の塩基配列の違いなどに基づいた分子系統樹が広く作成されるようになった。
(2) アミノ酸の置換数が少ない生物ほど，共通祖先から分岐した年代がヒトに近いので，置換数が 24 で最も少ないイヌが(ア)，次に置換数が少ない 36 のニワトリが(イ)，最も置換数が多い 68 のコイが(ウ)となる。

38. (1) A…ヒト B…ラット C…ウシ （AとBは順不同）
(2) 4 (3) 2

解説 (1) 共通祖先から分岐して時間が経つほど，アミノ酸の異なる数（置換数）は多くなる。すなわち，アミノ酸の置換数が少ないほど，近縁であるといえる。表より，ヒトとラットのアミノ酸の置換数は 152，ヒトとウシの置換数は 165，ラットとウシの置換数は 188 である。よって，もっとも置換数が少ないヒトとラットがもっとも近縁であり，系統樹の A と B に該当する。残る C はウシとなる。
(2) ヒトとラットのアミノ酸の置換数は 152 である。このことから，ヒトとラットがその共通祖先から分岐したのち，それぞれの種で 152 個÷ 2 ＝ 76 個ずつアミノ酸が置換したと考えることができる。ヒトとラットが分岐してからアミノ酸が 76 個置換するのに 7500 万年かかっているので，アミノ酸 1 個当たりの置換にかかる年数は，

7500 万年÷ 76 個＝ 98.68…万年 / 個
　　　　　　≒ 99 万年 / 個　となる。
(3) (1)の系統樹より，ウシはヒトやラットよりも先に共通祖先から分岐している。理論上では，ヒトとウシおよびラットとウシの置換数は同じになるが，実際にはヒトとウシの置換数は 165，ラットとウシのアミノ酸の置換数は 188 で異なっている。よって，これらの値の平均をとり，ウシとヒトおよびラットの間では（165 個＋ 188 個）÷ 2 ＝ 176.5 個のアミノ酸が異なっていると考え，共通祖先からウシが分岐したのち，それぞれの種で 176.5 個÷ 2 ＝ 88.25 個ずつアミノ酸が置換したと考える。(2)より，アミノ酸が 1 個置換するのに約 99 万年かかるため，88.25 個のアミノ酸が置換するのにかかる年数は

99 万年 / 個× 88.25 個＝ 8736.75 万年
　　　　　　≒ 8700 万年　となる。

なお，系統樹にアミノ酸の置換数を書きこむと，以下のようになる。

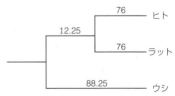

39. (1) 1 (2) 900 万年
(3) 3 億 600 万年前

解説 (1) 2種間のアミノ酸の置換数が少ないほど近縁であると考える。表より，最も置換数が少ないのは，置換数18の生物WとXである。よって，WとXはもっとも近縁であると考えられる。次に置換数が少ないのは，置換数23のWとYである。よって，Yは，WとXが分岐する1つ前に分岐したと考えられる。残るZは，W，X，Yのいずれに対しても置換数が多いことから，4種の中で一番初めに分岐したと考えられる。以上のことから，最初にZが分岐し，次にYが分岐し，最後にWとXが分岐している①が正解となる。

(2) 表より，WとXのアミノ酸の置換数は18であるため，8100万年前にWとXが分岐してから，それぞれの生物で18個÷2＝9個ずつアミノ酸が置換したと考えられる。よって，アミノ酸1つが置換するのにかかる時間は

8100万年÷9個＝900万年/個　となる。

(3) 表より，ZとW，X，Yそれぞれの間のアミノ酸置換数は68，67，69であるため，これらの平均値を求め，ZとW，X，Y間ではそれぞれ(68個＋67個＋69個)÷3＝68個のアミノ酸が異なっていると考える。よって，生物W〜Zの共通祖先からZが分岐してから，各生物においてそれぞれ68個÷2＝34個ずつアミノ酸が置換したと考える。(2)より，アミノ酸が1つ置換するのに900万年かかることから，34個置換するのにかかる時間は

900万年/個×34個＝30600万年
＝3億600万年　となる。

なお，系統樹にアミノ酸の置換数を書きこむと，以下のようになる。

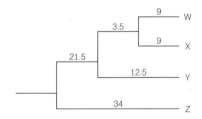

40. (1) ① 3ドメイン説　② 原核
(2) (a) 細菌（バクテリア）ドメイン
(b) アーキア（古細菌）ドメイン
(c) 真核生物（ユーカリア）ドメイン

解説 3ドメイン説では，原核生物を**細菌**(バクテリア)**ドメイン**と**アーキア**(古細菌)**ドメイン**の2つに分け，原核生物以外の生物を**真核生物**(ユーカリア)**ドメイン**としてまとめ，全体で3つのドメインとしている。

真核生物ドメインは，細菌ドメインよりも古細菌ドメインと近縁である。

41. (1) A…3　B…1　C…2　（BとCは順不同）
(2) 3ドメイン説
(3) 真核生物…カ　細菌…イ，ウ，オ

解説 (1) 図より，Aはもっとも早く祖先生物から分岐していることから，細菌だとわかる。また，互いに近縁であるBとCはアーキアと真核生物だとわかる。

(2) rRNAの塩基配列をもとに，生物を3つのドメインに分類する考え方を3ドメイン説といい，アメリカのウーズらが提唱した。

(3) メタン生成菌と高度好塩菌はアーキア，乳酸菌，硝酸菌，シアノバクテリアの一種であるネンジュモは細菌，ミドリムシは真核生物である。

42. (1) A…4　B…5　C…1　D…2　E…3
(2) 藻類　　(3) 4

解説 (1) Bは原生生物界や菌界といった真核生物を含んでいるので真核生物ドメインである。また，真核生物ドメインと近縁なAはアーキアドメインである。Cは，Bの真核生物以外をまとめたものであるため，原核生物界である。Bの真核生物に含まれ，原生生物界と近縁であるDは植物界，菌界と近縁であるEは動物界である。

(2) コンブ，シャジクモ，クロレラは葉緑体をもち光合成を行う。これらをまとめて藻類という。

(3) 大腸菌，シアノバクテリア，乳酸菌はいずれも細菌で，メタン生成菌はアーキアである。

43. ① 核膜　② 細菌　③ アーキア　④ 従属
⑤ 独立

解説 3ドメイン説では，生物を細菌，アーキア，真核生物の3つに分類している。このうち細菌とアーキアは原核生物である。細菌には，大腸菌やコレラ菌などの従属栄養のものと，光合成を行う光合成細菌や化学合成を行う化学合成細菌などの独立栄養のものがある。細菌とアーキアでは，細胞膜を構成する脂質や細胞壁の構成成分が異なっている。

44. ① 原生生物 ② 原生動物 ③ 藻類 ④ 従属 ⑤ 細胞性粘菌 ⑥ 葉緑体 ⑦ 独立 ⑧ 緑藻類 ⑨ ミドリムシ類

解説 原生生物には次の生物が含まれる。

原生動物：単細胞の従属栄養生物。アメーバ，ゾウリムシなど。

粘菌類：従属栄養生物。変形菌(ムラサキホコリなど)と細胞性粘菌(キイロタマホコリカビなど)に分けられる。

藻類：葉緑体をもち光合成を行う独立栄養生物。クロレラ(緑藻類)，コンブ(褐藻類)，アサクサノリ(紅藻)，シャジクモ(シャジクモ類)など。

ミドリムシ類：運動性をもち光合成を行う独立栄養生物。

45. (1) (A) 被子 (B) 裸子 (2) 種子植物 (3) 維管束 (4) C, D (5) (a) A (b) D (c) B (d) C

解説 (1) (C)のシダ植物から分岐した(B)は裸子植物で，裸子植物から分岐した(A)は被子植物である。

(2) (A)の被子植物と(B)の裸子植物は，種子をつくるので**種子植物**とよばれる。

(3) (A)の被子植物，(B)の裸子植物，(C)のシダ植物はいずれも維管束をもつので，維管束植物とよばれることがある。コケ植物やシャジクモ類は維管束をもたない。

(4) 胞子によって繁殖するのはシダ植物とコケ植物である。シャジクモ類は卵と精子によって生殖を行う。

(5) サクラは被子植物，スギゴケはコケ植物，マツは裸子植物，ワラビはシダ植物である。

46. ① h ② k ③ f ④ c ⑤ b ⑥ a ⑦ e ⑧ d ⑨ g

解説 多細胞で従属栄養の生物を動物といい，からだの構造の複雑さや発生の過程などで分類することが多い。環形動物，軟体動物，節足動物は，発生の過程で生じる原口が成体の口になり，後で肛門が開口する旧口動物である。棘皮動物，脊索動物は，原口が肛門となり，後で原口の反対側に口ができる新口動物である。

47. (1) A (2) (B) 旧口動物 (C) 新口動物 (3) (a) 5 (b) 2 (c) 3 (d) 7 (e) 4 (f) 6 (g) 1, 8

解説 (1) カイメンなどの海綿動物や，クラゲやサンゴなどの刺胞動物は，からだの構造が比較的単純な動物である。

(2) (B)の環形動物，軟体動物，節足動物は，発生の過程で先に口ができて，後から肛門が開口するので旧口動物という。(C)の棘皮動物，脊索動物は肛門が先にでき，後でその反対側に口が開口するので新口動物という。

(3) ヒトは脊索動物の中の脊椎動物，クラゲは刺胞動物，ミミズは環形動物，エビは節足動物，カイメンは海綿動物，ウニは棘皮動物，イカは軟体動物，ナメクジウオは脊索動物の中の頭索動物である。

48. (1) ① 従属栄養 ② 菌糸 (2) 1, 3

解説 (1) 菌類は多細胞の真核生物で，体外で有機物を分解し吸収する従属栄養生物である。例外として，酵母などは単細胞の菌類である。

(2) アカパンカビは菌類の中の子のう菌類，クロレラは原生生物の中の緑藻類，シイタケは菌類の中の担子菌類，ムラサキホコリは原生生物の中の粘菌類である。

49. (1) 霊長類 (2) 類人猿 (3) 拇指対向性 (4) 前面 (5) 大脳

解説 (1), (2) サルの仲間からなる，樹上生活に適応したグループを霊長類という。霊長類の中でも特にヒトに近いグループを類人猿といい，現生の類人猿としてテナガザル，オランウータン，ゴリラ，チンパンジー，ボノボが知られている。

(3) 霊長類の指は拇指対向性をもち，親指が他の指と向かい合うように動かすことができる。また，5本の指は独立して動かすことができ，爪は平爪になっている。これらの特徴によって，木の枝をつかむのに適した指となっている。

(4) 霊長類の2つの眼は頭部の前面についており，立体視できる範囲が広いため，森林での樹上生活に適している。

(5) 霊長類では，嗅覚より視覚が発達したことで，脳が受け取る情報量が増し，これによって大脳が発達したと考えられている。

50. (1) e, f

(2) ① 両眼が頭部の前面にあって，立体視ができる範囲が広い。

② 親指と他の指が向かい合っていて，ものをつかみやすい。

(3) 直立二足歩行

解説 (1) 霊長類は，曲鼻猿類(キツネザル)，メガネザル類(メガネザル)，広鼻猿類(オマキザル，クモザル)，オナガザル類(オナガザル，ニホンザル)，類人猿(テナガザル，オランウータン，ゴリラ，ボノボ，チンパンジー)の順で，それぞれ共通の祖先から分かれてきたと考えられている。ツパイ類は，曲鼻猿類よりも前に共通の祖先から分かれたと考えられている。

(2) 霊長類の眼は，前方に1対あって，立体視ができる範囲が広い。これは森林で枝から枝への距離を正確にとらえるのに適している。

手の指は親指と他の指が向かい合っており(**拇指対向性**)，木の枝を握ったりするのに適している。5本の指が独立して動くことや爪が平爪であるという特徴をあげてもよい。

51. (1) ① 霊長類 ② 類人猿 (2) ウ

(3) テナガザル，オランウータン，チンパンジー，ゴリラ，ボノボなどから2つ。

(4) ア

解説 (2) 被子植物の森林は，裸子植物の森林に比べて枝がよく張って，地上とは異なる樹冠という生活空間を形成する。霊長類はこの樹冠での生活に適応した形態をもつ。例えば，手は5本の指が独立して動き，平爪，拇指対向性をもつため，枝を握りやすい。また，よく発達した視力，立体視によって正確に距離を測定できる眼をもち，枝から枝へ飛び移ることが容易である。

(ウ) 霊長類は嗅覚よりも視覚が発達している。視覚の発達が大脳の発達を促したと考えられている。

(4) 類人猿と現生の人類であるヒトでは，頭骨の脳容量の違いや，眼窩上隆起・あごのおとがいの有無，犬歯の発達，骨盤の形，前肢の長さ，大後頭孔(頭骨から延髄が出る穴)の位置などの違いがある。類人猿は前肢で姿勢のバランスをとるが，人類は直立二足歩行をするので前肢は人類のほうが相対的に短い。

52. ① ウ ② オ ③ イ ④ カ ⑤ エ ⑥ ア

解説 化石人類の進化をまとめると次のようになる。

600万～700万年前：サヘラントロプスの化石がアフリカ中部のチャドで，オロリンの化石がアフリカ東部のケニアで見つかる。

440万～570万年前：アルディピテクス類の化石がアフリカ東部のエチオピアで見つかる。

400万年前：アウストラロピテクス類がアフリカ東部～中部・南部に出現。直立二足歩行を行っていたと考えられる。

200万年前：ヒトと同じ属であるホモ・エレクトスが出現。北京原人，ジャワ原人はこれに含まれ，石器や火を使用していたと考えられる。

60万～100万年前：より脳が発達したヒト属のなかまであるホモ・ハイデルベルゲンシスが出現。

20万～40万年前：ホモ・ネアンデルターレンシス(ネアンデルタール人)が西アジアからヨーロッパにかけて出現。ある程度の文化をもっていたと考えられるが，約3万年前に絶滅。

25万～35万年前：現生の人類であるホモ・サピエンスがアフリカで出現。その後世界に分布を広げる。

53. (1) $AABBDD$, $aabbdd$ (2) $AaBbDd$

(3) 4 (4) 8通り

解説 (1),(2) F_1 の親である顕性のホモ接合体の遺伝子型は $AABBDD$，潜性のホモ接合体の遺伝子型は $aabbdd$ であり，それぞれ ABD と abd の配偶子をつくる。したがって，これらの交配によって生じる F_1 の遺伝子型は $AaBbDd$ となる。

(3) 潜性のホモ接合体(遺伝子型 $aabbdd$)と交配した結果，次代にできる子の表現型の分離比が1：1：1：1となる場合，それらの遺伝子は独立している。したがって，$A(a)$ と $B(b)$ は独立している。また，$B(b)$ と $D(d)$ も独立している。

$A(a)$ と $D(d)$ については，表現型の分離比が7：1：1：7となっていることから，連鎖していることがわかる。また分離比から，AD と ad がもともとあった連鎖であり，Ad と aD が組換えによって生じた組み合わせであることがわかる。

よって，A と D，a と d が連鎖しており，$B(b)$ が異なる染色体に存在している④が最も適当である。

(4) F_1 では，遺伝子 $A(a)$ と $D(d)$ の間で組換えが起こる場合があるので，この2組の遺伝子に関して生じる配偶子の組み合わせは AD, Ad, aD, ad の4

通りである。また遺伝子 $B(b)$ は独立しているので，これら 4 通りのそれぞれについて，B をもつ場合と b をもつ場合の 2 通りが考えられる。したがって，配偶子の遺伝子の組み合わせは，$4 \times 2 = 8$（通り）となる。

54.
(1) ㋐ 遺伝的　㋑ 自然選択
　　㋒ 遺伝的浮動　㋓ 遺伝子プール
　　㋔ 遺伝子頻度　㋕ 中立説
(2) a　(3) b　(4) d

解説 (1) 変異とは，同種の個体間に見られる形質の違いをいう。変異には環境変異と遺伝的変異があり，生殖細胞に生じた突然変異による遺伝的変異が，進化に関係する。

　生物の進化は，集団の中で遺伝子に突然変異が起こり，それが自然選択や遺伝的浮動によって集団内に広がることで起こると考えられている。自然選択は，繁殖や生存に有利な突然変異をもつ場合，集団中に広まりやすいという自然界における選択をいう。遺伝的浮動は，自然選択とは無関係に偶然によって遺伝子頻度が変化することをいう。

(3) 個体数の少ない小さな集団ほど，偶然によって遺伝子頻度が変化する可能性が大きくなる。

(4) びん首効果とは，集団の個体数が急に減少したとき，その集団の遺伝子頻度がもとの集団の遺伝子頻度から大きく変わってしまうことをいう。
(a) 地理的隔離は，山や海など地理的な理由により，自由な交配が妨げられることをいう。
(b) ハーディ・ワインベルグ平衡は，ハーディ・ワインベルグの法則が成立し，集団の遺伝子頻度が世代をこえて安定している状態をいう。
(c) 適応放散は，生物が共通の祖先から異なる環境へ適応して多様化することをいう。

55.
(1) d　(2) c　(3) a

解説 (1) ヘモグロビン α 鎖のアミノ酸配列について，ヒトとウマで 18 か所，ヒトとイモリで 62 か所違っていた。これを系統樹に記すと図のようになる。

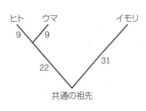

　ヒトとウマは 18 か所違うので，それぞれ共通の祖先から 9 か所ずつ置換されたと考える。9 か所置換されるのに 9000 万年かかっているので，

$$9000 \text{ 万年} \div 9 \text{ か所} = 1000 \text{ 万年} /1 \text{ か所}$$

(2) ヒトとイモリは 62 か所違うので，それぞれ共通の祖先から 31 か所ずつ置換されたと考える。(1) より，1 か所のアミノ酸が置換されるのに 1000 万年かかるので，

$$1000 \text{ 万年} /1 \text{ か所} \times 31 \text{ か所} = 3 \text{ 億} 1000 \text{ 万年}$$
$$= 3.1 \text{ 億年}$$

(3) 進化の過程で 2 回の変異が起こった場合，別々のアミノ酸に変異が起こると置換したアミノ酸数は 2 か所であるが，同じ位置のアミノ酸に 2 回の変異が起こると置換したアミノ酸数としては 1 か所となり，置換したアミノ酸数から分岐年代を正しく推定することはできない。
(b),(d) 2 種の生物でアミノ酸が置換しているかどうかを比較するので，タンパク質を構成するアミノ酸の数や置換しているアミノ酸の性質を考慮する必要はない。
(c) 種によってタンパク質を構成するアミノ酸数が異なる場合があるが，比較の際には配列の長さをそろえて比較している。つまり，全アミノ酸数を考慮して比較している。

◆第2章　細胞と分子◆

56. ①エ ②ア ③オ

解説 細胞を構成する物質の中で最も多いのは水である。水は物質をよく溶かし、化学反応を容易にして、物質の運搬にもはたらく。また、水は比熱が大きいため、体温を一定に保つのに役立つ。2番目に多い物質は、動物細胞ではタンパク質である。タンパク質は、酵素・抗体・ホルモンなどの成分ともなる。

　細胞を構成するおもな元素は C, H, O, N, S, P である。その中でも C, H, O の割合が高い。

57. (1) タンパク質　(2) 脂質　(3) DNA (4) 水　(5) 炭水化物

解説 (1) アミノ酸が多数結合した高分子化合物はタンパク質である。タンパク質には、酸やアルカリ・熱によって立体構造が変化するという性質がある。
(2) 生体膜の構成成分で、エネルギー源にもなるのは脂質である。生体膜はリン脂質という物質からなる。
(3) 遺伝情報を担う物質は DNA である。
(4) 水分子は、電気的にかたよりのある極性分子であるため、分子間で水素結合をつくり凝集力が強い。また、イオンなどを引きつけ、よく溶かす性質をもつ。
(5) 炭素・水素・酸素からなる物質で、エネルギー源や細胞壁の成分となるのは炭水化物である。炭水化物には C, H, O がおよそ 1:2:1 の割合で含まれる。植物細胞の細胞壁の主成分は、炭水化物の一種であるセルロースである。

58. (1) ㋐ a ㋑ d ㋒ b ㋓ c (2) b

解説 (1) 動物細胞で最も多く含まれている物質㋐は水である。水の次に多い物質㋑はタンパク質、その次に多い物質㋒は脂質である。
(2) 水の説明でないものを選ぶ。(b)はタンパク質の説明である。

59. (1) 細菌
(2) ① 細胞膜　② 細胞壁　③ 鞭毛　④ リボソーム
(3) 原核生物
(4) 細菌(バクテリア)，アーキア(古細菌)
(5) 核様体

解説 (1),(3),(4) 図には核が見られないので原核細胞である。原核細胞からなる生物を**原核生物**という。現生の原核生物には、細菌(バクテリア)とアーキア(古細菌)がある。
(2) ①は細胞膜、②は細胞壁である。③は運動器官である鞭毛である。④はタンパク質合成の場となるリボソームである。
(5) 原核細胞の DNA は**核様体**という部分に含まれている。細菌ではこのほかにプラスミドとよばれる小さな環状の DNA をもつことが多い。

60. (1) 真核細胞　(2) 動物細胞
(3) ① イ　② ア　③ ウ　④ カ　⑤ オ
(4) (a) 3　(b) 2　(c) 1　(d) 4　(e) 5
(5) サイトゾル(細胞質基質)

解説 (1),(2) 図の細胞は核膜があり、ミトコンドリアなどの細胞小器官が見られるので真核細胞である。また、細胞壁や葉緑体が見られない、発達した液胞がない、ゴルジ体が発達している、中心体が見られることなどから動物細胞とわかる。
(3),(4) ①はミトコンドリアである。ミトコンドリアは酸素を使って呼吸をし、エネルギーを生産する。②はゴルジ体である。ゴルジ体は物質の分泌に関係する。③は中心体である。中心体は細胞分裂のときの紡錘体形成の起点となる。④は小胞体(核膜の外側の膜と直接つながっている細胞小器官)に付着しているものもあり、大きさが非常に小さいことからリボソームである。リボソームはタンパク質合成の場となる。残る⑤はリソソームである。リソソームは細胞内消化に関係する消化酵素を含んでいる。
(5) 細胞小器官の間を満たしている、流動性に富んだ物質をサイトゾル(細胞質基質)という。

61.
(1) 植物細胞
(2) ① 細胞膜　② 液胞　③ ミトコンドリア
　　④ 細胞壁　⑤ ゴルジ体　⑥ 葉緑体
(3) 粗面小胞体　　(4) クロマチン
(5) DNA，ヒストン(タンパク質)

解説　(1) 細胞壁，発達した液胞，葉緑体が見られる
ので植物細胞とわかる。
(2) ②は液胞である。液胞中の液体を細胞液という。
(3) ⑦は核膜の外側の膜と直接つながって存在する構
造なので小胞体である。リボソームが多数付着し
た小胞体を粗面小胞体，付着していない小胞体を
滑面小胞体という。
(4)，(5) 図の中央部に見られる球形の構造物は，二重膜
で囲まれており，膜に孔があいていることから核
である。核の中に見られるひも状の構造は，クロ
マチンである。クロマチンは，DNAとヒストンな
どのタンパク質からなる複合体である。

62.
(1) (ア) 原核生物　(イ) 真核生物
　　(ウ) 単細胞生物　(エ) 多細胞生物
(2) ① ○　② ×　③ ○　④ ○　⑤ ○　⑥ ○
　　⑦ ×　⑧ ○　⑨ ○　⑩ ×　⑪ ○　⑫ ×
　　⑬ ×　⑭ ○　⑮ ○　⑯ ○　⑰ ○　⑱ ×

解説　(1) 真核細胞は，その構造から植物細胞と動物
細胞に分けられる。また，真核細胞からなる真核
生物は，単細胞生物と多細胞生物に分けられる。
(2) 原核細胞は細胞膜に囲まれ，その外側に細胞壁を
もつ。原核細胞は核やミトコンドリア，葉緑体，
小胞体といった膜に包まれた構造をもっておらず，
原核細胞のDNAは核様体という領域に存在して
いる。また，原核細胞のDNAは真核細胞とは異
なり，ヒストン(タンパク質)と結合せず，クロマ
チンをつくらない。
　　植物細胞は細胞壁や葉緑体をもつが，動物細胞
はこれらをもたない。

63.
(1) ① b　② a
(2) 流動モザイクモデル　　(3) 親水性
(4) a　　(5) 選択的透過性

解説　(1) 細胞膜やミトコンドリアの膜などの生体膜
は，リン脂質とタンパク質からなる。①は膜を貫
通していたり，膜表面に埋まっていたりする物質
で，(b)タンパク質である。②は同じ形態の物質が

向かいあい，規則的に並んでいるので，(a)リン脂
質である。
(2) 生体膜のリン脂質分子やタンパク質分子の位置は
固定されておらず，流動性がある。これを流動モ
ザイクモデルという。
(3) リン脂質分子は親水性の部分が外側に，疎水性の
部分が内側になるように向かいあって並ぶ。
(4) 生体膜の厚さは，(a) 5 ～ 10nmである。(b) 50 ～
100nmはウイルスの大きさとおよそ同じで，リボ
ソームはそれよりやや小さく約20nmである。(c)
200 ～ 500nmはおよそ中心体の大きさで，(d) 1 ～
2μmはおよそミトコンドリアの大きさである。
(5) 生体膜には特定の物質を選んで透過させる性質が
ある。これを選択的透過性という。

64.
(1) ① エ　② ウ　③ ア　④ イ　⑤ ウ
　　⑥ ア　⑦ イ
(2) ア→イ→ウ
(3) (A) ウ　(B) ア　(C) イ

解説　(1)，(2) 細胞骨格はアクチンフィラメント，微
小管，中間径フィラメントの3種類に大別される。
それぞれの細胞骨格の直径は，アクチンフィラメ
ントが約7nm，微小管が約25nm，中間径フィラ
メントが約8 ～ 12nmである。
(3) (A)はアクチンが連なっているのでアクチンフィラ
メント，(B)はαチューブリンとβチューブリンが
連なっているので微小管，(C)は繊維状の構造が束
ねられた構造をしているので中間径フィラメント
である。

65.
(1) ① 名称…微小管
　　　　タンパク質…チューブリン
　　② 名称…アクチンフィラメント
　　　　タンパク質…アクチン
(2) 1　　(3) 3　　(4) 2

解説　(1) 細胞骨格のうち，①の太い繊維は微小管で，
直径は約25nmである。αチューブリンとβチュー
ブリンが結合したものを単位としてできている。
②の細い繊維はアクチンフィラメントで，直径は
約7nmである。アクチンというタンパク質がつな
がってできた繊維である。③の中間の太さの繊維
は中間径フィラメントで，直径は8 ～ 12nmである。
(2) 鞭毛や繊毛を輪切りにすると，いくつもの微小管
(①)が規則正しく並んだ構造をしている。

(3) 中間径フィラメント(③)は，アクチンフィラメントや微小管に比べて強度があり，細胞膜や核膜の内側に位置し，細胞や核の形を保つのに役立っている。

(4) アクチンフィラメント(②)は，動物細胞において，細胞分裂時に細胞がくびれて2個の娘細胞になるのを助ける。このほか，筋収縮やアメーバ運動，植物細胞の細胞質流動(原形質流動)にも関与する。

---

66. (1) ㋐ アミノ　㋑ カルボキシ
(2) 20　　(3) ペプチド結合
(4) 水　　(5) ポリペプチド
(6) 一次構造

解説　(1) -NH$_2$ と表される原子団をアミノ基，-COOH と表される原子団をカルボキシ基という。
(2) タンパク質を構成するアミノ酸の種類は20種類あるので，そのアミノ酸の側鎖の種類も20種類となる。
(3),(4) 隣りあう2分子のアミノ酸のカルボキシ基とアミノ基から水(H$_2$O)1分子が取れ，-CO-NH- で示される**ペプチド結合**ができる。
(5) 多数のアミノ酸がペプチド結合でつながったものを**ポリペプチド**という。
(6) タンパク質を構成するアミノ酸の並び方を，タンパク質の一次構造という。生物の合成するタンパク質のアミノ酸配列は，DNA の塩基配列によって決定される。

---

67. ① ウ　② ア　③ カ　④ オ　⑤ エ

解説　タンパク質は**アミノ酸**が多数結合した化合物で，タンパク質を構成するアミノ酸は20種類ある。アミノ酸の炭素原子には，カルボキシ基，アミノ基，水素原子，側鎖が結合しており，側鎖の違いによって異なるアミノ酸になる。隣りあうアミノ酸が結合するときには，一方のアミノ酸のカルボキシ基(-COOH)と他方のアミノ酸のアミノ基(-NH$_2$)から H$_2$O が1分子取れる。この結合を**ペプチド結合**という。

---

68. ① ア　② イ　③ コ　④ ク　⑤ ウ
⑥ エ　⑦ オ　⑧ カ

解説　タンパク質を構成しているアミノ酸の並び方を**一次構造**という。ポリペプチドの主鎖中の -CO と -NH の間の水素結合によってできる部分的な立体構造

を**二次構造**という。二次構造にはαヘリックス構造(らせん構造)やβシート構造(ジグザグ構造)などがある。二次構造をつくったポリペプチドはさらに水素結合やS-S 結合によって折りたたまれる。これによってできる分子全体としての立体構造を**三次構造**という。三次構造をもつポリペプチドが複数集まってさらに大きな立体構造ができる場合，これを**四次構造**という。

タンパク質の立体構造は熱や酸・アルカリなどによって変化する。これを**変性**という。例えば，卵白は通常，液状であるが，熱を加えると固体になる(ゆで玉子の状態)。これは卵白に含まれるアルブミンというタンパク質が熱で変性して立体構造が変化したためである。また，酵素タンパク質が変性すると，活性部位の形が変化するため，酵素ははたらきを失う。これを**失活**という。

---

69. (1) ① 二次構造　② 四次構造
③ 一次構造　④ 三次構造
(2) A…三次構造　B…二次構造　C…四次構造

解説　(1),(2) アミノ酸の並び方をタンパク質の一次構造，水素結合によってできたαヘリックス構造やβシート構造などの部分的な立体構造を二次構造，二次構造によってつくられるタンパク質全体の構造を三次構造，複数のポリペプチドがつくる構造を四次構造という。図 A のミオグロビンは1本のポリペプチド，図 C のヘモグロビンは4本のポリペプチドからなる。

---

70. ① タンパク質　② 活性化エネルギー
③ 基質　④ 活性　⑤ 基質特異性　⑥ 失活
⑦ 最適温度

解説　酵素の主成分はタンパク質である。酵素は活性化エネルギーを減少させて，化学反応を促進する。

酵素が作用する物質を**基質**といい，基質が結合する酵素の部位を**活性部位**という。活性部位はそれぞれの酵素で特有の立体構造をとっているため，その活性部位に結合できる基質は決まっている。したがって，酵素は特定の基質にしか作用しない(**基質特異性**)。

酵素のタンパク質が熱や酸・アルカリによって変性すると，活性部位の構造が変化して基質と結合できなくなり，酵素ははたらきを失う。これを**失活**という。

酵素の活性が最大になる温度を最適温度，活性が最大になる pH を最適 pH という。

71. (1) ① C ② A (2) ア

解説 (1) ① 酵素濃度が一定であるとき，基質濃度が
高くなると基質と酵素の出会う確率が高くなり，
反応速度は上昇する。
② 基質濃度が十分高いと，すべての酵素が酵素－
基質複合体をつくり，その基質が反応を終えて
活性部位を離れるまで次の基質が酵素に結合で
きないため，反応速度は一定になる。
(2) 酵素の濃度が2倍になると，各基質濃度での反応
速度も2倍となるので，グラフは(ア)となる。

72. (1) ア (2) 最適温度 (3) 最適 pH
(4) (オ) a (カ) c (キ) b (5) 1

解説 (1) 図1は温度と反応速度との関係を示してい
る。無機触媒でも酵素でも，温度が上昇するにつ
れて反応速度は速くなる。しかし，ふつう酵素は
60℃をこえるとタンパク質が変性して失活し，急
激に反応速度が低下する。図1のグラフ(ア)はある
温度を境に反応速度が低下しているが，グラフ(イ)
は温度上昇に伴って反応速度が速くなっている。
したがって，(ア)が酵素反応，(イ)が無機触媒反応で
ある。
(3) 図2は pH と反応速度との関係を示している。こ
れより，酵素にはそれぞれ最もよくはたらく pH
があることがわかる。これを**最適 pH** という。
(4) 各酵素の最適 pH は，胃ではたらくペプシンが2
付近，唾液に含まれる唾液アミラーゼが7付近，
すい液に含まれるトリプシンが8付近である。
(5) 酵素を構成するタンパク質の種類や構造によって，
変性を起こす pH は異なっている。

73. (1) フィードバック阻害
(2) フィードバック調節
(3) (ア) 活性部位 (イ) アロステリック部位
(4) アロステリック酵素

解説 (1),(2) 最終産物が代謝経路の初期段階を調節す
ることによって反応系全体の進行を調節するしく
みを**フィードバック調節**という。このときに見ら
れる酵素反応の阻害を**フィードバック阻害**という。
(3),(4) 図の(ア)の部分は基質が結合しているので活性部
位である。図の(イ)の部分に基質以外の物質(最終産
物)が結合すると，酵素の立体構造が変化して基質
と結合できなくなっている。したがって，(イ)はア

ロステリック部位である。アロステリック部位を
もつ酵素を**アロステリック酵素**という。アロステ
リック部位に特定の物質が結合して酵素の立体構
造が変化し，酵素の活性が変化することを**アロス
テリック効果**という。

74. ① 競争的 ② 多く ③ 少なく ④ ア
⑤ 非競争的 ⑥ イ

解説 阻害物質と基質の立体構造が似ている場合，阻
害物質と基質のどちらが活性部位に結合するかという
競争が起こる。この競争による酵素反応の阻害を**競争
的阻害**という。競争的阻害では，基質濃度が上昇する
と阻害物質が酵素と結合する機会が少なくなり，阻害
の効果は低くなる。図の(ア)のグラフは，基質濃度が上
昇するにつれて阻害物質の影響が少なくなっているの
で競争的阻害である。
酵素の活性部位以外の部分に阻害物質が結合するこ
とで，酵素反応が阻害されることを**非競争的阻害**とい
う。非競争的阻害では，阻害物質の結合部位が酵素の
活性部位とは異なるため，基質濃度が上昇しても基質
濃度と関係なく阻害が続く。図の(イ)のグラフは，基質
濃度が上昇してもある一定の割合で阻害が続いている
ので非競争的阻害である。なお，フィードバック阻害
による調節は，アロステリック酵素によるものが多い。

75. (1) (ア) 濃度勾配 (イ) 拡散
(ウ) 輸送タンパク質
(2) (a) 1, 4 (b) 2, 3 (c) 5

解説 (1) 物質は濃度の高い側から低い側へ，濃度勾
配にしたがって移動する性質をもっている。この
移動を**拡散**といい，拡散はエネルギーを必要とし
ない。
(2) 酸素や二酸化炭素などのように非常に小さな分子
は脂質二重層を通過できる。アミノ酸や糖は極性
をもった分子であり脂質二重層を通過しにくいた
め，輸送タンパク質である担体を介して移動する。
水も極性をもった物質であり，輸送タンパク質で
あるアクアポリンを通って移動する。また，電荷
をもっているイオンなどの物質も脂質二重層を通
過しにくいため，輸送タンパク質であるチャネル
を通って移動する。

76. (1) ① b　② c　③ a
(2) ㋐ アクアポリン　㋑ ナトリウムチャネル
(3) 担体　(4) ㋐ 受動輸送　㋑ 能動輸送
(5) 選択的透過性

解説 (1) ①は(b)グルコース輸送体である。グルコース輸送体は担体の一種で、グルコースと結合すると立体構造が変化し、グルコースを膜の反対側に濃度勾配にしたがって輸送する。

　　②は(c)チャネルである。**チャネル**は、門のついた管のようなもので、門を開け閉めすることで濃度勾配にしたがって物質を輸送する。

　　③は(a)ナトリウム－カリウム ATP アーゼである。ナトリウム－カリウム ATP アーゼは担体の一種で**ポンプ**のはたらきをもち、ATP のエネルギーを利用して、Na^+とK^+をその濃度勾配に逆らって輸送する。

(2) チャネルの中で、水分子だけを通すものをアクアポリンという。また、ナトリウムイオンだけを通すものをナトリウムチャネルという。カリウムイオンだけを通すカリウムチャネルもある。

(3) グルコース輸送体とナトリウム－カリウム ATP アーゼは、いずれも輸送する物質を結合して自身の立体構造を変化させることで膜の反対側へと物質を運ぶので、担体に含まれる。

(4) 物質は、濃度の高い側から低い側に移動する性質がある。このような濃度勾配にしたがった物質輸送を**受動輸送**という。受動輸送はエネルギーの消費を伴わない。一方、物質を濃度勾配に逆らって移動させるときには、ポンプを使って水を汲み上げるのと同じで、エネルギーを必要とする。濃度勾配に逆らった物質輸送を**能動輸送**という。

　　チャネルは受動輸送を行う。担体にはグルコース輸送体のように受動輸送を行うものと、ナトリウム－カリウム ATP アーゼのように能動輸送を行うものがある。

(5) 生体膜が特定の物質を透過させる性質を選択的透過性という。

77. (1) ㋐ グルコース輸送体　㋑ ポンプ
㋒ ナトリウムポンプ　㋓ ATP
㋔ ナトリウム－カリウム ATP アーゼ
(2) ① ある　② 低く　③ 低く　④ 排出し
⑤ 取りこんで

解説 担体(運搬体タンパク質)は、比較的低分子で極

性のあるアミノ酸や糖などの運搬に関係している。これらの担体は、運搬する分子と結合すると立体構造が変化して、膜の反対側に物質を運ぶ。グルコースを運搬する担体を**グルコース輸送体**といい、グルコース輸送体はグルコースを濃度勾配にしたがって運ぶため、エネルギーを必要としない。担体の中には、ATP のエネルギーを使って濃度勾配に逆らった物質輸送をするものがあり、このはたらきを**ポンプ**という。Na^+を細胞外へ排出しK^+を細胞内に取りこむ分子機構をナトリウムポンプといい、このナトリウムポンプのはたらきをするのはナトリウム－カリウム ATP アーゼという酵素である。

78. (1) ㋐ 情報伝達物質　㋑ 標的
㋒ 受容体(レセプター)
(2) イオンチャネル型受容体
(3) 1　(4) 2

解説 (1),(2) 細胞間の情報伝達は、おもに**情報伝達物質**によって行われる。ある細胞が分泌した情報伝達物質が、**標的細胞の受容体**と結合することで、その細胞へ情報が伝達される。受容体は、イオンチャネル型受容体とそれ以外のものに大別される。

(3) シナプスでの興奮伝達はイオンチャネル型受容体を通じて行われる。神経伝達物質とよばれる情報伝達物質が標的細胞の受容体に結合すると、チャネルが開いてイオンが流入し、興奮が生じる。

(4) T 細胞は、細胞表面の受容体(T 細胞受容体、TCR)を樹状細胞が提示する抗原と MHC 抗原に接触させることで、活性化される。

79. (1) ㋐ リボソーム　㋑ ゴルジ体
(2) A ミトコンドリア　B ゴルジ体
C 核　D リボソーム
(3) ① A　② D　③ C
(4) 3

解説 (1) DNA の情報をもとに、アミノ酸を結合してポリペプチドをつくる場となるのはリボソームである。例えば小胞体上のリボソームで合成されたタンパク質は、小胞体の一部から分離した小胞に包まれてゴルジ体へ運ばれる。ゴルジ体から分泌小胞が分離して細胞膜へ移動し、細胞膜と融合するようにして、分泌小胞内部のタンパク質が細胞外に分泌される。

(2),(3) ①酸素を使った呼吸の場は A のミトコンドリ

ア，②タンパク質合成の場はDのリボソーム，③
DNA をもとに mRNA が合成されるのは C の核で
ある。

(4) ① ヘモグロビンは赤血球に含まれる，酸素を運搬
するタンパク質である。

② ATP アーゼは ATP を分解してエネルギーを取
り出すときに使われる酵素で，細胞内ではたら
く。

③ インスリンはホルモンの一種で，すい臓のラン
ゲルハンス島のB細胞から血液中に分泌される。

④ ヒストンは，核の中で DNA とともにクロマチ
ンを形成している。

---

80. (1) ㋐ タンパク質　㋑ 基質
　　㋒ 活性部位　㋓ 基質特異性
　　㋔ 酵素－基質複合体　㋕ 生成物
(2) 競争的阻害　　(3) フィードバック調節
(4) アロステリック部位

解説　(2) 基質と立体構造がよく似ている物質は，酵
素の活性部位に結合して，基質と酵素の結合を妨
げる。このような阻害を**競争的阻害**という。

(3) 生体内では，一連の化学反応の結果つくられた最
終産物が代謝経路の初期の反応に作用する酵素に
はたらいて，酵素反応を調節することが多い。こ
のしくみを**フィードバック調節**という。

(4) アロステリック酵素では，基質以外の物質が酵素
の**アロステリック部位**に結合することで，酵素の
立体構造が変化し，酵素反応が阻害される。この
ような阻害を非競争的阻害という。フィードバッ
ク調節では，一連の化学反応の最終産物が，初期
の反応にはたらく酵素のアロステリック部位に結
合して，反応を阻害することが多い。

---

81. (1) ① 担体　② チャネル　③ 小胞体
　　④ ゴルジ体　⑤ リソソーム
(2) a, b, d, f　　(3) エキソサイトーシス
(4) エンドサイトーシス

解説　(1) 細胞膜にある輸送タンパク質は，小孔を形
成して物質を通過させる**チャネル**と，物質を結合
して運ぶ**担体**の 2 つに大別される。

　小胞を介した物質輸送では，タンパク質は小胞
体に取りこまれ，ゴルジ体に運ばれて分泌小胞に
入り，分泌小胞が細胞膜と融合することで細胞外
へ分泌される。

---

(2) 人工の脂質二重膜は，チャネルや担体が存在しな
いリン脂質の二重層である。これを透過できるの
は，酸素や二酸化炭素などの低分子物質と，アル
コールやエーテルなどの脂溶性物質などである。
グルコースなどの糖やグルタミン酸などのアミノ
酸のように極性のある物質や，デオキシリボ核酸
（DNA）などの分子が大きい物質は通過できない。
また，カルシウムイオンなどのイオンは電荷をも
つため通過できない。

(3),(4) 小胞と細胞膜の融合による細胞外への物質の分
泌を**エキソサイトーシス**，物質の取りこみを**エン
ドサイトーシス**という。

---

82. (1) (a) 神経伝達物質　(b) イオンチャネル
　　(c) 濃度勾配
(2) ① 内分泌型　② 神経型　③ 接触型

解説　(1) 細胞間の情報の伝達様式として，次の4つ
のタイプが知られている。

内分泌型：内分泌腺の細胞から放出されたホルモ
　ンが血液によって運ばれ，標的細胞の受容体に
　結合することで情報伝達が行われる。

神経型：シナプスに放出された神経伝達物質が標
　的細胞の受容体に結合することで，情報伝達が
　行われる。

傍分泌型：標的細胞の近くで情報伝達物質を分泌
　することで，情報伝達が行われる。

接触型：標的細胞に対して，細胞表面の情報伝達
　物質を提示することで情報伝達が行われる。免
　疫にかかわる細胞などで見られる。

(2) ①はホルモンによって情報を伝達する内分泌型，
②はニューロン間での興奮の伝達様式である神経
型，③は免疫にかかわる細胞に見られる接触型で
ある。

◆第3章　代謝◆

83. ① エ ② オ ③ イ ④ ア ⑤ ウ

解説　生体内で起こる化学反応全体を**代謝**という。代謝のうち，複雑な物質を単純な物質に分解する過程を**異化**，単純な物質から複雑な物質をつくる過程を**同化**という。代謝における化学反応は，**酵素**によって触媒されている。また，代謝におけるエネルギーのやりとりは **ATP** を仲立ちとして行われる。

84. (1) (a) アデニン　(b) リボース
(c) リン酸　(d) アデノシン
(e) **ADP**(アデノシン二リン酸)
(2) 高エネルギーリン酸結合　　(3) 2, 3

解説　(1), (2) **アデニン**(塩基)に**リボース**(五炭糖)が結合したものを**アデノシン**といい，これにリン酸が2つ結合したものを**アデノシン二リン酸**(ADP)という。
(3) ①の筋収縮は ATP を消費する反応で，ATP は合成されない。②の光合成では ATP の合成が見られる。光リン酸化によって合成された ATP を使って，有機物がつくられる。③の呼吸は ATP を合成する反応。基質レベルのリン酸化や酸化的リン酸化によって ATP が合成される。④のデンプンの消化はアミラーゼとよばれる酵素などによって進む反応で，ATP の合成や消費を伴わない。⑤のタンパク質の合成は，リボソーム上で起こる反応(翻訳)で，ATP の合成を伴わない。

85. (1) (ア) 熱　(イ) **ATP**(アデノシン三リン酸)
(2) 1, 4, 6　　(3) 1, 5

解説　(1) 燃焼は有機物が急激に酸化される反応で，多量の熱と光が発生する。一方，呼吸は何段階もの酵素反応で有機物を酸化する反応で，光や多量の熱は発生しない。
(3) 酸化還元の仲立ちをする物質のうち，呼吸ではたらくのは，NAD^+，NADH，FAD，$FADH_2$ の4つである。このうち酸化型の物質は，NAD^+ と FAD である。

86. (1) (ア) NAD^+　(イ) **NADH**　(ウ) **FAD**　(エ) $FADH_2$
(2) 酸化された　　(3) 還元された

解説　呼吸で酸化と還元の仲立ちをするおもな物質は NAD^+ と NADH で，ビタミン B の一種である。NAD^+ は酸化型，NADH は還元型である。NAD^+ はほかの物質から電子を受け取って還元される際に，H^+ と結合して還元型の NADH になる。このとき，電子を渡したほかの物質は酸化される。また，NADH は電子をほかの物質に渡して NAD^+ にもどる(酸化される)。このとき，ほかの物質は還元される。

87. (1) ミトコンドリア　　(2) マトリックス
(3) クリステ　　(4) 3

解説　(1), (2) ミトコンドリアには，内外2枚の膜があり，外側の膜を外膜，内側の膜を内膜という。また，内膜で囲まれた部分を**マトリックス**という。
(3) 内膜がひだ状になった部分を**クリステ**といい，発達したミトコンドリアでは多数のクリステが見られる。

88. ① ウ ② ア ③ イ ④ コ ⑤ オ
⑥ カ ⑦ キ ⑧ エ

解説　呼吸は，次の3つの過程に分けられる。
I **解糖系**…サイトゾル(細胞質基質)で起こる反応。グルコース($C_6H_{12}O_6$)を**ピルビン酸**($C_3H_4O_3$)に分解する過程で，基質レベルのリン酸化によって，グルコース1分子当たり，2分子の ATP を消費し，4分子の ATP を生成するので，差し引き2分子の ATP が生成される。
II **クエン酸回路**…ミトコンドリアのマトリックスで起こる反応。ピルビン酸が変換されてアセチル CoA を生じた後，アセチル CoA とオキサロ酢酸が結合してクエン酸を生じ，これが段階的に分解されて，再びオキサロ酢酸にもどる反応(回路)である。この過程では，酸化還元酵素のはたらきによって，ピルビン酸2分子当たり，2分子の ATP が生成される。
III **電子伝達系**…ミトコンドリアの内膜にある複数のタンパク質複合体上で起こる反応。酸化的リン酸化によってグルコース1分子当たり約28分子の ATP が生成される。電子伝達系を流れた電子は，H^+ とともに酸素と結合して水になる。

89. (1) (A) 解糖系　(B) クエン酸回路
(C) 電子伝達系
(2) C　　(3) (A) 3　(B) 1　(C) 2
(4) (ア) ピルビン酸　(イ) クエン酸　(ウ) 酸素

解説 (1),(3) (A)はグルコースから始まっているので，サイトゾルで行われる解糖系。(B)はアセチル CoA がオキサロ酢酸と結合し，一連の反応で再びオキサロ酢酸にもどっているので，ミトコンドリアのマトリックスで行われるクエン酸回路。(C)は最終的に水ができているので，ミトコンドリアの内膜で行われる電子伝達系と判断できる。

90. (1) c　(2) d → b　(3) b → d　(4) ア

解説 ミトコンドリアは，(a)外膜と(c)内膜の 2 枚の膜をもち，内膜に囲まれた部分(d)をマトリックスという。(b)は，外膜と内膜の間(膜間)である。
(1) 電子伝達系は内膜で起こる反応で，電子伝達系の反応にかかわるタンパク質複合体や ATP 合成酵素は，内膜に埋まった状態で存在する。
(2)〜(4) 電子伝達系で電子が受け渡しされるとき，濃度勾配に逆らって H^+ がマトリックスから膜間に運ばれる。膜間の H^+ の濃度が上昇すると，今度は濃度勾配にしたがって H^+ が膜間から ATP 合成酵素を通ってマトリックスにもどる。このとき，ADP とリン酸から ATP が合成される。

91. (1) (A) ADP　(B) ATP　(C) ピルビン酸
(D) アセチル CoA　(E) クエン酸
(F) オキサロ酢酸
(2) (G) NAD^+　(H) NADH
(3) (a) 2　(b) 2　(c) 2　(d) 6
(4) Ⅰ 解糖系，サイトゾル(細胞質基質)
Ⅱ クエン酸回路，ミトコンドリア(のマトリックス)
Ⅲ 電子伝達系，ミトコンドリア(の内膜)
(5) ATP 合成酵素　(6) 酸化的リン酸化
(7) $C_6H_{12}O_6 + 6H_2O + 6O_2 → 6CO_2 + 12H_2O$

解説 (2) 呼吸において酸化還元反応の仲立ちとしてはたらく分子に，ビタミン B の一種である NAD^+ がある。NAD^+ は他の物質を酸化するとき，その物質から電子を受け取って NADH となる。
(5) ATP を合成する酵素は，ATP 合成酵素とよばれ，ミトコンドリアの内膜に存在する。
(6) 電子伝達系では，NADH や $FADH_2$ が酸化される過程で ATP が合成される。これを**酸化的リン酸化**という。一方，解糖系とクエン酸回路では，基質レベルのリン酸化によって ATP が合成される。

92. (1) ツンベルク管
(2) ① 青　② $FADH_2$　③ 還元　(3) O_2　(4) 2

解説 (2) メチレンブルーはふつう青色の酸化型であるが，還元されると無色の還元型になる。
この実験の酵素液には，酸化還元酵素と FAD が含まれている。酸化還元酵素はクエン酸回路ではたらく酵素で，コハク酸($C_4H_6O_4$)から電子を取り出して，コハク酸をフマル酸($C_4H_4O_4$)に変える(コハク酸脱水素酵素)。この過程で $FADH_2$ ができる。$FADH_2$ が酸化型メチレンブルー(青色)を還元し，還元型メチレンブルー(無色)となる。したがって混合液は脱色して無色になる。
(3) 酸素(O_2)があると $FADH_2$ は電子を酸素に渡して，酸素を還元してしまうので，メチレンブルーは酸化型(青色)のままで色の変化が生じなくなる。よって，減圧して酸素を除く必要がある。
(4) 混合液が脱色した B のツンベルク管の副室をまわして空気を入れると，空気中の酸素と反応するので，メチレンブルーはもとの青色(酸化型)にもどる。

93. ① イ　② ウ　③ オ　④ エ　⑤ ア
⑥ カ

解説 発酵には，乳酸菌が行う**乳酸発酵**や，酵母が行う**アルコール発酵**などがある。また，動物の筋肉で起こる，乳酸発酵と同じ過程で ATP を生成するしくみを**解糖**という。
乳酸発酵の化学反応式
　$C_6H_{12}O_6$ → $2C_3H_6O_3$ （＋2ATP)
　グルコース　　　乳酸
アルコール発酵の化学反応式
　$C_6H_{12}O_6$ → $2C_2H_6O$ ＋ $2CO_2$ （＋2ATP)
　グルコース　　エタノール

94. (1) (a) 2　(b) 4
(2) (c) ピルビン酸　(d) 乳酸
(e) アセトアルデヒド
(f) エタノール　(g) NAD^+
(3) 解糖系　(4) (ア) B　(イ) A　(ウ) A
(5) (A) 乳酸菌　(B) 酵母　(6) 2

解説 (1) 解糖系では，グルコース 1 分子が 2 分子のピルビン酸に分解される際，2 分子の ATP が消費され，4 分子の ATP が生成される。その結果，差し引き 2 分子の ATP が生成されることになる。し

たがって，ATP から ADP になる反応の係数(a)は 2，ADP から ATP になる反応の係数(b)は 4 となる。

(2) (c)はグルコースが分解されて生じるのでピルビン酸($C_3H_4O_3$)である。(d)はピルビン酸から直接生じるので乳酸($C_3H_6O_3$)である。(e)はピルビン酸から二酸化炭素が除かれて生じるのでアセトアルデヒド(C_2H_4O)である。(f)はアセトアルデヒドから生じるアルコール発酵の最終産物なのでエタノール(C_2H_6O)である。(g)は NADH が酸化されて生じる NAD^+ である。

(4) (ア)のアルコール発酵は，分解産物としてエタノールが生じるので，(B)にあたる。

(イ)の筋肉での解糖と(ウ)の乳酸発酵は，分解産物として乳酸が生じるので，(A)にあたる。解糖では乳酸発酵と同じ過程でグルコース，あるいはグリコーゲンを分解して ATP を生成する。

(6) (c)のピルビン酸を(d)の乳酸に還元するとき，NADH は酸化されて NAD^+ にもどる。これによって解糖系(Ⅰ)の反応が継続し，ATP を続けて得ることができる。

---

95. (1) ① 呼吸　② 乳酸発酵 (解糖)
　　③ アルコール発酵
(2) ア，ウ　　(3) ① ウ　② ア　③ イ

解説 (1)，(2) a はグルコース 1 分子を 2 分子のピルビン酸に分解する過程で，呼吸，乳酸発酵，アルコール発酵で共通する反応である。a → c は，解糖系の後，ピルビン酸がクエン酸回路と電子伝達系で CO_2 と H_2O にまで分解される呼吸の過程である。

a → b は乳酸発酵の過程である。筋肉の解糖でも同じ反応が起こる。a → d → e の反応は，ピルビン酸から脱炭酸酵素のはたらきでアセトアルデヒドとなり，これが NADH によって還元されてエタノールが生成するアルコール発酵の過程である。

---

96. ① ウ　② オ　③ ア　④ エ　⑤ イ
⑥ カ

解説　脂肪は，呼吸基質として利用されるとき，脂肪酸とグリセリンに分解される。脂肪酸は **β酸化** によってアセチル CoA となった後，クエン酸回路に入る。一方，グリセリンは解糖系に入って分解される。

タンパク質は，消化の過程でアミノ酸に加水分解された後，**脱アミノ反応**によってアミノ基($-NH_2$)をアンモニアとして遊離する。脱アミノ反応を経た物質は

ピルビン酸やほかの有機酸となり，クエン酸回路などに入る。

---

97. (1) (a) 脂肪酸　(b) グリセリン
　　(c) ピルビン酸　(d) アミノ酸
　　(e) アセチル CoA
(2) (A) 解糖系　(B) クエン酸回路　(C) β酸化
　　(D) 脱アミノ反応
(3) ① イ　② ア　③ ウ
(4) 消費された酸素…64 g
　　生成された二酸化炭素…88 g

解説　(1)，(2) 脂肪はグリセリンと脂肪酸に分解され，脂肪酸は β酸化によってアセチル CoA となってクエン酸回路に入る。アミノ酸は，アミノ基($-NH_2$)が脱アミノ反応によって取り除かれた後，各種の有機酸となってクエン酸回路などに入る。

(3) ② $C_{57}H_{110}O_6$ は，トリステアリンで脂肪の一種である。

③ $C_6H_{13}O_2N$ は，ロイシンでアミノ酸の一種である。アミノ酸は必ずアミノ基をもつため，分解反応によってアンモニア(NH_3)が生じる。

(4) 呼吸の反応式から必要な部分を抜き出し，それをもとに比例計算によって求める。

$$C_6H_{12}O_6 + 6H_2O + 6O_2 → 6CO_2 + 12H_2O$$

与えられた原子量から分子量を求めると，

$$C_6H_{12}O_6 = 180, \quad O_2 = 32, \quad CO_2 = 44$$

となる。

求めたい消費された酸素の量を x g，生成された二酸化炭素の量を y g とすると，

	$C_6H_{12}O_6$	$+$	$6O_2$	$→$	$6CO_2$
(理論値)	180 g		6×32 g		6×44 g
(問題値)	60 g		x g		y g

$180 g : (6 \times 32 g) = 60 g : x g$　より，

$$x g = \frac{(6 \times 32 g) \times 60 g}{180 g}$$
$$= 64 g \cdots 消費された酸素の量$$

$180 g : (6 \times 44 g) = 60 g : y g$　より，

$$y g = \frac{(6 \times 44 g) \times 60 g}{180 g}$$
$$= 88 g \cdots 生成された二酸化炭素の量$$

---

98. (1) ① 二酸化炭素
　　② ATP (アデノシン三リン酸)　③ 光合成
(2) 葉緑体　(3) (a) チラコイド　(b) ストロマ
(4) a

解説 (1),(2) 生物が二酸化炭素から有機物をつくるはたらきを**炭素同化(炭酸同化)**という。光エネルギーを利用する場合を**光合成**，無機物を酸化するときに生じる化学エネルギーを利用する場合を**化学合成**という。

(3),(4) (a)は**チラコイド**である。チラコイド膜には光合成色素が埋まっている。(b)はチラコイドの間を満たす部分で**ストロマ**という。

99.
(1) 薄層クロマトグラフィー
(2) イ　　(3) (a) イ　(b) ウ
(4) (A) ウ　(B) ア　(C) イ　(D) エ
(5) 0.32

解説 (1) TLC シート(薄層クロマトグラフィー用プラスチックシート)を使って光合成色素を分離する方法を**薄層クロマトグラフィー**という。それに対して，ろ紙を使う場合は**ペーパークロマトグラフィー**という。

(2) 黒色ボールペンや油性マーカーの色素は有機溶媒である展開液に溶けだすので使用しない。鉛筆は炭素の粒子なので，有機溶媒に溶けることはない。

(3) 抽出液にはエタノールが，展開液には石油エーテルとアセトンの混合液が使用される。
　　光合成色素は水には溶けないので，(ア)の酢酸や(エ)の熱水では，光合成色素の抽出も展開もできない。(オ)のグリセリンは粘性が高すぎるので不可。

(4) 光合成色素の分離される順は，薄層クロマトグラフィーとペーパークロマトグラフィーで異なる。色素が分離される順序は上から順に，
　薄層クロマトグラフィーの場合
　　　β－カロテン→クロロフィルa
　　　　　→クロロフィルb→キサントフィル類
　ペーパークロマトグラフィーの場合
　　　β－カロテン→キサントフィル類
　　　　　→クロロフィルa→クロロフィルb

(5) Rf 値＝$\dfrac{\text{原点から色素の中心点までの距離}(b)}{\text{原点から展開液の先端までの距離}(a)}$
　　この実験では，a は 50mm，b は 16mm なので，
　　Rf 値＝$\dfrac{16\text{mm}}{50\text{mm}}$＝0.32

100.
(1) (A) 吸収スペクトル
　　(B) 作用スペクトル
(2) ① ア　② ウ　③ イ　　(3) ロ
(4) 1

解説 (2) ①と③はともに，青色光(波長 430 〜 490nm)と赤色光(波長 640 〜 770nm)をよく吸収していることから，クロロフィルaとクロロフィルbであると考えられる。このうち，430nm と 670nm 付近の光をよく吸収している①はクロロフィルa，460nmと 640nm 付近の光をよく吸収している③はクロロフィルbである。②は青〜緑色光(波長 430 〜 550nm)をよく吸収するカロテンである。

(3) 緑色の波長(490 〜 550nm)を含む(ロ)を選ぶ。クロロフィルa，b は緑色光をあまり吸収しない。

(4) (3)より，葉は緑色の光をあまり吸収しないことがわかる。吸収されずに反射された波長の光(緑色光)が眼に入るために，葉は緑色に見える。

101.
(1) (ア) b　(イ) f　(ウ) d　(エ) e　(オ) a
　　(カ) c
(2) c　　(3) b, c

解説 (1) チラコイド膜では，光エネルギーを吸収して水が分解され，酸素が放出される。また，電子が伝達されて NADPH と ATP が生成される。ストロマでは，カルビン回路で，NADPH，ATP を用いて二酸化炭素が還元され，有機物が合成される。

(3) 植物は光合成色素としてクロロフィルa，クロロフィルbなどをもつ。クロロフィルaおよびクロロフィルbは，おもに青色光と赤色光を吸収する。

102.
(1) (ア) 光化学系 II　(イ) 光化学系 I
　　(ウ) ATP 合成酵素
(2) ① d　② e　③ g　④ a
(3) ⑤ a, d　⑥ b, c
(4) ア　　(5) 光リン酸化
(6) 酸化的リン酸化

解説 (1) 葉緑体のチラコイド膜には，クロロフィルを含む(イ)**光化学系 I** および(ア)**光化学系 II**，(ウ) ATP 合成酵素が存在する。

(2) チラコイド膜での反応は，光によって光化学系の反応中心のクロロフィルから電子が飛び出すところから始まる。光化学系 II の反応中心のクロロフィルは，水の分解(①)によって生じた電子を受け取ってもとにもどる。光化学系 I の反応中心のクロロフィルは，光化学系 II から飛び出してタンパク質複合体を通って流れてきた電子(②)を受け取ってもとにもどる。光化学系 I を飛び出した電子はストロマ側での NADP$^+$の還元に利用される

（③）。ATP 合成酵素では ATP が合成される（④）。

(3) チラコイド膜にある電子伝達系を電子が流れることで、ストロマ側からチラコイドの内側に向かって H^+ が濃度勾配に逆らって輸送される。チラコイドの内側の H^+ の濃度が高くなると、濃度勾配にしたがってチラコイドの内側から ATP 合成酵素を通って H^+ がストロマ側に移動する。このとき生じるエネルギーを用いて ATP 合成酵素は ADP とリン酸から ATP を合成する。

(4) 光化学系Ⅱから光化学系Ⅰに向かって電子が電子伝達系を受け渡しされるときのエネルギーで、H^+ は能動的にチラコイドの内側に輸送される。

(6) ミトコンドリアの内膜にある電子伝達系でも、H^+ が膜間（ミトコンドリアの外膜と内膜の間）からマトリックス側に向かって ATP 合成酵素を通過するときに ATP が合成される。これを酸化的リン酸化という。

103. (1) (X) 光化学系Ⅱ　(Y) 光化学系Ⅰ
(2) カルビン回路（カルビン・ベンソン回路）
(3) (a) エ　(b) オ　(c) キ　(d) カ　(e) ウ　(f) ク
　　(g) イ　(h) ア
(4) Ⅰ チラコイド　Ⅱ ストロマ
(5) 電子伝達系

解説 (1)〜(5) (X)は光エネルギーを受け取って電子を(Y)に渡している。したがって、(X)は光化学系Ⅱ、(Y)は光化学系Ⅰである。光化学系が存在するのはチラコイド膜上なので、Ⅰはチラコイドであり、その外側のⅡはストロマである。

(X)の光化学系Ⅱでは、物質(b)が分解されて、分解産物(a)が葉緑体の外に放出されている。したがって、(a)は(エ) O_2、(b)は(オ) H_2O である。

電子が(X)から(Y)に移動するとき、ストロマからチラコイド内に(c)が輸送されている。したがって、(c)は(キ) H^+ である。

(Y)の光化学系Ⅰでは、(e)が電子と H^+ を受け取って NADPH が合成されている。したがって、(e)は(ウ) $NADP^+$ である。このように、電子が光化学系Ⅱ→光化学系Ⅰの反応系を通って NADPH まで伝達される経路を電子伝達系という。

Ⅰのチラコイド膜上では、電子伝達系のほかに(c)の H^+ がチラコイドの外側へ輸送される現象も起こっている。H^+ の輸送に伴って、ADP から(d)が合成されているので、(d)は(カ) ATP である。

合成された(d)の ATP のエネルギーを使って有機物を合成する回路状の反応系(Z)はカルビン回路で

ある。カルビン回路では、(g)が(f)と結合して(h)を合成している。(f)はカルビン回路への炭素の供給源であるので、(ク) CO_2 である。CO_2 と結合する前の化合物(g)は(イ)リブロースニリン酸（RuBP）、結合後の化合物(h)は(ア)ホスホグリセリン酸（PGA）である。

104. (1) ① ア　② エ　③ イ　④ カ　⑤ キ
(2) (a) トウモロコシ、サトウキビなど
　　(b) ベンケイソウ、サボテンなど

解説 **C₃植物**…外界から取り入れた CO_2 を直接カルビン回路に取りこんで最初に C₃ 化合物（ホスホグリセリン酸：PGA）を合成する経路をもつ。イネ、コムギ、ダイズや樹木など多くの植物。

C₄植物…外界から取り入れた CO_2 をいったん葉肉細胞でリンゴ酸などの C₄ 化合物として固定し、維管束鞘細胞に送る。維管束鞘細胞では、CO_2 を取り出してカルビン回路に取りこむ。C₃ 植物と比べて、高温・乾燥条件でも効率よく光合成をすることができる。トウモロコシ、サトウキビなど。

CAM植物（ベンケイソウ型有機酸代謝植物）…夜間に外界から取り入れた CO_2 をリンゴ酸などの C₄ 化合物として液胞に貯蔵し、昼間は気孔を閉じて貯蔵した C₄ 化合物から CO_2 を取り出してカルビン回路に取りこんで有機物を合成する。砂漠地帯に育つベンケイソウ、サボテンなどの多肉植物。

105. ① オ　② イ　③ ウ　④ カ　⑤ ア
⑥ エ　⑦ キ　⑧ ク

解説 **光合成細菌**には2つのタイプがある。

緑色硫黄細菌や紅色硫黄細菌などは、葉緑体はもたないが、バクテリオクロロフィルをもち、硫化水素などを電子伝達系の出発物質として使って二酸化炭素を固定し、有機物をつくる。この際、S（硫黄）などを生成する。

シアノバクテリアは、葉緑体はもたないが、クロロフィル a をもち、光化学系ⅠとⅡを使い、水を電子伝達系の出発物質とする。植物と似た光合成を行い、酸素を放出する。

また、無機物を酸素で酸化するときに放出される化学エネルギーを利用して ATP や NADH を合成し、それらを使って有機物を合成する細菌を**化学合成細菌**という。

例：亜硝酸菌、硝酸菌など

106.
(1) (ア) 2　(イ) 4　(ウ) NAD^+　(エ) $NADH$
　(オ) ミトコンドリア

(2) (a) $C_6H_{12}O_6 \rightarrow 2C_2H_6O + 2CO_2$
　(b) $C_6H_{12}O_6 + 6H_2O + 6O_2 \rightarrow 6CO_2 + 12H_2O$

(3) ① a　② b　③ a

解説 (1) (ア)〜(エ) 解糖系では2分子のATPが生じる
が，これは消費するATP2分子と，新たに生
じるATP4分子の差し引きの値である。また，
解糖系では酸化還元酵素のはたらきによって，
2分子のNAD^+が2分子の$NADH$に還元される。

(オ) 酸素が十分に存在するとき，酵母は呼吸を行う。
このような酵母では，ミトコンドリアが発達し
ている。

(2) (a) 問題文に，酵母はアルコール発酵を行っている
とある。

(b) 問題文にある効率的なエネルギー生産とは，呼
吸を指す。

(3) アルコール発酵と呼吸，それぞれの反応を，合成
されるATPが同じ量になるようにして表すと，次
のようになる。

・アルコール発酵
$16C_6H_{12}O_6 \rightarrow 32C_2H_6O + 32CO_2(+ 32ATP)$

・呼吸
$C_6H_{12}O_6 + 6H_2O + 6O_2$
$\rightarrow 6CO_2 + 12H_2O(+約32ATP)$

① 同じ量のATPが合成されるとき，アルコール発
酵で消費されるグルコースは，呼吸の約16倍
になる。

② アルコール発酵では気体は消費されず，呼吸で
は酸素が消費される。

③ 32分子のATPが合成されるとき，アルコール
発酵では32分子の二酸化炭素が発生し，呼吸
では6分子の二酸化炭素が発生する。

107.
(1) a…ア　b…ウ

(2) コムギ…0.99　トウゴマ…0.71

(3) 脂肪

解説 (1) 二酸化炭素は，水酸化カリウム(KOH)な
どのアルカリ性の溶液によく溶ける。ビーカーに
KOHを入れた装置Aでは，発芽種子の呼吸によっ
て放出されたCO_2がすべてKOHに吸収されたと
考えられるので，装置Aでの気体の減少量aは，
呼吸に使われた酸素の量((ア))を示すとわかる。装
置BではKOHの代わりに水が入っており，CO_2
はほとんど吸収されないため，装置Aと比べて，

放出されたCO_2の分だけ装置内の気体の体積は多
くなる。したがって，装置Bでの気体の減少量bは，
呼吸で使われた酸素の量と放出された二酸化炭素
の量の差((ウ))を示すとわかる。

(2) 呼吸商 $= \dfrac{呼吸で放出した CO_2 の体積}{呼吸で吸収した O_2 の体積}$

であり，a，bを使って呼吸商を示すと，

呼吸商 $= \dfrac{a - b}{a}$ となる。

コムギ $= \dfrac{15.8 - 0.1}{15.8} = 0.993\cdots$

トウゴマ $= \dfrac{11.2 - 3.2}{11.2} = 0.714\cdots$

(3) 呼吸商は呼吸基質によって一定の値を示し，炭水
化物 $= 1.0$，タンパク質 $= 0.8$，脂肪 $= 0.7$ である。
(2)より，トウゴマの呼吸商が0.71であることから，
呼吸基質は脂肪であると考えられる。

108.
(1) ① クロロフィル　② チラコイド
　③ 光リン酸化
　④ カルビン(カルビン・ベンソン)

(2) A…イ　B…ウ　(3) ストロマ

解説 光を受容する反応中心としてはたらくのはクロ
ロフィルである。

電子伝達系を電子が流れるときのエネルギーによっ
て，H^+はストロマ側からチラコイドの内側に運ばれる。
チラコイドの内側のH^+の濃度が高くなると，濃度勾
配にしたがってH^+がATP合成酵素を通ってストロマ
側に流れ出る。このときATP合成酵素で，ADPとリ
ン酸からATPが合成される。この光エネルギーによっ
てATPを合成する一連の反応を，光リン酸化という。

109.
(1) (ア) 6　(イ) 1　(ウ) 5　(エ) 2

(2) (オ) 3　(カ) 2　(3) ウ，エ

解説 (1), (3) (ア)と(イ)はCO_2から有機物をつくる炭素
同化で，(ア)は光エネルギーを用いる光合成，(イ)は
化学エネルギーを用いる化学合成である。

(ウ)と(エ)はグルコースがCO_2とH_2Oに分解され
る呼吸の過程を示しており，(ウ)は解糖系，(エ)はク
エン酸回路である。

(2) (オ)はアンモニウムイオンを亜硝酸イオンに酸化し
ているので亜硝酸菌，(カ)は亜硝酸イオンを硝酸イ
オンに酸化しているので硝酸菌である。これらは
化学合成細菌である。

◆第4章 遺伝情報の発現と発生①◆

110. ㋐ ヌクレオチド ㋑ 二重らせん
㋒ リン酸 ㋓ アデニン ㋔ グアニン
㋕ シトシン ㋖ チミン ㋗ 5′ ㋘ 3′

解説 DNA を構成する鎖は**ヌクレオチド**という単位のくり返しでできている。ヌクレオチドはリン酸・糖・塩基からなる。

DNA の塩基には，アデニン(A)，グアニン(G)，シトシン(C)，チミン(T)の4種類があり，アデニンとチミン，シトシンとグアニンが水素結合によって相補的に結合する。DNA のヌクレオチド鎖は互いに向かいあって**二重らせん構造**をとる。

DNA を構成するヌクレオチド鎖には方向性があり，リン酸側の末端を 5′ 末端，糖側の末端を 3′ 末端という。DNA を構成する2本のヌクレオチド鎖は互いに逆向きになっており，一方のヌクレオチド鎖が 5′ → 3′ の向きであれば，もう一方のヌクレオチド鎖は 3′ → 5′ の向きになって結合している。

111. (1) ㋐ リン酸
　　㋑ 糖（デオキシリボース） ㋒ 塩基
(2) ヌクレオチド (3) c
(4) ① T ② A ③ G ④ C

解説 (1),(2) 図を見ると，㋐と㋑，㋑と㋒がそれぞれ結合し，㋒どうしは㋔に示された結合によって対になっている。対になっている㋒は塩基，塩基と結合している㋑は糖，糖と結合している㋐はリン酸である。リン酸・糖・塩基の1組である㋓をヌクレオチドという。
(3) 塩基どうしを結合させる㋔は水素結合である。
(4) DNA の塩基(図の㋒)は，AとT，GとCが互いに対になるように結合する。

112. (1) 二重らせん構造
(2) ① 3′ 末端 ② 3′ 末端 ③ 5′ 末端
(3) ① 30 % ② 24 %

解説 (1) DNA は，2本のヌクレオチド鎖がねじれてらせん状になった**二重らせん構造**をしている。
(2) DNA を構成する2本のヌクレオチド鎖は，一方のヌクレオチド鎖が 5′ → 3′ の向きである場合，もう一方のヌクレオチド鎖は逆の 3′ → 5′ の向きになるように結合している。

(3) 一方の鎖の T は 100 − (18 + 24 + 28) = 30(%)で，これと対をなす鎖の A は 30 %となる。

また，DNA 全体で見ると A は，

$$\frac{18 + 30}{2} = 24(\%) \quad となる。$$

113. ① ウ ② オ ③ エ ④ イ ⑤ ア

解説 DNA は2本のヌクレオチド鎖が互いに向かいあい，相補的な塩基どうしが水素結合によって結ばれてはしご状になった二重らせん構造をとっている。DNA の複製時には塩基対間の水素結合が切れて，二重らせん構造の一部がほどかれる。それぞれのヌクレオチド鎖に，相補的な塩基をもつ新たなヌクレオチドが結合する。新たに結合したヌクレオチドは，DNA ポリメラーゼ(DNA 合成酵素)のはたらきで，隣りあったものどうしリン酸と糖の間で結合する。この過程がくり返されてもとと同じ塩基配列をもった DNA が2分子できる。このような複製のしかたを**半保存的複製**という。

114. (1) B
(2) 2回目…A：B：C = 1：1：0
　　3回目…A：B：C = 3：1：0

解説 (1) DNA は半保存的複製を行うので，1回目の分裂でできた DNA はすべて，^{15}N からなるヌクレオチド鎖1本と ^{14}N からなるヌクレオチド鎖1本からなる。
(2) 3回目までの分裂でできた DNA は下図のようになる。

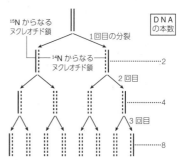

2回目の分裂では，^{14}N のみからなる DNA が2本，^{14}N と ^{15}N のヌクレオチドからなる DNA が2本できるので，

A：B：C = 2：2：0 = 1：1：0　となる。

3回目の分裂では，^{14}N のみからなる DNA が6本，^{14}N と ^{15}N のヌクレオチドからなる DNA が2本できるので，

A：B：C ＝ 6：2：0 ＝ 3：1：0　となる。

115. (1) ① エ ② ア ③ ウ ④ カ ⑤ オ

(2)
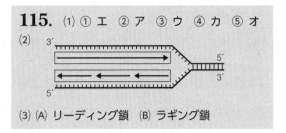

(3) (A) リーディング鎖　(B) ラギング鎖

解説 (1) DNA の塩基どうしの結合を切る酵素を **DNA ヘリカーゼ**という。DNA 複製時には，DNA ヘリカーゼによって二重らせん構造の一部がほどかれ，2 本の鋳型鎖ができる。まず，DNA 複製の起点にプライマーが結合する。プライマーは短い RNA 鎖で，鋳型鎖に相補的な塩基をもつ。次に，**DNA ポリメラーゼ**のはたらきでプライマーにヌクレオチドが結合し，新生鎖が伸長していく。一方の鋳型鎖では，DNA がほどける方向と同じ向きに連続的に新生鎖が伸長するが，もう一方の鋳型鎖では，DNA がほどける方向と逆向きに，かつ不連続に新生鎖が伸長する。不連続な伸長では，**岡崎フラグメント**とよばれる短い DNA 新生鎖ができる。岡崎フラグメントどうしは **DNA リガーゼ**によってつながれ，長い新生鎖になる。

(2) 新生鎖は常にヌクレオチドの 5′ 末端から 3′ 末端へ向かう方向へと伸びていく。よって，図 B の上側の新生鎖はもとの DNA がほどけていく方向(図の右方向)に順次複製が進行していくが，図 B の下側の新生鎖はもとの DNA がほどけていく方向とは反対方向(図の左方向)に複製が進む。下側の新生鎖では短い断片(岡崎フラグメント)ができ，その断片が連結しながら複製が進む。

(3) (A)のように，連続的に伸長する新生鎖を**リーディング鎖**という。また，(B)のように，岡崎フラグメントがつなぎあわされて不連続に伸長する新生鎖を**ラギング鎖**という。なお，プライマーは最終的には DNA に置きかわる。

116. (1) ① カ ② イ ③ キ ④ ア ⑤ エ
⑥ ウ ⑦ オ
(2) 3′ 末端

解説 (1) DNA の塩基配列が RNA に写し取られる過程を**転写**という。転写のときは，DNA の二重らせん構造がほどけ，片方の DNA 鎖が鋳型となる。RNA ポリメラーゼは DNA 鎖のプロモーターとい

う領域に結合し，鋳型鎖に相補的な塩基をもつヌクレオチドをつないで RNA をつくる。

真核生物では，転写で合成された RNA から不要な部分が取り除かれ，mRNA が完成する。この過程を**スプライシング**という。スプライシングで切り取られる部分に対応する DNA の領域を**イントロン**といい，mRNA になる部分に対応する DNA の領域を**エキソン**という。

完成した mRNA は核から細胞質へ移動し，mRNA の塩基配列に基づいてタンパク質が合成される。この過程を**翻訳**という。

(2) DNA 複製の際に DNA が 5′ → 3′ 方向に合成されるのと同様に，転写の際には，RNA が 5′ → 3′ 方向に合成される。すなわち，RNA のヌクレオチドは，3′ 末端側につながれていくことになる。

117. (1) ① スプライシング ② イントロン
③ エキソン
(2) イ　(3) A…U G…C T…A C…G
(4) A　(5) ② 4つ ③ 5つ

解説 (1) 転写された RNA から翻訳されない部分が取り除かれ，残った部分がつながる過程を**スプライシング**という。スプライシングで取り除かれる部分に対応する DNA の領域を**イントロン**，残った部分に対応する DNA の領域を**エキソン**という。

(2) 図 1 から，転写直後の RNA から(ア)が取り除かれ，(イ)のみからなる mRNA が完成したことがわかる。よって，③のエキソンは(イ)である。

(4) mRNA とその遺伝子を含む DNA を適当な条件下で結合させたとき，mRNA はスプライシングによりイントロンにあたる部分が取り除かれて短くなっているため，DNA が余り，はみ出してループ状になる。

(5) 図 2 で A と B が結合している部分がエキソン(5つ)，ループ状の部分がイントロン(4つ)である。

118. (1) 核(核内)
(2) 選択的スプライシング　(3) 8種類

解説 (1) 真核生物では，核内で転写が行われる。その際，イントロンを含めた塩基配列が RNA に転写される。この RNA からイントロンにあたる部分が取り除かれ，隣りあうエキソンがつなぎ合わされて mRNA がつくられる。完成した mRNA は核膜孔から出て細胞質へ移動し，翻訳が行われる。

(3) エキソンの順番が入れかわることはない。また，問題文から，A と E は必ず選択されるので，B，C，D のうちいくつのエキソンが取り除かれずに残るかを考えればよい。選択的スプライシングによるエキソンの組み合わせは以下のようになる。

・A と E の間にエキソンがない組み合わせ
　　AE　の 1 種類
・A と E の間に 1 つのエキソンが入る組み合わせ
　　ABE，ACE，ADE　の 3 種類
・A と E の間に 2 つのエキソンが入る組み合わせ
　　ABCE，ABDE，ACDE　の 3 種類
・A と E の間に 3 つのエキソンが入る組み合わせ
　　ABCDE　の 1 種類
の合計 8 種類となる。

119. ① オ　② ケ　③ ウ　④ キ　⑤ ク ⑥ カ　⑦ ア　⑧ エ　⑨ イ

解説　転写のあと，mRNA の塩基配列に基づいてポリペプチドが合成される過程を**翻訳**という。アミノ酸を指定するのは，mRNA の連続した 3 つの塩基配列である。この塩基配列を**コドン**という。翻訳の開始点を指定するコドンを**開始コドン**，翻訳の終了を示すコドンを**終止コドン**という。

mRNA がリボソーム（rRNA とタンパク質からなる）に付着すると，コドンに対応する tRNA が mRNA と結合する。コドンに相補的な tRNA の塩基配列を**アンチコドン**という。tRNA が運ぶアミノ酸どうしがペプチド結合し，ポリペプチドが合成される。

120. (1) ㋐ B　㋑ D　㋒ β (2) ペプチド結合 (3) ㋓ メチオニン　㋔ アラニン 　㋕ アスパラギン　㋖ グリシン

解説　(1) 翻訳が行われる際，リボソームは mRNA 上を 5′→3′ の方向へ移動する。mRNA のコドンに対応するアンチコドンをもつ tRNA は，リボソームの 3′ 末端側の部分に入り，mRNA に結合する。

新しく運搬されてきたアミノ酸は，合成中のポリペプチドの末尾のアミノ酸とペプチド結合する。
(2) ポリペプチド内のアミノ酸どうしの結合を**ペプチド結合**とよぶ。
(3) mRNA の連続した 3 つの塩基がコドンとなり，1 つのアミノ酸を指定する。問題中の表より，㋓のコドン AUG に対応するアミノ酸はメチオニン，㋔の

コドン GCA に対応するアミノ酸はアラニン，㋕のコドン AAU に対応するアミノ酸はアスパラギン，㋖のコドン GGA に対応するアミノ酸はグリシンであることがわかる。表からわかる通り，複数のコドンが 1 種類のアミノ酸を指定する場合がある。

121. a → e → d → c (→ b) (1) RNA ポリメラーゼ（RNA 合成酵素） (2) スプライシング

解説　(a)は，DNA の遺伝情報が RNA に写し取られる転写を示している。RNA を合成する酵素は RNA ポリメラーゼである。(b), (c)は翻訳の過程で，(c)はリボソーム上で mRNA に対応する tRNA が結合する段階，(b)は tRNA が運んできたアミノ酸が結合してポリペプチドができる段階を示している。(c)→(b)をくり返して翻訳が完了する。(d)は，核内で完成した mRNA が翻訳の場である細胞質に移動する段階を示している。(e)は，転写された RNA から不要な部分が取り除かれるスプライシングを示している。

真核生物のタンパク質が合成される過程では，はじめに，転写された RNA がスプライシングを経て mRNA になり，細胞質へ移動する。細胞質へ移動した mRNA にリボソームが付着する。リボソーム上で mRNA のコドンに対応する tRNA が結合し，tRNA が運ぶアミノ酸どうしが結合する過程がくり返されてポリペプチドができる。したがって，タンパク質の合成される段階は，(b)を最後とすると，(a)→(e)→(d)→(c)→(b)の順に進む。

122. (1) (A) 5　(B) 4　(C) 6　(D) 1 (2) ア (3) ① 核内　② 細胞質

解説　(1) 原核生物では，DNA 上を RNA ポリメラーゼが移動しながら mRNA を合成し始めると，転写途中の mRNA にリボソームが付着してポリペプチド合成が始まる。すなわち，原核生物のタンパク質合成では，転写と翻訳が同時に起こる。したがって，DNA に結合している(A)は RNA ポリメラーゼである。RNA ポリメラーゼからのびている(D)は mRNA で，mRNA に付着している(C)はリボソームである。(B)はリボソーム上で翻訳されてできたポリペプチドである。
(2) mRNA の合成は RNA ポリメラーゼ(A)によって行われ，RNA ポリメラーゼが移動する方向が転写の

方向である。RNA ポリメラーゼが DNA 上を移動するにしたがって新しく合成された mRNA は長くなる。したがって，RNA ポリメラーゼからのびる mRNA が短いほど転写が開始されてからの時間が短く，mRNA が長くなる方向に向かって転写が進んでいると考えることができる。

(3) 真核生物では，核内で転写によって合成された RNA はスプライシングの過程を経て mRNA となる。転写とスプライシングが完了した後，mRNA は核膜孔から細胞質中に出て，リボソームと結合して翻訳される。つまり真核生物では，転写と翻訳は，時間も場所も明確に分けられている。

123.
(1) ① オペロン　② リプレッサー
③ オペレーター　④ RNA ポリメラーゼ
⑤ プロモーター
(2) 調節遺伝子　(3) 構造遺伝子
(4) モデル…オペロン説
提唱者…ジャコブ，モノー

解説 (1) 原核生物では，ラクトースオペロンのように，互いに関連する機能をもつ複数の構造遺伝子が隣りあってまとまり，**オペロン**を構成する。1 つのオペロンは 1 本の mRNA として転写される。

DNA に結合して転写を活性化したり，抑制したりするタンパク質を**調節タンパク質**という。ラクトースの分解に関係する酵素群をつくる遺伝子の発現には，**リプレッサー**という調節タンパク質がかかわっている。リプレッサーが結合する DNA 領域を**オペレーター**という。

オペレーターの近くには，RNA ポリメラーゼが最初に結合する DNA 領域がある。この DNA 領域を**プロモーター**という。オペレーターにリプレッサーが結合していると，RNA ポリメラーゼがプロモーターに結合できなくなり，転写が抑制される。

(2) 調節タンパク質は，**調節遺伝子**の情報をもとにつくられる。

(3) 調節遺伝子に対して，転写調節を受ける酵素などの遺伝子を**構造遺伝子**という。

(4) ジャコブとモノーは，機能的に関連する複数の遺伝子がオペロンを形成し，遺伝子発現において共通の制御を受けると考えた（オペロン説，1961 年）。大腸菌のラクトースオペロンは，3 つの遺伝子が順にならび，1 つのオペロンを形成している。構造遺伝子に隣接してオペレーターやプロモーターが存在する。

124.
(1) 調節タンパク質　(2) ア，ウ

解説 (1) 転写調節領域に結合したり外れたりすることで遺伝子の発現を調節するタンパク質を**調節タンパク質**とよぶ。調節タンパク質の遺伝子を調節遺伝子という。

(2) 大腸菌のラクトース分解酵素の遺伝子は，調節タンパク質であるリプレッサーがオペレーターに結合することで，転写が抑制されている。細胞内にラクトース代謝産物が生成されると，ラクトース代謝産物がリプレッサーと結合する。ラクトース代謝産物と結合したリプレッサーはオペレーターに結合できなくなり，ラクトース分解酵素の遺伝子の転写が始まる。

(ア)では，リプレッサーがオペレーターに結合できず，常に転写を抑制することができなくなるため，ラクトースの有無にかかわらずラクトース分解酵素の遺伝子が転写される。

(イ)では，リプレッサーがラクトース代謝産物と結合できなくなるため，ラクトースが存在する条件でも，リプレッサーがオペレーターに結合し，ラクトース分解酵素の遺伝子の転写が抑制される。

(ウ)では，リプレッサーがオペレーターに結合できず，常に転写を抑制することができなくなるため，ラクトースの有無にかかわらずラクトース分解酵素の遺伝子が転写される。

125.
(A) ウ　(B) ウ

解説 野生型の大腸菌では，グルコースのかわりにラクトースを与えると，ラクトース代謝産物がリプレッサーに結合し，リプレッサーはオペレーターから離れ，ラクトース分解酵素の遺伝子が転写されるようになり，ラクトース分解酵素が合成されるので，(イ)のグラフになる。

(A) リプレッサーができないため，ラクトースの有無に関係なく，常にラクトース分解酵素の遺伝子が転写されるので，(ウ)のグラフになる。

(B) オペレーターが機能しないため，リプレッサーがオペレーターに結合できず，常にラクトース分解酵素の遺伝子が転写されるので，(ウ)のグラフになる。

126. ① クロマチン ② RNAポリメラーゼ ③ 基本転写因子 ④ プロモーター ⑤ 調節タンパク質 ⑥ 転写調節領域 ⑦ 調節遺伝子

解説 真核細胞の DNA は，ヒストンとよばれるタンパク質とともに**クロマチン**という状態で核内に存在している。クロマチンは普段は折りたたまれており，その状態では転写は起こらない。

クロマチンがほどけると，**基本転写因子**と RNA ポリメラーゼが転写複合体をつくり DNA のプロモーターに結合する。また，図では**プロモーター**から少し離れた領域に**転写調節領域**があり，そこに**調節タンパク質**が結合し，さらに調節タンパク質は転写複合体と相互作用することで転写を調節している。真核生物では，原核生物のように同じ機能にかかわる遺伝子がオペロンのようにまとまって存在しているのではなく，互いに離れた位置にある。これらの関連した遺伝子は，同じ塩基配列の転写調節領域をもつことで，同じ調節タンパク質に調節され，協調的に発現することができる。

127. (1) プロモーター (2) (ア) B (イ) C (ウ) A (エ) B

解説 (1) DNA の**プロモーター**とよばれる部位に RNA ポリメラーゼが結合することで，転写が開始される。

(2) (ア) 真核生物では，ヌクレオソームのつながりは通常折りたたまれた状態で存在している。転写される場所では，ヌクレオソームのつながりがゆるんだ状態になることで，RNA ポリメラーゼがプロモーターに結合できるようになる。

(イ) 真核生物でも原核生物でも，リボソームは mRNA 上を 5′ から 3′ 方向に移動して，翻訳が進行する。

(ウ) 原核生物では，真核生物で見られるスプライシングがほとんど行われず，転写されつつある mRNA の先端部にリボソームが次々と付着し，それらが mRNA 上を移動してタンパク質が合成されていく。

(エ) 真核生物の RNA ポリメラーゼは単独ではプロモーターに結合できないため，基本転写因子とよばれる複数のタンパク質とともに転写複合体を形成してプロモーターに結合する。

128. ①ウ ②イ ③オ ④カ ⑤キ ⑥エ ⑦コ

解説 ステロイドホルモン（生殖腺ホルモンや糖質コルチコイド，鉱質コルチコイドなど）と甲状腺ホルモン（チロキシン）は脂質に溶ける脂溶性ホルモンで，細胞膜の脂質二重層に溶けこむことができるので，細胞膜を通り，細胞内にある受容体と結合する。これが核内に移動し，DNA に結合することで，転写の調節を行う。

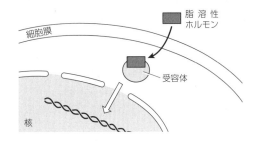

一方，ペプチドホルモン（インスリンやグルカゴン，バソプレシンなど）とアドレナリンは水溶性のホルモンで，脂質でできた細胞膜を通り抜けられない。これらの水溶性ホルモンは，細胞膜表面にある受容体と結合し，それによって細胞膜の内側で cAMP などの低分子物質がつくられる。これらの物質が不活性状態の調節タンパク質に作用して，活性化させ，特定の遺伝子の転写を調節する。

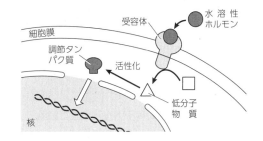

◆第4章　遺伝情報の発現と発生②◆

129.　① 精巣　② 精原細胞　③ 一次精母細胞　④ 二次精母細胞　⑤ 精細胞　⑥ 精子

解説　精子形成は雄の精巣内で進む。精巣内で始原生殖細胞から**精原細胞**ができ，精原細胞が体細胞分裂をくり返して**一次精母細胞**となる。1個の一次精母細胞は減数分裂の第一分裂で2個の**二次精母細胞**となり，第二分裂で4個の**精細胞**となる。精細胞はその後，形を変えて**精子**となる。

130.　① 卵巣　② 卵原細胞　③ 一次卵母細胞　④ 二次卵母細胞　⑤ 第一極体　⑥ 卵　⑦ 第二極体

解説　卵形成は雌の卵巣内で進む。卵巣内で始原生殖細胞から**卵原細胞**ができ，卵原細胞が体細胞分裂をくり返して**一次卵母細胞**となる。1個の一次卵母細胞は減数分裂の第一分裂で**二次卵母細胞**と**第一極体**となり，第二分裂で二次卵母細胞が**卵**と**第二極体**となる。第一極体と第二極体はその後崩壊する。

131.　(1) (a) 始原生殖細胞　(b) 精原細胞
　　(c) 一次精母細胞　(d) 二次精母細胞
　　(e) 精細胞　(f) 卵原細胞　(g) 一次卵母細胞
　　(h) 二次卵母細胞　(i) 第一極体　(j) 第二極体
(2) 体細胞分裂…1　減数分裂…3
(3) 精子…400 個　卵…100 個

解説　始原生殖細胞は配偶子のもとになる細胞で，精巣や卵巣に移動して精原細胞や卵原細胞となる。精原細胞や卵原細胞は，それぞれ一次精母細胞と一次卵母細胞になって成長し，これらが減数分裂を行って配偶子がつくられる。
(2) 体細胞分裂が行われるのは，精原細胞が増殖する過程①である。一方，減数分裂が行われるのは，一次精母細胞から精細胞ができる過程③である。
(3) 1個の一次精母細胞からは4個の精子ができ，1個の一次卵母細胞からは1個の卵ができる。したがって，100個の一次精母細胞からは400個の精子が，100個の一次卵母細胞からは100個の卵ができる。

132.　(a) 先体　(b) 核　(c) ミトコンドリア　(d) 鞭毛

解説　精子の形は動物によって異なるが，一般には，頭部・中片部・尾部からなる。頭部には先体(a)と核(b)がある。頭部の先端の先体はゴルジ体が変化したものである。中片部には中心体やミトコンドリア(c)があり，尾部には鞭毛(d)がある。

133.　(1) ア→ウ→オ→イ→キ→カ→ク→エ
(2) (エ) 尾芽胚　(カ) 原腸胚　(キ) 胞胚　(ク) 神経胚
(3) B
(4) (a) 割球　(b) 外胚葉　(c) 中胚葉　(d) 内胚葉
　　(e) 原腸　(f) 原口　(g) 胞胚腔　(h) 神経管
　　(i) 脊索　(j) 表皮　(k) 体節
(5) (h) b　(i) c　(j) b　(k) c　(l) d

解説　(1),(2) (イ)は桑実胚，(ウ)は4細胞期の胚，(エ)は尾芽胚，(オ)は8細胞期の胚，(カ)は原腸胚，(キ)は胞胚，(ク)は神経胚を示している。
(3) (ク)の模式図の断面の向きは，(エ)をB面で切断したときの断面(横断面)と同じ向きである。(エ)をA面で切断したときの断面(縦断面)は次のようになる。

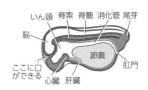

(4),(5) 桑実胚や4細胞期の胚に見られる細胞(a)を割球という。
　胞胚内部の空所(g)は胞胚腔である。カエルでは，胞胚腔は動物極側にできる。
　原腸胚において，外側の領域(b)を外胚葉という。内側に陥入した部分のうち，動物半球の領域(c)を中胚葉，植物半球の領域(d)を内胚葉という。陥入によって胚内部に生じた空所(e)を原腸，原腸の入口(f)を原口という。
　神経胚では，盛り上がった部分に(h)の神経管ができる。(i)は神経管の下側にある脊索である。(j)は表皮，(k)は体節である。(h)の神経管と(j)の表皮は(b)の外胚葉から，(i)の脊索と(k)の体節は(c)の中胚葉から，(l)は(d)の内胚葉から分化する。

134.
(1) (a) 表皮　(b) 神経管
　(c) 神経堤細胞　(d) 体節　(e) 脊索　(f) 腎節
　(g) 側板
(2) 外胚葉…a, b, c　中胚葉…d, e, f, g
　内胚葉…h
(3) ① b　② c　③ a　④ d　⑤ g　⑥ d　⑦ h
　⑧ h　⑨ h　⑩ f

解説　(1), (2) (a), (b), (c)は外胚葉から分化する。(a)は
表皮，(b)は神経管，(c)は神経堤細胞である。
　(d), (e), (f), (g)は中胚葉から分化する。(d)は体節，
(e)は脊索，(g)は側板，(f)は側板の上部から分化し
た腎節である。
　(h)は将来，肺や肝臓になる部分で，内胚葉である。
(3) ①の脳・脊髄は神経管から分化する。神経管の前
端が膨らんで脳に，後方は脊髄になる。
　②の感覚神経は，表皮と神経管の境目から生じ
る神経堤細胞から分化する。
　③の眼の水晶体は表皮から分化する。
　④の骨格筋や⑥の真皮は体節から分化する。
　⑤の心臓は，左右の側板が腹部で合体した部分
に形成される。また，側板の上部は腎節に分化し，
そこから⑩の腎臓や生殖巣が分化する。
　⑦の肺や⑧の肝臓は内胚葉から分化する。⑨の
甲状腺は消化管から伸びた気管に張りついた形で
形成される。気管の先端部は肺になる。

135.
① 誘導　② 外胚葉　③ 中胚葉
④ 中胚葉誘導　⑤ ノーダル　⑥ 形成体
⑦ 神経誘導

解説　カエルの胞胚などで見られる，予定内胚葉が予
定外胚葉から中胚葉を誘導するはたらきを**中胚葉誘導**
という。中胚葉誘導は，予定内胚葉で合成されるノー
ダルというタンパク質が予定外胚葉にはたらきかける
ことで起こる。
　予定外胚葉を神経に分化させるはたらきを**神経誘導**
といい，神経誘導を引き起こす役割をもつ特別な中胚
葉を**形成体（オーガナイザー）**という。

136.
(1) 予定内胚葉域　(2) 中胚葉誘導
(3) 形成体（オーガナイザー）　(4) イ
(5) 神経誘導　(6) A

解説　(1), (2) 図1の(a)は予定内胚葉域である。(a)が隣
接する予定外胚葉域を中胚葉に誘導することを中

胚葉誘導という。
(3), (4) 図2の(b)はおもに脊索に分化する部分で，接す
る外胚葉を神経に誘導する。このようなはたらき
をもつ部分を形成体（オーガナイザー）という。
(5) 図3の(c)の部分は接する外胚葉を神経に誘導する。
このようなはたらきを神経誘導という。
(6) 陥入の開始点である原口は，将来の肛門になる。
したがって，からだの前後軸を示しているのは(A)
である。(B)は背腹軸で，中胚葉側が背側，内胚葉
側が腹側となる。

137.
① ウ　② エ　③ イ
④, ⑤ ア, オ（順不同）

解説　胞胚のアニマルキャップの細胞では，BMP（骨
形成因子）というタンパク質が細胞の受容体に結合す
ることで，表皮に分化するための遺伝子がはたらく。
　しかし，形成体から分泌されるノギンやコーディン
などのタンパク質は，BMPに結合して，BMPが受
容体と結合するのを阻害する。そのため，アニマル
キャップが形成体と接すると，表皮への分化が阻害さ
れ，神経に分化するための遺伝子がはたらいて，神経
への分化が誘導される。

138.
(1) 1　(2) 2, 3　(3) f
(4) a, 表皮　(5) b, 神経
(6) (c) 側板　(d) 腎節　(e) 体節　(f) 脊索
(7) B

解説　(1), (2) BMP（骨形成因子）は胞胚期には胚の全
域で発現している。したがって，BMPを示して
いるのは①である。それに対して，分布がかたよっ
ており，BMPと結合する②や③はノギンやコー
ディンなどのBMPの阻害タンパク質である。
(3) BMPの阻害タンパク質は形成体から分泌される。
(4), (5) (a)にはBMPの阻害タンパク質が分布していな
いため，BMPがはたらいて表皮に分化する。(b)
ではBMPの阻害タンパク質によってBMPのは
たらきが阻害されているため，神経に分化する。
(6) 中胚葉では，BMPの阻害タンパク質（②や③）の
濃度勾配にしたがって，(c)は側板，(d)は腎節，(e)
は体節，(f)は脊索にそれぞれ分化する。
(7) 将来の背側になるのは(B)側である。

139.
(1) (A) オ　(B) エ　(C) ウ　(D) イ
　　(E) ア　(F) カ
(2) (A) イ　(B) オ　(C) ア　(D) ウ　(E) カ　(F) エ
(3) イ, オ

解説 (2) 水晶体は, 眼杯からの誘導によって(A)の予定表皮域からつくられる。脳は神経管の前端部の肥大した部分であり, (B)からつくられる。心臓は, 左右の側板が合体した腹側にでき, 側板は(C)からつくられる。骨格筋は体節の一部からできるため, 体節に分化する(D)から形成される。(E)からは脊索がつくられるが, 脊索は後に退化する。すい臓などの消化器官は(F)の予定内胚葉域から形成される。
(3) 局所生体染色に用いる色素は, 染色後拡散しにくく, 無害で, 細胞分裂や発生・分化に影響しない色素でなければならない。

140.
(1) ① 外胚葉　② 神経管　③ 眼杯
　　④ 水晶体　⑤ 網膜　⑥ 角膜
(2) 誘導　　(3) 形成体(オーガナイザー)
(4) ウ

解説 (1), (2) 胚のある領域が隣接する他の領域に作用してその分化を引き起こすはたらきを誘導という。眼胞は, 神経管②から分化し, 神経管は背側の中胚葉の誘導によって外胚葉①から分化する。眼胞は眼杯③に分化し, 眼杯は隣接する表皮を水晶体④に誘導する。眼杯はその後網膜⑤に分化する。水晶体は隣接する表皮を角膜⑥に誘導し, 眼が形成される。
(3) 予定外胚葉から神経を誘導するはたらきをもつ部分を**形成体(オーガナイザー)**という。
(4) 中胚葉は植物極側の内胚葉からの誘導によってつくられる。これを中胚葉誘導という。

141.
(1) ① ビコイド　② ナノス　③ 濃度勾配
　　④ 位置情報　⑤ ホメオティック
(2) 母性効果遺伝子
(3) ホメオティック突然変異体

解説 ショウジョウバエの卵は, 卵の中央に卵黄が集まった卵であり, 初期発生では核分裂だけが進行する。やがて表層部の核の周囲に細胞膜が形成されて1層の細胞層ができ, 中央部には卵黄を含む1個の細胞が残る。このような卵割の様式を表割という。
　ショウジョウバエのからだの前後軸を決める遺伝子

がつくるmRNAは, 卵を形成する過程で蓄積していく。このような遺伝子を**母性効果遺伝子**という。ショウジョウバエの母性効果遺伝子として, ビコイド遺伝子やナノス遺伝子が知られている。ビコイド遺伝子のmRNAは未受精卵の前方に, ナノス遺伝子のmRNAは後方に局在する。受精後, これらのmRNAが翻訳されるときに拡散が起こり, 前方ではビコイドタンパク質が, 後方ではナノスタンパク質の濃度が高くなる(これらのタンパク質の濃度勾配が生じる)。これが相対的な位置情報となって胚の前後軸が決まる。
　その後, 位置情報に基づいた遺伝子が発現することでショウジョウバエのからだが形成されていく。このときはたらく遺伝子を**ホメオティック遺伝子**という。ホメオティック遺伝子が正常に発現しないと, からだの一部が別の構造に置きかわるような突然変異が起こることがあり, このような突然変異体を**ホメオティック突然変異体**という。

142.
(1) (ア) ギャップ遺伝子
　　(イ) ペア・ルール遺伝子
　　(ウ) セグメント・ポラリティ遺伝子
　　(エ) ホメオティック遺伝子
(2) 分節遺伝子

解説 ショウジョウバエのからだの構造は次のように形成される。
① 母性効果遺伝子によって前後軸が決められる。ビコイドタンパク質濃度の高い側が前方, ナノスタンパク質濃度の高い側が後方となる。
　その後, 以下の②〜④の3つの**分節遺伝子**が時間を追って順に発現する。
② **ギャップ遺伝子**が胚の前後軸に沿って発現して, 胚を大まかな領域に分ける。
③ 母性効果遺伝子とギャップ遺伝子の情報をもとにして, 複数の**ペア・ルール遺伝子**が7本のしま状に発現する。
④ **セグメント・ポラリティ遺伝子**が, それぞれ体節の特定の位置で, 14本のしま状に発現し, 体節の中の前後を決める。
⑤ ギャップ遺伝子とペア・ルール遺伝子のはたらきで, 複数のホメオティック遺伝子が, からだの前後軸に沿って発現して体節の性質や構造を決定する。このホメオティック遺伝子に変異が起こると, 4枚のはねをもつショウジョウバエなどのホメオティック突然変異体が生じる。

◆第4章 遺伝情報の発現と発生③◆

143. ㋐ 遺伝子組換え ㋑ プラスミド
㋒ 制限酵素 ㋓ DNA リガーゼ ㋔ ベクター

解説 ある遺伝子を含む DNA 断片を取り出し，それを別の DNA につないで細胞に導入することを**遺伝子組換え**という。遺伝子組換えを利用して，大腸菌にヒトのインスリンを合成させる場合は，独立して増殖する小さな環状 DNA（**プラスミド**）にヒトのインスリンの遺伝情報を組みこみ，大腸菌の菌体で発現させる。

まず，インスリンの遺伝子を含むヒト DNA とプラスミドを，同じ塩基配列の位置で切断する。DNA をある特定の塩基配列の位置で切断する酵素を**制限酵素**という。ヒト DNA とプラスミドに同じ制限酵素を作用させると，両端に相補的な塩基配列をもつ DNA 断片ができる。

次に，切断した DNA を混合し，DNA 断片をつなぎ合わせる酵素である **DNA リガーゼ**を作用させる。すると，インスリンの遺伝情報をもつプラスミドができる。このプラスミドを大腸菌に取りこませて培養すると，菌体でインスリンが合成される。

このとき，プラスミドは遺伝子を運ぶ役割をするので，**ベクター**（運び屋）とよばれる。

144. (1) 細胞自身の DNA とは別に菌体内で独立して増殖する小さな環状 DNA。
(2) ㋐ 制限酵素 ㋑ DNA リガーゼ
(3) b (4) ウ

解説 (1) プラスミドは，目的とする遺伝子を含む DNA 断片を他の細胞へ運ぶベクター（運び屋の意味）の役割をする。

遺伝情報の発現のしくみは，原核生物と真核生物で共通した部分が多く，プラスミド DNA に組みこんだヒトの遺伝子も大腸菌内で発現する。そのため，大腸菌を使って，ヒトのインスリン，成長ホルモン，インターフェロン（ウイルスの増殖を抑制する物質）などの有用物質の大量生産を行うことができる。

(2) ㋐ DNA を特定の塩基配列をもつ位置で切断する酵素を制限酵素という。

㋑ DNA 断片をつなぎ合わせる酵素を DNA リガーゼという。

(3) 目的の DNA をプラスミドに挿入するには，目的の DNA の切断面（1 本鎖の部分）とプラスミド DNA

の切断面が相補的に対応しなければならない。(b) EcoRI で切断すれば，図のように結合する。

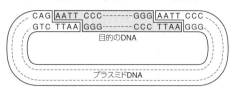

(4) 特定の 6 塩基対の配列が出現する確率は，

$$\left(\frac{1}{4}\right)^6 = \frac{1}{4096} \quad \text{となる。}$$

つまり，BamHI の認識配列は 4096 塩基対に 1 回の確率で出現すると考えられる。

145. ㋐ トランスジェニック
㋑ アグロバクテリウム
㋒ PCR（ポリメラーゼ連鎖反応）
㋓ ノックアウト

解説 もともとその生物がもたない遺伝子を導入され，その組換え遺伝子が体内で発現するようになった生物を**トランスジェニック生物**という。

動物の場合には，受精卵の中で卵の核と精子の核が融合する前に，精子の核に外来の DNA を微量注入し，そのまま発生を続けさせるとトランスジェニック動物をつくることができる。また，ウイルスをベクターとして外来遺伝子を運ばせる方法などもある。

植物の場合には，目的とする遺伝子を，植物に感染する細菌のプラスミドに組みこんで，導入する方法がある。**アグロバクテリウム**とよばれる細菌を用いることから，この方法をアグロバクテリウム法という。

トランスジェニック生物をつくるには，目的の遺伝子を選び出し，増幅することが必要である。特定の DNA 領域を増幅させる方法に **PCR 法**（ポリメラーゼ連鎖反応法）がある。

また，遺伝子導入とは反対に，ある遺伝子を破壊して発現しないようにする技術もある。この技術を用いて作製されたマウスを**ノックアウトマウス**という。

146. ㋐ 水素結合 ㋑ プライマー
㋒ GATGCGGTTGCA ㋓ 2^{20}
㋔ PCR（ポリメラーゼ連鎖反応）

解説 ㋐ 塩基どうしをつなぐ水素結合は比較的弱い結合なので，加熱すると切れる。この性質を利用して，目的の DNA を 2 本鎖から 1 本鎖にして，新生鎖の鋳型とする。

㋑ DNA の合成起点となる短い 1 本鎖 DNA を**プライ**

マーという。なお，細胞内で DNA の半保存的複製が行われるときに起点となるプライマーは RNA である。
㋒ A と T，G と C が結合する。一方のヌクレオチド鎖が 3′ 末端→5′ 末端の方向であれば，相補的なヌクレオチド鎖は 5′ 末端→3′ 末端の方向になる。
㋓ 問題の①～③を 1 回行うごとに，2 本鎖 DNA は 2 倍に増幅される。したがって，20 回くり返すと目的の領域は 2^{20} 倍に増幅される。
㋔ 問題文のように，プライマーと DNA ポリメラーゼを用いて DNA を増幅する方法を PCR 法(ポリメラーゼ連鎖反応法)という。

147. ① 負 ② 少ない ③ 1200

解説 ① DNA に電圧をかけると陽極の方向へ移動する。これは，DNA が水溶液中で負の電荷を帯びているためである。
② アガロースゲルは，小さな網目構造を形成している。そのため，塩基対数が少なく，短い DNA 断片ほど網目構造のすき間を通って速く移動することができる。
③ 図2から，調べたい DNA は 1200 bp の DNA マーカーとほぼ同じ距離を移動したことがわかる。

148. (1) 5′ 末端…A 3′ 末端…T
(2) 5′ − ATCTGGTGAGCCACTGTTCTT

解説 (1) 塩基配列を解析する方法としてサンガー法が知られている。サンガー法では，DNA の合成を停止させる特殊なヌクレオチドが用いられる。特殊なヌクレオチドは，新しく合成された DNA のランダムな位置に取りこまれるため，多様な長さの DNA 断片が合成される。この多様な長さの DNA 断片を電気泳動で分離すると，新たに合成された DNA について，DNA の分子量が最も短い断片から順に 5′ 末端から 3′ 末端への塩基配列を読み取ることができる。
　問題の図では，DNA の分子量が最も小さいものは A のバンドであるため，新しく合成された DNA の 5′ 末端側の塩基は A であることがわかる。よって，それと相補的に結合する，塩基配列を解析した DNA 断片の 3′ 末端側の塩基は T であることがわかる。
　一方，DNA の分子量が最も大きいものは T のバンドであるため，新しく合成された DNA の 3′ 末端

側の塩基は T であることがわかる。よって，それと相補的に結合する，塩基配列を解析した DNA 断片の 5′ 末端側の塩基は A であることがわかる。
(2) 新しく合成された DNA について，5′ 末端側の塩基(DNA の分子量の小さいほう)から順に読んでいくと，次のようになる。
　　5′ − AAGAACAGTGGCTCACCAGAT − 3′
　塩基配列を解析した DNA 断片は，これと相補的に結合する配列なので，次のようになる。
　　3′ − TTCTTGTCACCGAGTGGTCTA − 5′
　問題文には「5′ 末端から順に答えよ」とあるので，上記の配列を右から答えればよい。

149. (1) イントロン
(2) ① 赤色 ② 緑色 ③ 黄色

解説 (1) 真核細胞の DNA から転写によって RNA が合成され，さらにスプライシングによってイントロンが取り除かれて mRNA となる。この mRNA から逆転写酵素によって DNA を合成すると，もとの DNA からイントロンの領域が除かれた DNA を得ることができる。
(2) DNA マイクロアレイ解析では，ターゲット DNA を，由来する組織ごとに異なる色の蛍光物質で標識することで，組織による遺伝子発現の違いを調べることができる。
① 肝細胞に由来するターゲット DNA を赤色の蛍光物質で標識しているため，肝細胞で特異的に発現している遺伝子の DNA チップの区画では，赤色の蛍光が見られることになる。
② 筋繊維に由来するターゲット DNA を緑色の蛍光物質で標識しているため，筋繊維で特異的に発現している遺伝子の DNA チップの区画では，緑色の蛍光が見られることになる。
③ 肝細胞と筋繊維の両方で発現している遺伝子の場合，その区画の DNA チップには，肝細胞に由来するターゲット DNA(赤色の蛍光物質で標識)と筋繊維に由来するターゲット DNA(緑色の蛍光物質で標識)の両方が結合することになる。その結果，その区画では，赤色と緑色が混ざって黄色の蛍光が見られることになる。

150. (1) ○ (2) × (3) ○ (4) ×

解説 (1) プラスミドのベクターなどを用いた従来の方法で遺伝子を組みこんだ場合，目的の場所以外

の領域に遺伝子が組みこまれることも多く、目的の場所に遺伝子が組みこまれたものを選別する必要がある。一方、ゲノム編集の技術では、目的の場所と相補的に結合するガイド RNA を用いることで、DNA 上の目的の場所に遺伝子を組みこむことができる。

(2) 真核生物の遺伝子にはイントロンが含まれている。しかし、原核細胞ではスプライシングが行われないため、ヒトのインスリン遺伝子をそのまま原核細胞で発現させても、インスリンを得ることはできない。ヒトのインスリンを得るためには、ヒトのインスリン遺伝子からイントロンを取り除いたものを、原核細胞に導入する必要がある。

(3) 目的のプラスミドを取りこんだ大腸菌を選び出すには、あらかじめプラスミドにアンピシリン耐性遺伝子のような薬剤耐性遺伝子を組みこんでおいて、アンピシリンなどの薬剤を含む選択培地で培養し、生育したものを選択すればよい。

(4) PCR 法では、DNA を 2 本のヌクレオチド鎖に分けるために 95℃ に加熱する処理がある。そのため、高温の環境に生息する細菌などがもつ、高温でも失活しない DNA ポリメラーゼを用いる必要がある。

---

151. (1) (a) 水素 (b) DNA リガーゼ
(c) プライマー
(2) ① リーディング鎖 ② ラギング鎖
(3) 岡崎フラグメント (4) イ・ウ

解説 (1) DNA の複製は、複製起点とよばれる部分で塩基間の水素結合が切れて開裂し、部分的に 1 本鎖となることで始まる。新たに合成されるヌクレオチド鎖において、開裂が進む方向と逆向きに不連続に合成される鎖では、DNA の短い断片がつくられ、この断片が DNA リガーゼという酵素によってつなげられていく。また、DNA ポリメラーゼは、起点となるヌクレオチド鎖の末端がなければ新生鎖を合成することはできないので、複製の開始時にはプライマーとよばれる短い RNA のヌクレオチド鎖が必要である。

(2) 新たに合成されるヌクレオチド鎖のうち、①開裂が進む向きに連続的に合成されるものを**リーディング鎖**、②開裂が進む方向と逆向きに不連続に合成されるものを**ラギング鎖**という。

(3) ラギング鎖の合成の際に見られる、DNA の短い断片を岡崎フラグメントという。

(4) DNA の複製は、図のように、複製起点から両側に向かって進む。新生鎖は 5′ から 3′ の方向にしか伸

長しないため、反対に 3′ から 5′ の方向に複製が進んでいるイとウの部分で、短い DNA 断片である岡崎フラグメントが合成される。

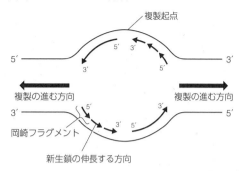

---

152. (1) オペロン
(2) (A) 調節遺伝子 (B) オペレーター
(C) リプレッサー (調節タンパク質)
(3) ① a ② b (4) 2

解説 (1) ラクトースの分解にかかわる β ガラクトシダーゼなど 3 種類の酵素の遺伝子(構造遺伝子)は、1 つのプロモーターのもとで、まとまって調節タンパク質による転写調節を受け、1 本の mRNA として転写される。これらひとまとまりの遺伝子群を**オペロン**という。

(2) ①の文章より、(C)は転写を抑制するはたらきをもっていることから、リプレッサーであるとわかる。リプレッサー(調節タンパク質)が結合する DNA 領域(B)はオペレーターである。オペレーターにリプレッサーが結合していると、隣接するプロモーターに RNA ポリメラーゼが結合できず、ラクトース分解酵素遺伝子群の mRNA を合成することができない。また、(A)が発現することによってリプレッサーがつくられているため、(A)は調節遺伝子であるとわかる。

(3) (a) 培地にラクトースがないと、リプレッサーにラクトースから生じた代謝産物が結合しないため、リプレッサーはオペレーターに結合したままとなる。そのため、転写が起こらない。

(b) 培地にラクトースがあると、ラクトースから生じた代謝産物がリプレッサーと結合する。ラクトースの代謝産物と結合したリプレッサーは立体構造が変化し、オペレーターに結合できなくなる。リプレッサーがオペレーターからはずれると、隣接するプロモーターに RNA ポリメラーゼが結合できるようになり、転写が起こる。

(4) (A)の調節遺伝子に突然変異が起こり、ラクトースの代謝産物が(C)のリプレッサーに結合できなく

なった場合，ラクトースがあってもラクトースの分解にかかわる遺伝子が転写されなくなる。

153. (1) mRNA　(2) 母性効果遺伝子
(3) 2種類のタンパク質の濃度勾配が位置情報となり，胚の前後軸が形成される。

解説 (1),(2) ビコイド遺伝子やナノス遺伝子は，雌のキイロショウジョウバエの卵巣で卵が形成されるときにはたらいて，それぞれのmRNAを合成し，卵内に蓄積する。これらの遺伝子は，mRNAが母親の体内でつくられるため，母性効果遺伝子といい，子の形態形成にはたらく調節遺伝子の一つである。

(3) ビコイド遺伝子のmRNAは卵の前極に，ナノス遺伝子のmRNAは卵の後極に多く分布している。受精後，これらのmRNAから，それぞれビコイドタンパク質とナノスタンパク質が合成されて，卵の前後方向に濃度勾配ができる。これがからだをつくるときの位置情報となって，頭部・胸部・腹部などのそれぞれの位置に応じた体節がつくられる。

154. (1) エ　(2) a　(3) ① 白色　② 青色

解説 (1) ある遺伝子の中に割りこむようにDNAが挿入されると，途中からその遺伝子の塩基配列が変わるため，アミノ酸配列が変化し，本来合成されるタンパク質とは異なるタンパク質が合成される。そのため，遺伝子が転写・翻訳されても正常なタンパク質が合成されず，その遺伝子による形質の発現は起こらなくなる。

(2) 【実験1】の抗生物質Aを含む培地では，*A^r*遺伝子をもつプラスミドXが導入された大腸菌だけがコロニーをつくる。プラスミドXが導入された大腸菌は，正常な*lacZ*遺伝子をもつが，【実験1】の培地はX-galを含んでいないので，青色の物質は生じない。そのため，プラスミドXが導入された大腸菌は白色のコロニーを形成する。

(3) 【実験2】の培地にも，【実験1】と同様に抗生物質Aが含まれているため，プラスミドXが導入されなかった大腸菌はコロニーを形成することができない。問題文より，①と②はともにプラスミドXが導入された大腸菌なので，コロニーを形成することができる。

① 目的のDNA断片が組みこまれたプラスミドXは，*lacZ*遺伝子が正常に発現しない。そのため，

このプラスミドが導入された大腸菌は，培地にあるX-galを分解できず，コロニーは白色となる。

② 目的のDNA断片が組みこまれなかったプラスミドXは，*lacZ*遺伝子が正常に発現するため，このプラスミドが導入された大腸菌は，培地にあるX-galを分解して青色の物質を生じる。そのため，コロニーは青色となる。

◆第5章　動物の反応と行動◆

155.
① 適刺激　② 網膜　③ コルチ器
④ 前庭　⑤ 平衡覚　⑥ 痛点

解説　受容器では，それぞれ受け取ることのできる刺激の種類が決まっている。このような刺激を**適刺激**という。光(可視光)は眼の**網膜**で受容され，音波は耳のうずまき管の中にある**コルチ器**で受容される。耳の**前庭**ではからだの傾きを，半規管ではからだの回転を受容し，これらの興奮が大脳に伝わることで**平衡覚**を生じる。皮膚には，強い圧力を刺激として受け取る**痛点**のほか，接触を刺激として受け取る圧点，温度を刺激として受け取る温点・冷点などが分布している。

156.
(1) ① 角膜　② 虹彩
　③ 水晶体(レンズ)　④ ガラス体　⑤ 黄斑
　⑥ 錐体細胞　⑦ 桿体細胞　⑧ 網膜
(2) 桿体細胞　(3) 水平断面

解説　(1) 眼に入った光は，**角膜**と**水晶体**(レンズ)で屈折し，ガラス体を通って**網膜**で受容される。網膜の中心部は**黄斑**とよばれ，錐体細胞が多く分布している。視細胞のうち，ややとがった⑥が錐体細胞，棒状の⑦が桿体細胞である。
(2) **桿体細胞**はうす暗い場所でよくはたらく。しかし，色の識別には関与しない。
(3) 鉛直断面では黄斑と盲斑が同時に見えることはない。よって，図は水平断面と判断できる。

157.
(1) (A) 錐体細胞　(B) 桿体細胞
(2) 盲斑，イ　(3) 黄斑

解説　(1),(3) 視細胞には桿体細胞と錐体細胞がある。網膜の中心部を黄斑といい，黄斑には，強い光のもとではたらき，色を識別できる錐体細胞が密集している。また，網膜の周辺部には弱い光のもとではたらき，明暗を識別する桿体細胞が多く分布している。
(2) 視神経が網膜を貫いて視細胞がない部分が盲斑で，黄斑より鼻側に位置する。

158.
① 虹彩　② 拡大　③ 錐体　④ 桿体
⑤ 明順応　⑥ ロドプシン

解説　暗い場所では，瞳孔散大筋が収縮して瞳孔が拡大し，瞳孔を通る光の量が増加する。明るい場所では瞳孔括約筋が収縮して瞳孔が縮小することにより，瞳孔を通る光の量が減少する。ヒトの視細胞には**錐体細胞**と**桿体細胞**がある。桿体細胞は**ロドプシン**という感光物質をもち，ロドプシンが光によって分解されることで光を感知する。暗い場所から明るい場所へ急に出ると，ロドプシンが急激に分解され，周囲がよく見えなくなる。しばらくすると桿体細胞の感度が低下し，はっきり見えるようになる。これを**明順応**という。

159.
① 毛様体　② し緩　③ チン小帯
④ 薄く　⑤ 長く

解説　遠近調節は次のようなしくみで行われる。
遠くのものを見るとき：毛様体の筋肉(毛様筋)がし緩(①，②)→毛様体突起が後退→チン小帯が引かれる(③)→水晶体が薄くなる(④)→焦点距離が長くなる(⑤)
近くのものを見るとき：毛様筋が収縮→毛様体突起が前進→チン小帯がゆるむ→水晶体が厚くなる→焦点距離が短くなる

160.
(1) (ア) 聴神経　(イ) うずまき管
　(ウ) エウスタキオ管(耳管)　(エ) 半規管
　(オ) 耳小骨　(カ) 前庭　(キ) 鼓膜　(ク) 外耳道
(2) イ
(3) (a) おおい膜　(b) 聴細胞　(c) コルチ器
(4) ① カ　② エ

解説　(1) ヒトの耳の構造は，外耳に外耳道があり，**鼓膜**を隔てて，中耳に**耳小骨**があり，内耳には**うずまき管**，半規管，前庭と**聴神経**がある。(ウ)の**エウスタキオ管**(耳管)は，中耳と咽頭をつなぐ管である。
(2),(3) うずまき管内には，**基底膜**と**コルチ器**が見られる。コルチ器は**おおい膜**と**聴細胞**からなる。聴細胞の感覚毛はおおい膜に接触しており，振動によって感覚毛が曲がると，聴細胞に興奮が生じる。
(4) 耳は聴覚の受容器としてはたらくだけではなく，平衡覚(傾き・回転)の受容器としてもはたらく。傾きは**前庭**で，回転は**半規管**で受容される。

161.
(ア) 鼓膜　(イ) 耳小骨　(ウ) うずまき管
(エ) おおい膜　(オ) コルチ器

解説　外耳道を通ってきた音(空気の振動)は，**鼓膜**を

振動させる。この振動は**耳小骨**で増幅されて**うずまき管**の前庭階に伝えられ，リンパ液の振動に変換される。リンパ液の振動は，基底膜を上下させる。すると基底膜上の**コルチ器**において，**おおい膜**に接触している聴細胞の感覚毛が曲がり，これによって聴細胞が興奮し，この興奮が聴神経を通じて脳に伝えられる。

162. ① B ② A ③ B

解説 図1からは，高い音（振動数が大きい音）ほど入り口からの距離が近い基底膜が大きく振動し，低い音（振動数が小さい音）ほど入り口からの距離が遠い基底膜が大きく振動することがわかる。また，図2からは，基底膜の幅は入り口からの距離が近いほど狭く，入り口からの距離が遠くなるほど広くなることがわかる。

これらのことから，基底膜の幅が狭いほど高い音で大きく振動し，基底膜の幅が広くなるにつれて低い音で大きく振動するようになることがわかる。

163. ① 受容器 ② 神経 ③ 効果器 ④ 中枢神経 ⑤ 感覚神経 ⑥ 運動神経

解説 眼や耳などの刺激を受け取る器官を**受容器**（感覚器）という。受容器で受け取られた情報は**感覚神経**を通じて**中枢神経系**である大脳に伝えられる。大脳は，情報の統合や整理・判断などの処理を行い，それによって命令を下す。命令は，**運動神経**によって筋肉などの**効果器**（作動体）に伝えられ，反応や行動が起こる。

なお，中枢神経系からの情報を内臓の筋肉や分泌腺に伝えるのは自律神経である。

164. (1) ㋐ 樹状突起 ㋑ 細胞体 ㋒ 神経鞘（シュワン細胞） ㋓ 軸索 ㋔ 髄鞘（ミエリン鞘） ㋕ ランビエ絞輪 ㋖ シナプス (2) 有髄神経繊維 (3) 無髄神経繊維

解説 ニューロンは核のある**細胞体**と，短く枝分かれした**樹状突起**，長く伸びる**軸索**とからなる。軸索は神経繊維ともよばれる。軸索の多くはシュワン細胞でできた**神経鞘**とよばれる薄い膜に取り巻かれている。シュワン細胞の細胞膜が軸索に何重にも巻きついてできた構造を**髄鞘**（ミエリン鞘）といい，髄鞘が見られる神経繊維を**有髄神経繊維**という。髄鞘はところどころ切れており，髄鞘の切れ目を**ランビエ絞輪**という。一方，髄鞘の見られない神経繊維を**無髄神経繊維**という。

165. ① 正（＋） ② 負（−） ③ 静止電位 ④ 活動電位

解説 ニューロンの静止部では，ナトリウムポンプによって Na^+ を排出し，K^+ を取りこんでいるが，一方で，一部の開いたカリウムチャネルから K^+ が細胞外に漏れ出す。そのため，細胞膜の外側は正（＋），内側は負（−）に帯電している。この電位差を**静止電位**という。

ニューロンに刺激を与えると，ナトリウムチャネルが開き，内部に Na^+ が流れこんで，瞬間的に膜の内外で電位が逆転する。続いて，カリウムチャネルが開いて K^+ が流出し，電位がもとにもどる。この一連の電位変化を**活動電位**といい，活動電位の発生が興奮である。

166. (1) 2 (2) 3 (3) ㋐ ナトリウム ㋑ カリウム (4) ナトリウムイオン

解説 (1) 静止状態のニューロンでは，細胞膜の外側が正（＋）に，内側が負（−）に帯電している。細胞外を基準（0mV）とすると，膜内の電位は負（−）になり，②がそれに当たる。

(2) 刺激を受けると瞬時に膜内が正（＋）に，膜外が負（−）になって膜内外の電位が逆転する。活動電位の最大値は，静止時からの変化量で表されるので，③がそれに当たる。

(3), (4) 静止状態では，細胞膜の外側には Na^+ が多く，内側には K^+ が多い。刺激を受けると，ナトリウムチャネルが開き，細胞内に Na^+ が流入し，膜内外の電位が逆転する。

167. (1) ① ナトリウム（Na^+）チャネル ② カリウム（K^+）チャネル (2) ㋐ 3 ㋑ 4 ㋒ 1 ㋓ 2

解説 静止状態では③のナトリウムポンプによって，Na^+ が細胞外に排出され K^+ が細胞内に取りこまれている。一方，④のカリウムチャネルから K^+ が細胞外に漏れ出しており，膜の内側が負（−），膜の外側が正（＋）に帯電している。

刺激を受けると①のナトリウムチャネルが開いて，細胞外から Na^+ が流入し，膜電位が上昇する。①のナトリウムチャネルはすぐに閉じ，②のカリウムチャネルが開いて K^+ が細胞外に流出し，膜電位が下降する。その後，ナトリウムポンプのはたらきで Na^+ の

排出と K^+ の取りこみが行われて，静止状態にもどる。

まっているので，興奮は一方向にしか伝わらない。

168. (1) ① 閾値 ② 頻度 ③ 増える
(2) 全か無かの法則
(3)

解説 (1) ニューロンは，刺激の強さがある一定以上でないと興奮しない。興奮の起こる最小限の刺激の強さを**閾値**という。閾値以上の刺激で興奮が起こり，刺激を強くしても興奮の大きさは同じである。1つのニューロンでは，刺激が強くなると，そのニューロンに発生する興奮の頻度が高くなる。

　神経は多数のニューロンで構成されており，個々のニューロンの閾値は異なるため，刺激の強さに応じて，興奮するニューロンの数が増える。
(3) (a) 1本のニューロンは，全か無かの法則にしたがう。よって，ある強さの刺激まではまったく反応せず，それ以上の強さの刺激では一定の大きさの反応を示すグラフを描けばよい。
(b) 軸索の束である神経では，刺激が強くなるにしたがって興奮するニューロンが増えるため，刺激の強さに応じて反応の大きさが変化する。

169. ① 活動電流 ② 伝導 ③ 両
④ 髄鞘（ミエリン鞘） ⑤ ランビエ絞輪
⑥ 跳躍伝導

解説 ニューロンに興奮が起こると，**活動電流**が興奮部とその両側の隣接する部分の間に流れ，これが刺激となって隣接部に新たな興奮が生じる。このようにして興奮は両方向に伝わっていく。なお，興奮直後は不応期となるため，興奮はもとの方向には伝わらない。

　有髄神経繊維では髄鞘が電気的な絶縁体としてはたらくので，興奮はその切れ目であるランビエ絞輪の部分をとび石状に伝わる。これを**跳躍伝導**という。

170. ① シナプス ② シナプス小胞 ③ 伝達
④ 一

解説 ニューロンとニューロンの接続部を**シナプス**といい，その間のごく狭いすき間をシナプス間隙という。軸索では興奮はどちらの方向にも伝導されるが，シナプスでは神経伝達物質を分泌する側と受け取る側が決

171. (1) 神経伝達物質
(2) シナプス小胞 (3) ウ
(4) カルシウムイオン (5) シナプス後電位

解説 シナプス前細胞の末端には**神経伝達物質**とよばれる化学物質を含んだ小胞（**シナプス小胞**）が多数存在し，興奮がシナプス前細胞の軸索末端まで伝わると，電位依存性カルシウムチャネルが開いて Ca^{2+} が細胞内に流入する。その結果，シナプス小胞から神経伝達物質が分泌され，シナプス前細胞からシナプス後細胞に興奮が伝達される。
(5) シナプス後細胞には，神経伝達物質の受容体としてはたらくイオンチャネルがあり，神経伝達物質が結合するとイオンチャネルが開いて，細胞内に Na^+ などのイオンが流入し，膜電位が変化する。この電位変化を**シナプス後電位**という。

172. (1) 興奮性シナプス
(2) アセチルコリン，ノルアドレナリン
(3) (a) 低下 (b) 起きにくく

解説 (1) シナプスには，次のニューロンを興奮させる興奮性シナプスと抑制する抑制性シナプスがある。
(3) 抑制性シナプスから放出された神経伝達物質がシナプス後細胞に到達すると，Cl^- が流入してシナプス後細胞の膜電位が低下し，その結果，活動電位が起こりにくくなる。

173. (ア) 脊髄 (イ) 中枢 (ウ) 脳神経
(エ) 体性神経系 (オ) 運動神経 (カ) 感覚神経
(キ) 灰白質 (ク) 腹根

解説 哺乳類の神経系は，**中枢神経系**と**末しょう神経系**でできている。中枢神経系は脳と脊髄からなる。末しょう神経系は，構造の上から，脳から出る脳神経と脊髄から出る脊髄神経に分けられる。ヒトでは脳神経は12対ある。末しょう神経系は，機能的には**体性神経系**と**自律神経系**に分けられる。体性神経系は，受容器から中枢へ外界の情報を伝える求心性の**感覚神経**と，中枢からの指令を効果器に伝える遠心性の**運動神経**からなる。

　大脳の外層である大脳皮質は細胞体が集まった**灰白質**で，内部の大脳髄質は軸索が集まった**白質**である。

一方，脊髄は外層の脊髄皮質が白質で，内部の脊髄髄質が灰白質である。

受容器で生じた興奮は，感覚神経によって**背根**を通って脊髄に入り，大脳の感覚中枢に達する。また，大脳からの命令は，脊髄皮質（白質）を通って灰白質に入り，ここでシナプスを経て運動神経に伝えられ，**腹根**を通って効果器に送られる。

174. (1) ① d, 小脳 ② c, 中脳
③ b, 間脳 ④ e, 延髄 ⑤ a, 大脳
(2) 運動の中枢…イ 視覚の中枢…カ

解説 (1) ① からだの平衡を保ったり，筋肉運動を調節したりする中枢は小脳である。
② 眼球運動や瞳孔反射，姿勢保持などの中枢は中脳である。
③ 体温調節などの体内環境の維持にはたらく自律神経系，内分泌系の中枢は間脳である。
④ 呼吸運動，血液循環（心臓拍動，血管収縮）などを調節する中枢は延髄である。
⑤ 随意運動の中枢は大脳である。大脳は感覚や精神活動などの中枢でもある。
(2) 図は大脳の左半球の領域を示す。運動をつかさどる運動野，感覚をつかさどる感覚野など場所により作業を分担している。

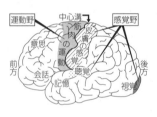

175. (1) ① 細胞体 ② 灰白質 ③ 軸索
④ 白質 ⑤ 新皮質 ⑥ 辺縁皮質 ⑦ 海馬
(2) 間脳, 中脳, 延髄

解説 (1) 大脳皮質は**新皮質**と**辺縁皮質**からなり，ヒトでは特に新皮質が発達している。新皮質には視覚や聴覚などの感覚の中枢のほか，随意運動，言語などの中枢も分布している。一方，辺縁皮質には**海馬**とよばれる部位があり，海馬は記憶の形成において重要なはたらきをする。
(2) 間脳・中脳・延髄は，生命維持に関する重要な機能を果たす中枢であり，まとめて**脳幹**とよばれる。脳幹には橋を含めることもある。

176. (1) (a) 背根 (b) 白質 (c) 灰白質
(d) 腹根 (e) 感覚ニューロン（感覚神経）
(f) 運動ニューロン（運動神経）
(2) 反射弓 (3) ウ, エ, オ
(4) イ, ウ, エ, オ

解説 (1) 脊髄からは腹根と背根が出るが，脊髄神経節（感覚神経の細胞体の集まり）のあるほうが背根である。感覚神経は背根を，運動神経は腹根を通る。
(2) 反射における興奮伝達の経路を**反射弓**という。
(3), (4) この場合，皮膚が刺激を受けると，その興奮はア→イ→ウ→エ→オと伝わっていく。興奮は，1つのニューロン内では両方向に伝導されるが，シナプスでは一方向にしか伝達されない。したがって，(3)ではSで電気刺激を与えると，同じニューロン内のウとエ，筋肉のオに興奮が伝わるが，アやイには興奮は伝わらない。(4)では，アの位置を刺激すると，イ，ウ，エ，オに興奮が伝わる。

177. (1) ⑦ 筋繊維（筋細胞） ⑦ 筋原繊維
(2) (a) サルコメア（筋節） (b) Z膜 (c) 明帯
(d) 暗帯
(3) D
(4) ① アクチンフィラメント
② ミオシンフィラメント

解説 (1), (2), (4) **筋繊維**の細胞質には，多数の**筋原繊維**が束になって存在する。筋原繊維は，明るく見える部分（**明帯**）と暗く見える部分（**暗帯**）が交互に連なっている。明帯の中央は**Z膜**で仕切られており，Z膜からZ膜の間を**サルコメア**（筋節）という。
筋原繊維は2種類のフィラメントからなり，細いほうを**アクチンフィラメント**，太いほうを**ミオシンフィラメント**という。
(3) 筋収縮は，ミオシンがアクチンフィラメントを引き寄せ，アクチンフィラメントがミオシンフィラメントの間に滑りこむことで起こる。そのため，収縮時に暗帯の長さは変化しないが，明帯およびサルコメアが短くなる。

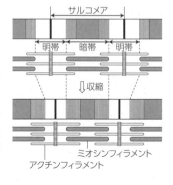

178. (a) 筋小胞体　(b) カルシウム
(c) ミオシン　(d) アクチン
(e) クレアチンリン酸　(f) クレアチン　(g) ADP

解説 筋収縮は次の順序で起こる。
① 運動神経からの刺激が筋繊維（筋細胞）に伝わると，興奮が筋細胞の細胞膜から**筋小胞体**に達し，そこから Ca^{2+} が放出される。
② Ca^{2+} がトロポニンに結合すると，ミオシン頭部はアクチンと結合するとともに ATP アーゼとしてはたらき，ATP を分解してエネルギーを取り出す。
③ そのエネルギーでミオシン頭部は首振り運動をし，アクチンフィラメントをたぐり寄せて筋収縮が起こる。
　筋肉中に存在する ATP はごく少量で，それだけでは筋収縮を維持できない。不足する ATP は呼吸や解糖によって供給されるが，それ以外に，筋肉には**クレアチンリン酸**という物質が蓄えられている。はげしい運動の際には，クレアチンリン酸が分解されて ATP がつくられる。

179. (1) 3 → 2 → 1
(2) (A) 単収縮　(C) 完全強縮（強縮）
(3) ① ○　② ○　③ ×

解説 (1) 運動ニューロンに電気刺激を与えると，運動ニューロンが興奮し，その興奮が筋繊維に伝わる。筋繊維に興奮が伝わると，その刺激を受けてミオシンがアクチンフィラメントをたぐり寄せて筋肉が収縮する。
(2) 神経を 1 回刺激すると，A のような**単収縮**が起こる。1 秒間に 30 ～ 50 回程度連続的に刺激すると，C のような**完全強縮**が起こる。
(3) ① 刺激の頻度を増やすと，アクチンフィラメントをミオシンが継続的にたぐり寄せる。その結果，アクチンフィラメントの滑りこみが大きくなり，サルコメアの長さがより短くなる。
② 刺激の頻度が増えれば，し緩が起こらず持続的な収縮が起きる。
③ 1 つの運動ニューロンは全か無かの法則に従うため，刺激の頻度を増やしても活動電位の大きさは変わらない。

180. ① 定位，a　② 慣れ，b
③ 古典的条件づけ，b　④ オペラント条件づけ，b

解説 ① 伝書バトは，地磁気という環境中の刺激をもとにして移動する方向を定めている。これは**定位**の例で，生得的な行動の一つである。
② アメフラシは水管を刺激されるとえらを引っこめるが，くり返し行うとえらを引っこめなくなる。これは単純な学習の一つで**慣れ**とよばれる。
③ イヌに肉片を与える前にいつもベルを鳴らすと，イヌはベルが鳴っただけで唾液を分泌するようになる。これは**古典的条件づけ**とよばれる。古典的条件づけは，本来の刺激によって引き起こされるある行動が，もともと無関係だった刺激と結びつく現象で，学習による行動である。
④ 偶然に起こった結果を再び得ようと試行錯誤するうちに，レバーを押すとえさを得られることを学習している。自身の行動と報酬や罰を結びつけて学習することを**オペラント条件づけ**という。

181. (1) (ア) 生得的 (な)　(イ) 定位
(ウ) コミュニケーション
(2) 両耳間強度差 (到達した音の強度の差)，
両耳間時間差 (音の到達にかかった時間の差)
(3) かぎ刺激 (信号刺激)　(4) フェロモン
(5) ① 円形ダンス　② 8 の字ダンス

解説 (2) メンフクロウの耳は，右耳は上向きに，左耳は右耳より高い位置に下向きについており，左右非対称である。このため，獲物が立てた音は，メンフクロウの左右の耳によって，異なる強さ，異なる時間で受容される。メンフクロウはこの違いの情報を脳で処理し，獲物の位置を正確に特定している。
(4) 昆虫などが同種の他個体への情報伝達のために体外に分泌する化学物質をフェロモンという。
(5) ミツバチは，8 の字ダンスでは蜜のある場所の方角や距離を示すが，蜜のある場所が近いときには，円形ダンスによって「近くにある」ことだけを伝える。

182. ① 学習　② 慣れ　③ 連合学習
④ 古典的条件づけ　⑤ オペラント条件づけ

解説 2 つの異なる出来事の関連性を学習することを**連合学習**といい，**古典的条件づけ**，**オペラント条件づけ**などがある。イヌに肉片を与える前にいつもベルを鳴らしていると，イヌはベルの音だけで唾液を分泌するようになる，というのは古典的条件づけの例である。

一方，ミツバチに青花に蜜があることを学習させた後，花と蜜の関係を変えて青花は蜜なし，黄花は蜜ありとすると，ミツバチは試行錯誤の後，黄花を訪れるようになる，というのはオペラント条件づけの例である。

183. (1) 5

(2)

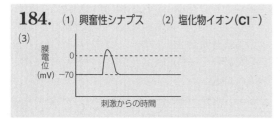

左眼の視野　右眼の視野　　　左眼の視野　右眼の視野

A で視神経が切断　　　　B で視神経が切断

解説 (1) ① 黄斑には錐体細胞が多く分布する。

② ヒトの錐体細胞は，青，緑，赤の3種類である。

③ ヒトの錐体細胞は赤外線も紫外線も受容できない。

④ 暗順応とは，明るい場所から暗い場所に入ったときに，はじめはよく見えないが，やがて視細胞のうちの桿体細胞の感度が上昇してものが見えるようになることである。

(2) A で視神経が切断されると，左眼からの情報が伝わらなくなるため，左眼の視野の全体が欠損する。

B で視神経が切断されると，両眼の内側（鼻側）の網膜からの情報が伝わらなくなるため，両眼の外側の視野が欠損する。

184. (1) 興奮性シナプス　(2) 塩化物イオン(Cl⁻)

(3)

膜電位
(mV)

0

−70

刺激からの時間

解説 (1) ニューロンXのアの位置を刺激すると，図2で膜電位の上昇が起こっている。これはナトリウムイオンの流入による興奮性シナプス後電位（EPSP）の発生である。よって，このシナプスは興奮性シナプスであるとわかる。

(2) ニューロンXに対して，ニューロンYのイの位置を刺激すると，図2で膜電位の低下が起こっている。これは抑制性シナプス後電位（IPSP）の発生である。抑制性シナプス後電位の発生は塩化物イオンの流入によって起こる。

(3) ニューロンXと同様の興奮性シナプスをつくる複数のニューロンからの興奮が，同時にニューロンZに到達すると，複数のEPSPが発生し，膜電位の変化は大きくなる。そのため，単一のEPSPで

は活動電位が発生しない場合でも，複数のEPSPによって活動電位が発生する場合もある。

185. (1) (a) 潜伏期　(b) 収縮期　(c) し緩期
(2) 単収縮　(3) 30m/秒　(4) 0.02秒
(5) アセチルコリン

解説 (1) 単収縮は，刺激から収縮が始まるまでの**潜伏期**と，**収縮期とし緩期**の3つに分けられる。

(2) ごく短時間の単一刺激で起こる筋肉の収縮を単収縮という。

(3) 興奮は，B点からC点の5cmを1/600(＝21/600 − 1/30)秒で伝わる。したがって，興奮が伝わる速さは，

5cm ÷ 1/600 秒 ＝ 3000cm/ 秒 ＝ 30m/ 秒

(4) 神経の末端を刺激してから収縮が始まるまでの時間には，興奮の伝達に要する時間と，筋肉が興奮を受け取ってから収縮が始まるまでの時間が含まれている。筋肉が興奮を受け取ってから収縮が始まるまでの時間は7/600秒なので，興奮の伝達に要する時間は，

19/600 秒 − 7/600 秒 ＝ 12/600 秒 ＝ 0.02秒

(5) 骨格筋に接続している神経は運動神経で，運動神経末端から分泌される神経伝達物質はアセチルコリンである。

186. (1) ① 受容器 (感覚器)
② 効果器 (作動体)　③ 学習
④ 感覚ニューロン　⑤ 運動ニューロン
⑥ シナプス　⑦ 神経伝達物質　⑧ 慣れ
(2) (a) 生得的 (な) 行動
(b) イトヨの雄は，縄張りに入ってきた腹部の赤い雄に対して攻撃行動を示す。
〔別解〕ガは光の方向に近づく正の光走性を示す。

解説 (1) アメフラシの水管を刺激すると，感覚ニューロンを通じて運動ニューロンに刺激が伝わって，えらを引っこめる。これをえら引っこめ反射という。しかし，これをくり返すと，しだいに反応しにくくなる。この行動を慣れという。これはくり返し刺激することによって，感覚ニューロンと運動ニューロンがつながるシナプスの部分で，感覚ニューロンから放出される神経伝達物質の量が減少するからである。

(2) (b) 生得的行動には，走性，渡りなどの定位や，フェロモンによるコミュニケーションなどがある。この中でヒトの例以外をあげればよい。

◆第6章　植物の環境応答◆

187.
① フィトクロム　② フォトトロピン
③ クリプトクロム　④ エチレン　⑤ ジベレリン
⑥ オーキシン　⑦ アブシシン酸　⑧ 遺伝子発現

解説　光を受容する受容体を光受容体という。植物の光受容体には赤色光を吸収する**フィトクロム**，青色光を吸収する**フォトトロピン，クリプトクロム**がある。例えば，葉に光が当たると，その情報はフォトトロピンによって感知され，気孔が開く。

植物ホルモンには，果実の成熟や落葉を促進する気体の**エチレン**，細胞の伸長を促進する**ジベレリン**や**オーキシン**などがある。ジベレリンには種子の発芽を促進するはたらきもある。また，オーキシンは植物の屈曲(屈性)にも関与する。**アブシシン酸**は乾燥状態になると合成され，孔辺細胞に作用して気孔を閉ざすはたらきをもつ。これらの植物ホルモンは，細胞の遺伝子発現を変化させることで，植物の反応を引き起こす。

188.
① 休眠　② アブシシン酸
③ ジベレリン　④ アミラーゼ　⑤ 赤色
⑥ フィトクロム　⑦ P_{FR} 型　⑧ 遠赤色

解説　種子の休眠が**アブシシン酸**によって維持されている場合，**ジベレリン**によって休眠が打破(解除)されることが多い。オオムギの種子の発芽の過程では，胚で合成されたジベレリンが糊粉層にはたらきかけてアミラーゼがつくられ，アミラーゼのはたらきで胚乳中のデンプンが糖に分解される。この糖が胚に栄養分として供給され，種子が発芽する。

レタスの種子は，発芽が光によって促進される光発芽種子である。**フィトクロム**は光受容体の一種であり，赤色光を吸収すると遠赤色光吸収型(P_{FR} 型)に，遠赤色光を吸収すると赤色光吸収型(P_R 型)になる。発芽を促進するのは遠赤色光吸収型(P_{FR} 型)である。

189.
(1) (a) 胚　(b) 糊粉層　(c) 胚乳
(2) ジベレリン　(3) アミラーゼ
(4) デンプン　(5) 休眠　(6) アブシシン酸

解説　(1) グルコースを取り入れる(a)は胚，グルコースのもとになる物質を蓄えている(c)は胚乳である。胚から放出された植物ホルモンによって，胚乳にある物質を分解する酵素を放出する(b)は糊粉層で

ある。
(2) 吸水などが起こり，発芽に適した環境になると，胚でジベレリンが合成される。
(3) 胚から分泌されたジベレリンが糊粉層に作用すると，糊粉層の細胞でアミラーゼ遺伝子の転写が促進され，アミラーゼが合成される。
(4) アミラーゼは，コムギの胚乳の主成分であるデンプンを糖に分解し，これが胚の呼吸に使われて種子が発芽する。
(5) 種子の多くは，生育に適した時期がくるまで発芽しない。休眠することで低温や乾燥など生育に不適当な時期を乗り切ったり，動物や川や海流などによって遠くまで運ばれたりする。
(6) 種子の休眠は，アブシシン酸のはたらきで発芽が抑制されることや，種皮が水や酸素をほとんど通さないことによって維持される場合が多い。

190.
① 葉群の上　② 葉群の下　③ 赤色光
④ 遠赤色光　⑤ P_R 型　⑥ 休眠を維持
⑦ P_{FR} 型　⑧ 発芽を促進

解説　森林では，植物の葉が光を吸収するため林床にあまり光が届かない。よって，強い光の曲線aは葉群の上，弱い光の曲線bは葉群の下を示している。cは 660 nm 付近の赤色光で，葉群の上で吸収されるため葉群の下にはほとんど届かない。これに対し，dは 730 nm 付近の遠赤色光で，葉群の上であまり吸収されないため，赤色光に比べて葉群の下まで届く量が多い。

樹木が生い茂って光が当たらない環境では，曲線bのように赤色光よりも遠赤色光の割合が高くなる。フィトクロムは遠赤色光を吸収すると P_R 型になり，種子は休眠を維持する。樹木がなく，葉で光が遮られない環境では，曲線aのように赤色光の割合が高くなり，赤色光を吸収したフィトクロムは P_{FR} 型になる。P_{FR} 型のフィトクロムは核内に移動し，ジベレリン合成など，発芽の過程に関する遺伝子の発現を調節する。

191.
(1) ① インドール酢酸　② 先端部
③ 基部　④ 排出輸送体
(2) ア，エ　(3) 極性移動

解説　(1) 天然のオーキシンは**インドール酢酸**(IAA)という物質で，人工のオーキシンとしてはナフタレン酢酸や 2,4 - D などがある。オーキシンはおも

に成長している植物体の先端部で合成され，先端側から基部側へと一方向に移動する。

オーキシンの細胞への取りこみは，輸送タンパク質であるオーキシン取りこみ輸送体のはたらきと拡散によって起こる。一方，オーキシンの細胞からの排出は，基部側の細胞膜にかたよって存在するオーキシン排出輸送体によってのみ起こる。このオーキシン排出輸送体が細胞の基部側に集中して存在するため，基部方向への極性移動が起こる。

(2) オーキシンは，茎の先端部から基部方向へは移動するが，逆方向には移動しない。また，先端部から基部方向であれば，オーキシンは重力に逆らってでも移動できる。よって，先端部(図中A)から基部方向(図中B)へ移動している(ア)と(エ)が正解となる。

192. (1) フォトトロピン　(2) 青色光
(3) オーキシン　(4) 2　(5) 1

解説 **オーキシン**は，幼葉鞘の先端部で合成される。幼葉鞘に光が当たると，**フォトトロピン**という青色光を受容する**光受容体**に光が吸収され，幼葉鞘の先端部の細胞のオーキシン排出輸送体の分布が変化する。それによってオーキシンは光の当たっていない側(陰側)に輸送される。先端部で光の当たっている側より陰側のオーキシン濃度が高くなると，オーキシンはその濃度差のまま基部方向に移動し，伸長部において陰側の伸長成長が促進される。その結果，茎は光の方向に屈曲する。

193. W…エチレン　X…オーキシン
Y…ジベレリン　Z…オーキシン

解説 植物が縦方向に伸長成長するか横方向に肥大成長するかは，細胞壁のセルロース繊維の向きが大きく影響する。植物ホルモンである**エチレン**は，細胞壁のセルロース繊維を縦方向にそろえる。セルロース繊維の向きが縦方向にそろうと，細胞は縦には大きくなりにくいが横には大きくなりやすくなるので，**オーキシン**がはたらき細胞が吸水すると，細胞は横方向へ肥大成長する。一方，**ジベレリン**は細胞壁のセルロース繊維を横方向にそろえる。セルロース繊維の向きが横方向にそろうと，細胞は横には大きくなりにくいが縦には大きくなりやすくなるので，オーキシンがはたらき細胞が吸水すると，細胞は縦方向へ伸長成長する。

194. (1) 重力　(2) 下側　(3) ① 根　② 茎

解説 (1),(2) 暗所に置かれた芽ばえでは，重力によってオーキシンが下方に移動し，下側のオーキシン濃度が高まる。

(3) 図Bにおいて，茎では，オーキシン濃度の高い下側の成長が促進されるが，根では，オーキシン濃度の高い下側の成長が抑制されている。したがって，図Aにおいて，インドール酢酸が促進的にはたらく濃度が低い①が根，促進的にはたらく濃度が高い②が茎のグラフと考えられる。図Bのようになる例として，インドール酢酸の濃度が 10^{-7} のとき，①の根では成長が抑制され，②の茎では促進される。

195. ① 茎頂分裂組織　② 根端分裂組織
③ 形成層　④ オーキシン　⑤ 頂芽優勢
⑥ 光周性　⑦ フロリゲン　⑧ 師管
⑨ フィトクロム

解説 被子植物において，将来，茎や根などの器官になる細胞が分裂して増える場所は，茎の先端の**茎頂分裂組織**と根の先端の**根端分裂組織**である。また，多くの被子植物では，幹や根の外周にそって**形成層**とよばれる分裂組織があり，ここで細胞が増えることで肥大成長が起こる。植物には，頂芽を優先して成長させる**頂芽優勢**という現象があり，これによってより多くの光を得られる位置に葉を配置できると考えられている。

植物は1日の昼(明期)と夜(暗期)の長さの変化を受容して花芽を形成するものがあり，このような性質を**光周性**という。花芽形成を促進する物質として**フロリゲン**があり，その実体はタンパク質であることがわかっている。

196. (1) ① 長日植物　② 短日植物
③ 中性植物　④ 限界暗期
(2) 長日植物…c, e　短日植物…a, d
中性植物…b, f
(3) B

解説 (1),(2) 日長によって花芽形成などが左右される性質を**光周性**という。植物は花芽形成と日長の関係から次のように分類される。

長日植物…日長が長くなる(暗期の長さが一定以下になる)と花芽形成が起こる。春咲きが多い。
例　アブラナ・ダイコン・ホウレンソウ

短日植物…日長が短くなる(暗期の長さが一定以上になる)と花芽形成が起こる。夏～秋咲きが多い。

例 アサガオ・ダイズ・オナモミ・キク

中性植物…日長が花芽形成に関係しない。

例 トマト・トウモロコシ・エンドウ

長日植物では花芽形成が起こる最長の暗期を,短日植物では花芽形成に必要な最短の暗期を**限界暗期**という。

(3) (A)のグラフは,暗期が12時間以下のときに花芽を形成する(花芽形成に要する日数が少なくなる)ことから,長日植物である。(B)のグラフは,暗期が10時間以上のときに花芽を形成することから,短日植物である。(C)のグラフは,暗期の長さが花芽形成に影響しないことから,中性植物である。

---

197. (1) 長日処理　(2) 短日処理
(3) (a) 1　(b) 2　(c) 1　(d) 2　(4) 光中断
(5) 暗期の長さ

解説 (3)～(5) アブラナは長日植物,オナモミは短日植物である。長日植物や短日植物が花芽形成するかどうかを決定するのは連続した暗期の長さである。したがって,暗期の長さが限界暗期よりも短い(a)ではアブラナが花芽形成し,暗期の長さが限界暗期よりも長い(b)ではオナモミが花芽形成をする。(c)のように暗期の途中で光を照射すると,連続した暗期の長さが限界暗期よりも短くなるため,アブラナが花芽を形成する。このような処理を**光中断**という。(d)では,暗期の途中に光を照射しているが,連続した暗期の長さは限界暗期よりも長いので,オナモミが花芽を形成する。

---

198. (1) 葉　(2) フロリゲン　(3) 師管

解説 (1) 実験(a)において,短日処理によって花芽を形成していることから,オナモミは短日植物であるとわかる。葉のみを短日処理した実験(b)では花芽を形成し,茎のみを短日処理した実験(c)では花芽を形成しないことから,葉で暗期の長さを受容していることがわかる。
(2) 花芽形成を促進する物質を**フロリゲン**という。その実体は,短日植物のイネでは Hd3a とよばれるタンパク質,長日植物のシロイヌナズナでは FT とよばれるタンパク質であることが明らかになっている。
(3) 茎の形成層より外側,つまり表皮から師部の部分

までを除去する処理を環状除皮という。実験(e)において環状除皮を行うと,それよりも下側の部分は花芽形成しないことから,フロリゲンは葉で合成され,師管を通って移動していることがわかる。

---

199. ① ホメオティック遺伝子　② がく片
③ 花弁　④ おしべ　⑤ めしべ

解説 シロイヌナズナの花の構造の形成には3種類の**ホメオティック遺伝子**(Aクラス,Bクラス,Cクラス)がはたらいている。これらの3種類の遺伝子からつくられるタンパク質の組み合わせによって,花のどの部分が形成されるかが決まる。Aクラスの遺伝子だけがはたらくとがく片が,AクラスとBクラスの遺伝子がはたらくと花弁が,BクラスとCクラスの遺伝子がはたらくとおしべが,Cクラスの遺伝子だけがはたらくとめしべが形成される。

---

200. (1) がく片, がく片, めしべ, めしべ
(2) めしべ　(3) ホメオティック遺伝子

解説 (1) Bクラスの遺伝子がはたらかなくなると,領域2ではAクラスの遺伝子のみ,領域3ではCクラスの遺伝子のみがはたらくようになる。したがって,領域2はがく片に,領域3はめしべになる。
(2) Cクラスの遺伝子のみがはたらくとめしべになることから,領域1においてAクラスの遺伝子のかわりにCクラスの遺伝子が発現した場合には,めしべが形成される。

---

201. (1) 孔辺細胞　(2) 液胞
(3) アブシシン酸　(4) 閉じる
(5) 低下する　(6) フォトトロピン
(7) カリウムイオン(K^+)

解説 (1),(2) 気孔を取り囲む2個の細胞を**孔辺細胞**という。孔辺細胞は葉緑体と発達した液胞(b)をもつ。
(3)～(5) 孔辺細胞の膨圧の変化によって気孔の開閉が起こる。植物体内の水分が不足すると,**アブシシン酸**が合成されて葉に移動し,アブシシン酸の作用によって孔辺細胞からK^+などのイオンが排出され,浸透圧が低下する。これに伴い,孔辺細胞から水が流出すると,膨圧が低下して気孔が閉じる。
(6),(7) 葉に光が当たると,青色光受容体である**フォトトロピン**によって感知され,K^+などのイオンが孔辺細胞に流入し,浸透圧が上昇する。これに伴い,

孔辺細胞に水が流入し，膨圧が高くなる。孔辺細胞は気孔に面した側の細胞壁が特に肥厚しているので，膨圧が高まると，細胞が外側に膨らむように曲がり，気孔が開く。

受精という。これは，種子植物の中でも被子植物のみに見られる。その後，卵細胞と精細胞が融合した受精卵は胚となり，中央細胞と精細胞が融合した細胞は胚乳となる。

---

202. ① 消化酵素 ② 細胞死 ③ 糖やアミノ酸 ④ 脂質

解説 ① 葉が昆虫による食害を受けると，昆虫がもつ消化酵素のはたらきを阻害する物質（タンパク質分解酵素阻害物質）の合成が促進される。また，食害を受けた情報はほかの部位にも伝えられる。

② 植物がウイルスなどの病原体に感染すると，感染した細胞の周囲の細胞で細胞死が起こる。ウイルスは死細胞の中では増殖できないため，感染の拡大を防ぐことができる。また，感染部位の近くでエチレンがつくられ，ウイルスの増殖を防ぐ物質の合成を誘導し，さらなる感染が起こりにくくなる場合もある。

③ 植物が低温にさらされたとき，糖やアミノ酸が細胞内で合成されると，凝固点降下によって凍結する温度が低下するため，細胞が凍結しにくくなる。

④ 脂質には多くの種類があり，生体膜の流動性を高める脂質の割合を増やすことで，植物は低温下でも生体膜の流動性を維持している。

---

203. ① 花粉母細胞 ② 胚のう母細胞 ③ 花粉四分子 ④ 胚のう細胞 ⑤ 花粉 ⑥ 雄原細胞 ⑦ 花粉管細胞 ⑧ 精細胞 ⑨ 卵細胞 ⑩ 助細胞 ⑪ 反足細胞 ⑫ 胚のう ⑬ 極核 ⑭ 受精卵 ⑮ 胚乳 ⑯ 重複受精 ⑰ 胚 ⑱ 種皮

解説 おしべのやくの中にある花粉母細胞は減数分裂を行い，できた**花粉四分子**は成熟してそれぞれ花粉となる。その過程で1回体細胞分裂（$n \rightarrow n$）を行い，**花粉管細胞と雄原細胞**ができる。雄原細胞は花粉管細胞の中に取りこまれた状態になっており，花粉管の中を移動しつつさらに分裂して2個の精細胞となる。

胚珠内では胚のう母細胞が減数分裂して1個の**胚のう細胞**ができる。胚のう細胞は3回の核分裂（$n \rightarrow n$）を行って8個の核ができ，やがて1個の**卵細胞**と2個の**助細胞**，3個の**反足細胞**，および2個の極核をもつ1個の**中央細胞**からなる**胚のう**ができる。

卵細胞と精細胞が受精するとき，ほぼ同時に中央細胞と精細胞が融合する。このような受精の様式を**重複**

---

204. (1) (a) 花粉四分子 (b) 雄原細胞 (c) 花粉管 (d) 胚のう細胞 (e) 助細胞 (f) 極核 (g) 反足細胞 (h) 胚柄 (i) 胚球 (j) 胚乳 (k) 胚
(2) 1, 2, 7, 8
(3) ① 30 ② 120 ③ 240 ④ 120

解説 (2) 被子植物では，花粉母細胞から花粉四分子がつくられる過程（①と②）と，胚のう母細胞から胚のう細胞がつくられる過程（⑦と⑧）で減数分裂が行われている。

(3) 1個の花粉母細胞から4個の花粉がつくられ，その中で2個ずつ精細胞ができる。つまり，1個の花粉母細胞から8個の精細胞ができる。また，1個の胚のう母細胞から1個の卵細胞ができる。1個の種子は卵細胞1個と精細胞2個からつくられるため，120粒の種子ができたということは，卵細胞120個と精細胞240個が必要であることがわかる。さらに，卵細胞120個をつくるには120個の胚のう母細胞が，精細胞240個をつくるには$240 \div 8 = 30$個の花粉母細胞が必要であることがわかる。

---

205. (1) (ア) 胚のう細胞 (イ) 中央細胞
(2) (a) 減数分裂 (b) 核分裂（体細胞分裂）
(3) (ア) n (イ) $3n$ (4) 20個

解説 (1),(2) めしべの胚珠の中にある胚のう母細胞は減数分裂を行い，できた4個の細胞のうち1個が図中(ア)の**胚のう細胞**となる。残りの3個は退化する。胚のう細胞は3回の核分裂を行い，最終的に卵細胞1個，助細胞2個，反足細胞3個，図中(イ)の**中央細胞**1個からなる胚のうを形成する。

(3) 減数分裂では，第一分裂が終了した段階で染色体の構成がnになるので，減数分裂の第二分裂まで終了している(ア)の細胞の染色体の構成もnである。また，重複受精の際，(イ)は1個の精細胞と融合し，胚乳となる。胚乳核は極核（n）2個と精核（n）1個が合体してできるので，染色体の構成は$n + n + n = 3n$となる。

(4) 1個の胚のう母細胞は減数分裂によって1個の胚

のう細胞となり，1個の胚のう細胞は1個の胚の
うをつくる。

206. (1) (a) 胚球 (b) 胚柄 (c) 胚乳 (d) 胚
(e) 幼芽 (f) 子葉 (g) 胚軸 (h) 幼根
(2) 有胚乳種子 (3) イ，エ

解説 (1) 受精卵は体細胞分裂をくり返して，胚球と
胚柄になる。胚球の部分から，胚が形成される。
胚は，幼芽，子葉，胚軸，幼根からなる。

(2),(3) 胚乳が発達し，胚の発生に必要な栄養分を胚乳
に蓄えている種子を**有胚乳種子**という。イネ，ムギ，
トウモロコシ，カキなどが有胚乳種子をつくる。

また，早い時期に胚乳の栄養分を子葉が吸収・
蓄積する種子を**無胚乳種子**といい，マメ科植物や
キュウリ，クリなどの種子が該当する。

207. (1) ① オーキシン ② ジベレリン
③ エチレン
(2) ウ (3) 離層

解説 (2) 成熟したリンゴからは気体のホルモンであ
る**エチレン**が放出され，密閉容器内に充満するた
め，実験1でも実験2でも(B)の成熟が促進される。

(3) エチレンは**離層**の形成を促進するので，容器内の
エチレン濃度が上昇すると，葉のつけ根に離層が
形成されて落葉する。

208. (1) 光発芽種子 (2) ジベレリン
(3) 発芽後，すぐに光合成によって栄養分を得られ
るから。
(4) フィトクロム (5) 赤色光

解説 (1) 発芽に光を必要とする種子を**光発芽種子**と
いい，レタス・タバコなどがある。これに対して
光があると発芽が抑制される種子を暗発芽種子と
いい，カボチャなどがある。

(2) 光発芽種子では，最後に赤色光を受容すると胚で
ジベレリンが合成され，これが糊粉層に移動して
アミラーゼの合成を促進する。このアミラーゼが
胚乳中のデンプンを糖に分解する。胚は，この糖
を使って，呼吸によりエネルギーを生産して発芽
する。

(3) 光発芽種子は，十分に光がある環境で発芽するた
め，発芽後，すぐに光合成をして自ら栄養分を生
産することができ，合理的である。

(4) 光発芽種子の発芽には，**フィトクロム**とよばれる
赤色光を受容する光受容体がかかわっている。

(5) 表より，最後に赤色光(R)を照射した場合に発芽
率が高くなっていることから，赤色光が発芽を促
進することがわかる。赤色光を照射すると，フィ
トクロムが赤色光を吸収して，P_R型(赤色光吸収
型)からP_{FR}型(遠赤色光吸収型)に変化する。こ
のP_{FR}型は胚でジベレリンの合成を誘導するため，
発芽が促進される。P_{FR}型は遠赤色光を受容する
とP_R型にもどり，ジベレリン合成の誘導はされ
なくなる。そのため遠赤色光を最後に照射すると，
光発芽種子は発芽しなくなる。

209. (1) アミロプラスト
(2) (B) 茎 (C) 根 (D) 茎 (E) 根
(3) ① エ ② コ

解説 (1) デンプン粒を密に含む細胞小器官を**アミロ
プラスト**という。アミロプラストは根冠細胞だけ
ではなく，胚乳などの貯蔵組織に多く見られる。

(2) 植物の器官によっ
てオーキシンに対
する感受性は異な
る。図から，茎よ
り根のほうが低い
濃度のオーキシン
で成長が促進され

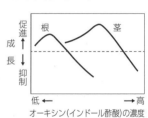

るので，オーキシンに対する感受性が高いといえ
る。また，茎の細胞の成長が促進されるような濃
度では，根の細胞の成長は抑制される。

(3) オーキシンは根の中心部の師部を通って根端方向
に移動し，根冠で周辺部に移動して，皮層と表皮
を根端と逆方向に移動する。植物体を横たえた場
合には，重力により根冠の細胞のアミロプラスト
が重力方向に移動し，オーキシン排出輸送体が重
力側に分布するようになる。その結果，師部を通っ
て根冠に運ばれてきたオーキシンは，重力側に多
く移動するようになる。

210. (1) 光周性
(2) (A) 長日植物 (B) 中性植物 (C) 短日植物
(3) 8時間 (4) A

解説 (1) 花芽形成など，生物の生理現象が日長条件
に左右される性質を**光周性**という。

(2) 植物(A)は，1日の明期の時間が長くなる(暗期が短

くなる)と開花までに要する日数が短くなり,明期が 12 時間以下(暗期が 12 時間以上)になると開花しなくなるので,長日植物と判断できる。

　　また,植物(B)は,1 日の明期の時間の影響を受けていないので,中性植物と判断できる。

　　植物(C)は,1 日の明期の時間が短くなる(暗期が長くなる)と開花までに要する日数が短くなり,明期が 16 時間以上(暗期が 8 時間以下)になると開花しなくなっている。したがって,植物(C)は短日植物と判断できる。

(3) 植物(C)では,明期が 16 時間以上,つまり暗期が 8 時間以下では開花しない。したがって,植物(C)の限界暗期は 8 時間といえる。

(4) 高緯度地方は冬の訪れが早い。短日植物が高緯度地方で秋に開花すると,結実までに寒い冬がやってきてしまう。そのため,高緯度地方では短日植物は少なくなる。これに対して長日植物は春に開花するので,結実までの時間が十分にあり,高緯度地方でも広く分布する。

---

211. (1) (X) 茎頂分裂組織　(Y) フロリゲン
(2) (ア) 受容体　(イ) 発現
(3) **ABC モデル**
(4) (ア) めしべ→おしべ→おしべ→めしべ
　　(イ) がく片→がく片→めしべ→めしべ
　　(ウ) がく片→がく片→がく片→がく片

解説 (1) 植物の茎頂分裂組織では葉の原基がつくられ,そこから葉が生じる。花芽が形成される条件がそろうと,茎頂分裂組織にある芽は花芽に分化する。長日植物であるシロイヌナズナを長日条件に置くと,葉の細胞で FT タンパク質が合成され,師部を通って茎頂に移動し,花芽形成を促進する。

(2) 茎頂分裂組織の細胞に到達した FT タンパク質は,細胞内の受容体と結合する。この複合体が花芽形成に必要な遺伝子の発現を誘導することで,花芽が分化する。

(3) シロイヌナズナの突然変異体の研究などから,花の形成には 3 種類のホメオティック遺伝子(A クラス,B クラス,C クラス)がはたらいていることが明らかになった。これらの遺伝子がつくるタンパク質によって,花の形成に必要な遺伝子群のはたらきが調節されている。このしくみは,ABC モデルとよばれている。

(4) 図 1 と図 2 から,はたらくホメオティック遺伝子と分化する花の構造の関係は次のようになる。

　　A クラスの遺伝子のみ　　　→がく片

A クラスと B クラスの遺伝子→花弁
B クラスと C クラスの遺伝子→おしべ
C クラスの遺伝子のみ　　　　→めしべ

(ア) A クラスの遺伝子がはたらかなくなると,A クラスの遺伝子がはたらいていた領域で C クラスの遺伝子がはたらくようになる。よって,はたらく遺伝子は,外側から　C のみ→B と C→B と C→C のみ　となるため,花の構造は外側からめしべ→おしべ→おしべ→めしべ　になると予想される。

(イ) B クラスの遺伝子がはたらかない場合,はたらく遺伝子は,外側から　A のみ→A のみ→C のみ→C のみ　となるため,花の構造は外側から　がく片→がく片→めしべ→めしべ　になると予想される。

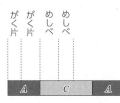

(ウ) B クラスと C クラスの遺伝子がはたらかなくなると,C クラスの遺伝子がはたらいていた領域で A クラスの遺伝子がはたらくようになる。はたらく遺伝子は,外側から　A のみ→A のみ→A のみ→A のみ　となるため,花の構造は外側からがく片→がく片→がく片→がく片　となり,がく片のみの花になると予想される。

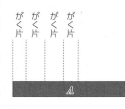

◆第7章　生物群集と生態系◆

212. ① 個体群　② 個体群密度　③ 区画法 ④ 標識再捕法　⑤ 標識個体数　⑥ 個体数

解説　ある一定地域に生活する同種の個体の集まりを**個体群**という。単位生活空間当たりの個体数を**個体群密度**という。個体群密度は次のような式で表される。

$$個体群密度 = \frac{個体群を構成する個体数}{生活する面積または体積}$$

個体群の個体数調査には次のような方法がある。

区画法…一部の区画の個体数を調べて全体の個体数を推定する方法。植物や動きの遅い動物の調査に使う。

標識再捕法…はじめに捕獲した全個体に標識をつけてから放し，標識した個体と標識していない個体が混ざりあった後，再び捕獲し，2度目に捕獲した個体数に対する標識個体数の割合から全体の個体数を求める方法。広い行動範囲をもち，よく動く動物などの調査に使う。

全体の個体数
＝最初に捕獲して標識した個体数
$$\times \frac{2度目に捕獲した個体数}{再捕獲された標識個体数}$$

213. (1) 24匹　(2) 160匹

解説　(1) はじめに捕獲して標識をつけた個体は6匹で，2回目に捕獲した個体8匹の中に標識個体が2匹いたので，全体の個体数をxとすると，次の比例関係が成り立つ。

$$2 : 8 = 6 : x$$
$$x = \frac{8 \times 6}{2} = 24$$

よって，全体の個体数は24匹と推定される。

(2) はじめに捕獲して標識をつけたコイは40匹で，2回目に捕獲したコイ60匹の中に標識個体が15匹いたので，全体の個体数をyとすると，次の比例関係が成り立つ。

$$15 : 60 = 40 : y$$
$$y = \frac{60 \times 40}{15} = 160$$

よって，池にいるコイは160匹と推定される。

214. ① 成長　② 成長曲線　③ 環境収容力

解説　時間の経過とともに個体群内の個体数が増えていくことを**個体群の成長**という。個体群は，はじめは急速に成長するが，1個体当たりに供給される資源が減少すると個体数の増加速度は低下する。このときの生活空間に存在できる最大の個体数を**環境収容力**という。

215. (1) 個体群の成長　(2) 成長曲線 (3) b　(4) 環境収容力

解説　(1),(2) 時間経過に伴う個体群の成長をグラフに表したものを**成長曲線**という。

(3),(4) (a)は増殖を抑制する要因のない場合の理論上の成長曲線である。実際には，1個体当たりの食物や生活空間の減少，排出物の増加などによって，個体数が(c)の環境収容力に近づくと個体群の成長が抑制され，個体数が一定になる。したがって，実際の成長曲線は(b)となる。

216. (1) 最終収量一定の法則 (2) (b) ウ　(c) ア (3) 光

解説　(1) 一般に植物では，ある密度以上になると葉の重なりあいによって下層の光合成が阻害されるため，個体群密度が高くなっても一定面積内の植物の総重量や個体群全体の総光合成量は最終的にほぼ一定となる。これを**最終収量一定の法則**という。

(3) 植物の個体群において，樹木が密に生育する森林のように個体群密度が一定以上になると，葉の重なりあいによって，森林の下層まで届く光の量が減少し，小さな個体が生育できなくなる。

217. (1) ① 競争　② 低下　③ 上昇 ④ 密度効果 (2) 食物の不足，生活空間の不足，排出物の増加など (3) (ア)B，孤独相　(イ)A，群生相　(4) 相変異

解説　(1),(2) 個体群密度が高くなると，食物や生活空間など資源をめぐる個体間の**競争**(種内競争)がはげしくなり，排出物などで生活環境が悪化すると出生率は低下し死亡率が上がる。このため個体群の成長は妨げられる。個体群密度の変化が個体の形態や生理・行動に影響を及ぼすことを**密度効果**という。

(3),(4) 低密度で生じる型を孤独相，高密度で生じる型を群生相という。このような，個体群密度の違いによって生じる形態や生理・行動のまとまった変化を**相変異**という。

218. (1) ① 齢構成　② 年齢ピラミッド
(2) (a) イ　(b) ウ　(c) ア　(3) **a**

解説　(1) 個体群を構成する個体数を世代や齢ごとに示したものを**齢構成**といい，雌雄に分けて示した齢構成の棒グラフを積み上げたものを**年齢ピラミッド**という。
(2),(3) (a)は生殖可能な齢以下の若い個体が多いので，今後個体群は成長すると考えられる。このような年齢ピラミッドは幼若型とよばれる。
　(b)は生殖可能な齢の個体数に現在も近い将来も大きな差がないため，個体群密度は安定すると考えられる。このような年齢ピラミッドは安定型とよばれる。
　(c)は生殖可能な齢以下の若い個体が少なく，生殖以降の個体数が多いので，今後，個体群密度は低下すると考えられる。このような年齢ピラミッドは老化型とよばれる。

219. (1) ① 生命表　② 生存曲線　(2) 99.5
(3) (a) ウ　(b) ア　(c) イ　(4) **a**
(5) (a) イ，**B**　(b) ウ，**A**　(c) ア，**C**

解説　(1) 問題のような表を**生命表**といい，これをグラフにしたものを**生存曲線**という。
(2) 各年齢での死亡率は次の式で示される。

ある年齢での死亡率(%)
$$= \frac{その年齢での死亡数}{その年齢での生存個体数} \times 100$$

年齢 0 での死亡率 $= \dfrac{995}{1000} \times 100 = 99.5(\%)$

となる。
(3),(4),(5) 生存曲線は次の 3 つに大別される。
　(a) 早死型…親の保護がほとんどないため，幼齢期の死亡率が極端に高い。多数の卵や子を産むことで子孫を残す。産卵数の多い水産無脊椎動物やイワシなどの魚類に見られる。
　表の種 X は，年齢 0(生まれてすぐ)の死亡率が 99.5% と高いので曲線(a)の早死型である。
　(b) 平均型…一生を通じて死亡率がほぼ一定である。幼齢期に子に食物を与えるなど，ある程度の保護をする種が多い。小形の鳥類(シジュウカラ)や爬虫類(トカゲ)などに見られる。
　平均型の生存曲線は，縦軸に対数目盛りをとると直線に近い形になるが，縦軸に通常の目盛りをとると L 字型になる。
　(c) 晩死型…親による保護が手厚いため，幼齢期の

死亡率は極端に低い。生理的寿命に近づくと急激に個体数が減少する。ヒトやサル，猛禽類(ワシなど)，大形の肉食哺乳類などで見られる。産卵(産子)数が少ない。

220. ① 群れ　② 縄張り　③ 共同繁殖
④ ヘルパー　⑤ コロニー　⑥ 社会性昆虫
⑦ 分業化

解説　同種の個体間に見られる関係には次のようなものが知られている。
群れ…同種の個体どうしが集まって統一的な行動をとる集まり。群れをつくることによって，外敵の発見や摂食の効率化，求愛・交尾・育児の容易化などの利益がある。しかし，食物の奪いあいや病気の伝染などの不利益もある。
縄張り…ある個体が，積極的に一定空間を占有する場合，この範囲を縄張りという。
共同繁殖…哺乳類や鳥類などで，親以外の個体が子育てに関与することを共同繁殖という。子育てを手伝う個体のことを**ヘルパー**という。ヘルパーは世話を受ける子とは血縁関係のある個体(兄，姉など)で，自ら繁殖をしなくても，弟や妹が生き残れば，自分と共通の遺伝子をもつ個体が多く残ることになる。
社会性昆虫…ミツバチやアリ，シロアリなどは，コロニーとよばれる個体群をつくる。コロニー内の個体はフェロモンなどによってコミュニケーションをとり，採食・育児・防衛などを分業している。この分業は固定的で，個体の形態変化を伴う場合も多い。このような昆虫を社会性昆虫という。

221. (1) **B**　(2) **a**

解説　(1) 縄張りから得られる利益と縄張りの維持にかかるコストの差が最も大きいところが最適な縄張りの大きさである。
(2) 個体群密度が増加すると，縄張りへの侵入者の数が多くなるため，縄張りの維持にかかるコストは大きくなる。

222. ① 生物群集　② 種間競争
③ 生態的地位　④ 競争的排除　⑤ 形質置換
⑥ 共進化　⑦ 生態的同位種

解説　生物群集はおもに動物の個体群と植物の個体群からなり，生物群集と非生物的環境を合わせたものが生態系である。

同じような資源に依存し，似たような生活をしている生物種の個体群は，互いに影響を及ぼしあっており，これらの生物種の間では種間競争などが起こる。

種間競争…食物や生活空間などをめぐって起こる異なる種どうしの競争。

生態的地位(ニッチ)…多様な生物の集団において，それぞれの生物がもつ食物や生活空間などの要求や利用のしかたといった，生態系内でその生物種が占める位置。生態的地位の重なりが大きいほど，種間競争がはげしくなる。

形質置換…生態的地位の重なりが大きい生物種どうしが同じ地域に生息していると，種間競争の結果，生物の形質が自然選択によって変化し，種間競争が緩和されることで共存が可能となることがある。
例) 2種類のガラパゴスフィンチが生息する島では，種間競争が起こり，自然選択によって種ごとにくちばしの形状が異なるように進化し，おもに食物とする種子の種類が異なるようになった(利用できる資源が分割された)。その結果，食物をめぐる種間競争が緩和され，両種が共存できるようになった。

共進化…複数の種が互いに影響を及ぼしあいながら進化すること。形質置換は共進化の一つである。

生態的同位種…異なる地域の生物群集において，同じ生態的地位を占める種のこと。ウシと近縁なアフリカのコビトカバと，ネズミに近縁な南アメリカのカピバラは，系統的には離れているが，形態や生息環境，食性などがよく似ており生態的同位種にあたる。

223. (1) ヒメゾウリムシ
(2) ミドリゾウリムシ
(3) ヒメゾウリムシ

解説 (1), (3) 図(A)では，異なる2種を混合飼育してゾウリムシが絶滅している。小形のヒメゾウリムシはゾウリムシよりも動きが機敏で，食物となる細菌を効率よく捕食する。同じく細菌を捕食するゾウリムシは，ヒメゾウリムシと生態的地位の重なりが大きい。しかし，大形で動きの鈍いゾウリムシは競争に負けて，やがて絶滅する。よって，aはヒメゾウリムシの成長曲線である。
(2) 図(B)では，10日目以降，2種がそれぞれ一定の個体群密度を保っている。ミドリゾウリムシは体内に単細胞藻類のクロレラが共生しており，クロレラから光合成産物が得られるため，食物の細菌が不足しても生存できる。ゾウリムシとミドリゾウリムシを混合飼育すると，飼育容器の上側にミドリゾウリムシが，下側にゾウリムシがすみ分けて

共存する。よって，bはミドリゾウリムシの成長曲線である。

224. ① 捕食者 ② 被食者 ③ 被食者－捕食者
④ 相利共生 ⑤ 片利共生 ⑥ 寄生 ⑦ 宿主

解説 **被食者－捕食者相互関係**…動物では，「食う－食われる」の関係が広く見られる。水田のイナゴと，それを食べるカエルでは，カエルを**捕食者**，イナゴを**被食者**という。この両者の関係を被食者－捕食者相互関係という。

共生…異種の生物どうしが密接な結びつきを保って生活している関係。互いに利益を受けている場合を**相利共生**といい，一方が利益を受け，他方は利益も不利益も受けていない場合を**片利共生**という。また，異種の生物が，相手の存在によって一方は利益を受けるが，他方は不利益を受ける場合を**寄生**という。この場合，寄生するほうを**寄生者**，寄生されるほうを**宿主**という。

225. 図1…1, 種間競争 (競争)
図2…4, 被食者－捕食者相互関係

解説 図1，2とも混合飼育であり，図1でBがほぼ一般的な形の成長曲線を示しているのに対して，Aは絶滅しているので，競争に負けたものと考えられる。
図2ではA，Bともに周期的に変動している。一般的に被食者－捕食者相互関係にある個体群では，被食者が減ると食物が不足して捕食者も減り，捕食者が減ると被食者が増えて，やがて捕食者も増えるというような周期的な変動を示すことが多い。
共生のうち，②のように互いに利益がある場合を相利共生，③のように一方のみが利益を受けて他方は利益も不利益も受けない場合を片利共生という。

226. ① かく乱 ② 種間競争 (競争)
③ 中規模かく乱

解説 **かく乱**…自然現象などの外部から加わる要因で，既存の生態系やその一部が破壊されることをかく乱という。かく乱の規模の大きさによって，生態系に及ぼす影響に違いがある。
山火事や，噴火による溶岩の流出などの大規模なかく乱が起こると，生態系が大きく破壊され，生物多様性が低下する。もとの生態系は回復不可能な場合が多く，今までとは異なる生態系に移行することが多い。

中規模のかく乱が起こると，かく乱に強い種だけでなく，種間競争に強い種など多くの種が共存でき，かく乱が起こる前よりも種多様性が増大し，生態系は長く安定して維持される。かく乱の強さや頻度が中程度の場合に生物群集の種数が増加するという考え方を，**中規模かく乱説**という。

小規模なかく乱しか起こらない場合や，かく乱がまったく起こらない場合には，種間競争に強い種が多くを占める生物群集となる。

となる。

生産者や消費者の物質収支の関係は次のようになる。

生産者の物質収支

　　純生産量＝総生産量－呼吸量

　　成長量＝純生産量－（被食量＋枯死量）

消費者の物質収支

　　同化量＝摂食量－不消化排出量

　　成長量＝同化量－（呼吸量＋被食量＋死滅量）

---

227. (1) 層別刈取法
(2) (A) 広葉型　(B) イネ科型
(3) (A) 1　(B) 3　　(4) ① A　② B　③ B　④ A

解説　(1) 物質生産の面から見た，植物群集の同化器官と非同化器官の空間的な分布状態を**生産構造**といい，これを図示したものを**生産構造図**という。生産構造図は**層別刈取法**によって，植物を層ごとに刈り取り，同化器官と非同化器官の質量および相対照度を測定してつくられる。

生産構造図は，広葉型とイネ科型に大別される。広葉型は葉が茎の上部につく。イネ科型は同化器官に対する非同化器官の割合が低い。

(2),(4) (A)は上部に同化器官が多く，下部には同化器官がほとんど見られないので広葉型と判断できる。(B)は下方まで同化器官が多いので，葉が斜めに伸びているイネ科型と考えられる。

(3) (A)の広葉型では，上部に茂った葉があり，下方では急速に相対照度が低下するので相対的な光の強さのグラフは①となる。一方，イネ科型は葉が斜めに伸びており，比較的下方まで光が届くので，③のグラフのような相対照度を示す。

---

228. ① ア　② キ　③ ク　④ コ　⑤ サ
⑥ エ　⑦ ウ　⑧ イ　⑨ オ　⑩ カ　⑪ ケ

解説　ある時点で，一定面積内に存在する生物体の量を**現存量**，一定面積内の生産者が一定期間内に光合成によって生産した有機物の総量を**総生産量**という。総生産量から呼吸量を引いたものを**純生産量**という。植物の成長量は，純生産量から被食量と枯死量を引いたものとなる。

また，動物の糞は，動物体内に吸収されなかったもので，**不消化排出量**という。動物の同化量は，摂食量から不消化排出量を引いたものである。動物の成長量は，同化量から呼吸量・被食量・死滅量を引いたもの

---

229. (1) (a) 12.32　(b) 2.06　(c) 2.90
　　　(d) 6.97　(e) 1.60　(f) 0.85
(2) 1
(3) 中緯度よりも高緯度のほうが年間総生産量は少ないが，年間呼吸量も少ないため。

解説　(1) 総生産量＝純生産量＋呼吸量　の関係から，それぞれの数値を求める。

(a) $2.86 + 9.46 = 12.32$　　(b) $7.31 - 5.25 = 2.06$

(c) $5.17 - 2.27 = 2.90$　　(d) $1.15 + 5.82 = 6.97$

(e) $5.71 - 4.11 = 1.60$　　(f) $2.65 - 1.80 = 0.85$

(2) ① 生産効率は次のようになる。

熱帯多雨林…$2.86 \div 12.32 \doteqdot 0.23$

照葉樹林(北緯31°)…$2.06 \div 7.31 \doteqdot 0.28$

照葉樹林(北緯32°)…$2.27 \div 5.17 \doteqdot 0.44$

針葉樹林(北緯32°)…$1.15 \div 6.97 \doteqdot 0.16$

針葉樹林(北緯33°)…$1.60 \div 5.71 \doteqdot 0.28$

針葉樹林(北緯57°)…$1.80 \div 2.65 \doteqdot 0.68$

よって，高緯度ほど生産効率が高くなる傾向にある。これは低緯度ほど気温が高く，呼吸量が多くなるためである。

---

230. ① 純生産量　② 総生産量
③ 根・幹・枝の呼吸量　④ 葉の呼吸量　⑤ 総呼吸量
⑥ 植物プランクトン　⑦ 栄養塩類　⑧ 補償深度

解説　森林の生態系では，総生産量や純生産量は植生の遷移に伴って変化する。初期の幼齢林では，純生産量が増加するため，森林は成長し現存量も増える。しかし，高齢林になると，木々が大きくなり，葉の量(葉の呼吸量)は変わらないが，根・幹・枝の量(根・幹・枝の呼吸量)が増え続ける。総生産量がほぼ一定の状態で，呼吸量の合計が増えるため，純生産量はしだいに小さくなる。さらに遷移が進んで極相になると，呼吸量と総生産量がほぼ等しくなり，平衡状態に近づく。

海洋の生態系でのおもな生産者は植物プランクトンである。海洋での物質生産は栄養塩類の量と光の強さ

の影響を受ける（海洋では水温は比較的安定しており，水温が陸上のように氷点下になることはない。また，水の量が影響することもない）。沿岸では川から供給される栄養塩類や，波や風によるかくはんにより供給される栄養塩類によって，純生産量が大きくなる。外洋では海流によって海底に堆積した栄養塩類が巻き上がる湧昇が起こるところで純生産量が大きくなる。

また，水深が深くなると水中に届く光の量が減少し，ある深さで植物プランクトンの純生産量が0になる。このときの深度を**補償深度**といい，湖や海洋の透明度によって補償深度は異なる。

---

231. (a) 最初の現存量　(b) 被食量　(c) 呼吸量　(d) 不消化排出量　(e) 総生産量　(f) 純生産量　(g) 同化量

解説 (a)は最初の現存量である。(b)は1段上位の生物の摂食量と等しいので，被食量である。(c)は生産者のもつ有機物のうち，最初の現存量，成長量，被食量，枯死量を除いた量を指すので，呼吸量である。(d)は一次消費者と二次消費者の摂食量に含まれており，生産者の有機物収支には含まれていないので，不消化排出量である。

(e)はある期間内に光合成でつくりだされた有機物の総量なので，総生産量である。総生産量から呼吸量を差し引いた(f)を純生産量という。消費者の摂食量から不消化排出量を除いた(g)を同化量という。

---

232. (1) ① 2016.1　② 26.2　③ 1.1　(2) ④ 8.7　⑤ 15.0　⑥ 18.7　(3) 大きくなる。

解説 (1) ① 生産者の総生産量は次式で示される。

総生産量＝呼吸量＋被食量＋枯死量＋成長量

したがって，生産者の総生産量は，

$423.4 + 268.0 + 50.8 + 1273.9$
$\qquad = 2016.1 (J/(cm^2 \cdot 年))$

② 消費者の同化量は次式で示される。

同化量＝1つ前の段階の被食量
　　　　－求める段階の不消化排出量

したがって，二次消費者の同化量は，

$35.7 - 9.5 = 26.2 (J/(cm^2 \cdot 年))$

③ 消費者の成長量は次式で示される。

成長量＝同化量－（呼吸量＋被食量＋死滅量）

したがって，三次消費者の成長量は，

$4.9 - (3.4 + 0.4 + 0.0) = 1.1 (J/(cm^2 \cdot 年))$

---

(2) ④ 消費者のエネルギー効率(%)は次式で示される。

消費者のエネルギー効率
$= \dfrac{その栄養段階の同化量}{1つ前の栄養段階の同化量} \times 100$

したがって，一次消費者のエネルギー効率は

$\dfrac{174.8}{2016.1} \times 100 ≒ 8.7 (\%)$

⑤ 二次消費者のエネルギー効率は

$\dfrac{26.2}{174.8} \times 100 ≒ 15.0 (\%)$

⑥ 三次消費者のエネルギー効率は

$\dfrac{4.9}{26.2} \times 100 ≒ 18.7 (\%)$

(3) エネルギー効率は，(2)のように栄養段階が上がるにつれて大きくなることが多い。

---

233. (1) A 光合成　B 呼吸　(2) C, D, E, G　(3) P イ　Q ウ　R ア　S エ　(4) ア

解説 (1), (2), (3) 二酸化炭素は大気中に約0.04％含まれており，植物（生産者，P）の光合成(A)によって取りこまれ，有機物に変えられる。取りこまれた炭素の一部は食物連鎖を通して植物食性動物（消費者，Q）に取りこまれ(C)，さらに動物食性動物（消費者，R）に取りこまれる(D)。生産者や消費者の有機物の一部は，呼吸(B)により分解され，二酸化炭素として大気中に放出される。また，生産者や消費者の遺骸・排出物中の有機物(S)は，菌類や細菌（分解者）に取りこまれ(G)，それらの呼吸(F)によって，再び大気中の二酸化炭素にもどり循環する。

(4) (ア) 炭素は，陸上の植物のからだだけでなく，海洋にも二酸化炭素として溶けこんでいる。サンゴは海水中の二酸化炭素をもとにして，炭酸カルシウムの骨格をつくる。それらが堆積して石灰石ができる。また，地殻には化石燃料などの形で多くの炭素が存在している。

(イ) 炭素の循環に伴い，エネルギーも有機物に蓄えられた化学エネルギーとして移動する。

(ウ) 炭素はタンパク質，炭水化物，核酸だけでなく，脂質を構成する元素の一つでもある。

(エ) 産業革命以降，人間の活動によって，大気中の二酸化炭素濃度は，徐々に増加している。

---

234. (1) ① イ, ウ, キ, ク, ケ, コ　② エ, オ, カ, サ　(2) ① 光　② 化学　③ 有機物　④ 熱　⑤ 赤外線

解説 (1),(2) 植物が光合成によって光エネルギーを有機物の化学エネルギーに変換する。有機物の化学エネルギーは食物連鎖を通して移動する。有機物に含まれる化学エネルギーは，生物の生命活動(呼吸など)に使われるたびに一部が熱エネルギーとなる。有機物の化学エネルギーは，最終的にすべて熱エネルギーとなって放出され，赤外線として生態系外に出ていく。エネルギーは，炭素などの物質と異なり，生態系内を一方向に流れる。

235. ① オ ② キ ③ エ ④ イ ⑤ ア

解説 空気中の N_2 を NH_4^+ に還元するはたらきを**窒素固定**という。窒素固定を行う細菌をまとめて**窒素固定細菌**という。根粒菌はマメ科植物と共生して形態的に変化し，バクテロイドといわれる状態になったときのみ窒素固定を行うが，アゾトバクターやクロストリジウムは単独生活をしているときでも窒素固定を行う。これらの生物のほかに，ネンジュモなどのシアノバクテリアも窒素固定を行う。

236. (1) P 植物　Q 植物食性動物
　　R 動物食性動物　S 菌類・細菌
(2) K 脱窒素細菌　L 硝酸菌　M 亜硝酸菌
(3) X NO_3^-　Y NO_2^-　Z NH_4^+
(4) a 脱窒　b 窒素固定　c 窒素同化

解説 (1) 生態系内では，植物が合成したタンパク質などの有機窒素化合物が，食物連鎖を通じて生態系内を移動し，さまざまな生物に利用される。
(2),(3),(4) 生物の枯死体・遺体・排出物に含まれる有機窒素化合物は，菌類・細菌のはたらきによって NH_4^+(物質 Z)などに分解される。NH_4^+ は亜硝酸菌(細菌 M)によって亜硝酸イオン(NO_2^-，物質 Y)に，さらに硝酸菌(細菌 L)によって硝酸イオン(NO_3^-，物質 X)に変えられる。
　　NO_3^- は脱窒素細菌(細菌 K)の**脱窒**(経路 a)によって窒素(N_2)に変えられ，大気中にもどる。大気中の窒素は，植物の根に共生する根粒菌やネンジュモなどによる**窒素固定**(経路 b)や，工業的な窒素固定(経路 b)により NH_4^+ になる。
　　植物は NO_3^- や NH_4^+ を水とともに根から吸収し，これをもとに有機窒素化合物をつくる(**窒素同化**，経路 c)。

237. (1) (a) ウ (b) イ (c) ア
(2) ① 亜硝酸菌　② 硝酸菌
(3) (d) オ (e) エ (f) カ
(4) アミノ基転移酵素　(5) 有機窒素化合物
(6) 窒素同化　　(7) 1

解説 (1),(2) 土壌中の亜硝酸菌(①)は NH_4^+ を NO_2^- に，硝酸菌(②)は NO_2^- を NO_3^- に酸化する。したがって，(a)は(ウ)アンモニウムイオン(NH_4^+)，(b)は(イ)亜硝酸イオン(NO_2^-)，(c)は(ア)硝酸イオン(NO_3^-)である。植物は，亜硝酸菌，硝酸菌のはたらきでできた NO_3^- などを根から水とともに吸収して利用する。
(3)〜(6) NH_4^+ はグルタミン酸と結合してグルタミンとなり，グルタミンが呼吸で生じた α - ケトグルタル酸と反応するときにグルタミン酸が合成される。したがって，(d)は(オ)グルタミン酸である。グルタミン酸のアミノ基は，呼吸の過程でつくられたさまざまな有機酸に渡され，アミノ酸が合成される。したがって，(e)は(エ)有機酸，(f)は(カ)アミノ酸である。(g)ではたらく酵素は**アミノ基転移酵素**である。
　　アミノ酸から，タンパク質・核酸(DNA，RNA)・ATP・クロロフィルなどの(h)**有機窒素化合物**が合成される。このように，植物は無機窒素化合物から有機窒素化合物を合成する。このはたらきを**窒素同化**という。
(7) 根から吸収された NO_3^- は道管を通って葉の細胞まで運ばれ，硝酸還元酵素によって NO_2^- に還元され，さらに亜硝酸還元酵素によって NH_4^+ となり，さまざまな有機酸に転移されてアミノ酸が合成される。これらの一連の反応は，植物の葉の細胞で行われる。

238. (1) 有機酸
(2) (A) 還元　(B) 酸化　(C) 還元　(D) 還元
(3) イ，ウ，エ

解説 (1) アミノ酸を合成する窒素同化では，アミノ酸は**有機酸**にアミノ基を転移して合成される。
(2) 窒素固定細菌による窒素固定　$N_2 \rightarrow NH_4^+$：還元
　　硝化菌の作用　$NH_4^+ \rightarrow NO_3^-$：酸化
　　葉の細胞内での反応　$NO_3^- \rightarrow NH_4^+$：還元
　　脱窒素細菌による脱窒　$NO_3^- \rightarrow N_2$：還元
(3) 硝化菌(硝酸菌，亜硝酸菌)は化学合成細菌であり，化学合成を行う。化学合成は化学物質から得られる化学エネルギーを利用して炭素同化を行うはたらきである。硝化菌は NH_4^+ や NO_2^- を酸化した

ときに放出されるエネルギーを用いて，ATP や NADPH を合成し，二酸化炭素を還元して有機物を合成する。

---

239. ① 生態系多様性　② 種多様性
③ 遺伝的多様性

解説　生物の多様性は，遺伝的多様性，種多様性，生態系多様性の 3 つの階層で考えることができる。①は多様な生態系の説明なので**生態系多様性**を，②は種レベルで見られる多様性の説明なので**種多様性**を，③は種内の遺伝子の説明なので**遺伝的多様性**を指す。

---

240. ① 窒素固定　② 無機窒素化合物
③ 富栄養化　④ 窒素酸化物

解説　工業的な**窒素固定**によって合成される化学肥料（**無機窒素化合物**）を，農業で作物が利用する以上に大量に施肥すると，作物が利用できなかったものが地下水に溶け出し，湖沼や河川，海洋の栄養塩類濃度を高め，**富栄養化**を引き起こす。また，自動車や工場での化石燃料の燃焼などで放出される窒素酸化物は，呼吸器疾患を引き起こすなど健康を害するだけでなく，雨水に溶けこみ，地表に降下して土壌に蓄積し，やがて土壌から無機窒素化合物となって流出する。

また，**窒素酸化物**の一種である一酸化二窒素は，温室効果ガスであり，地球温暖化の進行にも影響を与える。人間の活動による窒素の循環の変化は，生態系に影響を与える要因となっている。

---

241. ①イ ②ウ ③ア ④オ ⑤エ
⑥キ ⑦カ

解説　生物の個体群は，子孫を残すことができなくなると絶滅する。個体群を構成する個体数が減少すると，近親交配の率が高くなって，遺伝的多様性が失われる。その結果，生殖能力の低下，個体の弱体化などが起こって，加速度的に個体数が減少し絶滅することがある。これを「**絶滅の渦**」という。

個体群の個体数が減少する要因として，開発などによる生息地の**分断化**がある。分断された個体群の個体数は少なく，これを**局所個体群**という。この局所個体群が離れた状態になることを**孤立化**という。

孤立化が進むと，遺伝的多様性が急激に低下し，絶滅への道をたどることになる。

また，外来生物が移入して分布を広げると，在来生

物との競争や外来生物が持ちこんだ病原体などによって在来生物が激減したり，絶滅したりすることがある。その結果，種多様性が低下する。

---

242. (1) (A) 3　(B) 1　(C) 2　(2) c, e

解説　(1) 図 1 は対数グラフであり，このグラフが直線になるということは，死亡率が一定ということである。したがって，B タイプは図 2 では①になる。A タイプは，幼齢期の死亡率が B タイプより低いため，③と考えられる。C タイプは，幼齢期の死亡率が B タイプより高いため，②と考えられる。A は晩死型，B は平均型，C は早死型とよばれる。

(2) C は早死型であり，1 回の産卵数が多いものの，その後の親の保護がない水生無脊椎動物（カキ）や魚類（マイワシ）などに見られる。

一方，A の晩死型は，1 回の産子数が少なく，幼齢期の親の保護が手厚いタイプであり，ヒトやサルなどの哺乳類が当てはまる。B の平均型は，小形の鳥類やトカゲなどのは虫類に見られる型である。

---

243. (1)

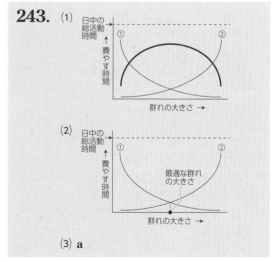

(3) a

解説　(1) この群れの動物が採食に使える時間は，日中の総活動時間から①（見張り）と②（争い）に費やす時間を引いたものである。1 個体当たりの，捕食者に対する見張り時間は群れが小さいほど大きく，食物をめぐる争い時間は群れが大きいほど大きくなる。したがって，これらの時間の合計が最も小さくなる，中程度の大きさの群れのときに，最も採食時間が長くなる。

(2) 採食に費やすことができる時間が最も長くなる群

れの大きさが, 最適な群れの大きさである。
(3) 捕食者が増加すると, 各個体の捕食者に対する見張り時間(①)が長くなる。したがって, 曲線①は右上方向に移動する。それによって, ①と②の合計時間が最も小さくなる群れの大きさ(最適な群れの大きさ)は大きくなる。

244. (1) 条件a…ウ　条件b…イ
(2) マメ科植物Xの根には窒素固定を行う根粒菌が共生し,窒素化合物を植物Xに供給するため,窒素化合物の少ない条件cでも成長できる。

解説 (1) 2種の植物を混植すると, 種間競争が起き, 成長の速い植物種は競争に勝ち成長できるが, 成長の遅い植物種は競争に負けて成長できなくなる。
　条件aでは, 植物Yは成長できるが植物Xは成長できない。植物Yはイネ科植物で細長い葉が斜めに伸びており, 同化器官の割合が高く非同化器官の割合が低い。そのため, 光が下層まで届き, 物質生産の効率がよい。土壌中の窒素化合物が十分にある条件aでは, 植物Xに比べて光を効率よく利用し光合成を行う植物Yは, 成長が速く競争に勝つ。その一方で, 植物Xは競争に負け成長できなくなる。
　条件bでは, 植物Xは成長できるが植物Yは成長できない。植物Xはマメ科植物で土壌の窒素化合物が少ない条件でも成長できる。光が十分に強い条件bでは, 植物Yは窒素化合物を十分に獲得できず成長が遅れるため, 成長が速い植物Xが競争に勝ち成長する。
(2) 条件cでは, 両種にとって光の強さは成長するのに十分な値である。一方, 窒素化合物の量は植物Xでは成長できる値であるが, 植物Yでは不足しており成長できない。植物Xはマメ科植物であることから, 根に窒素固定を行う根粒菌が共生していると考えると, 根粒菌が大気中のN_2をNH_4^+に固定し, 植物Xに直接供給することで, 土壌中の窒素化合物の不足を補うことで成長ができると考えられる。

245. (1) (a) 生態系多様性　(b) 遺伝的多様性
(2) b
(3) 大規模なかく乱では, かく乱に強い種だけが生き残る生態系となる。また, かく乱がほとんど起こらなければ, 種間競争に強い種だけが生き残る生態系となる。中規模のかく乱が起こると, これらの種も含めて多様な種が生存できるため, 種多様性が増大する。

解説 (1) (a) さまざまな環境の違いに対応して, 多様な生態系が存在することを生態系多様性という。
　(b) 同種の生物間に見られる遺伝子の多様性を遺伝的多様性という。離れた場所に生息する個体群どうしでは, 遺伝子の構成が異なることが多い。
(2) (b)は遺伝的多様性への影響であるが, (b)以外はいずれも種多様性への影響を述べたものと考えられる。
(3) 図からは, 大規模なかく乱や小規模なかく乱では種多様性が低下し, 中規模のかく乱が起こった場合に種多様性が増大することが読み取れる。

◆巻末チャレンジ問題◆

246. (1) ① (2) ⑥

問題の読み方 ハーディ・ワインベルグの法則が成りたつ条件である「生物集団を構成する個体数が十分に多いこと」が満たされない場合，個体数が少なくなるほど遺伝的浮動の影響が強くなり，ランダムに対立遺伝子が選択されることで遺伝子頻度のかたよりが大きくなることに注目する。

解説 図1の集団の個体数は1000個体，(1)の集団の個体数は100000000個体，(2)の集団の個体数は100個体である。つまり，(1)では集団の個体数が十分に多い場合について問われており，(2)では集団の個体数が非常に少ない場合について問われている。

なお，この生物の最初の世代がもつ対立遺伝子Aとaの遺伝子頻度の和を $0.50 + 0.50 = 1.00$ としているので，遺伝子Aとaの遺伝子頻度の和が1.00をこえている ② ～ ⑤ のグラフは誤りである。

(1) 生物集団の個体数が十分に多い場合，遺伝的浮動の影響は小さく，遺伝子Aとaの遺伝子頻度は0.50から大きく変動しないと考えられる。よって，集団の個体数が1000個体のときの図1のグラフと比べて，遺伝子Aとaの遺伝子頻度の変動が小さい ① が正解となる。

(2) 生物集団の個体数が非常に少ない場合，遺伝的浮動の影響が大きいため，遺伝子Aとaの遺伝子頻度は0.50から大きく変動すると考えられる。よって，図1のグラフと比べて，遺伝子Aとaの遺伝子頻度の変動が大きい ⑥ が正解となる。

247. ③

問題の読み方 実験2と実験3で行われている処理の違いに注目する。実験2では，酵素をさまざまなpHで基質と反応させているが，実験3では，酵素をさまざまなpHで前処理した後に最適pHにもどしてから基質と反応させている。同じpHで処理したときの実験2，3の反応速度の違いを図2から読み取ることで，それぞれのpHにおける酵素の構造変化が可逆的なものなのか，不可逆的なものなのかが判断できる。

解説 図1より，実験1では，基質濃度が0.2mg/mLの場合，酵素濃度を高くしたときの反応速度は，基質濃度が6.4mg/mLのときほど大きくならなかったことがわかる。これは，基質濃度が0.2mg/mLのときは酵素濃度に対して基質濃度が低く，酵素濃度を高く

しても酵素の一部しか基質に結合できなかった（酵素の一部のみが反応に関与した）ためであると考えられる。

図2より，実験2において最適pH(pH5.6)以外のpHで酵素溶液を反応させると，最適pHで反応させたときと比べて反応速度が小さくなっていることがわかる。このことから，この酵素はpH5.6以外のpHにおいて構造が変化していると推測することができる。一方で，実験3においてpH3.0～6.0で前処理した後に最適pHにもどした場合の反応速度は，実験2において最適pHで反応させた場合とほとんど変わらない。このことから，前処理によって酵素に生じた構造変化は，その後最適pHにもどした際に回復したと推測することができる。また，実験3において，pH8.0で前処理した後に最適pHにもどした場合の反応速度は，実験2においてpH8.0で反応させたときと同じになっている。このことから，pH8.0での前処理によって酵素に生じた構造変化は，その後最適pHにもどしても回復していないと推測することができる。

なお，実験3において，pH2.0と7.0で前処理した後に最適pHにもどした場合の反応速度は，実験2の最適pHにおける速度より小さくなっているものの，実験2においてpH2.0と7.0それぞれで反応させたときよりは大きくなっている。つまり，pH2.0と7.0の前処理によって酵素に生じた構造変化は，その後最適pHにもどした際に，すべてではないものの，ある程度は回復したと推測することができる。

248. ①, ③

問題の読み方 カルビン回路での反応において，二酸化炭素は物質Aと結合して物質Bとなる。物質Bから物質Aにもどるには，チラコイド膜で合成されたATPとNADPHが必要であり，これらの物質の合成には光が必要となる。よって，二酸化炭素もしくは光がない場合には，物質Aから物質Bを合成する反応もしくは物質Bから物質Aを合成する反応が停止し，片方の物質が蓄積することに注目する。

解説 二酸化炭素は物質Aと結合して物質Bとなる。よって，物質Bを合成するための材料である二酸化炭素濃度が減少すると，この反応が起こりにくくなる。その結果，物質Bの濃度は減少し，物質Aが蓄積するため物質Aの濃度は増加する。よって，図1において二酸化炭素濃度の減少に伴って濃度が減少しているⅠが物質B，濃度が増加しているⅡが物質Aであるとわかる。

物質Bから物質Aにもどるには，チラコイド膜で

合成された ATP と NADPH が必要であり，ATP と NADPH がチラコイド膜で合成されるには光が必要である。よって，暗黒状態では ATP と NADPH が合成されず，物質Bから物質Aにもどる反応が起こりにくくなる。その結果，物質Aの濃度は減少し，物質Bが蓄積するため物質Bの濃度は増加する。よって，図2において暗黒状態で濃度が減少しているⅣが物質A，濃度が増加しているⅢが物質Bであるとわかる。

249. (1) ③　(2) ①，④　(3) ④

問題の読み方 図1の2つのグラフを比較すると，ビコイドとナノスについては，mRNA の分布とタンパク質の分布がおおよそ一致していることがわかる。しかし，ハンチバックとコーダルについては，mRNA の分布とタンパク質の分布が大きく異なっている。このことから，ハンチバックとコーダルの mRNA がタンパク質に翻訳される過程で何らかの調節を受けていることに気付く必要がある。

解説 (1) 図1の左のグラフより，ショウジョウバエの前後軸の形成過程において，ビコイド mRNA は前部に高濃度に局在し，ナノス mRNA は後部に高濃度に局在することがわかる。また，図1の右のグラフより，ビコイドタンパク質とナノスタンパク質の濃度勾配は，それぞれの mRNA の濃度勾配に基づいて形成されることがわかる。

図1の左のグラフより，ハンチバックとコーダルの mRNA の濃度は前部から後部まで部位に関係なく一定である。しかし，図1の右のグラフを見ると，ハンチバックとコーダルのタンパク質の分布は，前部あるいは後部にかたよっている。このことから，これらのタンパク質は，mRNA からタンパク質に翻訳される過程で何らかの調節を受けていると考えられる。

コーダルタンパク質は卵の前部にはほとんど分布していない。このことから，前部に局在するビコイドタンパク質がコーダルの翻訳を抑制していると考えられる。また，ハンチバックタンパク質は卵の後部にはほとんど分布していない。このことから，後部に局在するナノスタンパク質がハンチバックの翻訳を抑制していると考えられる。

以上のことより，ビコイドタンパク質はコーダルの翻訳を抑制していると考えられるので，①，②は誤り。また，ナノスタンパク質はハンチバックの翻訳を抑制していると考えられるので，③は正解，④は誤りとなる。

(2) 図1より，ビコイドタンパク質は卵の前部に局在

する。また，図2より，ビコイドの機能を欠いた突然変異体では，野生型だと先端部になる領域が尾部に，頭部や胸部になる領域が腹部になっている。このことから，ビコイドタンパク質は卵の前部において尾部と腹部の形成を抑制し，濃度の高い前部から順に先端部・頭部・胸部の形成を促進していると考えられる。

なお，ビコイド突然変異体の前部に尾部構造がつくられるのは，通常ビコイドによって前部での翻訳が抑制されているコーダルが，ビコイドの欠失によって翻訳されるようになり，このコーダルタンパク質が尾部構造の形成にはたらくためである。

(3) (2)より，ビコイドタンパク質は濃度が高い前部から順に先端部・頭部・胸部の形成を促進していると考えられる。野生型卵でのビコイドタンパク質の分布は，図1の右のグラフに示されるように前部がもっとも高濃度で，後部にいくにつれて低濃度となっている。この野生型卵の後部にビコイド mRNA を注入すると，下図のように，前部と後部の両端でビコイドタンパク質の濃度が高くなるという濃度勾配ができると考えられる。よって，後部にも，前部と同じように濃度の高い場所から順に先端部・頭部・胸部が形成されると考えられる。

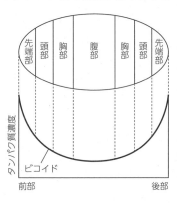

250. (a) ④　(b) ③　(c) ②　(d) ⑤

問題の読み方 まず，実験1～3がミスなく行われた場合に，どのような大腸菌ができ，それぞれの大腸菌がどのようなコロニーを形成するのかを整理しておく必要がある。

解説 実験1～3がミスなく行われた場合，次のⒶ～Ⓓの4種類の大腸菌が存在することになる。

Ⓐ GFP 遺伝子を転写の順方向に組みこんだプラスミドをもつ大腸菌

Ⓑ GFP 遺伝子を転写の逆方向に組みこんだプラスミドをもつ大腸菌

Ⓒ GFP 遺伝子が組みこまれなかったプラスミドをもつ大腸菌

Ⓓ プラスミドを取りこんでいない大腸菌

Ⓐは，プラスミド中にアンピシリン耐性遺伝子，GFP 遺伝子をもつ。プラスミドにもとから存在した β ガラクトシダーゼ遺伝子は，GFP 遺伝子の導入によって破壊されている。

Ⓑは，プラスミド中にアンピシリン耐性遺伝子をもつ。このプラスミドには GFP 遺伝子も組みこまれているが，転写の逆方向に組みこまれているため発現しない。また，プラスミドにもとから存在した β ガラクトシダーゼ遺伝子は，GFP 遺伝子の導入によって破壊されている。

Ⓒは，プラスミド中にアンピシリン耐性遺伝子，β ガラクトシダーゼ遺伝子をもち，GFP 遺伝子はもたない。

Ⓓはプラスミドを取りこんでいないため，アンピシリン耐性遺伝子，GFP 遺伝子，β ガラクトシダーゼ遺伝子のいずれももたない。

アンピシリン耐性遺伝子をもつⒶ〜Ⓒは，アンピシリンが含まれた培地でもコロニーを形成することができる。

Ⓐは，培地中の IPTG によって GFP 遺伝子の発現が誘発されるため，紫外線を照射すると緑色の蛍光を発するコロニーを形成する。β ガラクトシダーゼ遺伝子は破壊されてもっていないので，自然光下でのコロニーの色は白色になる。→パターン ① のタイプ 1

Ⓑは GFP 遺伝子を発現できず，β ガラクトシダーゼ遺伝子ももっていないため，自然光下で白色のコロニーを形成し，紫外線を照射しても蛍光は発さない。→パターン ① のタイプ 2

Ⓒは，培地中の IPTG によって β ガラクトシダーゼ遺伝子の発現が誘発されるため，β ガラクトシダーゼによって培地中の X-gal が分解され，青色に発色するコロニーを形成する。なお，GFP 遺伝子はもっていないので，紫外線を照射しても蛍光は発さない。→パターン ① のタイプ 3

以上が，実験 1 〜 3 の操作をミスなく行った場合の実験結果である。

(a) 培地にアンピシリンが含まれていないため，大腸菌はアンピシリン耐性遺伝子の有無にかかわらずコロニーを形成することができる。そのため，Ⓐ〜Ⓓの 4 種類の大腸菌すべてが培地全面にびっしりとコロニーを形成する。このうち，Ⓒは自然光下で青色のコロニーを，Ⓐ，Ⓑ，Ⓓは自然光下で白色のコロニーをつくる。→パターン ④

(b) 培地にアンピシリンが含まれているため，アンピシリン耐性遺伝子をもつⒶ〜Ⓒがコロニーを形成する。また，培地に IPTG がないため β ガラクト

シダーゼ遺伝子も GFP 遺伝子も発現せず，すべてのコロニーが白色になる。GFP 遺伝子が発現しないため，紫外線を照射しても，蛍光を発するコロニーは見られない。→パターン ③

(c) (b)と同様に，培地にアンピシリンが含まれているため，アンピシリン耐性遺伝子をもつⒶ〜Ⓒがコロニーを形成する。また，培地に X-gal がないため，Ⓒが β ガラクトシダーゼ遺伝子を発現しても青色のコロニーは形成されず，すべてのコロニーが白色になる。また，Ⓐが GFP 遺伝子を発現するので，紫外線照射下では緑色の蛍光を発するコロニーが見られる。→パターン ②

(d) 大腸菌がプラスミドを取りこめないため，すべてⒹとなる。Ⓓはアンピシリン耐性遺伝子をもたないため，アンピシリンが含まれている培地では生育することができず，コロニーはまったく形成されない。→パターン ⑤

251. (1) ④ (2) ②

問題の読み方 図 1，図 2 のグラフから，実験 1 および実験 2 においてフルクトースとカフェインを与えた場合は，個体 X と個体 Y の両方で同じ結果が得られている。グルコースを与えた場合のみ，個体 X と個体 Y で結果が異なっており，個体 Y はカフェインを与えた場合と同じ結果になっていることに注目する。

解説 (1) 実験 1 において，カフェインを与えた場合，空腹にさせて水を十分に飲ませた場合の実験結果を見ると，カフェインの濃度を上げても，個体 X も Y も摂取量は 0 のままである。よって，カフェインには，個体 X と Y の両系統において，摂取を促進する効果がないといえる。また，空腹にさせて水を飲ませていない場合の実験結果を見ると，カフェインの濃度が上がるにつれて，個体 X も Y も摂取量は減少している。よって，カフェインには，個体 X と Y の両系統において，摂取を抑制する効果があるといえる。

一方，グルコースを与えた場合，空腹にさせて水を十分に飲ませた場合の実験結果を見ると，グルコースの濃度が上がるにつれて，個体 X でのみ摂取量が増加している。よって，グルコースには，個体 X においては摂取を促進する効果があるが，個体 Y においてはその効果がないといえる。また，空腹にさせて水を飲ませていない場合の実験結果を見ると，グルコースの濃度が上がるにつれて，個体 Y でのみ摂取量が減少している。よって，グルコースには，個体 X においては摂取を抑制す

る効果がないが，個体Yにおいてはその効果があるといえる。

以上のことから，個体Xにおいては，カフェインの味刺激は摂取を促進する効果がなく，抑制する効果があり，グルコースの味刺激は摂取を促進する効果があり，抑制する効果がないことがわかる。個体Yにおいては，カフェインの味刺激もグルコースの味刺激も摂取を促進する効果がなく，抑制する効果があることがわかる。

(2) 実験2において，個体XとYで味覚受容細胞の反応に違いが生じるのは，グルコースを与えたときである。個体Xでは，グルコースを与えるとa細胞が興奮し，b細胞は興奮していない。実験1の結果から，個体Xにおいてグルコースの味刺激は摂取を促進する効果があることをふまえると，グルコースの味刺激の摂取の促進効果にはa細胞の興奮がかかわっていると考えることができる。一方，個体Yでは，グルコースを与えるとb細胞が興奮し，a細胞は興奮していない。実験1の結果から，グルコースの味刺激は個体Yにおいて摂取を抑制する効果があることをふまえると，グルコースの味刺激の摂取の抑制効果にはb細胞の興奮がかかわっていると考えることができる。以上のことから，個体Yが特定の糖(今回の実験ではグルコース)を避けるようになったのは，実験2で見られたように，グルコースを受容したときにb細胞が興奮し，a細胞は興奮しないようになったためであると考えられる。

252. ㋐① ㋑③ ㋒② ㋓④

問題の読み方　成熟したりんごからはエチレンが放出される。エチレンの感受性が低い品種は，エチレンを与えられたときの成熟速度がほかの品種に比べて遅くなる。また，エチレンの生産能が低い品種は，成熟してから生産できるエチレンの量がほかの品種に比べて少なくなる。これらのことをふまえて，エチレンの感受性および生産能を比較するにはどうすればよいかを考える必要がある。

解説　【仮説1を検証する実験】では，2つの品種のエチレンの感受性を比較する必要がある。エチレンの感受性が低いということは，同じ量のエチレンを与えられたときに，その成熟速度がほかの品種より遅くなるということである。よって，成熟した品種Bから放出されるエチレンを用いて，未熟な品種Aと未熟な品種Bの成熟速度を比べることで，エチレンの感受性の違いを調べることができる。仮説1が正しく，未

熟な品種Aは未熟な品種Bよりもエチレンの感受性が低いとすると，密閉容器Iの未熟な品種Aのほうが，密閉容器IIの未熟な品種Bよりも成熟が遅くなると考えられる。

【仮説2を検証する実験】では，2つの品種のエチレン生産能を比較する必要がある。エチレン生産能が低いということは，成熟した果実から放出されるエチレンの量がほかの品種より少なくなるということである。よって，成熟した品種Aと未熟な品種B，成熟した品種Bと未熟な品種Bをそれぞれ密閉容器に入れ，それぞれの容器の未熟な品種Bの成熟速度を比べることで，エチレンの生産能の違いを調べることができる。仮説2が正しく，成熟した品種Aは成熟した品種Bよりもエチレン生産能が低いとすると，成熟した品種Aとともに密閉容器IIIに入れた未熟な品種Bのほうが，成熟した品種Bとともに密閉容器IVに入れた未熟な品種Bよりも成熟が遅くなると考えられる。

253. (1) ① (2) ③ (3) ①

問題の読み方　実験1の結果のグラフにおいて，最初に入れた個体数が約200匹をこえたときに，グラフの傾きが大きく変わっていることに注目する。このグラフから，この飼育環境で存在できる最大の個体数(環境収容力)を推定することができる。

解説　(1) 実験1の結果のグラフより，最初に入れるアズキゾウムシの個体数が200匹以下の場合は，最初に入れる個体数を増やすにしたがって羽化した次世代の成虫の個体数も増加している。これは，最初に入れる個体数が200匹以下の場合，羽化した次世代の個体数が飼育環境(容器の大きさやアズキの量)の環境収容力をこえていないためと考えられる。一方，最初に入れるアズキゾウムシの個体数が200匹以上の場合は，最初に入れる個体数を増やすにしたがって羽化した次世代の成虫の個体数が減少している。これは，最初に入れる個体数が200匹以上の場合，次世代の幼虫の個体数が飼育環境の環境収容力をこえてしまい，羽化するまでに密度効果によって死亡するため，成虫の個体数が減少したものと考えられる。

① 最初に入れる個体数が100匹の場合，次世代の個体数はこの飼育環境で維持できる個体数の上限には達していないと考えられる。よって，次世代の個体が羽化して成虫になるまでに密度効果で死亡する可能性は低く，産卵数と次世代の成虫の個体数はほぼ同じであると考えら

れる。一方，最初に入れる個体数が 800 匹の場合，次世代の個体数はこの飼育環境の環境収容力をこえていると考えられる。よって，次世代の個体には羽化するまでに密度効果によって死亡する個体もあり，次世代の成虫の個体数は産卵数より少なくなると考えられる。以上のことから，最初に入れる個体数が 800 匹の場合のほうが，産卵数は多いと考えられる。よって，誤り。

② 最初に入れる個体数が 200 匹以下のときには，次世代の個体の数は飼育環境の環境収容力をこえていないと考えられる。よって，個体数に対してアズキの量はじゅうぶんにあると考えられるため，アズキの量を増やすより最初に入れる個体数を増やしたほうが，羽化する成虫の数が多くなる可能性がある。よって，正しい。

③ 最初に入れる個体数が 200 匹以下のときには，次世代の個体数は飼育環境の環境収容力をこえていないと考えられる。よって，次世代の個体が密度効果によって大量に死亡する可能性は低いと考えられる。よって，正しい。

(2) 実験 1 の結果のグラフから，最初に入れる個体数が 100 匹の場合，羽化した次世代の成虫の個体数はおおよそ 300 匹となる。次に容器を新しくしてこの 300 匹を飼育するとき，この 300 匹を「最初に入れた個体数」とみなすことができるため，実験 1 の結果のグラフから，羽化した 3 世代目の成虫の個体数は 560 匹程度になると考えられる。このように考えていくと，4 世代目の成虫の個体数は 420 匹程度，5 世代目の成虫の個体数は 500 匹程度，6 世代目の成虫の個体数は 450 匹程度となり，徐々に一定の値に近づいていく。よって，1 ～ 3 代目までは個体数が増え，4 世代目で個体数が減少し，5 世代目以降では個体数の増減をくり返しながら一定の値に近づいていく ③ のグラフが正解となる。

(3) 異なる生物種の間では，同じ資源をめぐって種間競争が起こることがある。また，資源の奪いあいの結果，異なる生物種が同じ場所で共存できなくなり，一方の種がその空間からいなくなる競争的排除が起こることがある。問題文より，アズキゾウムシとヨツモンマメゾウムシの混合飼育では，ヨツモンマメゾウムシが優位な競争的排除が起きたことがわかる。よって，アズキゾウムシは最終的にこの容器からいなくなったと考えられる。また，アズキゾウムシを排除したことでヨツモンマメゾウムシの利用できる資源が増えるため，ヨツモンマメゾウムシの個体数は増えるが，やがてこの飼育環境の環境収容力に達し，密度効果によっ

て個体数が一定の値になると考えられる。これらの条件に合うグラフは ① のみである。

28359A

リード Light ノート生物
解答編

ISBN978−4−410−28359−8

〈編著者との協定により検印を廃止します〉

編　者　数研出版編集部
発行者　星野泰也
発行所　**数研出版株式会社**
　　　　〒101-0052　東京都千代田区神田小川町2丁目3番地3
　　　　〔振替〕00140-4-118431
　　　　〒604-0861　京都市中京区烏丸通竹屋町上る大倉町205番地
　　　　〔電話〕　代表　(075)231-0161
ホームページ　https://www.chart.co.jp
印刷　寿印刷株式会社

240304

たい 生物用語 ②

<table>
<tr><td colspan="3" align="center">第6章　植物の環境応答</td></tr>
<tr><td>☐ フィトクロム</td><td colspan="2">赤色光を受容する光受容体。光発芽や光周性，成長の調節に関与。</td></tr>
<tr><td>☐ フォトトロピン</td><td colspan="2">青色光を受容する光受容体。光屈性，気孔の開口に関与。</td></tr>
<tr><td>☐ クリプトクロム</td><td colspan="2">青色光を受容する光受容体。成長の調節などに関与。</td></tr>
<tr><td>☐ オーキシン</td><td colspan="2">光屈性，頂芽優勢，果実の形成などにはたらく植物ホルモン。極性移動をする。</td></tr>
<tr><td>☐ ジベレリン</td><td colspan="2">種子の休眠打破，茎の伸長成長促進，果実の形成にはたらく植物ホルモン。</td></tr>
<tr><td>☐ エチレン</td><td colspan="2">茎の肥大成長促進，果実の成熟の調節，離層の形成にはたらく気体の植物ホルモン。</td></tr>
<tr><td>☐ アブシシン酸</td><td colspan="2">種子の休眠維持，気孔の閉鎖にはたらく植物ホルモン。</td></tr>
<tr><td>☐ 光周性</td><td colspan="2">生物の生理現象が日長の変化に応答して起こる性質。</td></tr>
<tr><td>☐ 長日植物</td><td colspan="2">日長が一定以上(連続暗期の長さが一定以下)になると花芽を形成する植物。</td></tr>
<tr><td>☐ 短日植物</td><td colspan="2">日長が一定以下(連続暗期の長さが一定以上)になると花芽を形成する植物。</td></tr>
<tr><td>☐ 根端分裂組織</td><td colspan="2" rowspan="2">根や茎の先端のごく狭い領域に，細胞分裂をして各器官をつくる分裂組織がある。根端分裂組織からは根が，茎頂分裂組織からは茎と葉，場合によっては花がつくられる。</td></tr>
<tr><td>☐ 茎頂分裂組織</td></tr>
<tr><td>☐ 胚のう</td><td colspan="2" rowspan="2">胚のうは，卵細胞，助細胞，反足細胞，中央細胞からなる。被子植物では，精細胞の1個は卵細胞と受精して受精卵となり，もう1個は中央細胞と融合して胚乳をつくる。このような受精様式を重複受精という。</td></tr>
<tr><td>☐ 重複受精</td></tr>
<tr><td>☐ 種　子</td><td colspan="2" rowspan="2">重複受精の後，受精卵は細胞分裂をくり返して，その一部は胚となる。胚珠の表面の珠皮が種皮になり，発生の進んだ胚と種皮からなる種子が形成される。</td></tr>
<tr><td>☐ 胚</td></tr>
<tr><td>☐ 有胚乳種子</td><td colspan="2">胚乳に栄養分を貯蔵する種子。カキ，イネ，ムギ，トウモロコシなど。</td></tr>
<tr><td>☐ 無胚乳種子</td><td colspan="2">胚乳をもたず，子葉などに栄養分を貯蔵する種子。ナズナ，インゲンマメ，ダイコン，クリなど。</td></tr>
<tr><td colspan="3" align="center">第7章　生物群集と生態系</td></tr>
<tr><td>☐ 区画法</td><td colspan="2">植物や固着性の動物の個体群の個体数を調べる際に用いられる調査方法。</td></tr>
<tr><td>☐ 標識再補法</td><td colspan="2">よく動き行動範囲の広い生物の個体群の個体数を調べる際に用いられる調査方法。</td></tr>
<tr><td>☐ 環境収容力</td><td colspan="2">ある環境で存在できる最大の個体数。個体群の成長は環境収容力に近づくとにぶくなる。</td></tr>
<tr><td>☐ 密度効果</td><td colspan="2">個体群密度の変化に伴って，個体群を構成する個体の発育・生理などが変化すること。</td></tr>
<tr><td>☐ 相変異</td><td colspan="2" rowspan="3">個体群密度の違いによって生じる形質のまとまった変化を相変異という。例えば，トノサマバッタは，個体群密度が低い状態で育つと，長い後あしをもち，単独で行動する孤独相になる。個体群密度が高い状態で育つと，長いはねをもち，集合性の強い群生相になる。</td></tr>
<tr><td>☐ 孤独相</td></tr>
<tr><td>☐ 群生相</td></tr>
<tr><td>☐ 齢構成</td><td colspan="2">個体群を構成する個体について，世代や齢ごとの分布を示したもの。</td></tr>
<tr><td>☐ 年齢ピラミッド</td><td colspan="2">齢構成を雌雄に分けて示した図。</td></tr>
<tr><td>☐ 生命表</td><td colspan="2">生まれた卵や子が，成長するにつれてどれだけ生き残るかを示した表。</td></tr>
<tr><td>☐ 生存曲線</td><td colspan="2">縦軸に個体数，横軸に相対年齢をとって，生命表をグラフに表したもの。</td></tr>
<tr><td>☐ 種間競争</td><td colspan="2">資源をめぐって起こる，異種個体群間の競争。生態的地位の重なりが大きいほど激しくなる。</td></tr>
<tr><td>☐ 生態的地位</td><td colspan="2">生活に必要とする資源の要素やその利用のしかたといった，生態系内でその生物種が占める位置。</td></tr>
<tr><td>☐ 相利共生</td><td colspan="2">共生している生物が，相手の存在によって互いに利益を受けているような場合。</td></tr>
<tr><td>☐ 片利共生</td><td colspan="2">共生している生物のうち，一方のみが利益を受け，他方は利益も不利益も受けないような場合。</td></tr>
<tr><td>☐ 寄　生</td><td colspan="2">共生している生物のうち一方は利益を受けるものの，他方は不利益を受けるような場合。</td></tr>
<tr><td>☐ 物質生産</td><td colspan="2">生産者における有機物の生産過程や，その結果としての有機物の量。</td></tr>
<tr><td>☐ 生産構造</td><td colspan="2">物質生産について考える場合の，植物群集の同化器官と非同化器官の空間的な分布状態。</td></tr>
<tr><td>☐ 窒素同化</td><td colspan="2">硝酸イオンやアンモニウムイオンをもとに有機窒素化合物を合成するはたらき。</td></tr>
<tr><td>☐ 窒素固定</td><td colspan="2">大気中の窒素を直接利用してアンモニウムイオンをつくるはたらき。</td></tr>
<tr><td>☐ 遺伝的多様性</td><td colspan="2">同種内における遺伝子が多様であること。同種間でも,各個体のもつ遺伝子はそれぞれ異なる。</td></tr>
<tr><td>☐ 種多様性</td><td colspan="2">ある生態系における種の多様さのこと。種数が多く，どの種も均等に含まれるほど種多様性は高い。</td></tr>
<tr><td>☐ 生態系多様性</td><td colspan="2">森林，海洋，干潟など，さまざまな環境に対応して多様な生態系が存在すること。</td></tr>
</table>

28359

数研出版
https://www.chart.co.jp

新しい学びの海へ。
100th

ISBN978-4-410-28359-8

C7037 ¥860E

9784410283598

1927037008603

リードLノート生物
定価（本体860円＋税）

検印欄	検印欄	検印欄	検印欄	検印欄	検印欄	検印欄
検印欄	検印欄	検印欄	検印欄	検印欄	検印欄	検印欄
検印欄	検印欄	検印欄	検印欄	検印欄	検印欄	検印欄
検印欄	検印欄	検印欄	検印欄	検印欄	検印欄	検印欄
検印欄	検印欄	検印欄	検印欄	検印欄	検印欄	検印欄
検印欄	検印欄	検印欄	検印欄	検印欄	検印欄	検印欄
検印欄	検印欄	検印欄	検印欄	検印欄	検印欄	検印欄

ここからはがして下さい
71
1／1
SBN：9784410283598
教科No：094981
教科日付：241209

コメント：7037

商品CD：187280 04
参注

年　組　番

VEGETABLE
OIL INK

本書は植物油インキ
使用しています。

高校数学Aの

超きほん

定期テストを乗り切る

基本問題の対策はこの1冊で！

テストによく出る

これで1問目ははずさない！

数研出版
https://www.chart.co.jp

この本をお使いの方へ

本書の対象

- 初めて数学 A を学ぶ人
- 数学 A に苦手意識をもっていて，克服したい人
- 数学 A の定期テストだけでも乗り切りたい人

特長

定期テストによく出る
基本問題の対策をこの 1 冊で！

要点まとめ → 例題 → 練習問題 → 確認テスト

- 導入的な内容からやさしく 解説されています。
- 1 単元が 2 ページでまとめられています。重要なポイントを絞り，無理なく学習できる分量 にしています。
- 解き方・考え方の 手順がわかりやすく 整理されています。

シリーズラインアップ

数学Ⅰ

数学 A

数学Ⅱ